20世纪初，作家厄普顿·辛克莱根据其在肉食加工厂的生活体验写出了纪实小说《丛林》，引起轰动。一天，罗斯福总统一边吃早餐，一边看这本书。书中对问题食品生产过程的描述震惊到了罗斯福，他大叫一声，跳了起来，把剩下的一截香肠掷出了白宫的窗外。不久，他着手推动《纯净食品与药品法》的通过，并创建了美国食品药品监督管理局（FDA）的雏形。可以说，罗斯福的掷出窗外是美国食品安全史的转折点。

本书取名**"掷出窗外"**，既是向罗斯福致敬，亦是向每位消费者呼吁：面对食品安全问题，你应该有自己的态度！

掷出窗外

中国食品安全问题深度观察

吴恒 著

经济日报 出版社

图书在版编目（CIP）数据

掷出窗外：中国食品安全问题深度观察／吴恒著.
—北京：经济日报出版社，2014.6
ISBN 978 - 7 - 80257 - 652 - 0

Ⅰ. ①掷…　Ⅱ. ①吴…　Ⅲ. ①食品安全 - 研究 - 中国
Ⅳ. ①TS201.6

中国版本图书馆 CIP 数据核字（2014）第 121066 号

掷出窗外——中国食品安全问题深度观察

作　　者	吴　恒
责任编辑	张　莹
责任校对	宋潇旸
封面设计	金　丹
出版发行	经济日报出版社
地　　址	北京市西城区右安门内大街 65 号（邮政编码：100054）
电　　话	010 - 63567683（编辑部）　63516959（发行部）
网　　址	www. edpbook. com. cn
E － mail	edpbook@ 126. com
经　　销	全国新华书店
印　　刷	北京市凯鑫彩色印刷有限公司
开　　本	787 × 1092 毫米　1/16
印　　张	21
字　　数	350 千
版　　次	2014 年 7 月第一版
印　　次	2014 年 7 月第一次印刷
书　　号	ISBN 978 - 7 - 80257 - 652 - 0
定　　价	42.00 元

献给小白

自　序

小狗也要叫

1865 年，《爱丽丝梦游仙境》（Alice in Wonderland）在英国出版，问世后广受好评，连当时的维多利亚女王（Queen Victoria）都爱不释手，童心未泯的女王还特意要求作者路易斯·卡罗（Lewis Carroll）将下一本书献给她。后来，卡罗如约将第二本书寄给了女王，女王一看，书名是《行列式基础》，竟是一本数学专著。原来卡罗的真实身份是牛津大学的数学老师，只是在业余时间写写小说和诗歌，没想到他在文学界的名气和影响远远超过了数学界。

2011 年，当我第一次接到出版社的约稿，邀请写本关于中国食品安全问题的著作时，我第一时间想到的就是卡罗的故事。虽然卡罗后来否认女王提过这样的要求，但传闻中的其他情节都是真实的：女王确实很喜欢这本书，卡罗的主业确实是数学教师等。我的情况类似，当时我的主业是历史地理学的研究生，兴趣和专长都是历史研究，但在历史学界我籍籍无名，让我暴得大名的竟然是毫无关系的食品安全问题。

2011 年 4 月，我在网上读到了一篇关于牛肉造假的新闻，说是因为牛肉比猪肉贵，就有不法商贩往猪肉上涂抹"牛肉膏"冒充牛肉销售。生产出的假牛肉在颜色、味道方面几乎能以假乱真，但"牛肉膏"不是国家允许的食品添加剂，新闻还转引了专家的评论：多吃致癌。当时我就震惊了，回想起来几年前曾长期吃学校附近的外卖，最爱吃的就是铁板牛肉盖浇饭，10 元一份，很多牛肉。当时室友就提醒我这牛肉口感不对，可能有假，我还笑他杞人忧天，牛肉怎么可能造假？现在看来，是

1

我太傻太天真。

我最早关注的食品安全问题是 2008 年的三聚氰胺奶粉事件，但并没有介入太深，因为受害者都是小宝宝，而我当时还只是学生，难以体会为人父母的心情，觉得这事很可悲，但没觉得和自己有多大关系。后来也关注过地沟油、瘦肉精的问题，但始终觉得自己是局外人，这些问题食品离自己很遥远，但当看到假牛肉的新闻时，才发现这种伤害防不胜防。不要对别人的苦难无动于衷，因为下一个可能就是你。正如约翰·多恩（John Donne）所说：

没有人是一座孤岛，

可以自全。

每个人都是大陆的一片，

整体的一部分。

如果海水冲掉一块，

欧洲就减小，

如同一个海岬失掉一角，

如同你的朋友或者你自己的领地失掉一块。

任何人的死亡都是我的损失，

因为我是人类的一员，

因此，不要问丧钟为谁而鸣，

它就为你而鸣。

既然牛肉都能造假，还有什么不能？我 Google 了下，发现原来媒体曝光过好多起问题食品的新闻，只是我没有读到。这让我陷入沉思，我是个重度网络依赖症患者，每天在线时间超过 10 小时，以阅读资讯为乐，如果连我都没有读过这些新闻，其他人恐怕读过的更少。这也很容易理解，在这个信息爆炸的互联网时代，没有人有精力和时间读完所有的新闻，如果漏过了一条，可能永远不会再读到了。这样的后果是，我们以为自己是安全的，其实是一种错觉，只是我们知道的还不够多。我是在几年之后看到新闻才知道自己曾是问题食品的受害者，还有那么多没有看到这则新闻的，可能直到现在还被蒙在鼓里。于是我想到做一个网络平台，搜集尽可能多和全的曝光问题食品的新闻，让民众能够快速、高效的进行查询，了解发生在身边的事情。这便是"掷出窗外网"（zccw. info）的缘起。

　　最初我打算单打独斗，但很快发现这不是一个人能够完成的事，不管是工作量还是搜集负面新闻带来的心理压力。2011 年 5 月 11 日，通过人人网和微博，我发布了招募贴，希望有志同道合的朋友和我一起来做，几天后就找到了 30 多位志愿者。经过一个多月资料的搜集和整理，我们做出了一个新闻数据库。技术志愿者小白帮忙搭建了网站，效仿 Wikipedia 做成了人人可编辑的在线数据库，毫不夸张的说，没有小白，就没有掷出窗外网，也就没有后来的故事，这也是本书"献给小白"的原因。2011 年 6 月 17 日，网站上线。2012 年 5 月 11 日，网站页面单日访问量（Page View）超过 100 万，Alexa 中国区排名第 1674，考虑到整个网站的全部开销不过 1000 元，制作时间只有 2 个月，这不能不说是个奇迹。迄今为止，因为掷出窗外网，我接受了近 150 家国内媒体、近 50 家国际媒体的采访。

　　但创办网站是一回事，撰写专著是另一回事。我终究不是食品安全领域的科班出身，怎么会有班门弄斧的勇气来跨界写这本研究中国食品安全问题的书呢？原因有二，一是在提笔之前，我将书店里食品安全专题下销量排名靠前的书买下读过，发现主要分两类：科普与导购。而专门回顾近年来爆发的食品安全事故的书并不多见，可是这样的书在当下又显得很有必要，有了它们我们才能知道身边发生过什么，正视问题的存在才是解决问题的第一步。既然如此，哪怕是外行，也要斗胆先喊上一嗓子，引起民众的注意和重视，也当是抛砖引玉了。因此，本书既非科普亦非导购，将尽量回避技术细节，没有揭露吃的真相，也不能很全面的告诉各位怎样选购食品最安全，本书记载的，是一个又一个真实发生过的案例，这些案例中，受害者是别人，也有可能是你。

　　第二个原因是我在复旦史地所接受硕士教育期间形成的历史观：一切学问都是历史学。当然，这并不是说历史学可以取代所有学科，而是说每一门学问的研究方法都可以看到历史学的影子。从海量的数据中敏锐的发现与研究主题相关的信息，并分析其内在的规律，用一套假说进行归纳和总结，用旁证去证实或证伪，再根据更新的资料修正原有的结论，如果可能，去推测未来。这是历史学的范式，相信也适用于多数学科，包括食品安全领域，本书也正是在这样的指导思想下完成的。所以与其说这是一本研究中国食品安全的书，倒不如说这是一本关于中国食品安全史的书。在写作时，我是本着这样的想法：作为一个历史学研究者，我有责任如实的记录在中国当下发生着的事情，去告诉 100 年之后的人们，我们曾面对着什么，又做过些什么。

掷出窗外 面对食品安全危机
你应有的态度

本书分为五章，第一章列举了近年来曝光过的种种问题食品，从鸡鸭鱼肉到油盐酱醋，几乎可以这样肯定：绝大多数在中国长期生活的人都是问题食品的受害者，只是程度轻重不一罢了。不信？请细读。第二章列举了常见的食品安全问题，比如添加剂、农药化肥、抗生素、重金属等等，并告诉读者这些物质为何会出现在食品中以及有什么危害。第三章分析了食品安全领域常见的流言，比如转基因问题、植物催熟剂问题等等。第四章总结了当下中国食品安全问题频出的原因，从媒体、商家、监管者、消费者多个角度进行剖析。第五章思考了食品安全问题的解决办法，提出了一些建议，并为消费者如何最大可能、最小代价的规避问题食品给出了三个锦囊。

食品安全事件频发，美国也曾遭遇过这样的社会问题：20 世纪初，随着工业化和城市化的进程，美国的经济飞速发展，然而其法律与监管体系并未同步完善。在不健全的市场机制下，不少食品企业以次充好、以假乱真、滥用化学药剂，为了利润无视消费者的健康。

作家厄普顿·辛克莱根据其在肉食加工厂的生活体验写出了纪实小说《丛林》。一天，时任美国总统的西奥多·罗斯福一边吃早餐，一边在看这本书。书中对问题食品生产过程的描述震惊了罗斯福，他大叫一声，跳了起来，把剩下的一截香肠掷出了白宫的窗外。不久，他着手推动《纯净食品与药品法》的通过，并创建了美国食品药品监督管理局（FDA）的雏形。在这部法案和这个机构的护航之下，美国的食品安全状况逐渐好转，可以说，在美国的食品安全史上，罗斯福的掷出窗外是转折点。

以史为鉴，中国当下所面临的食品安全问题并非特例，不少发达国家和地区在历史上也都先后碰到过。如何减少阵痛，快速过渡？所有人都有责任去思考。本书取名"掷出窗外"，既是向罗斯福致敬，亦是向每一位消费者呼吁：面对不安全食品，我们该有自己的态度！

本书的目标读者有如下几类：关心生活质量的中产阶级、担心宝宝饮食的父母、初次到中国的外国人、背 GRE 单词不努力的同学、想知道同行底线的食品生产者、想寻找新闻线索的媒体人、想了解民众遭遇的决策层以及对人类想象力的极限充满好奇的人。希望本书能够让你觉得，是到了将问题食品"掷出窗外"的时候了。

起初他们在婴儿奶粉里掺三聚氰胺，
我还没有养孩子，我不说话；
接着他们在火腿肠里掺瘦肉精，
我不怎么吃火腿肠，我仍不说话；
此后他们使用地沟油，
我很少在外吃饭，我继续不说话；
再后来他们使用牛肉膏，
我决定不吃牛肉了，但还是不说话；
最后，我依然中毒了，
但已经没有人能告诉我这是为什么了。

食品安全问题无关左右，无关立场，是牵涉到每一位民众的事情，需要每一个人的参与。"我们不喊，谁喊？我们不做，谁做？"复旦的老校长马相伯先生一生忧国忧民，为中国的教育事业、启蒙事业奔波。其百岁寿辰之际正值中国抗战时期，老先生沉痛的说"我是一只狗，只会叫，叫了一百年，还没有把中国叫醒。"听者无不感慨。有趣的是，俄国作家契科夫也有一句名言，大意是："世间有大狗，也有小狗。大狗叫，小狗也要叫，小狗不会因为大狗叫而不叫。"这两句名言可合在一起理解。是的，我才疏学浅，也没有如椽巨笔，但看到不平之事却也不忍沉默，也想叫上几声。声音未必响亮、未必悦耳，但，叫了，总比不叫好。

序

这个时代，我们还能放心吃什么?

这个时代，我们还能放心吃什么? 拜读吴恒的这部书稿后，更会觉得这确实是一个很好的问题。

一二十年前，说"不干不净吃了没病"没问题。因为那时的"不干不净"至多就是脏，即灰尘和细菌而已，人体的正常抵抗力完全可以抵御。但现在即使面对精美华丽的食品，你有底气说吃了没病吗? 如今早已不是是否干净，而是是否有毒的问题了。

同事或朋友聚餐时，我常被称为"乌鸦嘴"。因为我会告诉他们每个菜可能存在的风险。诸如镉大米、硫磺姜、毒豆芽、甲醛白菜、漂白蘑菇、毛发酱油、敌敌畏咸鱼……试想，一个盛满色拉油的大脸盆装的水煮鱼(其实应该叫"油煮鱼"才名副其实)只卖几十块钱，光那一脸盆油，如果是合格的色拉油，就不止几十块钱了。可能吗? 有一次，一位前辈和我说，单位附近的一家店卖的面粉特别好，因为有一股麦香。我说: 您实在太低估食品化工的强大了，不要说麦香了，任何香味都是可以调制出来的。

长三角的居民喜欢吃汤包、小笼包，可是有谁真正知道里面的汤汁是什么? 大多数人会以为是肉馅在蒸煮过程中产生的肉汤，其实可能根本不是。按照正常的工艺，是用猪皮熬制出来的肉皮冻，主要成分是食用明胶，可以让小笼包口感更加顺滑。我亲眼看到一家卖小笼包的店，店员拿出一脸盆的肉皮冻加到肉馅里。但是，既然工业明胶比食用明胶便宜许多，肉皮冻需要慢火熬制，为什么不直接购买明胶降低成本呢？而且，对于那些工业化生产的速冻食品，用明胶代替肉皮冻更加适合。这是天津某家著名的包子生产厂家接受媒体采访时说的。用明胶又省事又省钱，但纯粹的明胶没有肉味，食品化工再次发力——添加肉味香精。央视《每周质量报告》2012 年 4 月 15 日揭露了"老皮鞋变镉胶囊"，连本该监管最严格的药用明胶，竟然也是用皮革下脚料制成的工业明胶来冒充的，那普遍作为食品添加剂使用的食用明胶，真的能幸免吗？工业明胶冒充食用明胶用于食品和药品，早就是部分企业的惯用手段。

所以，珍惜生命，少下饭馆！

当然，也不必对添加剂谈虎色变，只要是在规定范围内添加合法的食品添加剂，对身体就没有危害。有些包装食品标榜"绝无添加防腐剂"，反而让我很疑惑。如果食品没有添加防腐剂，保质期大为缩短，滋生腐败后产生的毒素对人体的危害，比防腐剂大多了。其实，山梨酸钾是目前国际公认比较安全的防腐剂。但问题在于，无良商家为了追求利润最大化，将大批根本不是食品添加剂的物质加入食品中。比如，深圳就曾查获粪水浸泡的臭豆腐，执法人员当即呕吐。由于很多人认为黑乎乎的红薯粉才更健康，竟然出现添加墨水加工的红薯粉！

和吴恒一样，我也一直关注食品安全问题，留意媒体上各类食品安全的报道。但我却没有吴恒的计算机专业背景，没有想到能以数据库配合地图的方式向公众普及。我在生活圈提醒同事、朋友注意可能的食品安全问题，影响有限，而吴恒创办的"掷出窗外网"（http://www.zccw.info/），真的是善莫大焉！

所谓的"掷出窗外"，吴恒明显用的是美国总统罗斯福的典故。其实就在距今不过 100 多年的 20 世纪初，美国在城市化与工业化急剧发展之下，整个社会贫富差距加剧、大企业垄断、政府官员贪腐等，也面临严重的食品安全问题。美国"扒粪运动"的先驱厄普顿·辛克莱，他的纪实小说《屠场》（The Jungle）于 1906 年出版，轰动了整个美国社会。在书中他写道："坏了的猪肉，被搓上苏打粉去除酸臭味；毒死的老鼠被一同铲进香肠搅拌机；洗过手的水被配制成调料；工人们在肉上走来走去，随地吐痰，播下成亿的肺结核细菌……"比今天报纸上可见的记者卧底暗访更

为耸人听闻。据说，罗斯福总统读到这段文字时正在吃早餐，他突然大叫一声，跳起来，把口中尚未嚼完的食物吐出来，又把盘中剩下的一截香肠用力抛出窗外。

我想，吴恒在书中罗列那么多食品安全问题，并不是让公众认为什么都不能放心吃，而是希望找到解决之道，防止中国陷入这种互害型社会的危机、避免"易粪相食"的境地。批评者才是真正的爱国者。

我认为，中国食品安全问题如此严重，一是有些监管部门长期不作为，甚至和不良商家相互勾结；二是长期缺乏"惩罚性赔偿"机制。

2011 年，思念、三全、海霸王等多家品牌的速冻食品被检出金黄色葡萄球菌，按照当时的国家标准，速冻食品不允许检出金黄色葡萄球菌，否则是不合格食品。湾仔码头作为速冻食品中的高端产品，一直未被检出。但 2011 年 11 月 15 日，我独家公布内线爆料，南京市工商局早在当年 10 月就检测出湾仔码头上汤小云吞的金黄色葡萄球菌，系不合格食品，但工商局仅通知厂商，却未向公众公布。检测报告遭工商部门隐瞒，让人不得不产生联想。内线向我提供了南京市工商局委托第三方权威检测机构的检测报告复印件图片，上面有编号，有检测员签名，我用图片软件检测过，没有任何 PS 痕迹。

但我公布检测报告之后，当地有关部门互相推诿，既不承认也不否认。我的微博爆料有多家媒体跟进，有记者告诉我，他打电话采访工商局，工商局说这事你应该找食品安全办公室，打给食品安全办公室，说这事你应该找工商局。结果推来推去，等到下班时间一到，两个办公室电话都没人接了。但是在第二天凌晨，工商局却突然在官网发布了公告，公布了多个批次不合格的速冻食品，其中就包括我所爆料的湾仔码头。

前述央视《每周质量报告》揭露工业明胶冒充食用明胶、药用明胶，可是，在节目中被央视重点曝光的河北阜城县，早在 2004 年，当地工业明胶乱象就被媒体报道过，当地政府还开展了为期 3 个月的集中治理整顿。可是，有关部门整顿之后，一切仍是依旧。每次出事后，照例是轰轰烈烈的专项打击，然后逐渐被公众淡忘，不良商家重新又死灰复燃。

所以单纯依靠工商局、食安办等政府部门，食品安全很难解决。依靠消费者发力，建立"惩罚性赔偿"机制或许是一个好的切入点。

"惩罚性赔偿"（punitive damages）是针对消费者个人的赔偿，是相对于"补偿性赔偿"而言的，所谓"补偿性赔偿"（compensatory damages），即通过赔偿使原告恢复到侵权前的状态，当事人损失多少赔偿多少。而"惩罚性赔偿"，又称示范性赔偿（exemplary damages）或报复性赔偿（vindictive damages），是西方在司法实践中，判决被告赔偿数额超出实际损害数额的赔偿。这种加重赔偿的原则，目的是在针对被告过去故意的侵权行为造成的损失进行弥补之外，对被告进行处罚以防止将来再犯，同时也达到警示他人的目的。

关于"惩罚性赔偿"的起源，目前学界还存有争议，不过一般均认为18世纪末就在英美等国出现。"惩罚性赔偿"对于遏制资本的疯狂逐利冲动，起到了非常重要的制度作用。众所周知，市场经济需要真正的法治环境，借助道德宣讲来遏制资本的逐利冲动并不可靠，总统是靠不住的，只有制度才最可靠。西方国家通过数百年的探索，通过惩罚性赔偿，有效的遏制无良企业的制假售假。

没有严格的法律，或者有法律而执行不力，美国也同样不能避免。即使到今天，在西方法治国家也不能说绝对不会出现这样那样的食品安全事件，但一旦出现，涉案企业面临的不仅是强制召回产品、追究当事人刑责，还将面临国人难以想象的天价赔偿。在美国，惩罚性赔偿的数额并无上限，所以经常出现赔偿给单个消费者数千万乃至数亿美元的情况。

而在我国，长期以来不存在"惩罚性赔偿"的概念，《产品质量法》有关损害赔偿的规定中，都属于补偿性赔偿，如因产品存在缺陷造成受害人人身伤害的，侵害人应当赔偿医疗费、治疗期间的护理费、因误工减少的收入等费用。《食品安全法》中虽然规定了10倍赔偿的条款，但仅限于食品安全案件。而在现在食品安全事故频发的背景下，这些法律规定明显滞后，导致侵权成本很低、维权成本很高，对无良企业根本起不到威慑作用。

2010年施行的《侵权责任法》首次提出了"惩罚性赔偿"：第47条称"明知产品存在缺陷仍然生产、销售，造成他人死亡或者健康严重损害的，被侵权人有权请

求相应的惩罚性赔偿。"但这只是一条原则性的规定,不但未对惩罚性赔偿的含义做出明确解释,更没有对惩罚性赔偿金计算标准该如何确定等事关司法实务操作的具体事项做出统一规定,所以还是纸面上的法律,至今没见相关判例。

惩罚性赔偿是赔付给受侵害消费者个人的,如果受害者众多,也可以以赔偿款成立基金。在三鹿奶粉事件后,曾经成立赔偿的基金,但该基金主要用于患儿治疗,严格来说只是补偿性赔偿,而非惩罚性赔偿。而且,该基金账目公开透明度不够,也引起很多批评。

食品安全关系到每个人的切身利益,有关部门不能再拖延下去了!应尽快出台相关司法解释,细化"惩罚性赔偿"的规定,这对加大违法成本,震慑无良企业的不法行为有着重大的意义。

面对一而再、再而三出现的食品安全事件,舆情汹涌、民意沸腾,希望有关部门能顺应民意,改变立法、执法理念,以重塑公众对国内食品的信心。搞运动式执法虽然容易,但进行制度建设才是推动法治进步的根本,否则,只能陷入历史的恶性循环。

周筱赟

目　　录

第 1 章

十面埋伏

牛羊肉

假牛肉

迈克·华莱士（Mike Wallace）是一位世界知名的新闻人士，他曾担任美国哥伦比亚广播公司（CBS）访谈节目《60 分钟》的主持人达 40 年。在一次著名的访谈中，他有过一句经典的评论："美国有句俗话：如果走起来像只鸭子，叫起来也像只鸭子，那么，这就是只鸭子。"听上去很有道理，实则未必。虽然华莱士身经百战，见多识广，但他显然没在中国吃过牛肉，不然肯定会收回这句话。

牛肉膏

如果闻起来像牛肉，吃起来也像牛肉，未必就是牛肉。2011 年 4 月，安徽省合

肥市工商部门在查处一批劣质肉松时发现，这些"牛肉"竟然是小作坊用鸡肉加工而成的，几乎可以乱真。随后有市民向《安徽商报》爆料，称这归功于"牛肉膏"，"这种'牛肉膏'不仅在小肉松作坊中使用，在一些小吃店也是'公开的秘密'。这种'牛肉膏'还能将猪肉变成牛肉。相比较而言，猪肉变牛肉更普遍。"

记者随后在农产品批发市场上用 50 元买了一瓶 500 克的牛肉膏，几个简单的步骤，就能成功的将一块猪肉制成真假难辨的牛肉：先将猪肉用牛肉膏和增香剂腌制 30 分钟，这时猪肉表面的颜色与牛肉已很相似，闻起来也有十足的牛肉味了；然后加水用小火慢炖 1 个多小时，等锅内的汤汁呈浓稠状时捞出，这样制作出的假牛肉在颜色和气味上均可以假乱真。

这篇报道一石激起千层浪，各地媒体纷纷跟进调查本地的情况，结果是惊人的：这种假牛肉并非仅出现在一时一地。《南方都市报》采访了一位做过 20 多年厨师的餐饮店主，他表示"猪肉抹上牛肉膏就会变成牛肉是业内（餐饮业）的行规，并不是新闻。因为可以节约成本，许多小老板都会采取这样的做法。"调味品店的老板介绍，过来买牛肉膏的主要是面馆、大排档、熟食店、早点摊，"像这种'牛肉膏'，一般路边的牛肉面馆、做牛肉加工的厂家用得比较多。"

牛肉膏罐身上注明的主要成分有"新鲜肉类、各种氨基酸、I＋G、味精、水解蛋白"，建议用量是"速冻食品亦可根据当地口味习惯增减，用量不限"。福建省质监局质检院食品化学部的专家表示，牛肉膏属于复合添加剂，是食用香精的一种，其成分中的添加剂是国家允许使用的，但有用量限制。如果违规超量和长期食用，会对人体造成危害，甚至可能致癌。此外，并不清楚牛肉膏内是否含有其他化学物质而并未在成分表中注明。

广州市工商局接受《信息时报》的采访时称，"'牛肉膏'类的食品添加剂属于调味品性质，只要生产和使用证照齐全，符合国家相关规定，那么消费者还是可以放心食用，只要国家还没禁止使用，它的存在就算是合法。"这样的回应并不能让消费者安心，如果生产商的产品"符合国家相关规定"，消费者当然能放心食用，可问题在于谁来保证他们的产品是符合规定的？

不同的食用添加剂有着不同的使用量和使用范围的标准，在标准范围内使用确实对人体无害。但"牛肉膏"以及它的兄弟"羊肉膏"等，一则没有国家标准，各生产厂商是按经验和使用效果来调配原料，既可能超量使用食品级添加剂，又可能使用非食品级添加剂；另外，商户在使用时只是希望成品越像牛肉越好，并不在意使用量的多少，何况"牛肉膏"的使用说明上就写着"用量不限"；第三，由于市场监管的缺失，也刺激了"牛肉膏"的生产厂商会进一步的降低成本。比如"牛肉膏"本来应该是"采用新鲜牛肉经过剔除脂肪、消化、过滤、浓缩而得到的一种棕黄色至棕褐色的膏状物"，但对于小作坊主而言，不难推测出其在新鲜牛肉与牛肉下脚料、病死牛肉之间，如何选择。

"牛肉膏"的危害不仅在于其本身可能存在的风险，更在于其可能掩盖的风险。在商家看来，"牛肉膏"像神奇药水一样，能快速将猪肉或鸡肉变成牛肉，这可是商机无限的生意。新鲜猪肉的价格约为 11 元/斤，牛肉的价格约为 20 元/斤，几乎是猪肉的一倍。熟牛肉的价格约 35 元/斤，如果用猪肉加"牛肉膏"腌制 100 斤"牛肉"，可省下近 2000 元，实属暴利。关键问题在于，"牛肉膏""卓越"的表现能够把几乎任何肉都调成牛肉的味道，既然如此，不法商贩没道理不选择成本更低的肉来制作"假牛肉"，反正一般消费者吃不出区别。

一方面监管不严，另一方面消费者难以察觉，再加上不会带来即刻的伤害，这导致"假牛肉"的泛滥程度触目惊心。2013 年 3 月，《钱江晚报》的记者在杭州的农贸市场、晚间大排档、路边烧烤店、卤味店等处随机抽取了 8 份牛肉制品，委托浙江省检验检疫科学技术研究院动物检验检疫实验室进行 DNA 测试，结果显示"有 5 份没有检测出牛肉成分，且全部含猪肉"。只是在日常检查中，监管部门不至于用 DNA 进行检测，所以也一直相安无事。

2013 年 6 月，一位较真的消费者，安徽大学 2009 级生物科学专业大四毕业生薛纯，因为担心无良商贩会捕杀流浪动物来降低烤肉串的成本，于是将测试烤肉串里肉的种类作为自己毕业论文的研究方向。薛纯用了 2 个月的时间，在合肥 4 个主城区 66 个摊点购买了 66 串烤肉串作为样本，然后利用学校实验室的分子生物技术对样本的 DNA 进行测序，再对比全球基因库确认肉的种类。结果显示，这些号称"烤羊肉串"的肉串，虽然不是用流浪猫、流浪狗的肉制成的，但也名不符实，"只有 19.7% 是羊肉的，猪肉占 69%，其他的有鸡肉、鸭肉，还有个别出现牛肉的。"薛纯表示，如果可以得到有关部门授权，毕业后打算创立一个检测肉类真伪的机构，让

消费者吃上放心肉。希望他早日成功。

混合肉

经过进一步调查，记者发现"牛肉膏"并不是牛肉造假的唯一方法，此外还有多种途径：一、用机器把猪肉打散，再掺入淀粉和添加剂，制成"五香肉"，这种肉与真牛肉略有色差；二、用猪腱子肉冒充外形相差不大的牛腱子肉，卤制时再加上调味料，使颜色深一些，更难识别；三、将老母猪肉用亚硝酸钠和色素处理，去除臊味后冒充牛肉出售（老母猪体内含有大量的雌性激素以及药物残留，不建议食用）。

成块的牛肉都会出问题，更不必说看不出原材料的牛肉制品了，首当其冲的便是牛肉丸。看过电影《食神》的，大都应该会对"撒尿牛丸"念念不忘。但坏消息是，2013年5月，某香港媒体从3家香港餐饮店购买了12份牛肉丸样品，委托香港城市大学生物及化学系进行DNA检测。结果显示其中两间店铺的牛肉丸样本中，牛肉含量"少到检测不到"，主要成分是猪肉和鸡肉，第三家虽然含有牛肉，但也同时含有猪肉。香港的食品安全一直备受信赖，出现这样的新闻难免让人意外。当然，严格意义上讲，商品与其声称的成分不相符，这只算商业欺诈，不算食品安全。是否涉及食品安全问题，需要进一步追查牛肉丸所使用的猪肉、鸡肉质量如何。

香港都如此，内地更不必说了。2013年5月，《厦门日报》接到读者报料称，"牛肉丸界"存在着"挂羊头卖狗肉"的现象：牛肉丸里掺了很多猪肉和鸡肉。记者经调查发现确实如此，市场上新鲜牛肉得要二三十元一斤，但一斤牛肉丸只需10元左右。牛肉店的店主介绍说，"廉价的牛肉丸，其实里面没什么牛肉，而是掺杂了其他便宜的肉，例如猪肉、鸡肉等等，然后多加点淀粉，成本就会变得很低，那种东西是有点牛肉味，就叫牛肉丸了。"有的牛肉丸配料表上就写着牛肉、猪肉、淀粉等，而厦门的工商人员表示，"这其实是属于混合肉，只要是正规厂家出品、条码合格、检验检疫合格、标明配料成分，在目前的法律中并不算违法。"

名字叫"牛肉丸"，里面却是杂七杂八的肉；名字叫"卤牛肉"，却是猪肉抹上"牛肉膏"制成的，这既是欺骗消费者，也埋下了安全隐患。不是说混合肉就吃不得，也不是说"牛肉膏"就有毒，重点在于消费者有知情权，吃要吃得明明白白。

不然我们现在嘲笑古人"指鹿为马"，我们的后人就该嘲笑我们"指猪为牛"了。

注水牛肉

注水牛肉历史悠久，造假的思路很简单：既然牛肉这么贵，在牛肉中掺杂一些廉价的成分，岂不就赚大了？有什么东西足够便宜且又能够神不知鬼不觉的混入牛肉中呢？当然是水了。曾有记者采访过一位卖注水肉的屠夫，问他这往牛肉里注水的生意还要做多久时，对方想了下，回答说，"等到水比牛肉贵时。"

往牛肉里注水，听上去挺简单，但也是个技术活。水不能注太少，不然没造假的必要了，也不能注太多，不然顾客一拿起肉就滴答滴答的掉水，那也不行。一般业界的规矩是一斤牛肉注 3～4 两水，这个量既有得赚，也不会太明显。注水并不是拿注射器将一筒水注入牛肉中就完事了，里面的学问深得很。

宰后注水

2013 年 1 月，CCTV《焦点访谈》暗访了河北省石家庄市无极县的私人屠宰场，观察到了从宰牛到注水的全过程。牛被牵到屠宰户的院子里，没有经过任何消毒、隔离措施，院子里遍地是混着血水的污泥，宰牛的工具就散放在地上。牛被用力按倒在地，四腿被捆绑着，屠夫熟练的一刀封喉，给牛放血，血放得差不多了，开始注水。注水不是往肉里注，而是往血管里注，用的也不是注射针筒，而是水泵。屠夫先从牛脖子里抽出动脉和静脉，再从污泥地上拖起两根管子分别插进去，管子的另一头在水桶里，然后开打小型水泵的电源，水桶里的水源源不断的进入了牛的血管中，很快通过血管充满全身。

屠夫告诉记者，一头牛里面注多少水得根据养牛户打算把牛肉卖多少钱来定，一切好商量。如果打算卖 23 元一斤，一头宰后 400 斤肉的牛就得注两桶水，约 120 斤；如果打算卖 20 元一斤，则得注五六桶水，约 300 多斤。据当地有经验的业内人士称，在当地一斤肉注四两水是常态，最多时一斤肉能注一斤水。这个说法得到了印证，2013 年 5 月，由深圳市市场监督管理局、交通警察局、出入境检验检疫局组成的联合执法队伍，在东门市场附近查获注水牛肉 350 公斤，据执法人员估计，这

批牛肉的注水比例至少是一斤牛肉里含半斤水。

2012 年 4 月，大连警方曾破获过一起注水牛肉案，犯罪嫌疑人穆刚"共屠宰和销售注水牛 33 头，共计 8200 公斤，销售金额为 13 万余元"，经鉴定，其所售的牛肉水分含量为 80.1%。后来他以生产、销售伪劣产品罪，被法庭判处有期徒刑 1 年 6 个月，缓刑 2 年，并处罚金 8 万元。牛肉注水听上去只涉嫌商业欺诈，不像是食品安全问题，其实不然。注水牛肉可能引发三种危害，一是注的水本身的问题，二是注水可能导致的问题，三是附带产生的问题。

如果不法商贩注的是纯净水，那也罢了，但问题在于他们常常不在意这些细节，用的往往是没经过净化处理的水，甚至是污水。而没有条件使用水泵的屠户有时甚至会用旧的农药喷雾器进行注水，里面的农药残留便随着水进入牛肉里。为了让注水的效率更高、注水后牛肉的颜色更鲜红，不法商贩还会在水里加入化学物质。2006 年，就有媒体曝光佛山某肉联厂给牛肉注入硼砂等有害物质。硼砂会在人体内积聚，一定量后会对人体的神经系统造成伤害，是国家明令禁止在食品行业中使用的化学物质。《焦点访谈》的记者在调查中发现，屠夫在注水时会混入泡打粉、卤粉、内酯等添加物，据称这些物质"有的是让肉质蓬松，有的是让水分凝固不流失，这样既能增加牛肉的份量，而且还测不出来。"

注水后的牛肉因为细胞结构受到损害，蛋白质流失严重，使得肉品变得劣质。在注水过程中，屠宰场往往缺乏消毒手段，使牛肉更容易遭受病原微生物的污染，从而产生大量的细菌毒素物质，因此注水的牛肉更容易腐败变质。中国农业科学院北京畜牧兽医研究所的副研究员谢鹏表示，"由于注水以后造成了细菌大量繁殖，它肉质发生了变化，变成腐败，pH 值已经远远高于正常的范围了，这个肉，消费者如果食用的话，等于我们吃了腐败肉，可能食物中毒，或者说长期累积也会对身体造成伤害。"

为保障肉类食品的安全，国家对牛、猪等的屠宰有着严格的要求。被屠宰的牛、猪等首先要经过动物检验检疫部门的检验，获得准宰证。然后在农业部（以前是由商务部指定，2013 年 6 月国务院发布《机构改革和职能转变方案》，改为农业部）指定的有资格的屠宰场进行宰杀，由驻场检疫员对其进行检验并开具检疫合格证明，才能进入市场。在市场上，由工商部门把关核查销售的牛肉是否合格。听上去很美，但操作起来漏洞不少。

　　一般而言，正规的屠宰场出于对违法成本的考虑，通常不会制作注水牛肉，根据目前所披露的资料，注水的主要还是私人屠宰场。而私人屠宰场往往在卫生条件和安全意识上远逊于正规屠宰场，不注意卫生不说，对于牛的质量也基本不设门槛。来的都是牛，管你是病牛还是死牛，统统能宰，这就使得注水牛肉有了更大的安全风险。其实退一步来说，无论注不注水，只要是由私人屠宰出售到市场，这一行为本身就是违规的，按规定，没有检疫合格证，即使是宰好的肉，也不得出售。

　　注水牛肉的跨区域交易更是难以监管。2013 年 5 月，上海市普陀公安和工商的执法人员在江桥冻品批发市场曹杨分场查获了一批注水牛肉，调查发现这批牛肉来自河北，没有动物产品检疫证明，却一路高速直接运至上海，畅通无阻。送货司机表示，2 月份的时候他也曾用相同的方式，运了近 10 吨同样的牛肉进沪。按规定，外地来沪的牛肉需在指定道口进入上海，并在动检站开具动物产品检疫证明。但上海市兽医卫生监督管理所工作人员表示，运送牛肉的车辆一般是主动报检，"我们不可能拦下每辆车开箱检查。所以不主动报检的有可能私自运进来。"这批注水牛肉的货主称"估计冻肉市场六成以上产品没有检验检疫证明"，这样的肉通常经历层层交易，追溯起来更为困难，货主还表示，"这批货本来打算卖给无锡的一个肉类产品批发公司。"至于之前的 10 吨注水牛肉被谁吃了，那就只有天知道了。

宰前注水

　　2011 年 11 月，媒体曝光注水牛肉泛滥后，佛山市南海中南农产品交易中心开始对所有档位的牛肉进行查处，曾一天叫停过 1/3 的摊位。但整改效果并不明显，在随后的突击检查中，又发现有 4 档严重超标，牛肉最高含水量竟达到 82.4%（国家规定不得超过 77%）。12 月，《南方都市报》的记者对该交易中心指定的多家牛肉定点屠宰场进行了多次暗访，发现在屠杀环节注水的现象基本消失，但在屠杀前给活牛灌水的现象却日益严重。

　　在一个定点屠宰场，卧底的记者正好看到这样惊心动魄的一幕：一名身穿白色工作服的男子一手紧紧拽住牛缰绳，一手将直径四五厘米的白色管子往牛嘴插去。倔强的牛四蹄腾空乱踢，头上下剧烈摇摆，来回打转，急于挣脱，水管里的水洒得

满地都是。但工作人员经验丰富，霸王硬上弓，硬是将水管从牛嘴里插进去，插了一米多深，一直塞到了肠胃，足足灌了3分钟。业内人士表示，这水是加压了的，3分钟可灌50斤的水。

被灌了水的牛肚子浑圆，还得把两只前蹄搭在半米高的花基上，整个身子如同人站立，因为大量的水会压迫牛的胸腔，导致其呼吸困难，容易致死。让牛前蹄置于高处，一则能改善其呼吸状况，二则能加速让灌入的水流遍全身。等牛歇息一会儿后，还会经历下一轮的灌水……水灌多了，牛容易站不起来，有的肉联厂规定站不起来的牛要罚款，于是灌水者会在水里加点盐，帮牛站立。水灌得太多，牛容易被灌得抽筋，但牛贩表示，越抽筋越好，因为抽筋时牛全身都在运动，水分可以进入得更多，抽筋的牛比不抽筋的牛要多灌约20斤水。有时候刚刚灌完水的牛，腰部会不停地冒水。从业者表示，这是灌水者有意在牛身上捅一个窟窿，有的在牛腰上，有的在牛肚子上，这是因为强制灌水时会有空气和水一并进入牛的身体里，如果不捅个窟窿把空气排出，牛可能会因心肺问题提前死亡。

中国有句歇后语叫"强按牛头不喝水"，说这话的古人显然没有想到他们的子孙能"聪明"到破解这句话。宰前给牛强灌水，并不算是食品安全问题，除非灌的水有问题。但这种现象却会诱发食品安全问题：灌水的牛肉以较低的价格进入市场，如果监管不力，价低的牛肉很容易占据市场，诚实经营的商人就难以生存，这时只有使用牛肉膏、瘦肉精或劣质牛肉才能抢回市场份额。注水牛肉这种扰乱市场秩序的行为可能诱发食品安全状况进一步恶化，需要严肃对待。此外，这也是一个涉及动物福利的议题，牛也有"天赋牛权"，即使难逃被人吃的命运，也应该有尊严的死去，只是除猫和狗以外的动物福利目前还没得到中国民众多少关心。[①] 另外，注水肉除了有牛肉，还有羊肉、猪肉等等，注水的操作方式以及可能产生的危害与牛肉类似。

---

① 说起来，动物福利和食品安全还能扯上一点关系，研究表明："不正当的屠宰方式，不但会使动物受到惊吓，出现应激反应，使肾上腺素增高，肌肉中有害物质增加，还会出现肉品淤血、表皮有斑点等现象，从而降低肉品品质"，出现 PSE 肉。PSE 肉即肉色灰白（pale）、肉质松软（soft）、有渗出物（exudative）的肉，俗称白肌肉。因此美国、欧盟等国家实行的是人道屠宰，基本思路是在运输、装卸以及宰杀的过程中尽量减少动物的紧张和恐惧，基本做法是先将动物弄昏，再放血。在中国，2007 年 1 月，北京安华动物产品安全研究所和世界动物保护协会签署了《中国人道屠宰计划合作备忘录》，决定在中国开展人道屠宰计划，此举得到商务部下属的畜禽屠宰管理办公室的支持。2008 年，《生猪人道屠宰技术》（GB/T 22569—2008）的国家标准发布。中国尝试人道屠宰计划主要原因是美国、欧盟等国家和地区常用人道屠宰法案作为限制中国肉类产品出口的壁垒。推广人道屠宰，不仅是出于对动物福利的考虑，也是对经济发展的考虑。

童话大王郑渊洁十多年前曾写过一篇童话《一斤沙》。说的是有个年轻人卖米，发现同行都是十斤米里面掺一斤白沙，卖得便宜。他洁身自好，不掺沙，但消费者不买账，而且同行也排挤他。后来他想到一个折中的办法，九斤米与一斤沙捆绑销售，沙不掺米中，另装一小袋。并解释称，他一不想破行规，二不想坑顾客。这样的坦诚赢得了消费者的认可，生意也越做越大。如果注水肉也是这样，那也不错，虽然会多花一点钱，但至少不用担心额外的食品安全风险。可惜，童话终归是童话。

神户牛肉

"同种不同命"用来形容广东的牛与日本的牛再合适不过了，佛山肉联厂的牛要被强行灌水、腰上捅刀，而一些日本的高级肉牛，据说是喂着啤酒、听着古典音乐长大，而且还有专人按摩，以保证肉质细嫩，吃这样的牛肉被认为是格调生活的一种象征。当然，也有段子揶揄：在一个高档餐厅，静谧幽暗，烛光闪闪，有乐队在演奏古典音乐，你一边听一边品尝着红酒。这时，身穿燕尾服的侍应端着银盘轻轻走到你的身边，一鞠躬，给你上了一份牛肉，然后说：先生，这头牛生前和您一样，也是喝着酒听着音乐长大的，请慢慢品尝。

这种高级牛肉说的正是日本神户牛肉。神户是日本兵库县的首府，神户牛的定义非常严格：必须是纯种的但马牛（Tajima-gyu），出生于兵库县，吃当地的草、喝当地的水长大，一生都在这里度过，并在兵库县的屠宰场里宰杀。神户牛肉必须是神户牛的腿肉，如果是母牛必须未交配过，如果是公牛必须去过势。神户牛肉在售卖时，无论是餐馆还是商店，都必须附带 10 位数字的标识号以表明身份。

2009 年 9 月，人民网上海频道的记者前去日本探访了神户牛成长的牧场，牧场的工作人员解释，在他们的牧场倒没有给牛喂啤酒和听音乐，但在出栏前确实会给牛做全身推拿，"推拿是让它不要紧张，否则对肉质不好。"即使是神户牛的牛肉，如果被检测出肉质没有达到规定的脂肪分布指标和各种营养成分含量，也是不能被称为"神户牛肉"的。肉质能够达标的牛，每年仅约 3000 头左右，每头牛产出的牛肉约 400 公斤。小牛的夭折率较高，约 1/3，这是因为"为了保证血统纯正，它们都是近亲繁殖，所以体质不好，很难养。母牛尤其难养。"

一是质优，二是量少，这使得神户牛肉有时甚至被称为日本的"国宝"。神户牛肉是日本最具标志性的美食奢侈品之一，其价格当然也贵得惊人：平均每公斤3万~4万日元（约合人民币2400~3200元）。此外，神户牛肉直到2012年才首次出口，仅有少量牛肉出口至澳门、香港、美国等地。换句话说，2012年以前，你在中国吃到的任何一份标榜是神户牛肉的牛肉，只能说明或者是店家说谎了，或者是店家违法了。因为自2001年起，中国全面禁止进口日本牛肉，一方面日本不让出口，另一方面中国不让进口，那么中国的餐馆里若有真的日本牛肉，那一定是走私的。如果餐厅里的是真日本牛肉，那么犯了走私罪，是违法的；而如果餐厅里本来是中国牛肉，却冒充日本牛肉，这属于商业欺诈，同样是违法。因此，只要你在中国大陆见到有卖神户牛肉的，不要迟疑，拿起手中的电话报警吧。

2013年2月，CCTV《每周质量报告》调查了上海、北京等地的多家日式料理餐厅，发现不少以神户牛肉作为招牌菜，并声称牛肉都是从日本进口的，其售价折合下来每公斤在两三千元以上。但当记者跟随上海市食品药品监管局的执法人员前去上述餐厅进行突击检查时，工作人员却改口了。2010年9月，厦门工商部门注意到厦门的一些中高档餐厅列出了神户牛肉的菜单，但经过调查，餐厅承认使用的是国产雪龙牛肉冒充的；2013年2月，《重庆晚报》的记者暗访重庆的一家餐厅时也发现有神户牛肉的名号，当地食药监局随后展开调查，发现同样是用雪龙牛肉冒充的。

根据雪龙集团的官方说法，雪龙牛是他们培育出的拥有自主知识产权的高档国产肉牛。"雪龙牛舍的建造，参考国际上先进经验，一边是饲喂设施，一边是饮水设施，雪龙黑牛可以24小时自由采食，在这里雪龙黑牛享受着'贵族'一般的生活，它们听音乐，做按摩，睡软床，吹风扇，吃熟食。"这样的牛肉每公斤约100元。

如果所有卖神户牛肉的餐厅都是用国产牛肉冒充的，那也倒好，只要是在正规市场上买的，一般不会有食品安全问题，只能算是商业欺诈。但问题在于，还真有餐厅从日本走私牛肉。是的，有走私汽车、石油的，竟也有走私牛肉的。2013年2月，在入境检验检疫部门的配合下，《每周质量报告》的记者在上海浦东国际机场进行了实地调查。记者蹲守了当天所有来自日本的航班，白天没有异样，但晚上9点左右，一架来自东京成田机场的航班抵达，记者注意到有两位可疑男子在行李传送带旁晃悠，他们警觉的观察着四周，发现当天检验检疫人员加大了抽检比例，竟丢下6个行李箱，仓皇离去。检验检疫人员检查了行李箱，发现里面装满了牛肉，箱子还具有保温系统。经统计，此次共查获牛肉 20 块，160 公斤，如果这些牛肉顺利出手，最终通过餐厅卖给消费者，能卖到 30 余万元。

走私日本牛肉的现象一直络绎不绝，很重要的原因在于背后巨额的利润空间。上海出入境检验检疫局动植物检疫监管处处长白章红表示，走私日本牛肉的利润在 1000% 左右，"一般来说在日本市场上等级比较高的（牛肉），能够卖到四到五百块钱（人民币）一公斤，但到国内可以卖到两到三千块钱一公斤。"相比之下，风险又很小，根据中国《进出境动植物检疫法实施条例》的规定，未经检疫的动植物不得携带入境，违反者可被处以 5000 元以下的罚款，这样的惩处力度在巨额利益面前几乎毫无威慑力。

如果出售的是走私的日本牛肉，那么日式餐厅就不算欺骗消费者，但这样做，既违反了与走私相关的法律，也可能会引发食品安全问题。我国之所以会在 2001 年禁止从日本进口牛肉，是因为那一年日本爆发了疯牛病，多个国家因此禁止日本牛肉的进口。2010 年 4 月，日本宫崎县又爆发口蹄疫，当地政府估计，需要扑杀的牛和猪数量将超 10 万头，我国一度连日本奶粉都禁止进口。而走私的牛肉是未经国家检验检疫部门检测的，如果走私者购买的是日本正规商店出售的牛肉也还好，万一他们为了贪图更大的利润，购买的是未经日本检验检疫部门检测的牛肉，这疯牛病、口蹄疫的风险可就由中国消费者买单了。

假羊肉

中国有句古话，叫"挂羊头卖狗肉"，用来形容表里不一。在当今的食品领域，这样的现象屡见不鲜，羊肉也是重灾区。只不过古代挂着羊头，卖的还是狗肉，而现在卖的却是莫名其妙的肉。2013 年 5 月，公安部发布了"打击食品犯罪保卫餐桌安全"专项行动的成果，并列举了 10 起肉制品犯罪典型，其中一起便是江苏假羊肉案。此案共抓获犯罪嫌疑人 63 名，查获黑作坊 50 余处，现场查扣制假原料、成品、半成品 10 余吨。

经调查，制假商贩卫某自 2009 年起，购入狐狸、水貂、老鼠等未经检验检疫的动物肉制品，添加明胶、胭脂红、硝盐等制作成假羊肉销售，案值过 1000 万元。羊

肉竟是鼠肉冒充，消息一出，举国震惊，也成为全球媒体关注的新闻，《纽约时报》、《今日美国》、BBC 等均有报道。不过之后 CCTV 的记者采访卫某时问："你们是不是用老鼠肉作为制造假羊肉的原料？"卫某的回答是："没有没有，这个我敢保证，绝对没有老鼠肉。他们拿过来的就是这种狐狸肉，全是瘦肉，这个我以人格担保，绝对没有。"警方则表示在现场查抄时确实没有发现老鼠肉，但审讯时个别犯罪嫌疑人供述曾使用过。

据卫某的交代，制假用的狐狸肉大都来自山东，山东有许多养殖户养狐狸，主要是为了得到狐狸的皮毛，剩下的狐狸肉会廉价出售。有不法商贩在山东收购狐狸肉转手卖给制假商贩，制假商贩再将其制成假羊肉出售至江苏、上海等地。上海市食品安全监管部门闻讯后跟进调查，查明有 9 家个体小熟食店涉嫌销售卫某的假羊肉，查处问题羊肉制品共计 70 余公斤。另外，还查出一些火锅店供应掺假的羊肉片，DNA 检测结果表明，这些羊肉片中含有猪肉和鸭肉的成分，不过其中羊肉比例有多少却没有检测出来。上海市浦东新区食药监所长助理周璇表示："现在检测技术只能对成分做定性分析，定量还做不到。"

用狐狸肉冒充羊肉不仅是商业欺诈，而且也有食品安全隐患。倒不是说狐狸肉有毒不能吃，最主要是因为将狐狸肉制成假羊肉再到餐桌，整个过程是没有经过任何检验检疫的。如果狐狸染病了，或者吃了不干净的食物，可能会将毒素传递给消费者。如果是正大光明的出售狐狸肉，保障消费者的知情权，且通过了相关部门的检验检疫，这种狐狸肉但吃无妨。同样，南方有些地方也有吃老鼠肉的习惯，老鼠肉不是不能吃，但如果黑作坊用老鼠肉制成假羊肉，绕过了所有监管程序，那么这样的老鼠肉可能会对消费者的健康造成威胁。

2012 年 5 月，北京协和医院急诊室医师于莺（2013 年 6 月，于莺从协和医院辞职）发布了一条微博："一患者皮下瘀斑、血尿、流鼻血不止来急诊，查凝血功能严重异常，怀疑鼠药中毒，抽血留尿送检 307 医院毒物筛查，证实鼠药中毒。但患者断定绝无别人投毒可能。仔细询问病史，之前曾吃过街边烤的肉串！有的不良商贩拿死耗子、死猫、死狗做羊肉串，殊不知这些动物可能死于鼠药，人吃后，竟然间接鼠药中毒。"这条微博迅速引发热议。

华南农业大学动物科学学院首席专家毕英佐教授表示："如果老鼠是被毒鼠强之

类的剧毒药物毒死的，人吃了这样的老鼠肉做的烧烤，是有可能中毒的"，而且"如果用死猫、死鼠肉做烧烤，即便经过高温，也不能确保这些肉的安全，高温最多只能将这些肉表面的微生物和病毒杀死。"

于莺随后作出澄清，称"烤串吃成鼠药中毒是个案，没必要质疑整个烧烤业。"也许确实如此，但把猫肉狗肉制成假羊肉似乎已是业内传统。早在 2006 年 6 月，《东南快报》的记者卧底福州街头的烧烤摊时，就得知"把猫肉当羊肉卖，这个在'业内'不算秘密。"烧烤摊主还面授机宜："应该先用羊骨头等杂骨炖一锅'杂骨汤'，让羊肉的味道进入肉汤之后，再放入猫肉，这样猫肉就能沾上羊肉味。"

除了老鼠肉、猫肉、狗肉，被用来冒充羊肉还可以是鸭肉或猪肉。2012 年 3 月，《德州晚报》的记者经过调查走访，发现德州市面上的低价羊肉卷存在不少问题。记者辗转找到一位以前开过火锅店的老板，老板表示"一些不正规的火锅店用掺假羊肉早就不是新鲜事了"，"不法商贩为了让鸭子肉或者猪肉等便宜肉类的味道像羊肉，会把这些肉长时间在羊尾油里浸泡。更有不法商贩为了方便和减少成本，直接用羊尿来泡制，就是为了追求能有羊肉的膻味儿。"

2013 年 5 月，有记者注意到市场上有一种极便宜的肉制品，外包装上贴的是羊肉卷或小肥羊，但实际上装的是用鸭胸脯肉加上羊尾油制成的复合肉卷。调查发现，为了降低成本，一些厂商还会往鸭肉里注水，但水分容易流失，所以会加入保水剂。保水剂通常是几种磷酸盐的混合物，如果是食品级的话，在国家标准内使用是无害的。但就怕不法商贩或者不用食品级的保水剂，或者超量使用，那便可能带来危害。上海市食品研究所技术总监马志英表示：如果超量会"对人体钙的吸收有影响，可能会造成钙的流失。"复合肉卷在市场上比较普遍，摊主们告诉记者"售价在每斤20 元以下的，基本都是混合肉卷，多多少少都混了其他肉。"羊肉造假是暴利，近年来，真羊肉的价格一路飙升，2013 年时已近 50 元一公斤，一吨差不多得 5 万元，而假羊肉则不到 1.5 万，如果用狐狸肉等则更低。

混合肉卷其实本身并未被法律明令禁止，专家称《食品安全法》规定了这些肉类必须经过检验检疫合格后才能食用。此外，根据国家标准 GB 7718《预包装食品标签通则》，产品标示必须明示配料，即产品由什么东西加工而成，要在配方表中标明。凡符合这两点要求的肉类都是可食用的。上海市食安办副主任顾振华表示，将合格的猪肉、

鸭肉、鸡肉混合起来加工成薄卷，这种做法本身并没有问题，可以产销，"但'混合肉卷'如隐瞒原料、配料，借其他身份混上餐桌，就涉嫌欺诈消费者；如原料未经检验检疫，或产品在生产加工过程中违法添加物质，更是涉及食品安全的大事。"

黑作坊生产的"混合肉卷"会通过小熟食店出售，但并不是说大超市就一定安全。据上海电视台报道，执法部门与媒体联合抽检了上海各大超市销售的冷冻羊肉卷，结果发现其中一家公司生产的雪花羔羊肉片羊肉含量竟不到5%，但其外包装上只标明产品成分为羊肉。而这样的羊肉片在包括卜蜂莲花、乐购等多家大型超市均有销售。但卜蜂莲花叫冤，并表示2013年1月曾送检过羊肉片，检测报告证明羊肉片是合格的。对此，有专家表示，"目前，超市对相应产品进行检验时均是批次检验，不是批批检验"，"送检的那批肯定没问题，卜蜂莲花送货的过程，送检的这批和销售的那批可能不是同一批，这样的状况在超市里面很正常。"

大超市还会出现另一种"挂羊头卖狗肉"的情况，即专柜销售。消费者不管在超市哪个专柜购物，都只需在统一的收银台付费，这造成了超市是一个整体的假象。事实上，不少超市都采用"承包制"来管理专柜。比如销售生鲜产品，看上去是在超市的一角，但其实销售者与超市并无从属关系，是独立经营、独立进货的。消费者很难看出差别，会误以为都是一家。而如果专柜私底下做一些以次充好的小动作，则会使超市的供应链监管出现漏洞，消费者也更容易上当受骗。

> **小贴士**
> - 价格便宜的牛肉可能是经过"牛肉膏"加工处理后的猪肉或鸡肉，对于没有经验的消费者，这种肉在外形、颜色和口感上几乎与真牛肉一样。
> - 价格便宜的牛肉丸中可能掺杂了猪肉或鸡肉，因为看不出食物原材料，一般很难识别。
> - 如果牛肉看上去细嫩，摸上去不粘手，用吸水纸贴上去会很快被水浸湿，则可能是注水牛肉。
> - 价格便宜的羊肉串可能是用猫肉狗肉制成的。
> - 价格便宜的盒装羊肉卷可能是用其他动物的肉加上羊油制成的复合肉卷。
> - 中国大陆地区任何一家餐厅声称有日本神户牛肉出售，都是骗人的。

猪肉

瘦肉精

故事

许多年后，当迪米特里·奥恰洛夫（Dimitrij Ovtcharov）看到有运动员因药检不达标而被禁赛的新闻时，他一定会想起自己在苏州某五星级酒店里大快朵颐的那个遥远的下午。

奥恰洛夫是一名出生于乌克兰基辅的德国乒乓球运动员，曾获得过 2010 年欧洲超级杯男单冠军，是德国乒乓球队的国手。奥恰洛夫在 2012 年伦敦奥运会上击败了中华台北的庄智渊，获得季军，凭此他在国际乒联的世界排名跻身为第 9 位。被认为是欧洲在继瓦尔德内尔、萨姆索诺夫和波尔之后，最有希望的新星。可是你知道吗，差一点，这位新星就名誉扫地，与美好前程擦肩而过，成为德国体育界最冤的"窦娥"之一。这一切的转折，发生在中国苏州。

2010 年 8 月 23 日，奥恰洛夫在德国家中接受了例行的药检，结果呈阳性，其中违禁成分是盐酸克伦特罗（Clenbuterol Hydrochloride，又称克伦特罗），一种合成代谢类固醇，有兴奋剂的效果。根据德国乒协的规定，他将面临两年的禁赛期，正好会错过 2012 年奥运会——对于多数职业运动员而言最有影响力的舞台，这样的处罚对于运动员是极其残酷的。奥恰洛夫坚称自己绝对没有主动服用过兴奋剂，强烈要求进行 B 瓶测验以证清白。他还暗示，克伦特罗是瘦肉精的一种，而他此前一周正好在中国参加比赛，并吃了不少当地的肉，也许是因为饮食不干净导致的。他参加的比赛是 2010 年中国乒乓球公开赛（8 月 18 日至 22 日），在苏州举行。对此，赛事的主办方苏州体育局的副局长龚冀铭表示，"中国公开赛期间，苏州方面对运动员的餐饮卫生把关很严，卫生检疫部门全程介入，所在酒店的餐饮肯定没有问题"，并反问"如果我们的餐饮有问题，为什么其他选手没事，偏偏奥恰洛夫出事了呢？"

掷出窗外 面对食品安全危机
你应有的态度

2010 年 9 月，B 瓶的药检结果出炉，仍然呈阳性，德国乒协的处罚几乎是板上钉钉了，因为根据规定，不管是主动还是被动服用兴奋剂，都要被禁赛。这一结果让奥恰洛夫很绝望，对一颗冉冉升起的新星而言没有什么比错失奥运会的打击更大了，何况还是以最让运动员不齿的罪名。好在天无绝人之路，当时奥恰洛夫为证清白，送检的还有头发。10 月，头发的检测结果发布，呈阴性，不含克伦特罗，而长期服用兴奋剂的运动员，头发中必然会含有。此外，与奥恰洛夫一同到苏州参加中国公开赛的德国队教练、理疗师等四人，尽管尿样不呈阳性，但同样查出有微量克伦特罗。这进一步证明，确实是通过不洁净的食物导致的，只是奥恰洛夫吃的多一点而已。鉴于此，德国乒协和反兴奋剂协会决定解除对奥恰洛夫为期两年的禁赛。国际乒联主席也表示，因为程序正规，有说服力，因此尊重并认可德国乒协的决定。大难不死必有后福，在一个月后举办的 2010 年欧洲超级杯中，奥恰洛夫发挥神勇，获得冠军。

这算是一个皆大欢喜的结局，但如果硬要说有人不高兴的话，那应该是苏州体育局的龚局长和奥恰洛夫在苏州时住的五星级大酒店了。龚局长之前还表示"即使是因为吃了不干净的肉类，那也不会是在组委会指定的酒店"，但德国队一组五人同时中招，除非他们在比赛期间集体外出吃过饭，否则应该就是酒店的问题了。心有余悸的奥恰洛夫在事后接受采访时表示感到后怕，并直言以后再来中国都不敢吃肉了，"我想到时候我一定要管住自己的嘴。"有了德国人的前车之鉴，法国人学聪明了，2011 年 4 月 17 日，法国反兴奋剂机构发表声明，要求"所有法国运动员到中国参赛不得食用肉制品，因为食用中国肉制品容易被检测出兴奋剂含量。"此前一个月，德国国家反兴奋剂机构也向该国运动员发出警告，要求他们"对中国当地食品保持谨慎的态度"。一时间，中国的瘦肉精问题"名扬四海"。

被瘦肉精困扰的不只是外国运动员，中国运动员同样会中招。教训是惨烈的：2008 年 5 月，北京奥运会前夕，被寄予厚望的中国游泳健将欧阳鲲鹏尿检未通过，被查出含有违禁成分盐酸克伦特罗。此前北京奥委会承诺将举办一届"最干净"的奥运会，国家体育总局颁布了对使用兴奋剂的《从严从重处罚条例》，表示不管是主动还是被动服用，均将严惩。被称为中国仰泳第一人的欧阳鲲鹏随后遭中国泳协终身禁赛，而他的主管教练冯上豹，也被终身取消教练员资格。欧阳鲲鹏的辩解是在休假期间，他和家人聚餐吃烧烤，因此摄入大量瘦肉精。中国反兴奋剂委员会主任杜利军对此的回应是，即使是误服，也不做考量，因为"运动员要对自己一切行为负责。"

同样不幸的还有周蜜。周蜜曾是中国国家女子羽毛球队的成员，与张宁、谢杏芳、龚睿那并称为中国羽坛的四朵金花，年仅 22 岁便世界排名第一（2001 年），并在第二年蝉联。2006 年，周蜜加盟香港羽毛球队，2 年后再次登上世界第一的后座。然而 2010 年 6 月，周蜜接受世界反兴奋剂组织（WADA）的飞行药检（不固定药检）时，尿检被测出含有克伦特罗。世界羽协随后作出禁赛 2 年的判罚，这不仅使她错失 2012 年伦敦奥运会的机会、基本宣告其职业生涯的结束，也使她名誉扫地。

周蜜在新闻发布会上坚持自己是无辜的，她在此前的新加坡、印尼公开赛期间曾生病，在当地药店购买过感冒药。她先是认为可能因此摄入违禁药物，但相关药物送检后发现并无克伦特罗成分，世界羽联并未采信，维持原判。后来她回忆起，感冒之后她想吃粥，便未在香港队的食堂就餐，而是自己去市场上买了一点猪肉，"我自己熬粥、煲汤，想补一下，可能是这个原因导致尿液呈阳性，没想到猪肉会带来这样的影响，直到我出事后的两个月，我才知道猪肉这么危险。"

世界羽联的判罚已无法撤销，周蜜只能自证清白。她做了两件事情：一是禁赛后为保留证据，她一直没有剪头发，并将头发样本送往香港城市大学检测，发现其中的克伦特罗仅 12.4 皮克，专家认为，如果是刻意服用克伦特罗，这一数值应至少在 50 倍以上。另一件事是她当时说"为了证明我的清白，我会尽快生一个孩子，因为没有任何服用兴奋剂的人敢这样做"，她也确实这样做了，4 个月后，她与男友结婚并怀上宝宝。中国羽毛球队总教练李永波曾对此事有过评论："对于羽毛球运动员来讲，兴奋剂的确是起不了作用，因为羽毛球不是单纯的体能项目，还有技术含量，要求非常精确的，是靠的每天每分每秒训练积累的技术运动。吃了兴奋剂老把球打出界比较麻烦。"种种证据表明，周蜜被冤枉的可能性较大。害了她前程的，多半是那块来历不明的猪肉。

在运动员体内查出的违禁药物克伦特罗是瘦肉精的一种，之前曾在中国畜牧业大规模使用。人一旦吃了用含瘦肉精饲料喂养的猪，这一药物会通过猪肉传递到人身上来。之所以说吃肉导致尿检被查出有盐酸克伦特罗而遭禁赛的运动员值得同情，是因为对人类而言，盐酸克伦特罗其实并不算一个效用很好的兴奋剂，而且极易被检测出来。如果存心要服用兴奋剂作弊，当下的生物科技如此发达，运动员必然会选用更有兴奋效果、更不易被检测的兴奋剂。也许当奥恰洛夫被指控服用盐酸克伦特罗作为兴奋剂时，他私下里会觉得这一指控不仅侮辱了自己的清白，也侮辱了自

己的智商：身为德国国家级运动员，德国又是医疗水平极高的国家，居然会用这么原始和粗糙的兴奋剂，想想都不合常理。

有了这些先例，也就无怪乎 2011 年 4 月，第 14 届国际泳联世界锦标赛在上海举办在即，在国家游泳队举行的世锦赛动员大会上，游泳中心负责人会向运动员喊话："若哪位队员被发现外出就餐，将被取消参加世锦赛的资格。"这样的警告写在电视剧里都没人信，但却实实在在的发生了。更戏剧性的是，在世锦赛开赛前，组委会为参赛人员起草了一份后被称为"史上最难堪"的安全用餐指南。在该指南中，列出了一组上海餐馆的名单，认为其可以为参赛运动员提供安全的食品，并建议不要去名单之外的餐厅吃饭，以免毁了自己的运动生涯，然而名单上仅仅只有区区 15 家。如果说这样的讽刺还有更高潮的情节，那一定是下面这个。2012 年 7 月，在宁波北仑举行的世界女排大奖赛总决赛，中国队 0：3 负于美国队。赛后接受媒体采访时，中国女排的主教练俞觉敏反思落败的原因，称女排发挥失常与三个星期没有吃肉有密切关系，"因为害怕瘦肉精，我们出来比赛是不敢吃肉的，这回是三周时间（期间女排辗转澳门、佛山和漯河参赛）。回到北仑之后，我们才开始吃肉。"这一消息传出后，听者无不啼笑皆非。

把比赛失利归咎于没有吃肉当然匪夷所思，但这并非空穴来风。瘦肉精在中国有多普遍呢？除了上面天方夜谭般的故事，体育界又给了我们一些例证。2012 年 1 月，国家体育总局出于对瘦肉精的担忧，曾下发了一则"禁肉令"："一是禁止运动员在外食用猪牛羊肉，二是各训练基地在未确保肉食来源可靠的情况下，暂停食肉。"但没有想到可靠的肉源竟如此的少，以至于水上中心保障部副部长李仲一曾忧心忡忡的表示，水上中心在全国各地的 196 名运动员已"断肉"了 40 天，只得靠蛋白粉、带鱼来补充蛋白质，甚至"春节期间吃的都是素馅饺子。"刘翔的家人早先也曾对媒体透露，"考虑到瘦肉精等问题，刘翔已经多年不大吃猪肉。"天津柔道队更是"一朝被蛇咬，十年怕井绳"，竟开始自己养猪。猪圈就在训练基地的仓库，柔道训练馆和食堂中间，队员训练结束后常去猪圈喂猪。还有，在丽江训练的马拉松国家队在训练基地里圈了一块地，自己养鸡。一时间，运动队俨然兼职了生产队。

运动员这般提心吊胆，普通消费者又能好到哪里去？运动员不能吃市面上的猪肉，是因为他们要不时的接受药检，即使食用了少量的瘦肉精也会被发现。但普通消费者一来没有条件进行这样的检测，二来即使发现了也很难看到瘦肉精对自己造成的危害，因此不会太在意。所以说不是运动员比普通消费者更容易受到伤害，而是普通消费者受到伤害后更不容易察觉。瘦肉精对人体的危害是累积式的，除非一次摄入大量的瘦肉精引发急性中毒，症状明显才会去就医，否则通常都当作没事，但久而久之，便慢性中毒了。

介绍

"瘦肉精"到底是何方神圣，有何功效？为何如此普遍，又为何令人谈之色变？瘦肉精是一类化合物的通称，这类化合物被称为乙型交感神经受体致效剂（Beta-adrenergic agonist，有时简称为 β–兴奋剂），作用在动物体内能快速促进蛋白质（瘦肉）沉淀、脂肪（肥肉）分解。瘦肉精有很多种，在中国，消费者听到最多的是克伦特罗，这其实只是瘦肉精的一种。克伦特罗本来是一种哮喘药，但后因副作用明显而被禁用。20 世纪 80 年代，美国一家公司意外发现，克伦特罗加入饲料后能提高猪、牛的瘦肉转化率。90 年代时克伦特罗被引入中国，并当作神药广为使用，直到 1997 年因为引发多起食用者中毒事件而被国家明令禁止。但因为能牟取暴利，不少不法商贩仍在私下使用，所以瘦肉精一直泛滥至今。

需要厘清的一个概念是，并非所有的瘦肉精在所有国家都是全面禁止的，比如莱克多巴胺（Ractopamine）也是瘦肉精的一种，但在部分国家（如美国）是被允许使用的（详见本书第 2 章第 1 节）。不过臭名昭著的克伦特罗确实有害，在本节的讨论，如无特殊说明，瘦肉精一词仅指克伦特罗。在中国大陆的不少民众和媒体眼中，瘦肉精即克伦特罗，这种观点不够严谨。比如在台湾，瘦肉精通常是指莱克多巴胺。2012 年 7 月，台湾通过《食品卫生管理法》修正案，允许进口的美国牛肉中含有适量的莱克多巴胺。所以如果看到台湾允许含瘦肉精的肉在市场上销售的新闻，请不要误会。

克伦特罗是第一代瘦肉精，会在猪、牛等家畜体内留有大量的残留，并传递到食用者身上。如果一次性摄入过量的克伦特罗，则会引发急性食物中毒，症状包括心悸、心跳过快、头晕、乏力、四肢肌肉颤动甚至不能站立等等，严重者如果抢救不及时可能会因心律失常而猝死。对于心律失常、高血压、糖尿病和甲状腺机能亢进等患者而言，食用含克伦特罗的猪肉则更容易导致病发。这也解释了为什么有一段时间克伦特罗可以作为哮喘药出售，但却在猪肉中禁止使用。因为如果是作为药

物，医生在开药方时会详细询问病史及过敏药物，可以有针对性的绕开敏感人群，并会有剂量的限制。但食品不一样，吃的人并不会刻意的去避免，这意味着对食品应有更高的安全食用标准。

鉴别

为避免误食瘦肉精，应该如何辨别呢？用瘦肉精饲养的猪，脂肪少瘦肉多，对于活猪而言，有两大特点：一是其有着独特的形体特征：屁股大、腹部紧、肌肉多；二是其行动不便，通常不能爬坡，因为瘦肉精喂大的猪，肉质疏松、站立不稳，如果爬坡的话容易因肌肉压迫而蹄裂。

但多数消费者并不是购买活猪，而是在超市或菜市场购买屠宰好的猪肉，那怎么办？首先可以观察猪肉上是否盖有检疫印章和检疫合格证明，虽然也有新闻称印章和证明也可以伪造，但有总比没有好。在质感上，含瘦肉精的猪肉与正常猪肉有明显的区别：最鲜明的特征是脂肪很薄，通常不过 1 厘米；肉质很软，切成二三指宽的猪肉都站立不起来；此外，在肥肉与瘦肉间会有黄色液体流出。色泽上也有差别：含瘦肉精的猪肉色泽鲜艳，颜色鲜红，但纤维疏松，且会有少量"汗水"。正常的猪肉为淡红色，弹性好，肉面不"出汗"。当然，这些方法只能进行简单和初步的判断，科学的方法是利用化学药剂或送专业机构检测。比如可以用 pH 试纸，正常鲜肉一般是中性或者弱碱性，随着时间的延长 pH 值下降，1 小时后约为 6.2 左右。但含瘦肉精的肉则偏酸，pH 值明显低于正常值。

还有部分消费者既没见过猪跑，也没有见过生猪肉。他们对猪肉的全部理解是在端上餐桌之后，那就真没辙了。如果是上桌了，其实基本上是分不大出来哪些含瘦肉精，哪些不含。这个时候，只能自求多福了。

事故

中国媒体报道的最早一次因克伦特罗而引发集体中毒的事件发生在香港。1998年 5 月，在回归还不到一年的香港，有消费者因为食用了大陆供应的猪内脏而导致食物中毒，而且一次就有 17 位受害者。香港舆论哗然，媒体竞相报道，引发巨大反响。因为事涉重大，影响恶劣，此事引发高层关注，很快国家出入境检验检疫局发出《关于加强供港活猪检疫工作的通知》，规定对所有供港生猪进行严格的 β - 兴奋剂尿样检测制度。此后，除 2000 年 10 月又一次有 57 人集体中毒外，直至今日，香港也再没有出现过因为瘦肉精而引发的食物中毒事件。

说来奇怪，1998 年之前，瘦肉精早在中国大陆被广泛使用，但却几乎没有关于瘦肉精导致食物中毒的新闻报道。而食物中毒事件被香港媒体曝光之后，大陆因瘦肉精食物中毒的新闻才开始多起来。可见并非是大陆人体质天生抗毒，多半是之前即使有食物中毒，医生、媒体也都没有往瘦肉精上去想。目前被认为是中国大陆第一例媒体曝光瘦肉精食物中毒的案例发生在 1998 年的广州，受害人是王小姐一家五口。他们家 2 个大人，3 个儿童在食用过菜市场购回的猪肝后不同程度的头痛、手脚发抖，医生诊断为"怀疑化学性食物中毒"。王小姐自行将吃剩的猪肝送往广州市防疫站检测，结果显示确实含有克伦特罗。此后，因克伦特罗引发的急性中毒事件在中华大地上频频曝光，消费者闻之色变。比较有名的事例包括：

2000 年 4 月，广东省惠州市博罗县龙华镇有 40 余人因聚餐食用含瘦肉精的肉制品而集体食物中毒。

2001 年 8 月，广东信宜发生特大瘦肉精中毒事故，有 530 人被紧急送医，中毒者多是镇上西江中学的学生。这次事故也是目前为止，一次性中毒人数最多的一起。

2001 年 11 月，广东河源发生了大规模瘦肉精中毒事件，有 484 人中毒。此事引起高层高度重视，国务院领导还曾作过重要批示。

2004 年 3 月，佛山市近百名群众中毒，中毒源是瘦肉精。而且，据当地镇政府办公室负责人的介绍，涉事猪肉来自外地，但经过了当地检疫站的检查。

2006 年 9 月，上海连续发生瘦肉精中毒事件，共有 9 个区超过 300 人中毒。因为事故发生在上海，迅速引发全国关注。调查显示，涉事猪一共有 189 头，来自浙江。但这些猪动物产品检疫症、非疫区证明、运载工具消毒证明三证齐全。上海的食品监管部门解释，对猪肉的管理还是沿用的 20 世纪 50、60 年代的兽医卫生检验，并未将饲料添加物的残留纳入强制性检验的范围。

2008 年 11 月，嘉兴市中茂公司 70 名职工因在公司食堂吃过午饭后出现食物中毒症状，集体入院治疗，后确诊为食用了瘦肉精。

2009 年 2 月，广州市爆发大范围瘦肉精集体中毒事件，累计发病人数超过 70人。后被查明是外省的生猪养殖户伪造检疫合格证通过非法渠道进入了零售市场。

2011 年 3 月，CCTV "3·15" 节目曝光河南双汇集团 "瘦肉精" 问题，引发公

众热议甚至产生了恐慌情绪。涉事的济源双汇全面停产整顿，双汇牌肉类产品，尤其冷鲜肉产品被部分超市下架。

......

从这些事例中可以看出，瘦肉精几乎遍布各处：这些事故有的发生在学校食堂，有的在公司食堂，有的在自己家里，有通过了检验检疫的，有冒充通过了检验检疫的，有大品牌，有小区旁的集市，有在小镇，有在大都市，有猪肉，有牛肉。可以说，无处不在，防不胜防。而更让人揪心的是，瘦肉精只有在人体内积累到一定量时，才会产生明显的反应。所以上述事故是因为在短时间里食用了超量的瘦肉精才被发现的，但是，如果瘦肉精的剂量不是那么高，克伦特罗又不是很容易就被人体排出，这样日积月累，慢性中毒，等最后病发时，就已经迟了。而且即使得病了，也还摸不着头脑，不知病从何处来。可悲可叹。

另外，瘦肉精也会被用于喂养肉牛，使得牛肉也可能含有瘦肉精。2012年8月，湖南株洲一小区里有85人因食用在市集上购买的牛肉而出现中毒症状。后经湖南省卫生厅食品安全综合协调处调查，这是一起食用含有克伦特罗的牛肉引起的食物中毒事件。

病死猪

2013年2月25日，李安凭借影片《少年Pi的奇幻漂流》获得第85届奥斯卡最佳导演奖，成为唯一一位两度在电影界的最高领奖台上折桂的华人导演，这也让这部内涵颇深的电影再度成为世人讨论的焦点。谁也没有想到，仅仅一个月之后，在上海，这个常被戏称为"魔都"的城市，黄浦江上上演了一出3D版的《少年Pig的奇幻漂流》：成千上万头死猪漂浮在水面上沿江而下，绵绵不绝。这出戏直到3月底才落幕，据统计，一共打捞起死猪10395头。

此前北京重度雾霾，PM2.5数值数度爆表，大白天上街也有云里雾里的感觉，上海人打趣道：北京好啊，一开窗就可以吸免费的烟。这下北京人开始回击上海人了：还是上海好啊，一开自来水龙头就可以喝免费的猪肉汤了。因为事发上海，而且极为蹊跷，此事引发了国际媒体的关注，BBC、VOA 进行了持续的追踪报道。美国著名的脱口秀主持人杰·雷诺（Jay Leno）在 NBC 上吐槽说："黄浦江上飘着上万头死猪，官方怀疑是上游农民把病死的猪扔进了江里，或者是有人在玩世界上最大的"愤怒的小鸟"游戏，我不确定到底是哪个原因。"最讽刺的是，就在 3 月底，上海突然爆发 H7N9 禽流感，随后扑杀了大量的活禽，看上去还真是"愤怒的小鸟"的节奏。

黄浦江死猪漂流事件后来成为悬案，上海认为是来自嘉兴，但嘉兴政府认为不一定，最后也就不了了之。但有一点是肯定的，确实是上游的农民将病死猪抛入河道，死猪顺水而下飘入上海。这些死猪还一度引发上海市民的恐慌，因为从未在黄浦江上见过这么多死猪，人们纷纷猜测这些猪可能是得瘟疫而死，或者是被有机砷添加剂毒死的，死猪会污染水源，大家喝了江里的水会不安全。不过上海水务部门一再表示，上海的饮用水水质未受影响，符合标准，因此供水并未停止。

好消息是，经过卫生部门的检验，这些猪大都死于猪圆环病毒：一种常见的病而非瘟疫，且只传猪不传人。嘉兴方面也表示，生猪养殖有较为固定的病死率，今年并未出现大的波动。那么人们不禁要问：既然如此，为什么偏偏是今年死猪飘到了上海，为什么前几年相安无事呢？后来有心人发现，问题的答案原来在半年前就公布了。

黄浦江死猪漂流事件半年前，2012 年 11 月，《法制日报》刊登了一篇新闻：《3人屠宰死猪 7.7 万余头被判无期徒刑》。文章称嘉兴有一个 17 人的团伙制售死猪肉，2009 年至 2011 年间共屠宰死猪 7.7 万余头，销售金额累计达 865 万余元，法院以生产、销售伪劣产品罪判处为首的 3 人无期徒刑。现在看来，正是这一判罚极大的威慑了当地的死猪交易贩子，效果相当明显，而因为没有人敢贩卖死猪，农户家养的猪病死后，如不方便无害化处理，就只好抛入河里了。2013 年 3 月，在接受《中国企业家》记者的采访时，嘉兴的一位餐饮老板一语道破天机："死猪会用小面包往上海运，比较容易伪装，用木板在后面打上隔层，一车能拉七八头，一般不会有事情，如果碰到检验检疫的人，干脆把车一扔，跑路"，"你们上海人以前不知道吃过多少死猪，你们自己不知道而已。"

这是一个令人哭笑不得的消息：往好处想，今年黄浦江上飘的死猪并不是因为

瘟疫，因此不必过于恐慌；但另一方面，这就意味着其实每年大概都有这么多猪病死掉，但这些病死猪经过死猪贩子的处理，进入超市或菜市场，最后上了餐桌，吃进我们的肚子里了。因为一年前死猪贩子被抓住判刑了，所以这些死猪今年没卖出去，只好在河上飘了。黄浦江死猪漂流事件本来是个水污染的议题，但却意外的揭开了食品安全问题的冰山一角。

在养殖行业里，正常情况下，不遭遇灾害或瘟疫，生猪的死亡率在3%左右，仔猪高一些，在10%左右。此外，大规模养殖的死亡率要低于散养。根据国家统计局的数据，2012年，中国生猪出栏量近6.96亿头。即使按最低的3%来算，中国一年的病死猪也高达2100万头，若再加上仔猪，可能会翻番甚至更多。这么多死猪，怎么办？根据《动物防疫法》规定："病死或死因不明的动物尸体不得随意处置，违者可处3000元以下罚款。"根据农业部2006年发布的《病害动物和病害动物处理产品生物安全处理规程》："病死或者死因不明的动物尸体，需要进行无害化处理，即用焚毁、掩埋（深度不少于1.5米）等多种方法处理。"无害化处理是为了彻底消灭动物尸体上可能携带的病毒、细菌。

实际情况如何呢？如果严格按照国家规定，大规模生猪养殖的地方要修建无害化处理池。处理池一般是一个封闭的水泥罐体，100立方米左右，常被猪农戏称为"水泥棺材"。处理池高出地面约半米，两端有投猪口，口上用铁板盖住并上锁，池子里盛有氢氧化钠（NaOH），通过厌氧发酵技术处理死猪。使用时，打开铁盖，将猪投进去即可，一般消解一头猪需要一年时间。养猪大户通常自己建造处理池，自给自足。散户自己建不划算，便付点钱让附近公家的无害化处理站来处理，一般一头死母猪的处理费在100元左右，肉猪20元，仔猪不收，由散户自行处理。

根据2012年4月农业部发布的《关于进一步加强病死动物无害化处理监管工作的通知》，各地有不少对病死猪无害化处理的补助政策，一般规模养殖场内一头病死猪无害化处理的补助是80元。但存在两个问题，一是这补助不是直接到农民手里，需要层层审批，能拿到多少或者能不能拿到都是两说；二是政策对"规模化养殖"的标准是年出栏50头以上，多数散户达不到这个标准，因此没有资格领取补助。

散户猪农养的猪病死了，本来就在经济上承受了损失，如果要按照国家规定进行无害化处理，还需要增加额外的支出。死猪贩子见缝插针，他们游荡在各个村子，给猪农留下手机号码。当猪农有死猪后，一个电话，他们就会上门来收猪。收购的价格是极低的，一斤一元，一整头猪不过百十元。但对于散户而言，省钱省事省精力，还能有一些额外收入，因此也很积极。之前被判刑的嘉兴死猪贩子团伙，他们收购了死猪，经地下屠宰场加工后，将三成好肉七成死猪肉混搭再低于市价两三元销售，以牟取暴利。当这些死猪贩子被处以重刑后，其他人不敢顶风作案，散户的死猪没地方卖，交给无害化处理站又不舍得花钱，觉悟高点的就挖坑掩埋，觉悟不高的就直接抛到江里，这些死猪便"烟花三月下魔都"了。

死猪抛江并非仅出现在长三角，同样在 2013 年 3 月，湖南株洲市三门镇的村民发现通往湘江的泄洪渠上飘着不少死猪，而且越来越多，一天就有近百头。这些死猪大都被浸泡得发胀了，散发着恶臭，周围环绕着不少苍蝇。当地的村民介绍，近几年来一直有死猪漂过，如果不打捞的话，死猪会顺水漂入湘江。当地水务部门似乎对此见怪不怪，这几年来，媒体没曝光，他们也听之任之。三门镇位于株洲市饮用水源保护区的上游，死猪可能经此漂进市里，但同上海一样，株洲自来水公司新闻发言人也表示："无论是进厂的水还是出厂的水，水厂的水质都合乎国家标准。"株洲死猪的来源与上海一样，也是上游的猪农将死猪抛入江中。根据养殖行业的常识，每年的病死率波动不大，但前几年江里的死猪没有这么多，那些死猪，是被无害化处理了呢，还是上了消费者的餐桌？这就只有天知道了。

中国每年至少有 2100 万头病死的猪，即使只有 1% 不是经过无害化处理而是进入了菜市场，也有 21 万头之多，何况这已是极乐观的推测了，这确实是个严峻的问题。

为什么对死猪肉上餐桌要如临大敌呢？答案显而易见。猪，一般是不会寿终正寝的，要么会在正当壮年时出栏，被送去屠宰场，要么在此之前病逝，所以死猪一般都是病死的猪。得病而死体内自然会有病菌，人吃了病死的猪，病菌、寄生虫就有可能转移到人身上。病死猪肉中潜伏的病原微生物中有一些是人畜共患病原，人接触后也容易引发感染而得病。比如猪链球菌病，人感染的话，严重的可能会引发中毒性休克，甚至脑膜炎等等。此其一，病死猪的生物性危害。其二，药物残留危害。病猪不会一病即死，猪农总会先进行药物治疗，这就使得病死猪肉中药物残留量较大，比如抗生素等。另一方面，为除去病死猪的异味，不法商贩还会用化学药品浸泡，人长期食用后容易诱发癌症。

鉴别病死猪肉的常规办法是观察。猪病死后再屠宰与活猪屠宰肉质会有明显的差别：一是猪肉的放血程度。病死猪肉因为是在死后宰杀，放血不良，肉呈暗红或黑红色。瘦肉切面可看到暗红色的血液浸润区，会有血珠渗出。二是宰杀口切面平整，杀口不外翻，周围组织的血液浸染现象没有或不明显。三是死猪会有血液沉积的现象，在猪肺、肾及躺卧一侧的皮肤及皮下尤为明显。四是多数因传染病而死的猪，其皮肤、皮下组织常有不同程度的病理变化，如淋巴结出现水肿淤血或出血等。

这些对于有较长购物经验的消费者而言还算有指导意义，但对于新手效果不明显。另外也有不法商贩深谙消费心理学，他们知道顾客喜欢买鲜红色的猪肉，于是会把病死猪用亚硝酸盐处理，红倒是红了，却更不安全了。所以最保守的办法是到正规的肉铺或超市去购买，虽然不一定完全可靠，但买到病死猪肉的概率会低很多。但不管是高手还是新手，碰到深加工的病死猪肉可就没有办法了。所谓深加工，即不法商贩为掩人耳目，将死猪分解成猪皮、肥肉、瘦肉、猪头、猪脚、排骨、猪杂等，然后分开处理。猪皮、肥肉用来炼油，瘦肉、排骨用来制作肉松、香肠、肉丸、火腿肠等，这就一点辙都没有了，能给的建议是：食品形态与原材料形态相距越远的，购买时越要谨慎，因为你不知道中间可能发生过什么。

垃圾猪

垃圾场猪

鲁迅对牛有偏爱，自诩"横眉冷对千夫指，俯首甘为孺子牛。"他还写下过名句："我好像是一只牛，吃的是草，挤出的是牛奶、血。"在这句中，吃草形容条件艰苦，挤奶形容奉献巨大，整句象征着勤劳朴素的劳动人民。但如今看来，还有一种生物比牛更伟大，它们吃的是垃圾，产的是肉，那便是垃圾猪。

何为垃圾猪，顾名思义，用垃圾喂养大的猪。并不是猪农特地捡了垃圾来喂猪，而是就把猪放养在垃圾场里，让猪靠生活废弃物长大，自生自灭。中国的城市垃圾本来就是一个严峻的环境问题，好一点的城市会进行掩埋或焚烧处理（同样会对环境有害），差一点的城市就直接堆积在城乡结合部。当地的农民深受其苦，但他们随后意外的发现，垃圾场里可以养猪，这样能省去一笔饲料费。猪养成了呢，自己是不吃的，会卖给城里人，也算是一种循环了。

在中国，食品安全问题与环境污染问题一直是经济发展的达摩克利斯之剑，也是民众最为担忧的民生问题。而且不少时候这两个问题还相互关联，比如水污染、土壤重金属污染、垃圾猪等等。具体在垃圾猪问题上，城市的垃圾处理不规范，垃圾场附近的农民往往会"合理"利用这一"资源"。垃圾猪的成本远低于正规养殖的猪，一位知情人士称："垃圾猪不挑食、长肉快，什么剩馒头、烂菜叶，甚至死猫死狗都吃，连人的粪便也可以下咽。只要投入小猪仔的钱，以后就靠它自由生长了，半年多就可以出栏，比圈养猪饲养周期要短一倍。"

经济诱惑是一个原因，监管缺失是另一个原因。通常，事发地垃圾场本来就常在三不管地带，而且越是脏乱差的垃圾场，大家越是避之不及，越是少有执法人员管理。CCTV《聚焦三农》曾有一期曝光太原垃圾猪，记者这样回忆第一眼看到的场景："只见远处'山'坡上，一大群垃圾猪正在蠕动，黑压压足有几千头，十几名村民挥着鞭子徜徉其间，颇似'五哥放羊'的悠闲与自在。"这看似诗意的描述读起来却给人一种后背发凉的恐怖，不知道此刻的你是否也有如此感觉？

令人遗憾的是，垃圾猪还不是个别现象。北至长春，南至深圳，东至宁波，西至乌鲁木齐，都有媒体曝光过当地的垃圾猪现象。如果垃圾猪毒死在垃圾场那也就罢了，尘归尘土归土，问题在于如果它们有幸活到出栏，那就是消费者的不幸了。垃圾猪有什么危害呢？恶心当然是一方面，另一方面是会给消费者的身体带来实际的伤害。

首先，垃圾猪的食源主要是生活垃圾，而垃圾本身就是污染源，是病菌、病毒的大本营。猪食用这些垃圾后病菌、病毒、寄生虫及虫卵就可能转移到猪身上，人食用猪肉后再转到人身上，比如结核病菌、乙肝病菌等。据目击者观察，"'垃圾猪'不但吃各种腐败的垃圾、残羹、菜叶，竟然连装垃圾的塑料袋也吃得'欣然有味'。"其次，一些厨余废弃物在垃圾场会被铝、铅、汞、镉等重金属以及有机化合物、苯类化合物二次污染，猪食用后，这些有害物质会聚集在猪的肌肉、脂肪等组织里，再经过食用传递到人身上。久而久之，会导致肝脏、肾脏等免疫功能下降。第三，垃圾猪在垃圾场上放养，一般不会接受防疫注射，因此更容易患病。

更严重的是，垃圾猪虽然劣迹斑斑，含有重金属和各种病菌，但经过屠宰之后，从表面上看，猪肉与正常饲养的猪没有太大区别，甚至还能够经过一般的检验检疫：因为重金属并不是猪肉的常规检测项目，何况垃圾猪体内的重金属可能五花八门，难以一一测出。一旦经过检疫检验，这些含铝、铅、汞、镉等重金属的猪肉便能光明正大的登堂入室了。即使不能通过检疫，不法商贩也能绕过盖章的环节，通过私宰（非法屠宰场）再将猪肉流入市场。这样看来，在源头遏制才是最可行和最高效的办法。

泔水猪

垃圾猪中有一类是比较特殊的，被称为泔水猪。泔水猪是指用泔水喂养的猪，相比之下，它们享受的待遇比在垃圾场里风餐露宿的猪要好一些。泔水也就是剩菜剩饭，有人会问了，在农村，用剩菜剩饭喂猪不是天经地义的么？确实如此，如果是散户，用自家吃剩的饭菜喂自家养的几头猪，无可厚非。再说，泔水喂猪有其独特的优势：方便、便宜。但一旦养的猪多了，得四处去收集泔水，这就容易出现安全问题，而且甚至可能违法。

根据 2006 年 7 月起施行的《中华人民共和国畜牧法》第四十三条的规定，从事畜禽养殖，不得有下列行为：

（一）违反法律、行政法规的规定和国家技术规范的强制性要求使用饲料、饲料添加剂、兽药；

（二）使用未经高温处理的餐馆、食堂的泔水饲喂家畜；

（三）在垃圾场或者使用垃圾场中的物质饲养畜禽；

（四）法律、行政法规和国务院畜牧兽医行政主管部门规定的危害人和畜禽健康的其他行为。

使用瘦肉精喂猪属于违反了第一项，在垃圾场里养猪属于违反了第三项，而如果直接用没有处理过的泔水喂猪则违反了第二项。为什么泔水喂猪也要被提高到法律规范的层面？是不是小题大做了？其实不然，泔水喂猪，如不好好规范，既会伤害消费者，也会伤害猪农，还会伤害猪。

其一，泔水来源复杂，尤其是多种餐余混合后，很可能携带或滋生致病微生物、

28

病原菌或毒素。如果不经过高温煮沸杀毒，喂饲的猪很可能容易患上传染性疾病，出现疫情。其二，泔水不比饲料，泔水喂猪后，往往会在饲槽内外溅落汤汤水水，极易腐烂变质，尤其是夏天，滋生蚊虫，传染疾病。其三，泔水成分不固定，有时富营养有时负营养，会让猪营养不良，特别是怀孕的母猪。而且泔水中的蛋白质、脂肪含量高，仔猪容易消化不良。此外，泔水中的亚硝酸盐或过高的盐分会让猪急性食物中毒，甚至可能致死。最后，出于"人道"的考虑，应尽量避免让动物同类相食，但泔水中多少会含有猪肉。总的来说，泔水喂猪不是不能，但有风险。

小贴士

- 含有"瘦肉精"的猪肉脂肪层较薄，肉质柔软，颜色鲜红。
- 含有"瘦肉精"的猪肉偏酸性，可用 pH 试纸测试，正常的猪肉在冷冻后 pH 值一般在 5.6 以上，含有"瘦肉精"的猪肉 pH 值更低。
- 正常的猪肉应该盖有检疫印章和检疫合格证明。
- 病死猪肉的表皮上常会出现紫色出血斑点，或暗红色弥漫性出血，也可能会有红色或黄色的疹块。
- 新鲜猪肉肉质有弹性，指压后会迅速复原；病死猪肉弹性不强，指压后会有凹陷，并不能复原。

鸡肉

在餐饮连锁界，麦当劳（McDonald's）是毫无争议的世界第一，其在全球近百个国家和地区拥有超过 33000 家餐厅，其 M 型的金黄色拱门招牌甚至成为美国文化的象征。然而在中国，餐饮界的龙头老大却是肯德基（KFC）：截止到 2013 年 6 月，肯德基已在中国超过 800 多个城市开设了 4200 多家门店，几乎覆盖了中国全部的一二三线城市；而麦当劳还未超过 1800 家，可谓望尘莫及。根据 AC 尼尔森，全球最权威的市场调查研究公司之一，2000 年和 2001 年的数据显示：肯德基是中国市场知名度最高的品牌，超过了可口可乐和麦当劳，并名列"顾客最常惠顾的国际品牌"第一位。麦当劳与肯德基在国内与国外的地位落差巨大，一方面应归因于肯德基成功的商业运营，其"立足中国、融入生活"的本土化发展战略堪称跨国企业在中国

掷出窗外 面对食品安全危机
你应有的态度

开展业务的教科书；另一方面则是肯德基有其天然的优势：相比于欧美消费者对牛肉的亲睐，中国消费者对鸡肉的喜爱更胜一筹。

在中国的餐饮文化中有一句俗语："吃四条腿的不如吃两条腿的"，极端一点的还有"宁尝飞禽四两，不吃走兽半斤。"四条腿的，即猪、牛、羊、驴等；两条腿的，即鸡、鸭、鹅、鹌鹑等。这也是所谓的红白肉之别：红肉，即畜类的肉，这些动物都是四条腿，其瘦肉（生鲜状态下）是红色的；白肉，即禽类的肉，这些动物都是两条腿，其瘦肉是白色的。

红肉之所以是红的，是因为其含有"血红素铁"，来自肉类的铁相比于来自植物食品的铁，更容易被人体吸收。因此对于贫血、缺锌、低血压的人，红肉是食补不错的选择。但是红肉的脂肪偏多，即使是瘦肉（猪肉），隐性脂肪也占近三成，而且在其脂肪成分中，饱和脂肪酸的比例很高。饱和脂肪酸容易使人发胖，过量摄入则会使胆固醇在冠状动脉血管壁上沉积，造成心脑血管疾病。高血压患者尤其要注意控制红肉的食用，不管是瘦肉还是肥肉。相比而言，白肉的饱和脂肪酸少一些，多不饱和脂肪酸多一些，更有利于将人体的血脂水平维持在健康状态。

此外，医学研究表明，红肉与结肠癌关系密切：每天吃两份红肉制品者，患肠癌的几率要增加近30%，如果每天食用红肉超过160克则属高危人群。对中老年妇女而言，即使每天吃少量的红肉（60克以下），她们患乳腺癌的几率也会大幅提高（增加近60%），这是因为饱和脂肪酸能使胰岛素水平上升，而对女性而言，胰岛素水平上升则可能加快乳腺癌细胞的发育。这样看来，贫血、缺锌的人可以多食红肉，其他人等应尽量多食白肉，"吃四条腿的不如吃两条腿的"还是有一定的科学性，只是人们往往知其然不知其所以然。

众所周知，美国是牛肉消耗大国，其实美国同样也是鸡肉生产和消耗的大国，很长时间以来，美国都是全球最大的鸡肉生产国。根据美国农业部对外农业服务办（USDA Foreign Agricultural Service，FAS）2011 年 10 月的半年度报告（《牲畜和家禽：世界市场和贸易》）：中国的鸡肉产量在 2012 年将达到 1380 万吨，成为仅次于美国的全球第二大鸡肉生产国。有业内人士表示，近年来中国的大众膳食肉类消费结构逐渐发生改变，因为营养、价格等方面的优势，"以猪肉为代表的红肉消费逐年递减，以鸡肉为代表的白肉消费正在逐年递增"，鸡肉在中国大众膳食肉类消费结构

30

中的比重，已经从 1982 年的 5% 持续上升至 2012 年的 20% 左右。有需求就会有市场，中国鸡肉产量的年平均增长率也一直维持在 5%～10%。因此不难理解，为何当 2012 年 11 月众多媒体曝光"速成鸡"问题时，恐慌和愤怒的情绪会迅速在消费者中蔓延开来。

速成鸡

"速成鸡"，其实是媒体生造的一个词。根据传统印象，普通的鸡从孵化到长成、出栏（即长到可以宰杀的重量）大约要 2 个月的时间，而放养在山野林间的土鸡则需要 7～8 个月，这也无怪乎当记者得知一种鸡从"雏鸡到成品鸡只需要 45 天"时，惊呼其为"速成鸡"了。2012 年 11 月 23 日，某网站刊文《粟海集团供 KFC 原料鸡 45 天速成不等发病即被屠宰》，最早对山西粟海集团的"速成鸡"发难。在之后的两三个月里，这一新名词成为各大媒体关注的热点：毕竟粟海集团同时是肯德基、麦当劳的供货商。不少人是这样想的：鸡能够长这么快一定是用激素催出来的，人吃了打了激素的鸡也相当于是间接服用了激素，激素不是一个好东西，所以这种鸡不能吃。消费者有这样防范意识是件好事，而且药物确实可能通过食物传递到人身上，只是这一次确实是杯弓蛇影，冤枉鸡了。

"速成鸡"的学名叫白羽鸡（White Feather Chicken），全称为"快大型白羽肉鸡"，有时又被简称为"快大鸡"，是一种来自美国的肉鸡品种，20 世纪 80 年代被引入中国。顾名思义，其特点是生长迅速，出栏时间短，只需要 45 日左右，可谓肉鸡中的战斗机。其实，根据联合国粮农组织（FAO）的统计，目前世界商品肉鸡出栏时间大部分都在 42～48 天，白羽鸡的 45 天属于正常。所以并不是养殖行业区别对待中国消费者，而是全世界人民都在吃这种鸡。事实上，美国人民吃的大部分也是 45 天出栏的鸡。

鸡怎么能长得这么快呢？早在 20 世纪末，江湖就传言"21 世纪是生物学的世纪"，一群热血有志青年受到感召，纷纷投其门下。现在真到了 21 世纪，在生物学实验室苦苦煎熬的学士硕士博士们纷纷发现被坑了，觉得这句话少说了三个字："下半叶"。话虽这么说，但实事求是的讲，最近半个世纪来，生物学的发展，尤其是基因学（genetics，遗传学）的发展，确实给人类社会带来了前所未有的推动。以鸡种

培育为例，从下图①可以看出肉鸡生长在过去几十年来的变化。

年份	出栏日龄	体重（克）
1935	95	1300
1960	67	1500
1986	45	1800
1995	40	2000

　　根据中国国家质量监督检验检疫总局发布于 2005 年的《商品肉鸡生产技术规程》国家标准，肉鸡在 6 周龄（42 天）的体重指标为 2355 克（约 4.6 斤），在 7 周龄（49 天）为 2940 克（约 5.8 斤）。这样看来，肉鸡 45 天长 5 斤是完完全全符合国家标准的，要是长不了 5 斤才有问题呢。但遗憾的是，这一标准虽然是行业内的常识，但因为向民众宣传的还不够，所以记者乍一听会震惊，消费者看到记者的报道会恐慌。

　　养殖技术说到底都是为了将饲料转化为肉的效用最大化，不管是养牛、养猪还是养鸡。喂的是饲料，希望能多长肉，要是饲料喂得越少肉长的越多那便越好。不同物种将植物蛋白转化为动物蛋白的能力不一：研究表明，要得到 1 公斤的牛肉、猪肉、鸡肉，所需的谷物饲料分别约是 7 公斤、4 公斤、2 公斤。简而言之，将饲料转化为肉，鸡最厉害，牛最差，这大概也是鸡肉最便宜，牛肉最贵的原因吧。

　　鸡能够在 45 天里迅速长成，与激素无关，而是得益于"现代化的育种技术、高水准的饲养管理及全面均衡的饲料营养等综合养殖技术。"所谓"现代化的育种技术"，相比于牛和猪，鸡在繁殖方面有两个明显的优势，一是生命周期短，二是卵生。这就使得鸡可以在较短时间内生较多的蛋，而蛋可以人工孵化，所以鸡的后代可以在短时间内以几何级数递增。这意味着育种学家能较快的得到一个较大的基因库（Gene Pool），再从中挑选出长肉快的鸡进行配对，迭代周期很快。相比之下，猪的孕期约 120 天，而牛的孕期约 280 天。在同样的人工干预下，鸡的"进化"自然最快了。

　　育种优势可以这样理解，篮球队员的身高高于社会平均水平，如果男篮成员与女篮成员组成家庭，那么他们的孩子往往也会高于平均水平，比如姚明的爸爸妈妈都是打篮球的，所以姚明很高。而姚明的妻子叶莉也是打篮球的，他们的孩子同样应该会很高（根据 2013 年 8 月的新闻，姚明 3 岁的女儿身高已经近 1.1 米）。有人戏言，应该鼓励男篮和女篮通婚，这样几代下来，男篮称雄世界并非幻想，这样说

---

　　① 图表数据来源：楼梦良. 家禽育种；国外畜禽生产新技术. 中国农业大学出版社，2003.

是有一定道理的。呃，什么？中国足球？让男足和女足通婚？那还是免了吧，孩子是无辜的。

除了品种好的天生优势，肉鸡长肉快还归功于饲料以及饲养管理技术。不夸张的讲，这些鸡吃的要比不少人还讲究：不同周龄的鸡要喂养不同成分的饲料，刚出生的鸡，饲料颗粒大小要适中，营养要全面；开食后的鸡，要适当减少蛋白质的供应；快出栏的鸡，要提供高能高蛋白的饲料。这些都有一套成熟的流程来指导的。同时，鸡棚里的光照强度、温度、湿度等都要配合鸡的成长周期进行精确控制。

"作为一只鸡，它只能活 45 天，一生只有两次机会见到阳光：小时候被送入大型鸡舍前，长大后被送往生产线的路上"，这是实情，纪录片《食品工厂》（Food Factory）对此有生动的描述。这种养殖方法看上去确实不太"鸡道"，但从食品安全的角度来讲，并没有太大问题，也许这就是现代化养殖业必须付出的代价。虽然肉鸡在口感上不如放养的土鸡（口感取决于风味物质的沉积，如胶原蛋白和弹性蛋白，与鸡的成长时间有关），但在营养价值上并无明显区别。

总而言之，按照国家规定的标准操作流程，肉鸡 45 天长 5 斤属于常态，与激素无关。肉鸡只为长肉而生，并没有多少抵抗力和生存能力，是很脆弱和敏感的，如果鸡农偷偷使用了激素（如乙烯雌酚），不仅不能对鸡产生催熟效果，相反还会对鸡的心血管、肝脏等产生不良作用，容易造成死亡，霸王硬上弓结果偷鸡不成蚀把米。另外，生长激素较贵，肉鸡的利润本来就微薄，使用激素不划算。也就是说，不管是必要性还是可行性，对所谓的"速成鸡"而言，激素都是不需要的。但是也并不排除有鸡农用激素喂鸡，因为小规模养殖的鸡农专业知识、养殖经验不一定足够，被不法饲料厂或游走于各地的药贩子鼓吹的"不打激素容易死"一忽悠，本着宁可信其有的心理便使用了。不过整个鸡肉市场的环境还是好的："2010 年底，中国畜牧业协会抽检北京、上海、广州三地的农贸批发市场、连锁超市和餐厅的鸡肉，对 32 种激素进行检测，结果显示均未检出。"

抗生素鸡

"速成鸡"算是媒体记者不懂现代畜牧业而自摆的乌龙，"激素鸡"也算是子虚乌有，让消费者虚惊一场，但由此引发的"抗生素鸡"问题却确实值得关注：如果

鸡的体内有超量的抗生素残留，将会对消费者的身体造成伤害。

"速成鸡"（白羽鸡）是一种优良的肉鸡品种，45天长5斤，可以说是一个马力十足的造肉机器。但它的优良仅限于长肉，上帝是公平的，这样的鸡也有不少缺点，主要是"宅"：它不爱运动（鸡棚很拥挤，"鸡均"面积不大，估计想运动也没处运动），所以很胖，饲料的转化率很高。又宅又胖又不运动，抵抗力就差，容易生病。鸡棚中鸡的密度很大，如果一只鸡生病，传染开来，容易使鸡成片死去，所以鸡农往往会事先给鸡喂食抗生素，一为防病，二为杀寄生虫。因为"速成鸡"比普通肉鸡更脆弱，所以用药也比普通鸡要多。从这个角度来讲，说"速成鸡"是激素喂大的不合常理，但说"速成鸡"是抗生素喂大的还有点依据。

如果人食用了抗生素残留超标的鸡，抗生素就可能会转移到人身上，而长期摄入抗生素，会对人的健康造成诸多威胁。其一：会产生较强的副作用，伤害身体，尤其是对于儿童听力的影响，已有不少因为服用过量抗生素导致儿童听力下降甚至失聪的先例。其二：会杀死人体内的正常细菌，导致人体正常菌群失常。其三：可能产生过敏反应，严重者会致死。此外，抗生素随着粪便排出鸡的体外后，会极大的增强病菌的抗药性，使人类对抗病菌更加艰难。综上，严格限制鸡肉里抗生素的残留量很有必要。

是不是在养鸡过程中一丁点抗生素都不能用呢？也不是。鸡和人一样，也有生老病死，如果鸡生病了不治疗，坐等它死，一方面不"鸡道"，另一方面也不划算。另外，抗生素也会随着鸡的新陈代谢排出体外，即使用了，一段时间后体内也没多少了。因此，有关部门允许对鸡使用抗生素，但同时进行了非常严格的限制，出台了一系列的法律法规，如《鲜、冻禽类产品》（GB 16869—2005）、《饲料和饲料添加剂管理条例》、《无公害食品肉鸡饲养兽药使用准则》、《肉鸡饲养管理准则》等等。大体来说，就是能用抗生素，但不是什么抗生素都能用，不是可以使用任意剂量，也不是任何时候都能用。

鸡农应该在规定的时间、规定的范围内使用规定剂量的抗生素，"三规"缺一不可。如果能够遵守规章制度，即使鸡在长大过程中用了抗生素，用于食用还是安全的。所谓规定的时间，农业部2001年发布的《无公害食品肉鸡饲养管理准则》规定："上市前7天，饲喂不含任何药物及药物添加剂的饲料，一定要严格执行停药期。"这也就是常说的7天停药期，因为药物会代谢，对一般的抗生素而言，5天之后在鸡体内的残留量就很低了。只要遵守鸡出栏前 7 天不用抗生素的规定，适量的用抗生素是没有太大影响的。

所谓规定的范围，是指有些抗生素是明令禁止使用的，比如盐酸金刚烷胺、利巴韦林、地塞米松等等，这些药不管什么时候、什么剂量，都不能对鸡使用。2005年，农业部还专门发布了《关于清查金刚烷胺等抗病毒药物的紧急通知》。所谓规定的剂量，是指即使是允许使用的药物，也不能使用过量。其实剂量方面的问题倒不用太担心，如果鸡农超量使用，鸡会先受不了而死掉，得不偿失。因此目前在肉鸡养殖过程中，使用抗生素的问题主要是违规使用非法药物以及无视停药期，这也是媒体在 2012 年底 2013 年初曝光出的问题，确实值得消费者警惕。

根据中国的《无公害食品鸡肉》标准："活鸡屠宰应按 NY 467 要求，经检疫、检验合格后，再进行加工"，检疫检验的主要内容是重金属、药物、细菌是否超标。鸡有没有超量使用抗生素，从鸡肉的外观上，消费者是很难进行区别的，因此只能靠养殖企业的自律，以及食品安全监管部门的监督。

2013 年可谓鸡的流年，先是"速成鸡"、"激素鸡"、"抗生素鸡"真真假假的信息让消费者提心吊胆，最后还来了个大魔王"禽流感"。禽流感即鸟禽类的流行感冒，一般不感染人类，但偶尔也有例外，比如 2013 年年初爆发于上海的 H7N9 型禽流感。不过好在根据 WHO 的资料："大多数 H5N1 人类感染病例均与直接或间接接触染病或病死禽类相关。尚无证据显示这一疾病会通过适当烹煮的食物传染给人类。"因此虽然禽流感让人闻之色变，但不涉及食品安全的问题，此处就按下不表。如果实在不放心，在饮食上需要注意的一是半生、带血丝的白斩鸡尽量少吃，二是烹饪鸡类食品时要煮熟煮透。

🍴 **小贴士**

● 45 天出栏的鸡不一定是用激素喂大的，正常养殖也能在这么短的时间内出栏。

● 如果是饲养过程中使用了过量的抗生素，这样的鸡被食用后可能会对人体造成危害。

● 目前（截止于 2013 年 12 月）尚无证据显示烹熟后的禽类能将"禽流感"传染至人类。

鱼虾

中国人对鱼有一种特殊的喜好，一方面是因为鱼与"余"同音，是个吉利字，寓意"年年有余"、"家有余庆"，所以深受民众喜爱；另一方面是因为鱼肉本身味道鲜美，是道佳肴，"鲜"字从鱼从羊，本义就与鱼有关。最早在周代晚期的"鲜父鼎"中已有上羊下鱼结构的金文"鲜"（A）以及左鱼右羊结构的石鼓文"鲜"（B），经过两千多年的简化（图 C 的秦篆，图 D 的汉隶，图 E 唐代书法家孙过庭《书谱》里的草书），才有了今天简化版的"鲜"。

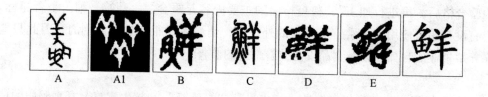

A A1 B C D E

东汉许慎的《说文解字》称"鲜，鱼名。出貉国。"貉（或貊）本是一种动物，貌丑，喜欢吃鱼，也就是成语"一丘之貉"的"貉"。中国古代汉族中心主义思想较为严重，对周边少数民族不太重视，在给他们起名的时候都不太用好词，如南蛮北戎东夷西狄等。因为古代东北地区一些民族喜欢生吃鱼片，如同貉，因此当时的中原人就称之为貉族或貉国，他们生吃的鱼，他们的吃法以及鱼的味道就被称为"鲜"。

中国饮食文化中常说"吃四条腿的不如吃两条腿的，吃两条腿的不如吃一条腿的，吃一条腿的不如吃没有腿的"，其中"没有腿的"便是指鱼了，这种说法是有一定科学依据的。2013 年 5 月，世界卫生组织（WHO）发布 2013 年版《世界卫生统计》，数据显示 2011 年日本人的平均寿命为 83 岁，与瑞士人和圣马力诺人并列为全球最长寿命。日本多年来常居全球平均寿命排名的榜首，原因是多方面的，一直没有定论，其中最流行的一种观点将其归功于日本人的饮食。日本是个岛国，因为特殊的地理环境，饮食清淡少油，偏爱海鲜，尤喜吃鱼。日本人均每年吃鱼近 70 公斤，是世界平均值的 5 倍。另外，与中国人最常吃的淡水鱼、近海鱼不同，日本人最常吃的是公海鱼。

鱼肉是高蛋白动物性食物，其脂肪更接近于植物脂肪，不但不会危害心血管，相反还因富含两种多不饱和脂肪酸（PUFA）：EPA 与 DHA，能提供人体不能合成但必需的"必需脂肪酸"，能促进心血管的健康。研究证实，"增加鱼摄入量可降低冠心病和脑卒中死亡率、总死亡率。"美国心脏病协会（American Heart Association，AHA）就曾推荐："每星期两次食用富含脂肪的鱼，如金枪鱼或鲑鱼等，可以降低心脑血管疾病的危害。"

鱼肉的功效不止如此，鱼肉中富含的 DHA 也是人脑脑磷脂的主要组成物质之一，占人脑脂肪的 10% 左右，能对大脑发育、维持脑功能、缓解脑衰老起到促进作用，因此中外各国都有吃鱼补脑的传言。当然，凡事不能走极端，要变聪明，饮食只能是一种辅助手段，勤学苦练才是王道。有这样一个段子，马克·吐温曾收到一封学习写作的年轻人的来信，来信说"听说鱼骨里含有丰富的磷脂，而磷脂对大脑有滋补作用。如果想成为一个世界闻名的大作家，是不是要吃很多的鱼？不知这种说法是否符合实际？您是不是也吃了很多的鱼，吃的是哪种鱼呢？"马克·吐温想了想，回信告诉他："依我看，您必须吃一对鲸鱼才行。"严肃点讲，马克·吐温说的有道理，抛开鲸鱼不是鱼的瑕疵，指望通过吃一种食物就能提高智商的智商通常吃什么都难提高。

重金属超标

淡水鱼

鱼能补脑。重金属摄入人体后会聚集在体内，难以排出，量达到一定程度轻则引起头痛、头晕、关节疼痛，重则引发癌症以及产生畸形儿。鱼和重金属，看上去一个是天使一个是魔鬼，但当环境污染的潘多拉魔盒打开后，天使和魔鬼可能会合二为一。

2013 年 3 月，中科院华南植物园土壤生态研究组的庄萍博士发布了对广东韶关大宝山矿区鱼类污染情况的调查报告，并评估了其对人体的健康风险。研究人员采样了大宝山矿区矾洞村不同地点 3 个养鱼池塘的水和底泥，以测试其重金属污染程度，并检测了 6 种常见食用养殖鱼（草鱼、鲢鱼、武昌鱼、大头鱼、鲫鱼、鲤鱼）

掷出窗外 面对食品安全危机
你应有的态度

体内 4 种组织器官中铅、镉、锌、铜等 4 种重金属元素的含量。

调查结果显示："61％的鱼肉样品中铅含量超出国家和国际粮农组织规定的最大允许值，28％的草鱼和鲫鱼样品的肉中镉含量超过国家规定的最大允许值。"此外，鱼的种类以及不同组织器官积累重金属的能力各不相同，其中鲫鱼的小肠积累的重金属最多。一般而言，鱼类的肝脏是吸收重金属的最主要器官，在研究样本中，鲢鱼肝脏里铜的含量竟超过了 1000 毫克/千克，而鱼肉的国家标准为铜含量不得超过 50 毫克/千克，即超标近 20 倍。研究者应用美国 EPA 的目标危险系数法得出结论："矿区周边居民如长期食用本地养殖的鱼对人体健康具有潜在的风险。"

研究人员在接受《南方都市报》的采访时表示，这 3 个鱼塘的污染状况并不是极端的个案，在大宝山地区应该有一定普遍性，最初他们去其他村取样，甚至连活鱼的样本都找不到。在对当地的水和土等环境进行测试后发现，鱼塘里面的淤泥是重金属污染最严重的。如果淤泥不运走，重金属污染会继续，而且淤泥也并不是源头，源头在矿场。"只要还在采矿，即便采取处理措施，现有技术也无法杜绝污染问题。当地人并不是不知道污染的存在，但依然还在食用这些鱼，偶尔也会拿到市场上去卖。"

鱼塘淤泥重金属超标导致鱼重金属超标，这并非仅发生在韶关一地，只要矿场的排污机制不完善，其周围的鱼塘就容易遭殃。此外，污染源也并非仅是矿场。2005 年 7 月，昆明市嵩明县的一个鱼塘里 7 吨多的鱼一夜之间全部死亡，昆明市水利局渔业处经调查发现鱼塘里重金属严重超标，原来是鱼塘上游的一个冶炼厂将污水排入了河道。这些被重金属污染的鱼如果被不法商贩售出，就有可能流入市场，危害消费者。

2013 年 3 月，《河南商报》的记者对沙颍河流经的沈丘县多个村庄进行了回访调查，这些村庄曾因为癌症高发而被称为"癌症村"，引起公众关注。"拯救淮河希望工程"沈丘地区负责人霍岱珊称在 20 世纪 90 年代时，沙颍河的水质差到极点，"河两岸几乎是寸草不生，槐店大闸上面的四个开闸放水的工人都被河水熏晕了"，现在"污染情况有所好转，但总体情况仍不容乐观。"一位村医透露"村里因癌症死亡的人数占到村子死亡人数的一半以上。"霍岱珊的办公室里有两个鱼缸，养的鱼都是畸形的，他说每次有人来访，都会让别人看这些鱼，"这是人类破坏环境的证据。"

这些鱼一方面是环境污染的受害者，一方面如果被村民食用，又成为食品安全的破坏者。

2013 年 5 月，《羊城晚报》的记者在广州一家著名的生蚝小吃店购买了两打共 24 个生蚝，分别送至广州市质量监督检测研究院国家加工食品质量监督检测中心和另一家具有资质的大型标准技术检测机构进行检测，结果显示生蚝的重金属镉含量为 2.0 毫克/千克。根据国家标准《食品中污染物限量》（GB 2762—2005），水产品、鱼类中的镉含量限量为 0.1 毫克/千克，即超标 20 倍。广州市食品药品监督管理局回应称该国家标准并没有把贝类纳入其中。

生蚝小吃店的老板表示店里的生蚝都来自湛江，之所以镉含量较高，是因为"湛江部分水域现在被污染，从那边运过来的生蚝会受一些影响，全国各地的生蚝，80% 都是从那里出来的。"一位多年从事海鲜批发的老板介绍说"广东的天然蚝苗采集场受到了工业污染影响，生蚝养成也不能幸免。"生蚝如果生食，需要预先净化，净化后的生蚝要比没有净化的贵约 10 元/斤。但现在生蚝供不应求，不愁销路，因此做生蚝净化的蚝农不多。对于媒体的曝光，该负责人很淡定的表示"几年前就知道超标，满大街都是一样。"记者连续几日蹲点，发现生蚝店的生意不仅没有受到任何影响，还一定程度的更火爆了。记者随机采访了几十名消费者，多数回应称"就算镉超标也要吃生蚝，现在没有哪个不超标的。"

2013 年 6 月 1 日，中国食品安全国家标准《食品中污染物限量》（GB 2762—2012）正式实施，卫生部 2005 年公布的《食品中污染物限量》（GB 2762—2005）即行废止。新国标对常见的铅、镉、汞、砷等 13 种食品污染物和居民食用量较大的谷物、蔬菜、水果、肉类、水产品等 20 余类食品种类设置了限量规定，共有 160 余个限量指标。此前没有纳入规定的生蚝（双壳类）也被收入，新国标规定镉含量的限值为 2.0 毫克/千克，也就是说，之前广州媒体调查的那家生蚝店勉强合格，这算是一则聊胜于无的好消息。

近海鱼

在鱼塘或河里喂养的鱼可能会被周围的矿场或化工厂排出的污水毒害，是不是海里的鱼就安全了呢？在以前是如此，海水鱼比淡水鱼更安全，但现在海水鱼同样

面临污染的威胁，甚至比淡水鱼还严重。

根据《2009年中国海洋环境质量公报》的数据，"2009年我国全海域未达到清洁海域水质面积约14.7万平方公里，比上年增加7.3%。严重污染海域主要分布在辽东湾、渤海湾、莱州湾、长江口、杭州湾、珠江口和部分大中城市近岸局部水域。海水中的主要污染物是无机氮、活性磷酸盐和石油类。而且河流携带入海的污染物总量较上年有很大增长。实施监测的457个入海排污口中，73.7%的入海排污口超标排放污染物，部分排污口邻近海域环境污染呈加重趋势，铜等重金属在长江口、珠江口海域的输入通量也都在不断上升。"

《2010年烟台市海洋环境公报》的数据显示，2009年，烟台近海海域发生过3起赤潮，黄海中北部海域发生过大面积浒苔绿潮，持续一个多月，仅打捞清理的浒苔就超过9800吨。全年烟台市监测的19个陆源入海排污口排放入海的污水总量达到3.2亿吨，这是导致海洋重金属污染的主要原因。《2010年宁波市海洋环境公报》、《2010年象山港海洋环境公报》和《2010年宁波市渔业生态环境状况公报》的数据显示"宁波市近七成海域遭受严重污染"，"2010年，宁波市所辖近岸海域受长江、钱塘江、甬江等入海河流的影响，营养盐污染状况严重。"其中，严重污染海域面积约占68%；中度污染海域面积约占18%；轻度污染海域面积约占9%；较清洁海域面积仅占5%不到。另外，"全市河流携带入海的污染物较2009年呈增加趋势，监测的陆源入海排污口的废水超标排放现象普遍存在，排污口邻近海域环境质量差，海洋垃圾污染较2009年有所增加。"

近海渔业资源主要机种在近海水深180米以内的海域，毗邻出海口，正是污染最严重的海域。近10年来，中国沿海的水质一直较差，包括重金属在内的多种污染物含量严重超标，不适合鱼类生存的海域面积逐年扩大。2010年锦州湾甚至出现过海底泥中重金属锌超标2000多倍、铅超标300多倍的状况，导致排污口附近约7平方公里的海滩成为无任何生物的"死滩"。根据《2010全国环境公告》，"中国沿海生态系统亚健康、不健康率已经超过八成，仅有16%生态系统较为健康。而且多数渔业资源比较丰富的地区都与经济发达地区重合，受到的工业污染更加严重。"

古语云："海纳百川，有容乃大。"此言不虚，但现在的问题是各种污染物也随着河流进入海洋，海洋成为一个巨大的垃圾场。喷洒在田间的有机氯农药、焚烧垃圾时产生的二恶英……这些有机污染物都会随着雨水进入河道，流入大海。近海污染中，最为常见的是重金属铅、镉、汞以及难降解的有机污染物"六六六"、滴滴涕和 PCBs 等，这些常会被近海的鱼类、贝壳类或人工养殖的虾类、藻类等吸收。这些污染物容易在生物体内发生生物蓄积，并会沿着食物链逐级放大。在海洋生态系统中，大鱼吃小鱼，小鱼吃虾米，虾米吃浮游生物，污染物呈几何级数递增，近海鱼类尤其是脂肪含量高、以小鱼为食的鱼类，体内的有机污染物含量通常较高。人们食用这样的鱼后，污染物会转移到人体内，危害人体健康。

除了工业废水排放到河流进入海洋外，船只也是污染源之一。2012 年 8 月，广州地球化学研究所的研究团队发布了研究报道，称"阳江市西南端的某海湾，滴滴涕残留浓度较高。其中，该海湾的表层沉积物中滴滴涕含量为 0.7～4800 纳克每克干重。"而中国早已在 1984 年就禁止了滴滴涕类农药的使用，为何近 30 年过去了，近海海域还有这么高的滴滴涕残留？研究员曾永平解释，"水生养殖场滴滴涕残留，最主的来源是船只底部使用的防污漆。"为了防止海洋生物依附在船体底部增加阻力，船厂通常会在船底涂上防污漆。因为含滴滴涕的防污漆成本低，因此自半个世纪前起就是船只维护的主要选择，直到 2002 年，中国开始限制任何目的的使用滴滴涕，但这种现象一直没有根除。

研究表明，越靠近渔港中心水域，滴滴涕浓度越高，这是因为船只经常在渔港出没、停泊，这样的渔港养殖的鱼滴滴涕残留也会很高。另外，一些养殖场偏向于用杂鱼做饲料，杂鱼在海水中四处游走，容易积累较高的滴滴涕，养殖区的鱼类食用了杂鱼，体内的滴滴涕残留进一步提高。调查显示：近海养殖鱼类中滴滴涕的含量高出淡水鱼类和海洋捕捞鱼类约一个数量级，因此食用近海鱼时需要多加小心。

深海鱼

近海鱼容易被入海口排出的污水污染，是不是在深海成长的鱼就会好一些呢？确实是如此，深海污染较小，自我净化能力较强，深海鱼相对更安全，但凡事不绝对。

2013 年 4 月，根据国家食品安全风险监测计划，相关部门对婴幼儿食品展开了风险监测，测试了 830 份婴幼儿罐装辅助食品。结果显示 807 份样品合格，不合格

的是 23 份"贝因美"、"亨氏"、"旭贝尔"品牌下的以深海鱼类为主要原料的样品，不合格原因是汞含量超标。随后各地食品监管部门发出通知要求涉事企业召回问题产品。

调查显示，这些婴幼儿辅食汞超标是因为企业使用的深海旗鱼和金枪鱼原料不合格。食物中的汞形态有两种：有机汞和无机汞，无机汞离子在水中可转变为毒性更大的有机汞。食肉性鱼类会通过食物链富集汞，富集的汞多为甲基汞。如果长时间、大量摄入甲基汞，会导致人体中毒，损害肾脏和神经系统。根据国际粮农组织和世界卫生组织的联合食品添加剂专家委员会（JECFA）制定的总汞的暂定每周耐受摄入量（PTWI）是 4 微克/公斤体重，甲基汞的 PTWI 为 1.6 微克/公斤体重。

中国对食物中汞的限量也有明确规定，国家标准《食品中污染物限量》（GB 2762—2012）规定水产动物及其制品甲基汞不得超过 0.5 毫克/公斤，肉食性鱼类及其制品中的甲基汞规定不得超过 1.0 毫克/公斤。因为婴幼儿的肝脏发育不完全，解毒能力差，因此国家对婴幼儿食品中汞的含量限制更严格，根据国家标准《婴幼儿罐装辅助食品》（GB 10770—2010），婴幼儿罐装辅助食品总汞限量为 0.02 毫克/公斤。这次监测发现的问题样品汞含量平均值为 0.03 毫克/公斤，略高于标准。流行病学的研究表明："正常的鱼类摄入量中的汞含量，就足以对胎儿和儿童发育构成严重威胁。"

"亨氏"称出现汞超标的是一款名为"金枪鱼泥"的瓶装产品，原料是一批来自南太平洋的金枪鱼。为何远在南太平洋的鱼都会被汞污染呢？其实答案半个世纪前就给出了。1962 年，美国海洋生物学家雷切尔·卡森（Rachel Carson）出版了《寂静的春天》（Silent Spring），前瞻性的做出了农药将给人类环境带来危害的预言。滴滴涕（DDT）曾作为防治农业病虫害的杀虫剂，也用于减少疟疾、伤寒等蚊蝇传播的疾病，20 世纪上半叶被广泛应用。但这种化学试剂在环境中很难降解，并会在动物脂肪内蓄积，甚至在南极的企鹅血液中都测出含有 DDT。作者敏锐的观察到这一现象，认为 DDT 已经进入食物链，并是导致某些食肉和食鱼的鸟濒临灭绝的主要原因。试想，连南极的企鹅都会被在大陆使用的农药污染，太平洋的鱼被汞污染就比较好理解了。

2003 年美国国家海洋大气局渔业国家分类学实验室的研究人员在北大西洋捕捞

了海平面 1000～2000 米的 9 种头足类动物，如八足类动物、鱿鱼、墨鱼和鹦鹉螺等。分析发现其中 22 个样本存在多样化污染，包括磷酸三丁酯（TBT）、多氯联苯（PCBs）、溴化二苯醚（BDEs）、二氯二苯三氯乙烷（DDT）。这些污染物属于持久性有机污染物质（POPs），难以降解。一位研究员称：“事实上部分标本是从 3000 英尺以下海平面采集的，从而说明人造化学污染物在公开海洋中达到了非常偏远的区域，可见海洋污染程度的严峻性。这样一些高级食物链的物种受污染程度更深。”

深海旗鱼和金枪鱼属于海洋食肉鱼类，位于生物链的顶端，根据食物链的放大效应，位于食物链底端的近海鱼体内的有害物质如重金属等会被食物链顶端的深海鱼吸收并富集，而且汞一旦进入鱼体内，很难被排出。研究显示，在同一海域不同种类的海产品汞含量可能相差上百倍。大型掠食鱼类如剑鱼、鲨鱼和一些金枪鱼体内富集的汞含量最高，此外旗鱼、罗非鱼、方头鱼以及鲶鱼等也比较容易聚集汞，对汞敏感的消费者，如婴幼儿、孕妇、乳母等，应该尽量避开。作为婴幼儿辅食的深海类鱼价格不菲，因富含 DHA，营养价值也确实不差，但如果出现汞超标的情况，影响了婴幼儿的正常发育，就得不偿失了。

2013 年 4 月，美国自然资源保护委员会（NRDC）与 95 家各国公益组织组成的国际非政府公益组织联盟零汞工作组在北京发布研究成果，证明汞危害目前被低估。研究报告显示“全球海产品中的汞污染物含量及其中的甲基汞对人体健康的危害被低估。几年前还被认为是‘安全’的汞污染物含量标准，如今已不再安全。”美国环保署提供的甲基汞摄入参考量值是每日每千克体重 0.4 微克，但调查显示在人们经常食用的海鲜中，很多种类的汞含量都超过了这一安全标准，建议消费者选用汞含量相对较低的替代品种，如凤尾鱼、鲱鱼、鲭鱼、鲑鱼、沙丁鱼、鲟鱼、湖鳟鱼等等。

中科院海洋研究所王存信教授给出的消费建议是“从安全性上来说，排列顺序应该是海水鱼、淡化养殖海水鱼、淡水鱼。这是因为，海水流动性大且含盐量高，其本身具有杀菌作用。其中，三文鱼等深海鱼又比近海鱼更安全，其营养价值也是其他鱼所不能比的。江河水质相对更容易受到污染，寄生虫含量会多，感染系数则比较高。淡化养殖海水鱼的安全性介于二者之间。”

中国农业大学食品学院何计国教授的建议是“在挑选淡水鱼时，应尽量选择

'小'鱼，即生物链底层的鱼类，比如草鱼、大头鱼等，它们一般靠吃水草生存，相对于石斑鱼、鲈鱼、桂鱼等吃肉的凶猛鱼类，体内有害物质含量比较低，因而相对安全。对深海鱼来说，由于其体积一般较大，因而吃'小鱼'比吃'大鱼'安全。"何教授所说的"小"，既指年龄，也指个头。一般而言，鱼的年龄越大，体积越大，含毒量就越高。另外，鱼身上脂肪含量越高的地方，有害物质的含量也越高，比如鱼头、鱼腹等，烹饪时尽量煮透或蒸透，不宜生吃。

孔雀石绿毒鱼

2005年6月初，英国食品标准局抽检英国某知名超市连锁店出售的鲑鱼时发现有"孔雀石绿"（Malachite green）的成分，并随后通告了欧洲各国的食品安全机构。孔雀石绿是一种杀真菌剂，是带有金属光泽的绿色结晶体，能在鱼体内残留时间较长且难以排净，其高残留以及高毒素会对人体产生致癌、致畸、突变等作用，因此许多国家均将其列为水产养殖的禁用药物，中国也于2002年5月将孔雀石绿列入《食品动物禁用的兽药及其化合物清单》。

当时"苏丹红"事件正闹得人心惶惶，而孔雀石绿又有"苏丹红第二"之称，英国人的通告迅速引发全球消费者的关注。孔雀石绿的威胁远非仅限于一国一地，虽然最早事发在英国，但万里之遥的中国也面临着同样的问题。2005年6月18日，《河南商报》接到民众举报称郑州市场上的鱼很多都是用孔雀石绿处理过的。商报的记者随后在河南、湖北等地展开调查，证明举报属实，曝光的新闻于6月30日发布，打响了媒体关注孔雀石绿毒鱼的第一枪。

《河南商报》的记者调查发现，在我国，孔雀石绿这种国家明令禁止使用的药物，在水产品的生产、运输过程中仍被一些养殖户和鱼贩普遍使用。鱼在鱼塘里生长时容易生水霉病、出血病等，渔民们为了减少鱼的夭折率，会先用孔雀石绿把鱼苗浸泡十几分钟，再把鱼苗投入水塘。如果鱼在成长期再得病，渔民会直接将孔雀石绿投入水塘。当鱼被打捞起来后，从鱼塘运往当地水产品批发市场，再运到外地批发市场的过程中，会经过多次装卸。多次碰撞会使鱼鳞容易脱落，而鱼一旦掉鳞就容易引起鱼体霉烂，鱼会很快死亡，如果将孔雀石绿溶液倒入车厢进行消毒，能够延长鱼的存活时间。一些酒店即使存放活鱼时，也会加入孔雀石绿溶液，既能使鱼活得更久，也能使鱼死后颜色比较新鲜。

为何孔雀石绿对人体的毒害这么大，国家又明令禁止，渔民还是会铤而走险的使用？一是因为便宜，二是因为有效。一瓶 25 克装的孔雀石绿只需 2 元，如果成鱼患了水霉病，1 亩鱼塘用 80 克的孔雀石绿配成溶液撒入即可，花费不过 8 元，但挽回的损失可就多了，可谓性价比极高。另外，在治疗水产品水霉病方面，确实很少有药物比孔雀石绿的效果更好，所以虽然国家禁止使用，但一些渔民还是会通过各种渠道购买，然后偷偷使用。

还有一点值得注意，孔雀石绿过去并不是水产品常规检测项目，各地的检测机构虽然有检测设备和标准，但因为缺乏检测试剂、标样的必需品而难以检测，即便是北京也是如此。2005 年 7 月 7 日，农业部办公厅下发了《关于组织查处"孔雀石绿"等禁用兽药的紧急通知》，但北京食品安全办在回答媒体询问时表示，目前的条件还"暂时无法进行检测"，"将在两周内完成相关准备工作，搭建实验室实施检测。"也就是说之前在北京的市场上，即使有用过孔雀石绿的鱼，除非从过程追溯，否则是检测不出来的。

受害城市远不止郑州、北京，涉及的鱼类也远不止鲑鱼。2005 年 3 月，重庆市民王先生在超市购买了甲鱼回家熬汤，发现熬出的汤竟是绿色的，随后他进行了举报，重庆市水产技术推广站水产检疫队的工作人员在某交易市场发现了 600 余只含有孔雀石绿的甲鱼。因为孔雀石绿还是一种易溶于水的染料，溶液呈蓝绿色，因此熬出的汤会变色。

2005 年 8 月，香港食环署在香港食肆抽取了 27 个鳗鱼制品样本，其中有 11 个被证实含有孔雀石绿，且均来自内地，随后鲤鱼、鲩鱼、青斑等不少鱼类都有被验出含孔雀石绿的记录。受此影响，8 月份广东的活鳗鱼和活鲤鱼对港出口额为零，其他活鱼的出口量也均严重受挫。一年之后，2006 年 11 月，香港食物安全中心在抽取淡水鱼样本化验时发现，15 个桂花鱼样本中有 11 个含有孔雀石绿，不过含量不高，最高不过 2.3 毫克/公斤。广东省食品学会副理事长、华南农业大学教授陈永泉认为消费者不必恐慌，"微量的孔雀石绿离致癌还很远。"但香港食环署仍建议民众暂时停食，商贩暂时停售，并表示如果发现有继续销售含孔雀石绿的桂花鱼的情况，可能会检控零售商。为谨慎起见，香港的鱼贩随后全面停售 30 余种淡水鱼。

2006 年 11 月，日本农林水产省通知中国驻日使馆，称自中国出口至日本的鱼粉中检出孔雀石绿和隐性孔雀石绿。日方表示自 2005 年 9 月至 2006 年 3 月，"日本出口加拿大的加级鱼等养殖鱼中先后多批被加方检出隐形孔雀石绿"，日本在随后的调查中发现，被用作加工鱼饲料的中国鱼粉含有较高的孔雀石绿和隐性孔雀石绿。根据农林水产省的数据，日本每年从中国进口鱼粉 700～1500 吨，此次检出的不合格鱼粉共计 900 吨。

2013 年 6 月，广东省中山市海洋与渔业局和市工商局公布了对中山市某水产品市场的抽检结果，结果显示 12 个抽检样本中 4 个样本的孔雀石绿含量超标。根据国家标准，每公斤样本中隐形孔雀石绿的检出值不能超过 1 微克，但抽检显示超标样本最高为每公斤 5.46 微克，超过 5 倍之多。

敌敌畏咸鱼

古代没有条件进行低温保鲜，鱼很容易腐烂，古人在实践中摸索经验，找到了将鱼用食盐腌渍后晒干的保存方法，其科学原理是盐渗入食品组织后能降低水分活度，提高渗透压，抑制腐败菌的生长进而防止食品腐败变质，经过这种工序处理后的鱼被称为咸鱼，又称腊鱼。

咸鱼历史悠久，还曾参与过重要历史事件。公元前 210 年，秦始皇在出游时病死沙丘，赵高与李斯合谋秘不发丧，并矫诏处死太子扶苏与将军蒙恬。当时正值夏天，秦始皇的尸体发臭，为避人耳目，赵高下令把鲍鱼（咸鱼）装在秦始皇的车上"以乱其臭"，希望借咸鱼的腥臭味盖住秦始皇的尸臭。于是一代开国帝王，死后不仅不能及时下葬，还得与一堆臭腊鱼为伍，令人唏嘘。

古代常用"鲍鱼之肆"来比喻恶人之所或小人聚集之地，这是因为鱼易腐烂，咸鱼又有腥味，千百年来，这一特性并未改变。因为有腥味，容易招苍蝇，所以如果想制作卫生、干净的咸鱼，则对生产环境有较高的要求。广东省台山市广海镇有一道名为"广海咸鱼"的特产，驰名中外、广受欢迎。2004 年 6 月，CCTV《生活》栏目接到观众举报，称一些作坊的"广海咸鱼"制作方法让人担忧，于是记者前去调查。

记者在台山市的市场上发现绝大多数的咸鱼摊看上去比较干净，没有苍蝇，但少数几个摊位上苍蝇环绕，连咸鱼身上都爬了不少苍蝇。看上去前者更卫生，但知情人士称"有苍蝇的咸鱼反而要比没苍蝇的咸鱼好吃，因为有苍蝇的没有打药，而拿药浸过的咸鱼才没苍蝇。"打的药是农药，具体是什么？记者根据线索，前往加工咸鱼最集中的枉龙村。

在村子里，记者看到一个作坊里的工人们正在装箱，便前去闲聊。正在闲聊时，一个工人拿出一个瓶子往咸鱼的包装箱里喷洒着，记者仔细一看，竟是"敌敌畏"。工人对此毫不讳言，"每一箱都要放的，放了敌敌畏就不会生虫了嘛"，"不仅仅是在咸鱼装箱的时候要加敌敌畏，在洗鱼晒鱼之前也要放一些，而晒的时候会用的更多"，"用敌敌畏浸一下，可以用来防苍蝇，要是苍蝇爬上去，鱼就会生虫了。而浸过的咸鱼也不用再洗了。"记者随后走访了多家咸鱼作坊，发现用敌敌畏制作咸鱼的现象十分普遍，效果也很明显，咸鱼几乎没有苍蝇在叮。

敌敌畏（dichlorvos）又名DDVP，是杀虫剂的一种，毒性较大，在食品加工中严禁使用。但根据记者的观察，这些作坊在洗鱼时会把鱼浸泡在放了敌敌畏的水中，晒鱼、装箱时会喷洒敌敌畏，但在这之后均没有再做任何处理，任由敌敌畏残留在鱼身上。咸鱼加工户告诉记者，当地这样做咸鱼已经有十几年了，"广海咸鱼"远近闻名，销路很好。几千斤的咸鱼，两三天就能销售一空，不仅销往广东省内各地，还远销广西、湖南、山东等地。

用敌敌畏制作的咸鱼远销各地，还一卖就是几十年，谁该为此负责？记者在追问时遭遇了中国式踢皮球。记者首先来到广东省台山工商行政管理局，对方称他们正在搞食品安全专项整治，咸鱼当然也是包括在内，"不过咸鱼在生产期间就不属于工商部门的职能，而是属于质量监督部门的职能了。"记者于是来到台山市质量技术监督局，得到的答复是"我们以前没有对咸鱼把过关，从来没有检测过咸鱼。因为如果他交了防护什么的，就应该属于卫生局管了。而要是在市场上，应该属于工商局管的，技术监督局是只管厂家的。"但当问及是否有检查过咸鱼加工的作坊，对方的回答是"没有，没有检过这个。"记者又来到台山市卫生局，卫生局的回复是："现在来说呢，这个吃还是安全的，目前吃咸鱼还是安全的，我们有去看过那个晒场，如果有农药，我们都有没收不准他用的。今年前段时间也去广海镇的晒场看过了，有些有问题的我们也立刻就处理了。"

掷出窗外 面对食品安全危机
你应有的态度

　　正宗的"广海咸鱼"并不用敌敌畏，而是将名贵的海产鲜鱼鱼头向下，鱼尾向上插进生盐堆腌制而成，因为腌制方法与味道独特，所以远近闻名。但广海当地的一些黑心商贩借着这个金字招牌，却无视消费者的健康，竟想到用农药来驱虫，实在是胆大包天。

　　CCTV 的报道播出后，当地监管部门"对此非常重视，连夜召开专题会议，部署咸鱼生产的专项检查。"据媒体报道，"当晚，各相关部门迅速行动，到被央视曝光的两个村庄，查封了所有有疑点的原料、正在加工的半成品、成品咸鱼，并对台山市海产腌制品的加工市场进行地毯式调查、登记，任何有疑点的加工企业，一经发现一律查封，同时对被查封的产品进行抽样化验。有关部门还对照加工厂的销售清单，追踪调查已流入市场的咸鱼。"这效率，可谓"迅雷不及掩耳盗铃"之势。希望这样的执法能常规化，而不是"半年不开工，开工管半年。"

　　用敌敌畏制作咸鱼并非广海一地的行为，早在 2002 年 5 月，海南的食品监管部门就发现海口、三亚、东方等地的咸鱼生产窝棚几乎都在使用敌敌畏、福尔马林等来腌制海鲜品。当时海南省海洋厅的负责人表示"海南省还没有专门腌制咸鱼的大型加工厂，因此该省咸鱼市场的货源大多出自沿海一带的家庭作坊"，因此"其食品卫生安全难于监管。"

　　2003 年 3 月，广州市白云区的市民向媒体举报，该地一家咸鱼加工厂有较大的农药味，疑是用农药加工咸鱼。记者暗访时找到曾在该加工厂工作过的工人，证实确实如此，是在使用敌敌畏浸泡咸鱼。作坊老板在广州做此生意已有近 10 年，为防卫生部门查处，加工厂换过 6 次地方，因此一直没被发现。广州的卫生部门回应称"对此类恶性行为，卫生部门一经发现将会马上严肃查处，绝不手软。"

　　2004 年 7 月，深圳市卫生监督所对该市水产品生产企业和销售市场进行了大规模抽查，结果显示 12 种咸鱼产品被测出含有敌敌畏。

　　2012 年 6 月，广州市荔湾区质量技术监督局和区工商分局查获了一批咸鱼。不法商贩不仅在制作过程中使用的了敌敌畏、敌百虫、甲醛，连使用的盐都是非食品原料的工业用盐，可谓毒上加毒。

咸鱼里是否有敌敌畏用常规方法很难判别，观察有无苍蝇叮咬算是个不是办法的办法，要从根本上杜绝，还是需要监管部门的行动，而不是消费者的识别技能。

假鱼

假鳕鱼

2012 年 4 月，演员马伊琍发布微博称："感谢@ 小岛上的考拉的链接，我终于明白一个月前女儿莫名奇妙拉出一堆油的原因，实验室人员检测到排泄物全是脂肪，所有人都无法理解，只好推断是女儿偷油喝，原来是吃了冒充鳕鱼的油鱼，油鱼不属鳕鱼怎可被标成鳕鱼？"

鳕鱼口感细腻，肉质白嫩，深受食客喜爱，加上吃鱼能变聪明的传说，不少家长会买来给宝宝食用，但没想到去超市花高价买来的鳕鱼竟是李鬼，还会让宝宝腹泻。这条微博发布后，迅速引发热议，不少网友纷纷留言表示自己也曾被骗过。

严格意义上讲，与其说这是食品安全问题，不如说这是商业欺诈问题：商家用便宜的油鱼冒充鳕鱼牟取利益。油鱼（oilfish）并非不能食用，只是其体内近20%是油脂，难被人体消化，会被原样排出，一些人可能因此腹泻、滑肠，但不会产生更严重的或永久性的伤害，因此并非国家禁止经营的鱼类。在香港，因为有市民投诉，香港食物安全中心 2007 年发布《有关识别及标签油鱼/鳕鱼的指引》，"建议所有入口商区分清楚油鱼和鳕鱼，并建议零售商对油鱼会引起腹泻和肠胃不适等风险做出明确的警告说明"，并规定只有鳕形目鱼类在销售时才可使用"鳕"字，不过在中国大陆并无此要求。

关于鳕鱼的真真假假说起来甚是复杂，果壳网瘦驼写过一篇《"鳕鱼"，你真的吃过鳕鱼吗？》的科普文章，解释的比较清楚。长话短说，市场上最常见的、消费者认为是真正鳕鱼的银鳕鱼（sablefish），其实在生物分类学中并不属于鳕鱼。说来奇怪，银鳕鱼比真正的鳕鱼更贵，约 80 ~ 100 元一斤，当然营养价值也更高。用来冒充银鳕鱼的油鱼正式名称叫蛇鲭（Ruvettus Pretiosus），有些国家如日本、意大利等就禁止进口，而东南亚不少国家（包括中国）并未作此限制，在中国大概 10 元一

斤。所以整个事件就是不法商贩利用汉字表达的不精确、法律监管的漏洞和消费者生物命名知识的盲点，在"鳕"上大做文章，用一种廉价的水货鳕鱼冒充一种昂贵的水货鳕鱼。

超市里出售的鳕鱼通常是掐头去尾、剥皮抽骨，因此别说消费者很难进行鉴别，连水产专家都表示"没有完整的样本鱼，就不能下结论判断。"此外，记者致电多家水产品鉴别机构，对方表示可以进行水产品重金属、非法添加剂等成分的检测，但没法进行鳕鱼真假的检测，也就是无法鉴别鱼的种类。要鉴别种类，最可靠的办法是做 DNA 测试，但这种方法在目前的食品安全监管中用得较少，如果 DNA 检测的方法能够推广，对假鳕鱼、假牛肉、假羊肉泛滥的遏制将会是极有力的。一个不算办法的办法是从价格着手，银鳕鱼的价格约为 100 元一斤，油鱼的价格约 20 元一斤，如果低于 50 元买到银鳕鱼，不要怀疑，基本是假的。当然，这个方法的短板在于，如果不法商贩心够黑，20 元的油鱼敢卖 100 元，那就没辙了。

假银鱼

银鱼味道鲜美，因色泽如银而得名，又因鱼体半透明，被称为玻璃鱼。太湖银鱼、松江鲈鱼、黄河鲤鱼和长江鲥鱼被并称为中国四大名鱼。银鱼肉质细嫩、无鳞无刺、无骨无肠、营养丰富，被称为"鱼参"，晒成干后色、香、味、形能经久不变。

2012 年 10 月，有成都网友在微博上爆料，称在家乐福海鲜区购买的 19 元一斤的银鱼"完全透明，像粉条一样，一掐就断"，分明是"塑料做的"。记者前去调查时，该店经理出示了成都水生动物检疫检验站的质检报告，表示鱼没有任何问题，但记者离开时注意到店员正将出售的银鱼更换成一种"完全不同"，"更长、更白、也更有韧劲的银鱼。"

四川省自然资源研究所丁瑞华研究员将记者送去的两种银鱼进行了解剖，将鱼鳃、内脏、鱼鳍、脊椎等部位进行分离并在显微镜下观察，发现两种银鱼均身体结构齐全，是真鱼，只是属于两个不同的品种而已，"目前小银鱼在我国有 10 个种类，分布在长江中下游和太湖。"但记者也将爆料人提供的银鱼煮了一小碗给鱼类专家们品尝，专家们认为鱼味很淡，可能是银鱼经过特殊加工，因此口感和外观受到影响。

有网友称银鱼可能是因浸泡过甲醛，因此颜色、质感发生变化。记者于是致电成都市质检院，对方回应称，"只针对加工过的包装食品进行检测，不检测小银鱼"，建议记者去四川省质检院。而四川省质检院表示，"也只检测包装过的加工食品。"记者再找到成都市质监局，工作人员称"此事属于商品流通领域，应找工商部门。"记者再找到成都市工商局，工作人员称"如需检测需要当事人向工商部门投诉，投诉后如调解不成，当事人可自行送检"，"送检也都是送到质检院检测"，记者只得作罢。

一周后，成都家乐福官方微博发布第三方检测报告，报告显示确实是真鱼。最初爆料的网友随后发布微博回应家乐福，并致歉。事件渐渐平息，但不少网友仍有疑虑，为何会在新闻曝光后立即换上另一种银鱼？家乐福负责人在接受《华西都市报》采访时称"前一批货卖完了，所以换第二批，两批鱼来源和品种一样。看起不同，是因解冻时间长短不一，或送货批次不同"，但在接受《成都商报》的采访时称"不清楚前后上架的银鱼是否同一批次，由于头一天的小银鱼已经卖完，无从对证"，负责人的表述先后不一。而专家表示两种银鱼都是真的，只是品种不同。也就是说，家乐福先后出售的银鱼都是真的，但观感、质感、口感却有较大差异，可能是品种不同，不过价格倒都是一样的，是否存在以次充好的情况就不得而知了。

但不管如何，至少不是像消费者最初猜测的那样是用塑料做的，算是虚惊一场。有人会说了，消费者未免太敏感了，塑料怎么可能做成食品？其实这种担心并非杞人忧天，确实有用硅胶或者明胶制作假银鱼的先例。

2011年5月，江苏泰州高港区的张先生在当地口岸农贸市场上买了两斤小银鱼，却发现怎么煮也煮不烂，而且也没有鱼腥味，于是去工商所投诉。工商部门随后查处了商贩，发现所售银鱼"头部有小小的眼睛，但没有内脏和鱼骨，有并不明显的鱼腥味，捞起后用手一捏，整个银鱼便碎了，类似于凝胶物质。"工商部门将样本送泰州市质监局鉴定，质监局回复称"此物体貌似银鱼，但不是鱼，应该为人工合成物质（人工合成鱼），但目前无法确定人工合成鱼是由什么物质合成。"

往好处想，如果不法商贩还讲点良心，用的是食用明胶仿造银鱼，那么消费者只是花了冤枉钱，相当于买回一堆果冻煮着吃了，倒不会对身体有什么伤害。如果不法商贩昧着良心，用一些不健康的原料来仿造，消费者可就倒霉了。

面对食品安全危机
你应有的态度

假鱼翅

明胶比银鱼便宜，用明胶制作假银鱼有利可图，既然可以假冒银鱼，为何不假冒更贵的鱼呢？不法商贩也是这么想的。在鱼类的食品中，最贵的当属鱼翅了，"鱼翅燕窝"一度是最高餐饮标准的代名词，被认为是帝王般的享受，据《明宫史》记载，明熹宗喜欢吃的"一品窝"便是由鱼翅、燕窝、蛤蜊制成的。《本草纲目》称"（鲛鱼）背上有鬣，腹下有翅，味并肥美，南人珍之。"餐饮业有句话称"二两鱼翅一车菜"，极言其贵，制作假鱼翅能牟取暴利，不法商贩当然不会放过这个机会。

鱼翅由鲨鱼的尾鳍、背鳍等部位去掉皮肉制成，本身是没有味道的，鱼翅羹的鲜美全在于汤上。这便给了不法商贩可乘之机，只要能将口感调制成与鱼翅一样就万事大吉，汤的味道自有调味料来解决。鱼翅的口感与粉丝类似，"错把鱼翅当粉丝吃"曾是相声里常用的包袱，而"把粉丝当鱼翅卖"在当今餐业界却已是公开的秘密了。

2013年1月，CCTV《新闻1+1》报道称"北京有可能是全国最大的鱼翅消费市场，每天干鱼翅的消费量在5000斤左右，粗略计算下来北京地区每天的鱼翅消费额是1个亿。"不过工商部门调查后发现，不少饭店在用淀粉丝冒充鱼翅。随后《焦点访谈》栏目播出调查新闻《傍上鱼翅的粉丝》。记者在慈溪一家酒店点了一盘168元的鲍珍鱼翅羹，先后询问了两位服务员这道菜的原料，一位称里面是鱼翅，一位回答粉条。后者随后解释他是刚来的，这确实是鱼翅。记者暗中取样后送检，结果显示里面并不含鱼翅成分。这不是个案，浙江省消保委副秘书长叶元春曾以消费者的身份购买过10余份不同品种的鱼翅羹，然后送检，经DNA检测，所有的鱼翅羹里均未检测出鱼翅的成分。工商人员在对餐馆进行检查时发现，店家是用一种合成的淀粉丝来冒充鱼翅进行销售的。

用粉丝冒充鱼翅的利润是惊人的。餐厅经理向记者表示"一箱是15包，一箱是四五百块钱，30块钱一包"，一包能做5到6份鱼翅羹。按照这一说法，一份用人造鱼翅做成的鱼翅羹成本是5元左右，售价却超过150元，毛利是30倍。业内人士表示，"在国内市场消费的鱼翅当中，大约四成是靠这种所谓的人造鱼翅来支撑的"，而且从原料合成、产品包装到集中供应、流通转运，已经形成产业链。

　　《焦点访谈》的记者并未找到假鱼翅的制造作坊和工艺，便委托中国农业大学的朱毅副教授以及她的课题组对假鱼翅的成分进行检验，后者表示其主要成分是"明胶、海藻酸钠，还有一点氯化钙"，再"加了点色素"。这些原料并无毒害，食用了假鱼翅的消费者只是为自己的爱面子买单，当了冤大头，对身体倒没有伤害。假鱼翅好像又是一起只是商业欺诈，并非食品安全的案件。然而 4 个月后，陕西渭南市公安局的发现却让消费者倒吸了口冷气。

　　2013 年 5 月，渭南市公安局临渭分局的民警在走访时发现，城郊某农户大门紧闭，晚上灯火通明，院内机器轰鸣，周围空气刺鼻。民警经调查走访，初步判定房主涉嫌制售假鱼翅，于是成立专案组进行侦办，随后在现场查获成品假鱼翅 1800 余斤以及大量的原料如明胶、甲醛、冰雪融化剂、海藻酸钠等化学品，并发现假鱼翅浸泡在甲醛溶液中。甲醛是毒性较高的化学制剂，被确定有致癌或致畸的危害。民警审问犯罪嫌疑人后得知，自 2012 年 9 月以来，该团伙共加工假鱼翅 25000 余斤，涉案金额 10 余万元。

　　假鱼翅是暴利，记者在上海市铜川路水产市场干货批发区域发现，市售鱼翅分三种：干鱼翅、代发鱼翅和"素鱼翅"。干鱼翅最贵，老板介绍"这种小的金钩翅1800 元一斤，大一点的两三千元，最贵的是 5000 多元一斤"；代发鱼翅较便宜，"一斤只要 300 元，每片大概是 80 元左右"；最便宜的是"素鱼翅"，"素鱼翅"即"人工合成翅针"，以绿豆粉、海藻粉、鱼胶为原料，添加少量防腐剂制成，一斤的售价约 100 元。如此巨大的差价应能够解释为何假鱼翅层出不穷了。

　　《时代商报》在 2011 年 1 月曾对沈阳的鱼翅市场进行过调查，发现假鱼翅现象极为普遍。业内大厨对记者坦言，鱼翅羹经高汤熬煮后真假难辨，"就算我们经常做鱼翅的人，如果不是很多的假鱼翅放在一起，我们都没法辨认"，而婚宴等大型宴请则是假鱼翅泛滥的"重灾区"，"大部分假鱼翅实际上与粉条差不多，个别假鱼翅甚至连粉条都不如。"

　　假鱼翅并不愁销路，一位鱼翅店的老板表示"饭店做婚宴，用这样的鱼翅就行，到时候婚宴上那么乱，菜上得又多又快，很多人都没吃过鱼翅，基本品尝不出来真假。现在除非特别高档的酒店，一般酒店的婚宴或者一些小些的海鲜酒楼用的都是这种鱼翅，谁也吃不出来"，"就这种 10 元钱一袋的鱼翅，你找个明白的厨师，泡好

了拿出来，炖汤里谁也看不出来。要是不做汤的话，你让厨师把料汁调得浓一些，往上面一盖，如果不是经常吃鱼翅的人，根本认不出来。而且就算是认出来了，在婚礼上，客人也得顾及主人的面子吧，不可能有哪个客人指出来。"

在制作鱼翅造假的道路上，各不法商贩纷纷发挥自己的"聪明才智"，各显神通，甲醛并不是唯一的危害。有的造假者会用工业双氧水和氨水的混合物给鱼翅旧货翻新，工业双氧水含有重金属，对人体有害，氨水则会对消化道产生严重的刺激作用。有的造假者会在鱼翅上使用烧碱（即氢氧化钠，NaOH）以使其膨大，烧碱是国家明令禁止使用的食品添加物，会灼伤消化道和内脏。有的造假者为使假鱼翅烹饪出的鱼翅羹有鲜美的味道，使用"鱼翅精"调味，经检验鱼翅精的主要成分是谷氨酸、鸟甘酸与核苷酸的复合体以及三氯丙酮，而过量的三氯丙酮对肾脏、肝脏尤其是生殖系统具有毒害作用。

辨别真假鱼翅虽然很难，但不是没有办法，最简单有效的办法是从价格判断。有大厨介绍"从成本上来讲，100 元以下价位的鱼翅利润特别低，甚至是没有利润，饭店和酒楼的经营者显然不太可能做赔本买卖，特别是那些推出 38 元、48 元一盅的鱼翅，很难用真货，更不用说那些一二百元一位的海鲜自助餐厅"，此外，真鱼翅更透明，闻起来有浓烈的鱼腥味。

虽然本书关注食品安全问题，对各种食品造假行为痛心疾首，但唯有在鱼翅这一议题上，笔者有别样的感觉。鱼翅价格极高，相比而言鲨鱼的肉并不贵，因此渔民在捕获鲨鱼后通常会割下鲨鱼的鳍然后将鲨鱼抛回大海，以便留下更多的空间装鱼翅。没有了鳍的鲨鱼会失去游弋能力沉落海底，或窒息而死或饿死或被同类捕食。这听上去很不"人"道，侵犯了动物权利，因此常有组织对此表示抗议。如果说这一理由还有点矫情的话，那么过度捕杀鲨鱼可能打乱生态平衡的担心则现实得多：英国伦敦帝国学院 2006 年的一项调查表明，每年有 3800 万条鲨鱼因鱼翅市场的需要而遭捕杀。如果作为海洋顶级掠食者的鲨鱼数量大量减少，那么海洋内其他鱼类或生物会因失去天敌而数量暴增，可能会引发生态灾难。

鱼翅与燕窝一样，被华人世界认为是饮食珍品，最早中国人对其的推崇更多的是从物以稀为贵的角度，而不是因为其营养价值。正如在电解炼铝法被发明前，铝被认为是极昂贵的金属，并不是因为其有更特别的用途而只是因为产量很少，以至于拿破仑三世在筵席上为多数客人提供的是金餐具，他自己和少数客人使用铝餐具。不过久而久之，人们渐渐把鱼翅附会上各种神奇的功能，如益气、补虚、开胃等，这套说法在古代中国颇有市场，古代能吃鱼翅的多是达官贵人，那时人们没多少科学知识，也乐于相信。

根据现代营养学的分析，鱼翅并没有什么无可替代的营养价值，其主要成分是胶原蛋白，对人体有价值，但很容易找到替代品，从某种程度来讲，其营养价值不比鸡蛋、牛奶、鱼肉高多少。近年来又有种说法称鲨鱼因软骨中含有特殊物质，所以鲨鱼不会得癌症，人吃鱼翅可以防癌或治癌。这种观点估计是鱼翅商贩一厢情愿的想法，2000 年时约翰斯·霍普金斯大学和乔治·华盛顿大学医学中心的研究者称，他们从文献中找到多起鲨鱼患癌症的报告。

昂贵的鱼翅不仅对人体没有可证实的奇效，相反还可能对健康有害。有趣的是，曾比黄金还珍贵的铝其实对人体也未必有益，研究表明，许多老年痴呆或精神异常患者脑内的铝含量较正常人高 10 倍，或可能是通过铝餐具摄入。不知拿破仑三世看到这样的研究会做何感想。鱼翅有何危害？鲨鱼在海洋食物链的顶端，随着海洋污染的加剧，重金属含量增多，海洋生物体内的重金属也越来越多，而这些重金属会随着食物链一级一级累积，直到最高一级的鲨鱼。2001 年曼谷唐人街出售的鱼翅被测出 70% 汞含量超标，最高超标 42 倍；2008 年香港市场的抽查显示，有 80% 汞含量超标，最高超标 4 倍。简而言之，假鱼翅可能有毒，真鱼翅可能更毒。

中国是目前全球最大的鱼翅消费国，"内地、香港和台湾加起来，鱼翅消费总量占全球鱼翅消费总量的 95% 以上。"近年来，华人逐渐强大的购买力一次次震惊着世界。2012 年 10 月，美国贝恩公司（Bain & Company）发布研究报告称"虽然 2008 年开始的全球经济危机没有显示出减退的迹象，尤其是在欧洲，但自 2010 年以来，整个奢侈品行业一直在复苏"，"中国消费者推高了奢侈品消费。中国人已经在今年成为奢侈品的最大消费群体之一，占全球销售额的 25%。"鱼翅同 LV、Hermes、Patek Philippe 等奢侈品一样，成为中国富人展示、炫耀其财富的手段。

2010 年 3 月，总部位于华盛顿的国际环保组织 Oceana 发布报告称，"因中国人的饮食生活日益丰富，对鱼翅的需求猛增，而作为高级食材，一片鱼翅的售价高达 1300 美元"，"以鱼翅为目标的渔猎活动已导致 8 种鲨鱼濒临灭绝。"2013 年 4 月，

在华盛顿公约（CITES）第 16 届缔约国大会上，鲨鱼第一次进入濒危野生动植物附录，这意味着鲨鱼正式进入国际生物保护目录，属于物种保护的重点对象。华盛顿公约又称濒危野生动植物物种国际贸易公约，具有约束性，旨在使附录中的物种免于商业贸易，避免被灭绝，中国于 1981 年 1 月加入。不夸张的说，鲨鱼基本是被华人吃得濒危的。

在这样的背景下，反鱼翅成为环保运动的新动向。美国多个州、加拿大的多个市先后通过禁售鱼翅的法案，台湾地区也对鱼翅进口进行了限制。"没有买卖，就没有杀害"（When the buying stopped, the killing can do）的口号开始流行。中国鱼翅消费的现状是市场上充斥着假鱼翅，假鱼翅可能含甲醛等化学物质，对人体有害；如果是真鱼翅，其可能含有的重金属对人体更有害，而鱼翅本身的营养价值很有限。这种损己不利人的行为既让食客自己受伤，又导致了鲨鱼的濒危，着实是很诡异的一幕。更诡异的是，环保志愿者苦口婆心的劝食客不要再食用鱼翅，还常得不到理解，真是奇怪。

假三文鱼

挪威是个遥远的国家，对多数中国人而言，最熟悉的三个关键词应该是挪威诺贝尔委员会、挪威三文鱼以及挪威的森林。当然，严格意义上，文艺青年们熟知的村上春树《挪威的森林》其实与挪威的森林没有直接关系，而是受披头士（the Beatles）同名歌曲影响而得名。同样的，在中国市场上出售的挪威三文鱼，相当一部分与挪威的三文鱼也没有直接关系。

三文鱼是挪威的特产，挪威位于欧洲北部，临北大西洋和北极，绵长的海岸线旁是大小纵横的峡湾。在这样的环境中成长的三文鱼肉质干净、紧实，体内积蓄大量抵御冰冷海水的鱼油，含有大量的 ω-3 不饱和脂肪酸，这种脂肪酸是人体不能自身合成、必须得通过饮食摄取的，在肌肤保湿和美白中能起到重要作用，因此挪威三文鱼也被称为"冰雪皇后"。在关注明星饮食的八卦杂志上，三文鱼出现的频率非常高。说实在的，吃三文鱼要比吃鱼翅燕窝之类的高端大气上档次得多，毕竟三文鱼美肤、瘦身、降血脂血压功能都是有科学依据的，确实是一道值得品尝且环境友好型美食。

也许听上去不可思议，但每条正规出售的挪威三文鱼都有自己的身份证：腮夹，一种夹在鱼的腮部，可进行信息查询的夹子，能表明这条三文鱼来自哪一个海湾，什么时候开始养殖和什么时候捕捞的。这样的追溯系统既能保证防止假冒，又能在出现问题时迅速帮助查找原因，值得中国的食品生产商借鉴。中国从 1985 年起开始进口挪威三文鱼，后来随着日本料理的流行成为热门美食，2010 年，中国已是挪威三文鱼最大的进口国，同年第 1000 万条挪威三文鱼出口至上海港。挪威三文鱼时价约 120 元一斤，较贵，这就给了不法商贩造假的动力。

三文鱼是从英文 Salmon 的粤语发音音译而来，Salmon 在英文中泛指鲑科（Salmonidae）的几种鱼，包括大西洋三文鱼（又称大西洋鲑）、太平洋三文鱼（又称太平洋鲑）以及大马哈鱼等。说起来大马哈鱼也是三文鱼的一种，但在中国人约定俗成的概念中，"三文鱼"仅指大西洋三文鱼、太平洋三文鱼，因此将大马哈鱼当成三文鱼卖是违反国家规定的：涉嫌欺骗消费者。大西洋三文鱼与太平洋三文鱼也有很大差别，太平洋三文鱼主要生活在日本北海道和美国阿拉斯加海域，只能产一次卵，多为野生，肉质较硬；而大西洋三文鱼多为人工养殖，能多次产卵，口感更好，主产地在挪威，挪威三文鱼便属于大西洋三文鱼。简而言之，大西洋三文鱼、太平洋三文鱼以及大马哈鱼都属于鲑鱼，都能叫三文鱼，但人们认为是美味的三文鱼通常指大西洋三文鱼，太平洋三文鱼勉强也算，而盛产于黑龙江的大马哈鱼则完全不算。这些名绕来绕去颇为麻烦，与鳕鱼一样，是中文命名不严谨以及生物学命名与商品名称没有对接好的又一案例。

因日本饮食文化的流行，"刺身"受到越来越多中国消费者的欢迎。"刺身"（さしみ，sashimi），即生鱼片，是日式料理的特色吃法，指将新鲜的鱼（或鸡肉、牛肉）切成片，佐以酱油或芥末生食。挪威三文鱼的知名，很大程度上与三文鱼刺身的流行有关。生吃鱼片听上去怪怪的，但如果食材干净，又是特定的鱼种，其实无碍，而且因为没有经过烹饪，营养损失会更少。无疑，三文鱼刺身最上等的食材是挪威三文鱼，太平洋三文鱼次之，至于大马哈鱼，一边玩去吧。其实大马哈鱼也属名贵鱼类，肉质鲜美，营养丰富，但确实逊于挪威三文鱼。

除了大马哈鱼，常被商贩用来冒充挪威三文鱼的还有虹鳟。虹鳟（rainbow trout），也属于鲑科，主要生活在淡水中，也有洄游至海水的，其市价约 30 元一斤，冒充挪威三文鱼可牟取暴利。挪威三文鱼的肉色是橘红色，虹鳟鱼的肉色多数为纯

白，养殖者会喂饲含有虾红素的饵料，虾红素是一种食用色素，会积累在虹鳟的肌肉中，吃得越多，鱼肉颜色越深，最后能达到以假乱真的地步。虾红素本身无毒，虹鳟也可食用，看上去用虹鳟冒充挪威三文鱼只是商业欺诈，其实不然，这也是个食品安全问题。

人们购买过百元一斤的挪威三文鱼并不是为了做水煮鱼，那样未免太暴殄天物，而是为了做三文鱼刺身。也就是说，通常的吃法是不经过烹饪，生吃。如果消费者购买了虹鳟冒充的挪威三文鱼，切片生吃之，可能会悲剧。虹鳟是淡水鱼，生活在河道中，不宜生吃（不过北京疾控中心的专家表示："北京不是肝吸虫病的疫区，生虹鳟鱼片可以放心吃。"如果有消费者吃出问题了请联系北京疾控中心）。淡水鱼身上寄生着多种寄生虫，如华枝睾吸虫（肝吸虫）、卫氏并殖吸虫（肺吸虫）、姜片虫、广州管圆线虫等，生吃会被感染，甚至致命。

理论上讲，曾在淡水里生活的鱼也会有寄生虫，不宜生吃，如大马哈鱼、野生三文鱼等。如果要生吃，应选择海鱼，但海鱼并非绝对安全，不少海鱼如三文鱼、鳕鱼、鲱鱼等都普遍感染异尖线虫幼虫，可能对人体有伤害，最喜欢吃生鱼片的日本人异尖线虫病的发病人数也是世界第一。中国消费者更要当心，因为根据中国现行的规定，鱼虾等水产品与肉类不同，除进出口外，在国内市场上销售均不需进行检疫检验，从鱼塘出来就被直接端上餐桌。刺身有风险，生吃需谨慎，尤其在中国。

杀死寄生虫的最简单办法是高温或冷冻，所以鱼煮一下再吃通常就安全了，如果执意追求生吃的口感，也可冷冻。根据欧盟的规定，海产品上市前必须在零下20摄氏度的环境中冷冻24小时；根据美国FDA的建议，需要冷冻7天。冒充挪威三文鱼的鱼通常不会经过这样的处理，也使得寄生虫的威胁更大。

假冒挪威三文鱼的现象很普遍，而且历史悠久。早在2004年3月，《新闻晨报》的记者在上海铜川路水产市场上就发现有所谓的活"挪威三文鱼"出售，经上海水产研究所的专家鉴定，实为虹鳟鱼，而且专家还表示"国内还没有活的三文鱼供应，市场上销售的所谓活三文鱼，其实都是经过'染色'的虹鳟鱼。"此新闻引发轰动，以至于挪威王国驻华大使馆渔业参赞表态：为使上海市民吃到正宗挪威三文鱼，将考虑引入先进的可追溯系统。

2011 年 1 月，《时代商报》的记者调查了沈阳海鲜市场上三文鱼的销售状况，结果触目惊心："沈城海鲜市场上基本找不到真正的挪威三文鱼！市场上销售的挪威三文鱼几乎都是假冒的，冒名顶替者虽然也都属于三文鱼同类的鱼种，但是差别很大！"与上海一样，沈阳的水产市场也是用虹鳟冒充挪威三文鱼。记者根据经营者的说法估计，仅部分摊位"每个月假冒三文鱼的批发量至少也在 5 万斤以上"，若真是如此，"那么沈阳市场上销售的挪威三文鱼，九成以上都是假冒的。"水产店老板也不讳言："现在市场上全是这种鱼，不是挪威三文鱼，但是口感和挪威三文鱼差不多，反正都是鱼，一般人也吃不出来，更吃不出毛病，而且估计沈阳人也没有几个人吃过真的挪威三文鱼……"

如何辨别真假挪威三文鱼？"望闻切问"对本来就对三文鱼不熟的消费者并没有多少指导意义，还是从价格入手最直接。沈阳市水产技术推广站王主任表示，"真正的挪威三文鱼，特别是一些商场里面销售的鲜三文鱼，在沈阳仅销售 100 元一斤，有些不现实。排除活鱼进口中国的可能，就算是捕鱼船在挪威公海附近捕捞到了新鲜的三文鱼，立即在船上进行加工，先用特殊的药剂进行排酸，然后在零下 15 摄氏度的温度进行保鲜，再立即运到中国进行检疫，最后销售到市场，只卖 100 元一斤，也明显不太可能。"也就是说价格低于 100 元一斤的，多半是假的，当然，高于 100 元一斤的，未必是真的。如果非要生吃，一定要找信誉好的店，至于平民价格的自助餐里有三文鱼刺身，不太可能是真的，请尽量远离。

福寿螺

中国南方流传着"对月啜螺肉，越啜眼越明"的说法，每到中秋时节，田螺空怀，肉质鲜美，一家人围坐赏月，对着明月，啜一口咸鲜的田螺，滋味十足。田螺虽好，但注意不要误食假田螺，不然美味的背后可能会付出沉重的代价。

福寿螺算是田螺的远亲，原产于南美亚马孙河流域，20 世纪 80 年代作为食用螺引入中国。福寿螺肉质细嫩，富含维生素、矿物质，含脂量低，本来是道好菜，但其生长繁殖快，每只雌螺年产卵近万粒；且食量大，会咬食水稻，造成严重减产；还会造成其他水生物种灭绝，因此被列入中国首批外来入侵物种。中国吃货多，既然福寿螺算是美味，大家放开肚皮吃不就可以抑制其数量了么，事情可没这么简单。

掷出窗外 面对食品安全危机
你应有的态度

2006年5月，北京市3人同时感到双肩疼痛、颈部僵硬，有刺痛感，接触凉水、凉风后加重。一周后，头痛加重，恶心，前去就医。经北京友谊医院接诊医生询问，这3人是同事，半个月前曾到同一家餐厅就餐，临床医生前往酒楼调查，发现酒店销售的凉拌螺肉实为福寿螺，可能因其含寄生虫而致病，初步诊断是广州管圆线虫引发的嗜酸细胞增多性脑膜炎。7月，西城区卫生监督所从酒楼采集了12只福寿螺样本，经检验有2只含有广州管圆线虫幼虫III期幼虫，随后卫生监管部门展开流行病学调查，友谊医院有14人确诊为广州管圆线虫病。8月，北京市卫生局知晓此事，并周知媒体。群体性感染广州管圆线虫之前从未在北京发生过，一时人人自危。8月，北京市食品安全办随即发布紧急通知，全市暂停购进、销售福寿螺，违者最高罚款三万元。

经调查，患者均有在蜀国演义酒楼的就餐史，并均食用过福寿螺。专案组追溯餐馆的采购和加工时发现，福寿螺采购自集贸市场，厨师仅用开水灼了几分钟然后捞出来晾干，当食客点这道菜时厨师再用水灼一下后就上桌了。整个过程中福寿螺处于生或半生的状态。福寿螺寄生有广州管圆线虫，一个福寿螺可能寄生有6000条，远高于其他同类物种。如果生食或加热不彻底，这些寄生虫就不会被杀死，而会感染到食客，寄生在人的脑脊液中，引起头痛、头晕、颈部强硬、面部神经瘫痪等症状，严重者会致痴呆，甚至死亡。

整个福寿螺事件中，北京累计有患者160人，幸运的是并无死亡报告，但伤者要忍受巨大的心理和生理折磨。患者谢小姐称出院半个月后"午休醒来，突然觉得左眼好像看不见东西了。我用右手捂住自己的右眼，用左手在眼前比划，我发现只有手指几乎贴到左眼上才能看到，超过10厘米，就什么都看不到了"，台湾确实曾有一例因为广州管圆线虫侵犯视神经，结果导致失明的案例，所幸谢小姐第二天起来又能清晰的看见自己的手了。患者刘先生出院后觉得不适又重新入院，继续吃杀虫药肠虫清以及输液度日，在接受记者采访时，他还怀疑"自己脑子里还有虫子，症状又发作了。"也因为大量服用肠虫清，而又听说"肠虫清有毒性，伤肝、肾"，刘先生和夫人不得不把原本第二年要孩子的计划推迟了两年。

虽然北京福寿螺事件已过去了好几年，但福寿螺的威胁却一直还在。2009年12月，《惠州日报》的记者在广东惠州就餐时发现点的是田螺，但上菜一看却是福寿螺；2012年7月，《无锡商报》报道了无锡本地的网友在郊外挖到野生福寿螺的新闻。福寿螺在外形上与田螺类似，而且价格便宜，不排除有的餐馆不区分或故意不区分两者，以福寿螺冒充田螺销售。外观上，福寿螺外壳颜色较浅，黄色，田螺为青褐色；福寿螺螺盖偏扁，田螺偏圆；福寿螺肉色黄白，田螺肉青褐色；福寿螺螺旋部较小，田螺的则与螺体大小相当。

消费者自行判断是福寿螺还是田螺多少是个有风险的事，万一不准可就祸害大了。安全起见，不管是什么螺，尽量别生吃，别"凉拌田螺"，炒熟了再吃，能最大程度的降低风险。中国水产研究院淡水渔业研究中心水产养殖研究室主任周鑫表示，福寿螺体内有寄生虫，田螺也未必安全，"同样有大量的寄生虫，如果食用未烧透的一样会被感染。"如果田螺生长在水质不好的环境中，加之食用时螺内大便未排净，也可能会被感染。据《淇河晨报》，2011 年 4 月，鹤壁市市民张先生给孩子买了街上的田螺吃，没想到孩子吃过就呕吐，医生诊断是"不干净的田螺导致食物中毒"。

水产品中的寄生虫问题值得消费者关注，如果生食（如生鱼片、生鱼粥、生鱼佐酒、醉虾蟹等）或未彻底加热（如烧烤、涮锅），寄生虫未被杀尽，便会感染食客。此外，如果触摸鱼或杀鱼后未洗手，或使用切生鱼的刀或砧板再切熟食，或用盛过生鱼的器皿再盛熟食，也能使人感染，消费者不可不察。

📋 **小贴士**

- 如果淡水鱼的产地来自被工业化重度污染的地区，可能鱼的重金属含量会超标，并转移到人体内。
- 近海水域可能被沿海城市的工业废水污染，生活在这一区域的近海鱼会吸收这些有机污染物。
- 深海鱼相对而言更安全，但也有可能汞超标。
- 无论是淡水鱼、近海鱼还是深海鱼，吃小鱼要比吃大鱼更安全。
- 一般而言，如果鱼是在受污染的环境里养成，脂肪含量越高的地方，有害物质含量越高。
- 如果鱼汤熬出来是绿色的，可能是因为在养殖过程中使用了孔雀石绿。
- 不是正规生产的咸鱼在制作过程中可能会喷洒敌敌畏以避免蚊虫叮咬。
- 建议不要食用鱼翅，如果是假鱼翅，其造假用的化学物质可能会对人体有害，如果是真鱼翅，其汞含量很可能超标。
- 淡水里养成的鱼、田螺不宜生吃，可能含有各种寄生虫。

掷出窗外 面对食品安全危机 你应有的态度

蔬果

神农丹姜

生姜只是一味调料，但在中国饮食文化中有着悠久的历史和重要的地位。早在 2000 多年前的春秋战国时代，孔子分享他的饮食理念时就说道"不撤姜食，不多食"（《论语·子路篇》），即每次吃饭都应有生姜，不过不宜多吃，这倒也蛮符合孔子的中庸之道。

在民间，生姜是一种神奇的作物，古谚有云："冬吃萝卜夏吃姜，不劳医生开药方。"而在食补界，生姜的效用更是越传越神乎，几乎可以包治百病：从风寒感冒到发热恶寒，从开胃健脾到防暑提神，从杀菌解毒到消肿止痛，甚至防治头皮屑、消除脚臭等都能用到生姜。此外，对于女性而言，生理期不适可喝红糖姜茶，而对于男性而言，生姜被中医认为是助阳之物，所谓"男子不可百日无姜。"这些传统说法并非都有科学道理，但能反映出中国人对生姜的重视和美好期待。

因此当 2013 年 5 月 4 日，CCTV 焦点访谈播出《管不住的"神农丹"》的调查报道，称山东潍坊部分姜农违规使用剧毒农药"神农丹"种植生姜，生姜上可能有较高的药物残留，本来可以用来"治病"的生姜却成为"致病"的生姜，其引发的社会震惊可想而知。继"硫磺姜"、"六六粉姜"之后，"毒姜军"麾下又添一猛将。神农丹，主要成分涕灭威，是一种高毒氨基甲酸酯杀虫剂，剧毒，大量接触后会使人眩晕、视觉模糊、恶心及呼吸困难，对一个 50 公斤重的人致死量仅为 50 毫克。2010 年，安徽省灵璧县就曾发生过因食用使用过"神农丹"的黄瓜，致使 13 人急性中毒的事故。

生姜种植三到四年时，姜田里容易出现病虫害，如线虫病、姜瘟等，会严重影响产量，甚至可能导致绝收。一位多年种植生姜的农民回忆称"一亩地刚开始种时产姜能达 9000 斤至 1 万斤，接下来逐年减少到 6000 多斤。就算 1 块钱一斤，除去成本 4000 多元，姜每年就种一季，一亩地一年也就赚 2000 元。"防治病虫害的方法有轮作或休耕，这些方法对自然更友好，但效果缓慢，农民一般不愿将土地闲置，他们更常采用的办法是使用农药，"神农丹"便是其中之一。

"神农丹"是袋装农药，呈颗粒状，用药方便，无需调配成溶液，也无需给姜田覆上地膜，只需撕开小口，一边沿着姜田走一边抖动包装袋，让药物颗粒均匀的散落在姜田里，然后用铁锹铲土盖上即可。"神农丹"药效好，对植物叶片有较强的渗透作用，能够被植物全身吸收，可杀死表皮下的害虫，尤其是对生姜生产影响极大的线虫，能大幅度的提高产量，且用药后数小时即能发挥作用，药效能持续6至8周。

"神农丹"并不是最便宜的农药，为何农民愿意多花钱？一是因为在农村地区假货横行，如果一味贪图便宜，很可能买到假农药，那可就损失大了；二是因为"神农丹"虽然有点贵，但效果奇佳，可以很快赶回本钱。潍坊的一位姜农表示，如果用普通农药，1亩地大约要花100元；而如果用"神农丹"，大概得花240元。看上去是多投入了140元，但实际上，因为"神农丹"更高效，如果不用它，产量可能减少30%左右，按1亩地产姜1万斤，1斤姜1元钱来算，多投入的这140元可以挽回3000元的损失，何乐而不为？

考虑到"神农丹"的高毒性，农业部规定，严禁在蔬菜、果树、茶叶和中药材上使用涕灭威，仅允许针对极少数的作物（棉花、烟草、月季、花生和甘薯，并不包括生姜）在特定条件下（剂量、时间和地点）使用。如用于甘薯，"仅限河北、山东、河南春天发生严重线虫病时使用"；用于花生，"仅限于春播"。这是因为这些作物生长期较长，农药的残留会渐渐降低，最后到消费者手上时危害已不大。但即便如此，在使用剂量、频度以及方法上也有严格的限制，在作物的生长周期里最多只允许用一次。只有按照这些规定，"神农丹"才能既有效杀灭害虫，又不会对人体造成伤害。

然而在山东潍坊，农民违规对姜田施用"神农丹"，量和度上都远远超过国家标准：一亩地"神农丹"要用8～20公斤，为规定用药量的3～6倍；不止如此，即使对于批准使用"神农丹"的作物，也只是允许使用一次，但姜农们却使用两次，并毫不在乎安全间隔期。所谓安全间隔期，是指从最后一次施药到农药残留量降至最大允许残留量时所需的时间，简单的理解即从用药到上市的时间间隔。根据国家规

定，"神农丹"用于甘薯的安全间隔期为150天，但潍坊的姜农不仅在4月份播种时违规、超量使用"神农丹"，到8月份立秋时刻还要再超量使用一次，这时距10月份生姜收获仅有60余天，远短于作为参照的甘薯。

违规使用"神农丹"培育的生姜会有较高的农药残留。经济全球化时代，食品安全问题往往是牵一发而动全身，出事是在山东，但受害者可能遍布全国。直到CCTV曝光潍坊"毒生姜"后，各地的质检部门才纷纷展开对生姜的检测。根据中国食品安全国家标准GB 2763—2012对食品中农药最大残留量的规定，涕灭威的含量应该≤0.03毫克/千克。但广州市农业标准与检测中心先后数次对市场上的生姜进行的检测显示，送检的样本有3份测出涕灭威成份超标，分别为0.035毫克/千克、0.034毫克/千克和0.097毫克/千克。此外，深圳、杭州等地也检测出农药残留超标的生姜。

防治生姜地里的线虫病，"神农丹"并不是唯一的选择，确实还有药效高、毒性低的农药，只是更贵，而且用药较为麻烦，比如"阿维菌素"，因此一般农民并不愿选用。姜农不是不知道"神农丹"的危害，《焦点访谈》的记者在暗访时问过当地农民，一位农妇回答道"自己吃的不使这种药，另外种一沟。"然而，并不是所有的姜农都这样对消费者不负责任，就在山东，确实还有一类姜农，他们会细心照顾姜田，绝不使用违规农药，他们的产品是能保障安全的，只是他们种的姜是供出口日韩等国，给外国人吃的。

在山东安丘，2007年之后，各个镇、街道、社区、村，逐级设立起由农药监管员和信息员组成的"信息网"，对农药的经营、使用实现"无缝隙监管"，因此被国家质监局列为出口农产品区域化管理示范县。安丘市一位蔬菜外贸人员介绍称"从开始种植到最后成品，安丘生姜须由潍坊市出入境检验检疫局检验两次，农产品出口基地（公司）自测3次。若在国内的任何一次检测中发现问题，就地销毁。出口到国外后，进口国再次安排检测。一旦发现农产品有问题，在国外就地销毁或运回国内。"在这样的严格管理下，姜农的心态也发生了变化，既然"（农药残留）检测出来后，出口企业就不要了"，那么还不如踏踏实实种好姜。于是，就出现了剧毒农药种植的生姜给国人吃，安全可靠的生姜给外国人吃的荒诞局面。

出口的姜更安全，一方面是因为出口的监管更严格，如果只是销售到国内市场，是实行送检制度。送检是个很滑稽的制度，绝对的形式主义，基本上形同虚设：不少姜农都是购买了供出口的姜来冒充自己种植的生姜来送检的。另一方面，出口的姜对姜农而言也更实惠：为让姜农安心种姜，外贸公司与姜农签订的都是 2~5 年的长期合同，即无论国内外市场价格如何波动，外贸公司都承诺按合同价格收购。这一定程度的解除了姜农的后顾之忧，他们可以不必盲目追求产量。此外，合同价格高于国内市场上的价格。相反，如果销售到国内市场，一来担心价格波动较大，生姜价格素有"贵三年，贱三年"之说，姜农会提心吊胆；二来种植生姜总体而言利润并不大，姜农为增加收入常会使用高效农药提高产量，至于高效农药是否剧毒，可就管不了那么多了。

生姜并不是唯一一个被违规使用"神农丹"的作物，农民有"小聪明"，他们会举一反三：既然种生姜可以用，种其他瓜果蔬菜为何不行？《新快报》的记者在山东走访时就发现，"神农丹"的使用范围极广。山东苍山的一位农民表示"甲拌磷和神农丹效果最好，用得最多"，能够防治根线虫，可使用于西瓜、黄瓜、芹菜等。一亩地的西瓜，如果用了"神农丹"，第一茬能收 5000 斤，不用就会减产一半。芹菜更是如此，因为芹菜极易生根瘤，使用"神农丹"，一亩地能产 1 万斤，不用可能只有 3000 斤。按这个说法，"神农丹"有望赶上"金坷垃"了。这便是"神农丹"泛滥的原因，但这位农民同样表示"这些药国家不允许，都是药店里偷着卖。"

记者在随后的调查中发现，"神农丹"不难在农资店买到，店主也并非不知道这是禁药，为什么明知不允许使用，还是要卖呢？店主的解释是，不少菜农上门就指定要高毒的，"你不卖显得你这个店不专业，搞得化肥也没人来买了。"另外，低毒农药效果多少差点，并不能达到高毒农药的效果，这样的背景下，菜农乐意买，店主乐意卖，只是苦了消费者。

过度使用高毒农药不仅使得消费者可能成为受害者，从长远的角度来看，农民本身也会自尝恶果。因为过度使用化肥，土壤酸化严重，而土壤的酸化会促进线虫病的加重。较短时间尺度来看，高毒的农药能有效杀死病虫，但长时间尺度来看，病虫害会进化，逐渐具有抗药性，农民不得不用更具毒性的药物。据潍坊农科院土肥研究所所长潘文杰等人 2010 年做的调查，与 30 年前相比，现在潍坊市的化肥施用量增加了 6 倍之多，远远超过了合理施用量。

过度的农药、化肥的使用，不仅使得种植的成本升高，而且更严重的后果是这些化学药剂会渗透到土壤，并污染地下水。中国农科院农业环境与可持续发展研究所曾对潍坊的水资源进行过调研，结论是"潍坊市地下水硝酸盐污染非常严重，已经对当地居民的身体健康造成了潜在的威胁。"2013年1月，"绿色和平"也曾发布过报告，称他们在潍坊市某蔬菜基地和广州周边地区做过调查，结果显示了"中国农业集约化地区目前农药残留的普遍性和严重性。"如果水资源受到的污染，每一个人都可能是受害者，包括施用农药的人，即使另外种一沟生姜，也不能幸免。生态圈受到了损害，又有谁能独善其身？

垃圾菜

中国农民有句古话："庄稼一枝花，全靠肥当家。"肥料是作物成长的催化剂，是丰收的保障，但如果用了不好的肥料，虽然庄稼的产量依旧会很大，但质量却可能出问题。

2012年12月，狮子会环保执行主席姜喜成在微博上爆料"广州市番禺区华南板块八成以上蔬菜基地，都是直接采用垃圾填埋场的垃圾做底肥，有关机构居然完全默许，直接按菜农要求将垃圾运到菜田，缺德呀！害人呀！！！"引发社会关注，最早介入的《南方都市报》记者在实地调查时发现所言不虚，在金山村近50亩的自留地里，"几乎每条田间小道上都堆着一堆沤培过的垃圾。垃圾中有废电池、药瓶子、碎玻璃、牛奶袋、塑料盒，与部分树叶与土壤混合在一起。"

菜农告诉记者，用垃圾种菜已有好几年的历史了，既便宜又高效。一车（农用四轮车）垃圾买来才200元，够4亩地用上2~3个月，这样的肥料不但可以节省化肥，而且肥效很好，还能减少水土流失，可谓一举多得。现在村里大多数农民都是用垃圾做底肥，不只是种菜，还包括种花，种香蕉。菜农还透露，附近的大农场也是用垃圾肥，"每天几百车"。

其实用垃圾堆肥不是不可以，一方面，在中国，有机物返田的历史悠久：在农村有用草叶、桔梗、牲畜粪便以及动物体等为原料堆肥的传统，也算是变废为宝。当下的有机农业也有一部分是用这种肥料的，对生态环境更友好；另一方面，国家有规定，垃圾可以用于堆肥，种植作物的。但问题在于，不是所有垃圾都适合堆肥，按照国家环保局发布的《城中垃圾农用控制标准》，符合堆肥的垃圾其中的杂物含量不能超过 3%，同时有机质、氮磷钾等需要达到一定指标，此外对铅、砷、镉、汞、铬等重金属的含量有明确的限值要求。

但明显番禺菜农所用的垃圾肥并不符合这些要求，记者现场见到的电池、垃圾袋和塑料盒说明这些是混合垃圾，并未经过分类处理，而且还可能含有电子垃圾，这样的垃圾是不能够用于堆肥的，其中的重金属既可能会转移到蔬菜中，也可能进入地表，污染地下水，并最后进入食物链。人体通过蔬菜摄入重金属后，可能会在某些器官内积累下来，当总量达到一定限值时，会造成慢性中毒，严重者可能会导致畸形，甚至会致癌。

记者在地里摘采了几份垃圾肥种植的蔬菜样品送往广州分析检测中心进行检测，万幸的是结果显示铅、砷、镉的含量均在国家标准《食物中污染物限量》（GB 2762—2005）的要求范围之内，此外广州市农业局也公布了"垃圾菜"重金属含量的检测结果，均未超标。算是虚惊一场，但这样的担心绝非杞人忧天，2007 年 11 月，美联社发表了两篇关于电子垃圾污染的新闻，其中提到"全球每年产生的 2000 万～5000 万吨电子垃圾中，有 70% 倾倒在中国，剩下的流向印度和非洲国家。"电子垃圾含有大量有害的化学元素，如果不严格按规定处理，可能会产生二次污染。而且在中国，垃圾分类的生活习惯远未普及，这使得用作肥料的垃圾更有可能是被污染过的，这些有害物质最终会转移到消费者身上。

作为对番禺垃圾肥种菜事件的反应，2013 年 5 月，《广州市菜篮子产品安全供给工作意见》获广州市政府常务会议原则审议通过，其中明文规定"广州严格禁止'垃圾肥'违规进入农田。"广州市农业局副局长姚玉凡表示"广州农业部门计划普查'菜篮子'生产基地土壤重金属污染情况并修复治理。将向社会公布'菜篮子'产品禁种（养）区域，引导生产者在不适宜安全种养区域转种花卉苗木等非食用类作物。"

垃圾肥种菜，如果处理得当，是一件一本万利、变废为宝的好事，既能节省农民开支，又能减少对生态环境的破坏。但如果处置不当，则可能变成一枚定时炸弹，不定什么时候就会爆发。要用好垃圾肥，需要多部门、多方面的配合，包括民众的

垃圾分类意识、垃圾收集、处理部门的规范化操作以及对农民科学知识的普及等，是一个耗时久、见效慢但不得不做的事。

甲醛白菜

不同的地方有不同的味道标签：走过面包店门口，会闻到诱人的面包香味；走过花店门口，会闻到沁人心脾的清新花香；而走进医院太平间，会闻到阴森、冰冷的呛鼻味道，这味道来自福尔马林。福尔马林（formalin）是甲醛（HCHO）的水溶液，无色透明，具有腐蚀性，有防腐、消毒、漂白等功能，常用于保存标本等。乍一看，福尔马林与普通消费者的生活隔得很远，但其实它可能就在你身边，甚至在你的餐桌上。

2012年5月，《潇湘晨报》的记者调查后发现山东青州市的不少蔬菜商贩竟然用福尔马林喷洒白菜用来保鲜。这样的白菜如果不洗干净就食用，消费者很可能直接摄入福尔马林。这一新闻迅速引起消费者的愤怒和恐慌。

山东青州是中国春季白菜的产地之一，白菜是当地重要的经济作物。记者走访时发现，除了销售给本地，青州的白菜也通过大货车长途运送给北京、内蒙古等地。菜农表示，春夏之交，气温回升，蔬菜长途运输很困难。如果是单株白菜，在通风处储藏，可以放10多天，但如果堆在一起，又不透风，还容易发热，腐烂速度就会很快，只需要两三天。之所以要用福尔马林喷洒白菜，一是因为如果不喷，白菜就容易红根，不好卖；二是因为运到目的地要时间，运过去后也不会一下就卖完，如果不喷的话，还没卖完就烂了很多，损耗较大。相反，喷了福尔马林，一是可以放更久，二是白菜根部更白净，经销商和消费者都更喜欢。

更让人担心的是，这并不是刚刚出现的事情。菜农称他们这样干差不多有三四年了，而且不止山东一地，周边省份也是如此。福尔马林当保鲜剂似乎已成行业潜规则了。用甲醛性价比高，一壶2升左右的福尔马林10元钱不到，一车10吨的白菜只需要洒半壶就可以了，而且容易买到，街边的化工商店都有。

受害的消费者遍布全国，广州市农业标准与监测中心随后检测出当地果蔬批发市场送检的 70 个样品中有 7 个不合格，涉及近 120 吨白菜。因为甲醛并不在蔬菜的国家标准规定检测项目中，监管部门是在看到新闻后才去检测的，而之前有多少含甲醛的白菜进入消费者的餐桌，那就不得而知了。需要提醒的是，如果孕妇长期摄入甲醛，会导致新生婴儿畸形甚至死亡，成人长期摄入可能会导致白血病。除了白菜，蘑菇等蔬菜也出现过用福尔马林喷洒的情况。消费者的应对之策是最好不要食用白菜最外面的叶片，洗菜时多用清水冲洗几次，即可将危害降低。

监管部门的尴尬之处在于在《农产品质量安全法》中并没有对保鲜剂允许使用的种类、范围和剂量进行明确规定，只是说"应当符合国家有关强制性的技术规范"，但相关的强制性技术规范并不明确，这就使得即使知道菜商往白菜上喷洒福尔马林，也很难对这种行为进行认定和处罚。这也是中国食品安全问题监管困难的原因之一：法律法规的制定落后于不法商贩的行为。因此我们更常看到的是媒体先曝光，监管部门当消防队员进行定点灭火，周而复始。

硫磺姜

蔬菜的食品安全问题不仅出现在种植阶段、运输阶段，还可能出现在销售环节。生姜在种植时可能被使用"神农丹"，就算种植过程是安全的，销售时还可能遭遇一劫。在当今经济全球化的时代，产地与销地往往相隔很远，山水迢迢，商品的运输需要翻山越岭，耗时苦多。生姜在长途跋涉中、或在囤积时会慢慢变老，姜老珠黄，卖价自然就会被压低，这也就是常说的"卖相不好"。卖相不好的生姜本来应该打折出售，或者抛弃处理。但商贩们不甘心，他们认为即使不能让生姜真的变得"年轻貌美"，也要让生姜变得看上去"年轻貌美"。经过不断的摸索与尝试，不法商贩终于找到了一个简单粗暴却行之有效性价比高的方法：用硫磺熏。

原理很简单，硫磺在熏蒸过程中会与空气中的氧气结合，生成二氧化硫（SO_2）。二氧化硫是常见的漂白剂，能与被漂白物生成无色的不稳定化合物，且能使其外观光亮，色泽鲜艳。其实用硫磺熏药材，这本是中药界的传统，是中草药加工重要的一环。直到现在，仍有部分地区用硫磺加工药材，最早使用硫磺熏生姜的商贩或是从中医药贩处受到的启发。

业内人士介绍，"熏制过程很简单，熏制前在生姜上泼点水，将生姜装进袋子，

围成一圈。硫磺放入容器中点燃，放入圈中，盖上塑料布和棉被，熏一个小时就好了。因为盖着塑料布，硫磺燃烧后发出的气体逃不出来，熏得效果就会好很多。"这样的方法还可以用于大规模生产：把生姜堆在屋子里，直接在屋中间架几口大锅，锅里放水，水里放硫磺，然后点火煮水，并封闭门窗。等硫磺水快蒸干时就可以开门取货了，这样数斤硫磺就可以漂白近万斤生姜。除了烟熏，还有更简单的办法：药水喷洗。将含有硫磺的药粉加水摇匀，喷洒在色泽暗淡卖相不好的生姜上，仅需 10 分钟，就能变得光鲜亮丽。或者使用大盆，盛装硫磺水，将生姜放置其中进行漂洗。

虽然中药界自古以来就在用硫磺熏药材，但并不是说这种方法就是安全的。第一，也许传统方法使用硫磺的量比较小，而如果在药材中仅有微量的残留，短期少量服用一般不会对人体有太大危害，所以古人没有察觉；第二，即使有害，只要这种危害不是"立竿见影"的，即使后来吃出了问题，古人恐怕也不会反推找到硫磺这个罪魁祸首。而在今天，如果还用这么原始的方法，则可能会对消费者的健康产生威胁。食品和药品不同：不是所有人每天都在服用中药，但很多人每天都在吃姜。哪怕残留在生姜上的只是很少的硫化物，长期食用，多少会对人体有害。而且，根据记者明察暗访的情况可知，不法商家在熏制生姜时使用硫磺的多少，根本不是以人体能承受的分量为准，而是以生姜变得"好看"为底线。至于食品安全，那不是他们操心的事，"反正就是不会吃死人。"

短期摄入微量的二氧化硫，对人体的危害不大，人体自身有着内源性的亚硫酸盐，因此能耐受一定程度的亚硫酸盐。然而，如果二氧化硫残留在日常食物中，即使是低剂量的，长期接触、摄入，也会对人体造成损伤，尤其是对呼吸道与消化道系统，会使黏膜受损，并引发慢性鼻炎、咽炎、支气管炎、支气管哮喘以及肺气肿等疾病，甚至对肝、肾脏等器官也有损害。为避免食用用硫磺熏制的生姜，最有效的应对之策是去皮，不管生姜是由"神农丹"种成还是用二氧化硫熏出来的，其表皮的残留污染是最严重的，以安全起见可以在食用生姜前先将其去皮。另外，如有条件也可用"碱洗法"，即在水中放入少量碱粉（无水碳酸钠）或碱（结晶碳酸钠），搅拌均匀后将生姜放入浸泡数分钟，捞出洗净即可。

硫酸荔枝

荔枝在中国的种植和食用可谓历史悠久，各代文人墨客留下了大量的关于荔枝的诗词，其中最著名的两首，一与佳人有关，一与才子有关。佳人是杨玉环，《新唐书》载："妃嗜荔枝，必欲生致之，乃置驿传送，走数千里，味未变已至京师。"为了让杨贵妃吃上新鲜的荔枝，唐玄宗令驿传快马加鞭送快递，让荔枝能在变质前从岭南送到千里之外的长安，有诗为证："长安回望绣成堆，山顶千门次第开。一骑红尘妃子笑，无人知是荔枝来。"才子是指苏东坡，他因言获罪后被贬岭南，在惠州第一次吃到了南方独有的荔枝，对其极尽赞美之辞，留下了脍炙人口的"日啖荔枝三百颗，不辞长作岭南人。"

从才子佳人与荔枝的故事中可以得知，荔枝产于南方，虽味美但不易存储。这些特性是在千百万年的进化过程中慢慢形成的，因此虽然从唐宋至今已有千年，但按进化史的尺度并不算长，这些特点至今也没有太大的改变。不同的是，现代技术发达，有着更便捷的运输方式和更科学的储藏手段：在长途运输时，荔枝可以保存在冰柜中；在销售环节中，可以保存在冰块上，这延长了荔枝的保鲜期，使得大江南北都能吃上荔枝。

零售与运输不同，运输是大量的，且运输时间是可以预计的，用冰柜存储是划算的；但零售的量小，且不知什么时候能够卖完，如果冰块化了还没卖完就需要再购置，相当于增加了销售成本，不太合算，所以零售的荔枝变质的可能性更大。另外，荔枝在零度以下的环境中，表皮容易变黑。而一旦变黑，通常就被认为是已变质，卖相不好，会严重影响销量。

零售商贩们没有办法让荔枝真的保持新鲜，但他们发现了一种"聪明"的办法，能让荔枝皮看上去新鲜。方法很简单：对着荔枝喷洒稀硫酸。稀硫酸是硫酸加水后配置成的溶液，具有极强的腐蚀性，常见于毁容案。硫酸加水稀释后，不再有强氧化性和脱水性，但仍能使荔枝表皮变鲜亮、变红润，效果很明显，见效也很快，还能增加荔枝重量，因此业内一直用它。2013 年 5 月，一位曾做过水果生意的老板向《辽沈晚报》的记者揭露内幕称，"商贩喷洒了含酸的保鲜剂。目的是防止荔枝外皮因日久而变色，但喷保鲜剂不仅会破坏荔枝的营养成分，这种荔枝吃多了，还会给人的健康造成危害。"

炎炎夏日里，当你走过水果摊时，发现荔枝没有用冰块保鲜，但仍色泽艳丽诱人，店主只是在喷"水"，那么很有可能喷的就是稀硫酸。稀硫酸只能让荔枝表皮短

时间内看上去新鲜，水一蒸发，就只剩下强氧化、能脱水的硫酸，荔枝会迅速变黑，即使放在冰箱里也无济于事，所以店主得不断的喷洒，或者干脆把荔枝浸泡在稀硫酸中。而且如果批发商喷洒过稀硫酸，零售商也往往不得不喷洒，不然就卖不出去了。

虽然稀硫酸只是喷洒在荔枝表皮上，消费者不会去吃荔枝皮，看上去危害不大，但实际上通常消费者在用手剥开荔枝皮后不会再去洗手，而是直接用手去拿果肉。这样硫酸很容易通过手传递到荔枝上，再通过荔枝进入口中。有些老人或小孩手不方便，习惯用嘴啃掉荔枝皮，更是容易中招。2007 年 7 月，郑州就有一位六旬老人因为食用了喷洒过稀硫酸的荔枝而烧伤了嘴唇，原来这位老人因为手不太方便，是用嘴直接啃掉荔枝皮的。医生介绍说"食用硫酸类保鲜剂喷淋过的荔枝，对人体呼吸道、消化道都可能有一定程度的损害，吃得过多还可能导致轻微头晕和腹泻。"

应对的方法是荔枝买回来先闻一闻，看有没有刺鼻的味道，如果有的话，就不要食用了。如果还不放心的话，就用水冲洗一下。有条件者可以用 pH 试纸测试下荔枝表皮上的水，如果呈酸性，则说明可能是被稀硫酸处理过的。

漂白蘑菇

蘑菇是一种常见的食物，营养丰富。有的电子游戏就根据这点将蘑菇做成道具，比如在超级玛丽中，吃下了蘑菇的马里奥能够变身成超级玛丽，似乎在暗示蘑菇营养价值高。需要特别提醒的是，部分蘑菇有毒，甚至会致人于死地，且通常色彩越鲜艳的蘑菇有毒的可能性越大。有毒蘑菇可谓自然界对人类的威胁，但我们从小就接受过这方面的教育，因此有足够的警惕意识去预防，然而人们往往会忽视来自人类自身的威胁：不法商贩为了提高蘑菇的销量，会把蘑菇"打扮"得好看一点，"化妆"的方法通常是漂白或者增白。

漂白是指对蘑菇使用漂白剂，漂白剂的原料通常是亚硫酸钠（Na_2SO_3）。经亚硫酸钠漂白后，蘑菇的颜色会更好看，此外亚硫酸钠还有杀菌的效果，能使蘑菇的保质期得到延长。但是漂白过程会残留下二氧化硫，二氧化硫的残留量如果超标，会刺激咽喉，并严重危害到呼吸与消化系统。增白是指对蘑菇使用荧光增白剂，荧光

72

增白剂是一种精细化工原料，不允许在食品加工过程中使用。如果进入人体，会影响神经系统，减弱免疫力，损害肝脏，过量食用可能致癌。

被不法商贩漂白或增白的蘑菇主要是白色的蘑菇，即双孢蘑菇。香菇、草菇、白灵菇等因为本身有颜色，如果漂白了，消费者反而会起疑，因此逃过一劫。双孢蘑菇其实也有一个品种是浅棕色的，但由于消费者通常认定雪白色才是新鲜的标志，因此商家也就投其所好，把浅棕色漂白成了白色。

将蘑菇增白更常见的原因是新鲜蘑菇在长途运输中长期处于低温的环境，表面容易出现黄褐色的锈斑，如果运输时间较长，甚至会出现整体变色的情况。因此商贩便将其漂白，让消费者误以为新鲜。同时漂白过程需要浸水，能让蘑菇更加压秤，商贩们也就乐此不疲了。此外，还可以除掉蘑菇发霉长毛的部分，因此即使是变质的蘑菇，经过漂白处理，也能瞒天过海，重返市场。

漂白剂使用适量，并不会对人体产生危害，但问题在于不法商贩们为求效果明显，在使用剂量上并不会首先考虑安全性而是考虑最终效果。此外，为节省成本，商贩往往会使用便宜的工业漂白粉，而其中所含的杂质就更会对人体有害了。至于使用荧光增白剂，则不管多少都会对人体有害，可以通过看颜色、闻味道、触摸表面等方法进行鉴别。如果使用了荧光增白剂，则蘑菇表面白亮，有水洗过的感觉；闻起来会有刺激性的味道；蘑菇表面会非常滑爽，有湿润感，手感好。

如果蘑菇使用的是亚硫酸钠漂白，则上述方法如眼看、鼻闻、手摸也难以区分。要是确实放心不下，只好秉着"宁可错杀不可漏杀"的心态少买太白的蘑菇。如果蘑菇看上去脏兮兮，表面有泥巴，摸上去很粗糙，则相对会比较安全，而如果卖相很好但价格便宜，则买前得三思。俗话说"一白遮百丑"，以蘑菇观之，确实如此；俗话又说"人不可貌相"，以漂白蘑菇观之，古人诚不欺我也。

药袋苹果

西谚有云："一天一苹果，医生远离我。"（One apple a day, keep a doctor away.）苹果是个好东西，有营养、口感好、价格便宜、老少咸宜。

　　源自日本的红富士苹果在中国市场上享有盛誉，山东是红富士在中国的主要产地之一。2012年6月，《新京报》发布重磅新闻《烟台部分红富士套药袋长大》称在山东烟台红富士苹果的主产区栖霞和招远一带，果农大量使用没有任何标识的药袋包裹幼果，药末与苹果直接接触直至成熟，药物主要是退菌特和福美胂，存在安全风险。消息发布后迅速被多家权威媒体和门户网站转载，引发广泛热议。

　　根据《新京报》记者的调查，使用药袋能使苹果卖相更好。果袋最初设计出来是为了减少病虫害和降低农药残留的，当时果袋内并没有农药，但近些年来，纸袋的经销商开始推销含药粉的纸袋。含药粉的纸带虽然比传统纸袋略贵，但可以更有效的杀虫，并能使苹果更好看。一位农业合作社的技术员证实了这一说法，他表示用药袋的苹果表皮会比较光滑，而不用药袋的则表皮会布满大小不一的黑色斑点，还会有白色凹陷。

　　早些时候栖霞工商局在调查时发现一些果袋厂在偷偷生产含药物的纸袋，这样的纸袋套在苹果上后，幼果直接接触到高浓度的杀菌剂，会使其果皮受损。栖霞市果业发展局的官员表示："苹果套药袋，危害是很大的。果树套药袋既不能改善苹果的表光，又不能防治果树的病虫害，纯粹是（药袋厂商）误导果农，再一个是增加了果实农残超标的风险。"在随后的2012年3月，栖霞市查处了制售药物果袋案件3起，没收药物果袋200余万只。但《新京报》的记者称"目前这种药袋仍在大量生产和使用，并不断呈扩大之势"，并表示曾"多次驱车沿S304省道调查，从栖霞市到招远市百余公里沿线，几乎绵连的各村苹果园都在大量使用药袋。"

　　长期以来，烟台红富士苹果可谓山东的招牌之一，一向声誉不错，《新京报》的新闻一出，消费者无比震惊，地方政府和果农也如临大敌。一些网友很快针对新闻报道的内容提出质疑，认为是以偏概全，缺乏说服力，容易误伤多数果农，极端点的评论者则直接指责《新京报》刊发假新闻，冲动者开始对记者破口大骂，阴谋论者则称这是为了推销北京的苹果。

　　不少来自山东的网友纷纷表示即使使用药袋的现象存在，也只是极个别的，并不占多数。大多数果园确实在用纸袋包裹幼果，但纸袋里并无药粉，用纸袋是为了保持苹果表面的光洁（减少枝叶对苹果的摩擦，防止酸雨的影响）以及隔绝农药，这样做并不算违反国家的规定。也有果袋的经销商表示，药袋是2011年前后出现的，当时传言是对苹果的表光好，但后来被明令禁止了，"现在还经常会有工商、质监、派出所等部门的人上门监督检查。"

总体来看，山东烟台确实有果农在违规使用药袋，会导致苹果表皮农药残留过高，但这也许并不是普遍现象，毕竟仅在国道附近果园的采样是难以概括全貌的。此外，因为不管是谴责果农用药袋的一方，还是谴责媒体夸大的一方，均未提供出有公信力的第三方检测机构出具的苹果农药残留检测报告，这使得双方多少有些自说自话。这篇报道后来演化为公共事件，但更多的关注点变成了双方的口水战而不是食品安全，甚是可惜。对于广大消费者而言，这一事件的教训是需要牢记：吃苹果不能吃苹果皮，毕竟农药残留主要是残留在表皮。其实对于此类事件也不必过于恐慌，洗干净或削了皮，苹果还是一颗好苹果。

小贴士

- 外地运来的白菜可能在运输途中喷洒过福尔马林，应对方法是不要食用最外面的叶片，并用清水冲洗里层。
- 颜色鲜艳的生姜可能是用硫磺熏制过的，仔细闻可能有硫磺的味道，如不能确定，食用前应用清水冲洗，并去皮后再食用。
- 外壳红润的荔枝可能是被喷洒过稀硫酸的，食用前建议用清水冲洗。如果闻到有刺鼻的味道，建议不要食用。
- 过白的蘑菇可能是经过亚硫酸漂白，或使用过荧光增白剂的，建议购买表皮粗糙的蘑菇。

豆制品

大豆起源于中国，古语称菽，是"五谷杂粮"的五谷之一，在《诗经》中常被提到。大豆的营养价值很高，富含植物蛋白，有"植物肉"的美誉，不少素食餐厅便是用豆制品来模拟肉类。文学怪才金圣叹因"哭庙案"入狱，被冠以"摇动人心倡乱，殊于国法"之罪被处死，临刑前没有高呼口号，而是叫来儿子悄声留下遗言："豆腐干与花生米同嚼，有火腿滋味。"

毒豆芽

"豆芽"也称芽苗菜，最初指黄豆芽，后来泛指绿豆芽、豌豆芽等豆类、谷类培育出的"芽菜"。豆芽又被称为"活体蔬菜"，富含维生素和矿物质。以黄豆芽来说，黄豆芽是黄豆发育而成，但比黄豆更健康也更有营养。

黄豆被称为"豆中之王"，是豆类中营养价值最高的品种，含有大量的不饱和磷脂酸和多种维生素、微量元素及优质蛋白质。在黄豆生长成黄豆芽的过程中，虽然蛋白质和大部分氨基酸含量有所下降，但天冬氨酸的含量增加近一倍，更有助于缓解人的疲劳，而且黄豆中的胰蛋白酶抑制剂与植酸都会下降，使得黄豆芽的蛋白质和矿物质更容易被人体吸收。此外，相比黄豆而言，黄豆芽的维生素 B2 和烟酸含量高出数倍，且含有丰富的维生素 C。据称，之所以大航海时代时，欧洲 160 名船员就有 100 名死于坏血病，而郑和下西洋的船员很少患此病，是因为郑和的船员每天都吃豆芽。还有，黄豆虽好，但含有不能被人体水解的棉子糖和水苏糖，如果食用过量会引起腹胀、腹泻，而这些成分在黄豆芽的成长过程中被水解掉了，所以黄豆芽多吃无碍。

当然，所谓多吃无碍是指在豆芽的种植符合国家标准的前提下。按理说，豆芽不如鱼翅燕窝是奢侈品，本身很便宜，不过 2 元一斤，似乎没有造假的必要，其实不然。2011 年 4 月，沈阳打假办接到线报称有一家黑作坊在生产毒豆芽，打假办派出民警前去调查，发现确有此事。黑作坊设在郊区一个村子的农用大棚里，面积约为 120 平方米，里面有 50 多个 1.5 米高的塑料池子，一半装黄豆，一半装豆芽，池子用被子捂着。养殖的豆芽个个"根红苗正"，卖相喜人，颜色净白，少根须，长度大多超过 10 厘米，有的甚至接近 20 厘米。不法商贩日出而息，日落而作，趁夜黑运货，被蹲点的民警抓了个正着。

据不法商贩交代，这一黑作坊已运作近半年，销往各大菜市场，多数用于饭店做水煮鱼或水煮肉片，旺季每天可销售 2000 斤。为什么豆芽的长势这么好？商贩坦白是用了药，药物包括尿素、恩诺沙星、6－苄氨基腺嘌呤、无根剂等，这些都是违规添加剂。检测机构的数据显示，仅尿素用量就超标了 27 倍。按照国家规定，豆芽生产过程中不允许使用添加剂。监管部门的专家解释，该不法商贩使用的添加剂

"恩诺沙星是一种兽用药，6–苄氨基腺嘌呤是一种激素。加入尿素和6–苄氨基腺嘌呤可使豆芽长得又粗又长，而且可以缩短生产周期，增加黄豆的发芽率。但是人食入后，会在体内产生亚硝酸盐，长期食用可致癌。"面对警方的质问，不法商贩还满脸委屈："这样生产豆芽的不止我一家，我不知道怎么就犯法了。"根据线索，警方顺藤摸瓜，在沈阳的城乡结合部多处均发现制售毒豆芽的黑作坊，仅 3 天时间，就查获了毒豆芽 40 吨。

毒豆芽不止在沈阳市泛滥，其他地区也屡见不鲜。2013 年 4 月，甘肃省平川工商分局联合公安部门开展农村市场和城乡结合部专项整治行动时，在村委会附近发现了一处豆芽加工黑窝点。生产房间到处生着霉斑，地上摆满了漂白粉，空气中一股酸臭气味。执法人员现场查扣豆芽 800 斤，原料 2000 公斤，无中文标识的白色非法添加剂 60 多斤。商贩坦白，该窝点"每天能生产、销售 300 多斤豆芽。"

一位豆芽生产企业的负责人分析，以绿豆芽为例，黑作坊为使豆芽长得快、卖相好，使用去根剂、生长激素、抗生素等五六种添加剂，只需两三天就能让一斤绿豆生产出 13 斤豆芽。算来下每斤生产成本只有五六毛，批发价为七八毛。但按他们正规的生产，一斤绿豆芽成本约八毛，批发价九毛。也就是说，毒豆芽既能依靠低价占据市场，还能提供更高额的利润。在这样的市场环境中，劣币驱逐良币，正规生产的企业会被逐渐排挤，失去市场。

2012 年 3 月，福建省泉州市食安办、市质量技术监督局、市工商局、市农业局等部门统一行动，破获一起制售毒豆芽案，当场查获保险粉 75 公斤，豆芽成品、半成品 14133 公斤。经福建省卫生厅鉴定，该黑作坊生产的豆芽可能导致食用者严重食物中毒。2013 年 4 月，泉州市中级人民法院二审作出终审判决，作坊主被判处有期徒刑 4 年，并处罚金人民币 10 万元。

2012 年 4 月，浙江省乐清公安查获了一起毒豆芽案，现场缴获疑似无根剂 450 支、疑似多菌灵 2.3 斤。商贩称"每天要卖出 300～400 斤，除零售外，还批发给酒店和快餐店等，每月销售额上万元"，"知道这些化学添加剂有毒，使用这些培育豆芽是不允许，但是正规途径培育豆芽成本很高。其他人也都是这么培育豆芽，因为卖相好，所以就这么做了。"2013 年 1 月，乐清法院就此案进行判决，不法商贩因犯生产销售有毒有害食品罪，被判处有期徒刑 1 年，并处 7000 元罚金。

2013年5月，陕西省富平县食品药品监督管理局在农村食品安全专项整治行动中，发现了4家毒豆芽的加工作坊，查获毒豆芽3000多公斤。执法人员注意到种植豆芽的水缸散发着刺鼻的酸味，腐蚀痕迹明显，用手接触豆芽会明显感觉到有轻微的腐蚀感。根据调查，该商贩使用的是一种叫做"无根素"的非食用添加剂，"无根素是一种激素的农药，长期使用添加无根素的豆芽轻者使儿童早熟，女性生理异常，重者可致癌，可致畸形。"

2013年4月，《青岛晚报》就青岛市的豆芽销售情况进行了调查。中国豆芽协会副会长胡保友表示，"最近一次市场调研显示，青岛目前的豆芽日销售量在120吨左右，生产点有十几家，但多数都是作坊式生产模式"，"目前市面上正规厂家生产的豆芽市场份额不到20%"，而且"让每位市民都成为质量监督员，去亲自鉴别哪是毒豆芽，这根本不现实。比如绿豆芽，我们为了跟有问题的无根豆芽做对比，都带着长长的胚根一起卖，但是出口的鲜豆芽都是要经过去根处理的。所以单从根来判断，没有太大的可信度。"

毒豆芽和正常豆芽外观和气味上有差别：正常豆芽脆嫩、不易折断、色白，毒豆芽芽秆粗且长，色灰白；正常豆芽芽根长，有须；毒豆芽无根须或根须少；正常豆芽折断后无水分冒出，毒豆芽有水分冒出；正常豆芽气味清爽，毒豆芽有刺鼻味道。但这些特征的差异仅供参考，并不足以作出完全确定的判断，比如色泽，如果使用了漂白剂，毒豆芽可能比正常豆芽还要白。

豆浆

将黄豆用水泡过后磨碎、过滤、煮沸后便能得到豆浆。豆浆营养丰富，易于消化，被称为"绿色牛乳"。豆浆性价比高，加之亚洲人因为乳糖不耐症的比例较高，如果不习惯喝牛奶，推荐用豆浆代替。

豆浆算是相对安全的食品，但也有可能出现问题。大豆含有皂素，豆浆加热至80℃左右时，皂素受热膨胀，形成泡沫，会造成"假沸"的现象，如果这时直接饮用，存在豆浆中的皂素等有害成分未被完全破坏，容易引发肠胃炎，导致食物中毒。防治办法是煮豆浆时，"假沸"后还应继续加热，直到泡沫消失，再用小火煮上10

分钟，以保障安全。

肯德基豆浆门

相比于麦当劳，肯德基是本土化做得相当到位的一家企业，从肯德基推出"豆浆配油条"的早餐搭配便可见一斑，这也是它在中国远超前者的原因之一。但也正是因为豆浆，肯德基碰上了一个不小的麻烦。2011 年 7 月 12 日，一位网友发布微博称"刚才在 KFC 门口拍到还没搬进去的货……KFC 欺骗了我……豆浆原来全是粉冲的……还是不知名的牌"，配图是一摞大箱子，上面写着"豆浆粉"几个大字。两周后，这条微博突然被热传，一时成为热门话题。7 月 29 日，肯德基北京分公司公关部门回应称"北京市大部分肯德基餐厅供应的醇豆浆是由浓缩豆浆调配而成，全国其他地区的肯德基醇豆浆由豆浆粉调制。"

其实这并不算食品安全问题，因为只要豆浆粉是安全的，用来冲豆浆也没什么。有人认为，用豆浆粉调制豆浆，成本仅 0.7 元，但肯德基售价 7 元，这是欺骗消费者。听上去好像有点道理，其实不然。严格意义上讲，这并不算商业欺诈，因为不管在广告中还是产品介绍里，肯德基都并未强调豆浆是"现磨现做"的，且并未以此为卖点，算是打了下擦边球。除了利润有点惊人，让人觉得消费得有点吃亏外，单就食品安全话题来说，无可厚非。

可与肯德基豆浆门对比来看的是味千拉面"骨汤门"。味千在广告中着力宣传其拉面的汤底是纯猪骨熬制，而且"一碗汤的钙含量是牛奶的 4 倍、普通肉类的数十倍"，并且这个数据由中国农业大学食品科学与营养工程学院提供。但 2011 年 7 月，记者经调查后发现，拉面汤底其实是用汤粉、汤料调制而成，而且面汤实际钙含量只有宣传的 3%。中国农业大学食品学院随后也发表声明称"从未与味千拉面企业方进行任何合作、协作，更从未对其产品进行认证、推荐"，要求"味千拉面立刻停止在宣传中使用'中国农业大学食品学院认证'等语句，并公开道歉。"8 月，味千的 CEO 潘蔚在 2011 年中期业绩报告会上表示，"'骨汤门'事件致使味千上海生意额急跌 30% ~35%。"

2011 年 11 月，上海市工商行政管理局黄埔分局经调查后表示，味千拉面违反了《中华人民共和国反不正当竞争法》第九条第一款的规定，构成"经营者利用其他方

法，对商品的制作成分作引人误解的虚假宣传"行为，并根据《中华人民共和国反不正当竞争法》第二十四条第一款的规定，责令味千停止违法行为，消除影响，并作出行政处罚人民币 20 万元。需要说明的是，味千拉面骨汤门仅涉及商业欺诈，并非食品安全事件。

豆浆粉精

出售用豆浆粉冲调而成的豆浆没有问题，但出售用豆浆粉精冲调而成的豆浆可就有问题了。豆浆粉与豆浆粉精只有一字之隔，但差别却天上地下。2011 年 6 月，接到市民举报，《时代商报》的记者调查了沈阳的豆浆市场，发现很多豆浆铺使用豆浆粉精调制豆浆出售，这样的豆浆不仅没有营养，还可能对身体造成伤害。

豆浆店老板透露，将豆浆粉精与一种名为聚宝糖的复合甜味剂混合，加上白开水，就能冲出豆浆。"这种聚宝糖的味道非常甜，相当于蔗糖的 100 倍，你用它和豆浆粉精兑在水中，豆浆就会变得又甜又香，谁也喝不出来是什么兑出来的。而且你买一桶 2 斤装豆浆粉精，最少也能兑出来 300 多斤的豆浆，够你卖老长时间了。"而这一桶豆浆粉精，价格仅为 50 元。

记者发现豆浆粉精的配方表上写着"葡萄糖、乙基香兰素、乙基麦芽酚、香基，适用于豆制品、豆浆、豆奶、维他奶、冷饮等食品内添加。"沈阳市质检院的专家表示豆浆粉精"实际上就是一种食用香精，是复合添加剂。如果是人食用的话，应该有限量，过量食用会对身体有害"，研究表明"大剂量食用香兰素等香料可以导致头痛、恶心、呕吐、呼吸困难，甚至能够损伤肝、肾，对人体有较大危害。"

豆浆粉精的成分中甚至没有黄豆，冲调出的豆浆只是有豆浆的味道，但毫无豆浆的营养，而且其所含的香精色素过量食用还对人体有害。喜欢在街头小店购买豆浆当早餐的你可得注意了，如果格外便宜可能有诈，当然，即使价格正常也可能有假，最好能看着店家当面磨出。

豆腐

豆腐是中国的传统美食，算得上是中国的一张名片。豆腐的英文名除了直译的

bean curd（豆类制品的凝乳状物）外，便是音译的 tofu。豆腐历史悠久，五代十国时谢绰的《宋拾遗录》中有载："豆腐之术，三代前后未闻。此物至汉淮南王亦始传其术于世。"汉淮南王即汉高祖刘邦的孙子刘安，和那个时代多数达官贵人一样，刘安也热衷于烧制丹药。据传，在炼丹过程中，他偶然把石膏粉掉入了豆汁中，第一块豆腐就这样诞生了。

豆腐的制法比较简单：磨浆、煮沸、点卤再压制即可。先将黄豆、绿豆等去壳、洗净，再浸泡一晚，然后加水研磨成浆，滤去豆渣后放置锅中煮沸，可得豆浆。大豆富含蛋白质，豆浆即蛋白质的胶体，物理属性上是介于溶液和悬浊液、乳浊液之间的混合物。蛋白质在豆浆中均匀分布，但彼此没有联系，只需添加凝固剂就能使这些蛋白质凝聚而与水分离，变成一个整体。制作豆腐的传统凝聚剂有多种，北方多用卤水，南方多用石膏。如果点卤时使用的卤水或石膏较多，那么可以直接生成豆腐；如果较少，则会生成豆腐脑（豆腐花）。用布将豆腐脑包起，放入容器，盖上木板，压制 15 分钟，排出多余水分，即可制成豆腐或豆腐干。

点卤的卤水主要成分是氯化镁与氯化钙，是电解质溶液，能中和胶体微粒表面吸附着的离子的电荷而使蛋白质凝聚，正所谓"卤水点豆腐，一物降一物。"在制作过程中会有水分流失，制作出来的豆腐较硬，且显老，被称为"北豆腐"，也被称为"老豆腐"。而石膏的主要成分是硫酸钙，硫酸钙的水溶性很弱，因此制作需要的时间较长。但这样制作的豆腐色泽洁白、细腻光滑且含水较多，被称为"南豆腐"，也被称为"嫩豆腐"。近年来，第三种凝固剂也登上了舞台：葡萄糖酸内酯，由它制得的豆腐又称内酯豆腐。因为内酯豆腐的含水量、凝固速度远远胜过了"南豆腐"与"北豆腐"，因此也更显洁白与细腻。但葡萄糖酸内酯缺乏卤水、石膏中所含的钙，因此补钙效果不如南北豆腐。不过其实影响不大，毕竟很少有人专门用豆腐来补钙。

工业卤水

2013 年 5 月，辽宁省葫芦岛市的民警发现了一家生产干豆腐的黑作坊，该作坊无照经营，而且在生产过程中使用了工业碱和工业卤水。据了解，这个黑作坊已开工 1 年多，在当地还小有名气，不知情的消费者还常夸味道不错。当地居民表示"他家的干豆腐颜色挺好，口感也不错，就凭眼睛看、鼻子闻，谁能知道他家的干豆腐有问题呢？"业内人士透露"使用工业碱、工业卤水，图的是便宜，成本低了，同

样的价格卖到市场上，赚得更多"，用工业碱清洗制作干豆腐的包布，比食用碱便宜，效果也更好，"工业卤水不但便宜，而且产出比例高。同样重量的卤水，工业卤水点的豆腐能比食用卤水多出一倍"，而且卖相更好。

一位从业者称，"一袋 50 公斤的工业卤水价格是 40 元钱，可以加工 500 板豆腐，按 1.5 元一块豆腐计算，一板可切成 28 块卖 40 元，500 板就是 2 万元；而一袋 25 公斤的食用卤水为 40 元钱，50 公斤 80 元的食用卤水才能做出 240 板豆腐，才能卖 9600 元。相比之下，工业卤水与食用卤水，无论从豆腐数量和价钱上都超出两倍之多。"食用卤水之所以贵是因为经过了提纯，没有提纯的工业卤水中含有大量的重金属，如铅等有害物质，对人体有害，经常食用易造成慢性中毒，甚至致癌。用工业卤水点豆腐的现象在黑作坊中很常见，2012 年 10 月，辽宁省鞍山市开展了打击"毒豆腐"专项行动，仅一个月时间，就查获制售有毒豆腐黑窝点 153 处，查扣工业卤块 2250 余公斤，涉案金额近 700 万元。而当地豆制品作坊共约 240 余家，即有近 6 成的作坊生产的是毒豆腐。

黑作坊用工业卤水点豆腐不难理解，但大公司也未必都按安全规范在生产。2007 年 11 月，哈尔滨市质量技术监督局联合某区卫生监督所对某豆业公司进行检查时发现，库房里到处是污水，无法落脚；干豆腐加工车间里，几摞干豆腐装在非食品用塑料包装袋里；执法人员还查抄到 13 袋工业氯化镁以及两锅用工业氯化镁勾兑好的卤水，水呈深红色，还飘着黑色泡沫。据哈尔滨市质量技术监督局的负责人介绍，"这家'豆腐坊'是哈尔滨最大的一家豆腐加工生产企业，目前哈尔滨大多酒店、超市、市场都从该公司购进豆腐，其在哈尔滨豆腐市场占有率在 30% 以上。"

除了工业卤水和工业碱，还有黑作坊用上了"双氧水"。2002 年 11 月，江苏省宜兴市卫生防疫部门查封了一家制作脆皮豆腐的黑作坊，发现仓库里有一个塑料桶，盛有 20 余公斤 27% 的双氧水溶液，里面正浸泡着 500 公斤的脆皮豆腐。据介绍，用双氧水泡发油炸过的脆皮豆腐能使其更显嫩黄脆白，但经常食用会损害健康，如灼伤食道等。毒豆腐也曾引发过大规模食物中毒事件，2007 年 12 月，因某作坊出售的豆腐在生产过程中受到有毒物质的污染，也可能是作坊主使用了非食用添加剂"吊白块"等，导致广东省恩平江洲、沙湖两镇 130 多食客集体食物中毒，恶心、腹泻和呕吐。

臭豆腐

2008 年是中国股市艰难的一年，那一年上证综指的累积跌幅超过 70%，这样的跳水在中外证券史上都不多见。不少股民心灰意冷，各种消遣的段子层出不穷。其中一个段子是这么说的，还是别炒股了，风险太大。想安稳赚钱不如去做豆腐，做豆腐最保险了：做硬了是豆腐干，做稀了是豆腐脑，做薄了是豆腐皮，做没了是豆浆，万一卖不出去，搁臭了，还能当臭豆腐。这种乐观的心态当然值得赞扬，但其实有个误会：臭豆腐并不是处置不善而臭的，相反，是刻意加工使其变臭的。说起来，臭豆腐可谓中国食品界的奇葩。中国饮食文化一向讲究"色、香、味"俱全，臭豆腐反其道而行之，却也能流行于中国各地，着实让人意外。

以臭为卖点的食品制作起来其实并不容易，毕竟臭豆腐的宣传口号是：闻起来臭，吃起来香。如果是里外皆臭，恐怕食客会少很多。不同地方的臭豆腐各有各的制作传统，总的来说，臭豆腐臭的味道南北统一，但臭的方法各不相同。其中以北京王致和臭豆腐与长沙火宫殿臭豆腐最为典型，前者是臭豆腐乳的代表，后者是油炸臭豆腐干的代表。臭豆腐乳与臭豆腐干名相近但实相远，最直观的区别在于前者是直接吃，后者需要油炸。

臭豆腐乳又称豆腐乳、腐乳，制作方法是：先将豆腐切块，放入笼屉内发酵。控制温度，放置几天，豆腐块表面就能长满白色或黄色的菌丝，这种菌丝被称为毛霉。将长满毛霉的豆腐摆齐、装瓶，并逐层加盐或涂抹盐水。盐分浓度高的环境既有助于析出豆腐中的水分，使豆腐变硬；也能抑制微生物的生长，避免豆腐变质。然后再淋上卤汤，卤汤由酒及各种香辛料配制而成，既可以杀菌，也可以调制风味。臭豆腐干的做法相对简单：将豆腐切块后压干水分，再放置在卤汤中腌制数小时，捞起洗净后即可下锅油炸，至外焦里嫩时捞出，淋上兑好的辣油汁就能上桌了。

青矾臭豆腐

臭豆腐的制作流程中，卤水很重要。长沙某臭豆腐店的老板介绍称："做一缸好卤水先要有一定比例的老卤水，然后要在密闭的环境中发酵存放 2 年才能开始卤制第一片半成品。室内的温度必须常年保持在 20℃"，"老卤水的配方也很复杂，要用

上 10 多种植物原料。"这样的苛刻条件一般只有老店能满足，遍布街头的小店很少有条件做到，那怎么办？有没有更简单易行的办法？

曾有豆制品企业邀请专家去研究卤水的成分，看能否找到卤水中起作用的菌种并培育出来，以大规模生产。多次试验均告失败后，浙江大学食品研究所沈立荣教授表示"现在市场上根本就没有既快速又安全地制作臭豆腐的配方，所谓化学方法也很难做到以假乱真。"既快速又安全的办法是没有，但只求快速不求安全的办法倒不少。南昌的一位臭豆腐店老板向《江南都市报》的记者透露，将豆腐切片后，用豆浆和豆渣发酵，没有老卤水也没有关系，只需要用上一种神奇秘方，即可快速制成臭豆腐，这神奇的秘方便是青矾和泔水的混合液。

2008 年 4 月，一位福州街头的臭豆腐小贩良心发现，写了一封忏悔信寄给《海峡都市报》，并配合记者对福州的臭豆腐市场进行暗访。这位小贩在福州制售臭豆腐已有 3 年，但偶然发现自己上小学三年级的儿子也时常在学校旁边吃几串臭豆腐，这使他心生愧疚，决定站出来揭露行业黑幕。他介绍称"臭豆腐分黑、黄两种，制作黑臭豆腐，要先将豆腐浸泡到臭卤水里，臭卤水是将腐肉、市场回收的死田螺、臭鸡蛋、咸菜和泔水搅和在一起发酵制出来的。如果卤水不够黑臭，要将硫化碱、硫酸亚铁按比例兑水搅和，经化学反应后，水就会变得更黑更臭"，"为了缩短制作时间，现在很多臭豆腐摊主几乎都放硫化碱和硫酸亚铁。这样 2 个小时就可以熬成卤水，而自然发酵至少要等三四天。"

2010 年 10 月，《法制周报》的记者对长沙的臭豆腐作坊进行了调查，发现和南昌、福州一样，青矾也被广泛使用。记者找到了一位有多年从业经历的老师傅，他从 1985 年起就从事臭豆腐半成品的生产，日产半成品近 2 万片，现在"长沙南门口一带 7 成以上摊点货源由他配送。"他表示自 2005 年始，有近百来人在其门下学习臭豆腐卤水的制作方法，学费 2000 元，3 天包学包会。记者没有教学费，所以没有得知具体的配兑比例，但他承认其配方的核心药品是青矾，"经过硫酸亚铁浸泡的臭豆腐，在卤水内 5 个小时就可以出半成品。"

青矾，又称绿矾，绿色晶体。主要成分是七水硫酸亚铁（$FeSO_4 \cdot 7H_2O$），硫酸亚铁可与豆腐发生反应，生成硫化铁，硫化铁呈黑色，只需几个小时就能让豆腐皮上有黑色色斑。如果需要豆腐变黄，则需要浸泡在硼砂溶液里，硼砂的主要成分是十水四硼酸钠（$Na_2B_4O_7 \cdot 10H_2O$）。化学制剂能很大程度的减少发酵时间。但硫酸亚铁、四硼酸钠并不在我国的食品添加剂名录里，而且业内人士称，为节省成本，在实际操作中，作坊一般使用的是工业硫酸亚铁，含有多种杂质，对人体危害更大。此外，硫酸亚铁与豆腐反应除了生成黑色的硫化铁外，还生成了其他硫化物，也会危害人体健康。湖南省疾病预防控制中心主任技师冯家力表示"市民长期食用含硫酸亚铁的臭豆腐，可能会导致肝脏出血性坏死，甚至出现肠道剧烈刺激、虚脱、发绀等症状。"

青矾臭豆腐泛滥，一方面是因为使用青矾既高效又低价，虽然长期食用对消费者的健康会有危害，但短期效果不明显，通常不至于今天吃完明天就出现问题；另一方面是臭豆腐行业标准缺失，长沙市雨花区食品安全委员会执法人员表示"臭豆腐作为一种地域特色小吃，国家目前没有强制标准，真要严查，还没有执法的依据。"2009 年 4 月，国家商务部发布《商业技术管理规范》等 15 项国内贸易行业标准，臭豆腐（臭干）的国家行业标准也位列其中，对臭豆腐使用卤水的界定是"用蔬菜、辛香料等植物为原料，经加工、配制、发酵而成的汁液。"但这一标准并未对臭豆腐行业起到规范的效果，业内人士分析认为主要是这一系列行业标准只是引导性的，并非强制性的。这样一来，大企业可能会遵守，但小摊贩未必，而臭豆腐行业又主要以小摊贩为主。

粪水臭豆腐

臭豆腐之所以臭是因为豆腐在发酵过程中，所含的硫氨基酸被水解，会生成硫化氢，发酵时还会产生甲胺、腐胺、色胺等胺类物质，臭豆腐的臭味即硫化氢与胺类物质混合的味道。臭豆腐要有正宗的臭味大概需要一周时间的发酵，但在实际情况中，街边商贩不愿意等那么久，他们更愿意用速成的方法。

曾有记者调查过深圳南山区的臭豆腐市场，记者观察到，作坊主先将豆腐切成火柴盒大小，再放入锅中煮熟，并加入一包黑色的粉末将豆腐染成紫黑色。经过半个小时的晾晒，再将豆腐块浸入一个装满黑水的桶中，之后豆腐就有臭味了。据一位从业人员介绍，黑水的主要原料是市场上回收的田螺和潲水，但"仅靠这两种原料是不够的，还要再放进一些发臭的腐肉汁水。这些原料集中放在一个桶里，加卤发酵后层层密封起来。等这些原料完全发臭直至生蛆、产生刺鼻的臭味后才可使用，

从中取出一点汁水加到浸泡桶里就行。"

如果说食品科学与工程专业算是食品界的学院派，那么各路不法商贩就该被称为实战派了，他们在寻求以最少代价获得最逼真效果的食品造假术的道路上上下求索。如何快速高效的将豆腐熏臭？特制的"黑水"已经是很有性价比了，但不法商贩精益求精，不懈努力，终于找到了比泔水更便宜、更有效的让豆腐变臭的材料。当年爱迪生为了找到合适的灯丝材料，先后试验了 1600 多种耐热材料才最后选择了钨丝，这拼的是毅力。臭豆腐商贩们虽然在毅力上没法和爱迪生比，但在想象力上绝对超越了，他们最后选择的材料是：粪便。

"如果颜色不够黑的话，再放一些黑色素和特别黑的污水。如果还不够臭，再放进少许的粪水。"当作坊主说出这话时，记者一度怀疑自己的耳朵，于是他又重复了一遍："不过，粪水不能放多，如果放多了就会太臭，食客就会察觉，就会不买你的豆腐。"另有爆料人对记者透露，"曾经看到这些黑心老板为使豆腐快速增加臭味，竟将豆腐用布包上后埋在粪堆下面。"记者随即向南山区工商局报警，执法人员前去查封了制售臭豆腐的黑作坊。当执法人员打开盛有"黑水"的酱料桶时，"一股巨大的刺鼻恶臭味扑面而来，将 3 名执法人员呛了个正着，他们当即呕吐了一阵。"

用粪便当原料制作臭豆腐并不是只发生在深圳，2012 年 4 月，《法制日报》曝光了长沙部分臭豆腐作坊的内幕，记者调查发现"一些摊贩甚至知名品牌店的臭豆腐，竟出自黑作坊，泡制的卤水五花八门，甚至有粪便及'臭粉'等化学添加剂"，"粪水增臭的臭豆腐，生的易辨别，油炸可乱真"，这篇报道顿时引发了消费者的一阵恐慌。但长沙方面表达了不满，火宫殿元老级师傅何谷良表示，"这纯属无稽之谈！"长沙市政府副秘书长、食安办主任黄吉邦也表示，他"执法查处多年，长沙臭豆腐行业从未有过用粪水增臭这回事，但有小作坊因卫生条件差，存在添加硫酸亚铁的情况。"

大企业没有违规不意味着小作坊就一定也遵纪守法，食安办没有发现也不意味着这一现象就一定不存在。2013 年 3 月，杭州《都市快报》视听中心的《好奇实验室》做过一期节目，邀请了 4 位臭豆腐界的资深人士，以科学实验的方式来观察正常的臭豆腐、绿矾硼砂臭豆腐、粪水臭豆腐在色、香、形上的差异，以此判断三者能否被轻易识别。结果显示，绿矾、硼砂制成的臭豆腐在颜色上与正常臭豆腐差异较大，视觉上容易分辨；泔水、粪水泡出来的臭豆腐在气味上与正常臭豆腐差异较大，嗅觉上容易分辨。但是，不管是绿矾硼砂臭豆腐还是粪水臭豆腐，经过油炸后，"外形、气味和正常臭豆腐相似，很难区分。"考虑到现在黑作坊较为普遍，各位食客请保重！

酱油

2008 年，陈冠希"艳照门"事件被曝光，一时成为社会热点。广州电视台《今日报道》在街头采访市民，"请问你对'艳照门'有什么看法?"一位市民回答称："关我×事，我出来买酱油的……"此后，"打酱油"一词迅速在网上热传，并成为当年的年度热词。

"打酱油"其实是个由来已久的词汇，以前酱油很少有瓶装的出售，通常在粮油商店零买零卖，消费者要多少，店员称多少，这就是"打酱油"。现在，"打酱油"成了"不关我事"、"路过"的代名词，网民用这个词来调侃自己没有参与感或存在感：面对现状，虽然不满但无力改变，只好明哲保身的选择"打酱油"。"打酱油"表达的是"事不关己，高高挂起"的心态，但在食品安全形势严峻的当下，"打酱油"也有风险。

酱油有烹调与佐餐之分，但不少家庭往往没有注意到这点，只备有一种，在炒菜与拌凉菜时无差别使用，这是不安全的。烹调酱油在生产、储存、运输和销售的过程中，可能因卫生条件不合格而被细菌污染，研究表明，"痢疾杆菌可在酱油中生存 2 天，副伤寒杆菌、沙门氏菌、致病性大肠杆菌能生存 23 天，伤寒杆菌可生存 29 天"，此外，酱油中还可能含有一种嗜盐菌，能存活 47 天，可以导致食用者恶心、呕吐，严重者会脱水、休克。而烹调酱油对微生物的指标要求不高，因此即使酱油中带有少量细菌，也是能通过检测的。这并不是因为国家的酱油标准不合理，而是这些细菌可以通过加热被杀死，因此作为烹调酱油，即使含有细菌，只要是炒菜用，基本对人体无碍，但如果生吃，那就不一定了。若是要做凉拌菜，一定得选用佐餐酱油，佐餐酱油的微生物指标比烹调酱油严格得多，按照国家规定，每毫升检出的菌落总数不能大于 3 万个，这样即使是生吃，也不会危害健康。

掷出窗外 面对食品安全危机你应有的态度

化学酱油

酱油又称豉油，起源于中国，早期的酱油是用牛、羊、鱼等动物性蛋白质为原料酿造的，后来逐渐改为用大豆、淀粉、小麦等植物性蛋白质为原料，经制油、发酵等程序酿制而成：将黄豆浸泡、蒸熟后接种米曲霉菌，进行发酵，发酵成熟后将黄豆装入木桶酿制。木桶中装一层黄豆，撒一层食盐，泼一次清水，然后盖上盖，用牛皮纸封好，经过4个月的酿制，可得酱油，通常1公斤黄豆可酿得3公斤酱油。制好的酱油用缸装好，在阳光下曝晒10余天即可上市。经过这种方法制得的酱油被称为酿造酱油，是多种氨基酸、糖类、芳香酯和食盐的水溶液，既能改善菜肴的口味，也能增添菜肴的色泽，促进食欲。

酿造酱油发酵时间接近半年，且产量低，因此成本较高。酱油除酿造酱油外，还有配制酱油，后者以酿造酱油为主体，再加入酸水解植物蛋白调味液、食品添加剂等而成，生产周期短、产量大、成本低。根据国家标准，只要在酿造酱油中添加了酸水解植物蛋白液，无论多少，都属于配制酱油，在配制酱油中，酿造酱油的比例不能少于50%。

2011年8月，香港媒体称香港市场上发现有大陆生产的"化学酱油"出售，这种"化学酱油"并没有黄豆的成分，而是将"砂糖、精盐、味精、酵母抽取物、水解植物蛋白质、肌苷酸及鸟苷酸"这几种调味料及化合物混合制成的。这种酱油口感、味道与酿造酱油无异，只是仔细闻会有刺鼻气味。配方中的水解植物蛋白质有可能释放致癌物，如单氯丙二醇、二氯丙醇和三氯丙二醇，前者在动物实验中被观察到会使老鼠的精子数目减少、活动减弱，这与男性生殖力降低的现象类似，还会伤害老鼠的肾脏及中枢神经系统。这种"化学酱油"貌似是配制酱油的一种，其实不然，如果完全由化学制剂以及调味品制成，不含任何酿造酱油，那么并不符合国家对配制酱油的定义，是一种不合格的产品。

李锦记技术部门的负责人表示，在20世纪六七十年代已有"化学酱油"的说法，"是指在酱油生产过程中用到了化学工艺，以脱了豆油的黄豆也即豆粕进行制作，再经过盐酸分解、用纯碱中和后得出鲜味剂，这个办法还是向日本学来的。"传统酿造酱油得花上3个月到半年，但这种化学方法浸出酱油只需10小时，看上去化学酱油是革命性的技术突破，但随后科研人员发现水解植物蛋白质时可能释放致癌

88

物，如二氯丙醇等，于是这种方法一度被禁止使用。直到再后来，业界找到了去除化学酱油中二氯丙醇的方法，化学酱油才又赢得了生存空间。不过香港媒体所称的化学酱油完全没有黄豆成分，与这种化学酱油并不相同。按照国家标准生产的配制酱油，会用到化学药剂，但对种类和剂量有严格的要求，生产出来的酱油可以食用，而完全用化学药剂调配出的化学酱油，并不符合国家规范。

不少消费者都知道酿造酱油比配制酱油好，但问题在于，目前质监部门对酱油的检测指标通常是氨基酸含量、食品添加剂（防腐剂、色素等）和菌落总数，这样的检测是没有办法测定配制酱油中是否按照国家规定含有 50% 以上的酿造酱油的。要查明酱油的成分中酿造酱油的比例，必须要用到 DNA 检测。既然消费者更喜好酿造酱油，而且酿造酱油又更贵，加上是不是酿造酱油质监部门又判断不出来，这就难怪那些生产配制酱油的厂商或作坊钻检测手段的空子，挂羊头卖狗肉。《广州日报》的记者在调查广州的超市时，发现几乎所有的酱油都标明是"酿造酱油"，即使其配料表中明白的写着有"肌苷酸、鸟苷酸、苯钾酸钠、三氯蔗糖"等添加剂，竟也无一家自称"配制酱油"。

2013 年 5 月，台湾本土一家名为"一江食品"的公司生产的酱油被检出不合格，12 项产品中 9 项"单氯丙二醇"含量超标。这些酱油是由化学合成、未经过发酵酿制的，在盐酸水解过程中生成了超量的致癌物"单氯丙二醇"。台湾检调表示，该公司自 2008 年起，"未依规定将合成酱油定期送验，每周出货上千桶到士林夜市、逢甲夜市、瑞丰夜市等小吃摊及杂粮行。"同月，台湾宜兰县卫生局也检测到市面上出售的"鲜味香酱油"含有此致癌物质，超过标准 8 倍，据称，该品牌的酱油被宜兰当地夜市摊贩普遍使用，总共有 30 余家小吃业者在使用这种致癌酱油，消息传出，引起台湾民众的恐慌和愤怒。看来，至少在化学酱油这一食品安全问题上，两岸三地提前实现了统一。

头发酱油

如果有一天，你在酱油瓶里发现了一根头发，请不要怀疑自己的眼睛，也不要觉得自己穿越到了孙二娘的人肉包子店，因为用头发制作劣质酱油是业内公开的秘密，而且已经形成了一整条产业链。头发与酱油，看上去风马牛不相及，但因为不法商贩在追求低成本的道路上是"积极进取"、"永无止境"的，因此，一切皆有可能。

业内人士透露，"毛发可以提炼出氨基酸来，氨基酸是做酱油必需的一种物质，一些没有酿制工序的小酱油厂会去一些氨基酸厂里买氨基酸液，回收头发的主要是氨基酸工厂……其实回收头发本没有错，如果是工业氨基酸也是没有问题的，就怕将这些氨基酸液卖给做酱油的商贩。"这种担心并不是多余的，北京万方酿造厂负责人张国忠表示，"北京的批发市场也廉价出售从河北加工好的头发酱油。因为，河北发出的酱油，50 斤才 12 元左右，价位要比正规酱油低上 5~6 元，令正规厂家难以竞争。最可怕的是，有些头发酱油还具有 QS 认证，这种造假酱油可能还会成为受消费者青睐的名牌酱油。"

用毛发提炼出的氨基酸来勾兑酱油，优势是成本低，吉林省北康酿造食品有限公司总经理姜文透露，"头发酱油"的生产成本仅为酿造酱油的 1/6，但问题在于这并不符合国家规定。根据中国《酿造酱油》（GB 18186—2000）和《配制酱油》（SB10336—2000）的国家标准，氨基酸是酱油的一个重要指标，酱油中的氨基酸含量不得低于 0.4 克/100 毫升，而且必须是植物氨基酸，不得为动物氨基酸。

用头发酿造酱油的危害不少，一方面其加工场所通常很隐蔽，为躲避质检部门的抽查，通常位于城乡结合部或农村，其卫生环境难以保证，在制作过程中，很可能出现微生物残留污染的情况，会导致消费者轻度食物中毒如腹泻等。另一方面在制作过程中，如果采用了纯度不高的盐酸或工业盐酸，其所含的杂质，砷、铅等可能会混合在酱油中，留下安全隐患，对人体的肝、肾、生殖系统等有毒副作用，还可能会致癌。

制作酱油的毛发哪里来？当然是理发店。2010 年 12 月，《城市信报》的记者暗访了河北新乐市的小宅铺村。这个村子不大，但名声在外，是中国头发的集散中心。"这个村大部分人都姓顾，主要靠买卖头发为生，差不多全村2/3的人都在做"，因此又称为"头发村"。记者谎称要做头发生意，与村里的一位顾老板交谈，他介绍说，"我们村经常有外地客户来，我们也都习惯了，一个是几乎全国的碎散头发都往我们村里运，另一个就是我们村加工好的头发也发到全国各地。"

小宅铺村经营头发生意已有 30 多年，早期只是做中转站，后来开始对头发进行分类：按照头发长度，分为 4~10 寸四五个等级。长一点的头发会卖给假发厂，短一点的则卖给氨基酸厂，小宅铺村的头发远销全国，一位作坊主老板介绍，"我们一般都往氨基酸厂送货，原来往石家庄送，现在河南和湖北的要量比较多，山东青州、临沂、淄博这些地方也有要的，不过量比较少。"

有点瘆人的是，记者在村里看见有村民在卡车上整理毛发，但有些"头发"看起来很硬，不像是人类的毛发，村民毫不顾忌的解释称确实不是人的头发，而是动物毛发，主要是牛毛，"我们这里每天都有外地人来进货，头发这种东西都是一捆一捆的，不少人一进货就要几百斤甚至几吨，这么多捆头发根本不可能挨个检查，所以会有人往头发里掺一些动物毛混在里面，不太懂行容易被宰"，"有些屠宰场将剩下没用的毛拉来卖给我们，这些毛我们可以卖给化工厂"，"有些化工厂不介意人的毛发还是动物的，对他们来说都一样用。"这样看来，被用来制作酱油的不止有人的头发，还有牛的毛发，其实也真不好说，到底哪个更恶心。

较早曝光"头发酱油"的媒体是 CCTV《每周质量报告》，2004 年 1 月，该栏目暗访了湖北省荆州市的津津乐调味品厂，记者发现，该厂使用一种酱褐色的液体直接配制酱油，技术员介绍说这就是氨基酸液。记者在厂里正好碰到一位做技术指导的人，恰巧是提供氨基酸液的原料厂的生产部部长，于是前去调查了氨基酸厂。记者在车间里看到了堆积如山的毛发，工人介绍，厂里每天消耗毛发约 10 吨，经过简单的酸解，就能得到氨基酸，销往岳阳、常德、重庆等地。这些工人也心知肚明这些氨基酸的用途，并表示"我们这里的人，看见做这个很脏的，一般都不吃酱油的。一般我们搞这个事的，晓得，就不吃！哈……"

在氨基酸厂的原料库里，记者看到一辆运送毛发的大卡车正在卸货和分拣，毛发里夹杂着"污渍斑斑的废弃物：药棉签、小药瓶，还有用过的避孕套。经过简单分拣，这些污秽不堪的毛发不再作任何处理，就直接被送到机器里打松，然后打成包拉去投料"，生成氨基酸液。生成的氨基酸溶液或干燥成的氨基酸粉被卖给酱油厂配制成酱油，出售到市场上。令人担忧的是，津津乐调味品厂并不是普通的小规模生产的黑作坊，而是当地一家中等规模的调味品企业。

大企业如此，小作坊更是不必多说，一位良心发现的黑作坊主向《城市信报》爆料称"以前我在河北一家酱油厂干过活，是一家小酱油厂，生产酱油不经过发酵，而是用酱色兑水加盐加氨基酸，甚至脏水也往里面倒。老板拿回来的氨基酸也是最便宜的动物氨基酸，里面甚至还有没完全过滤掉的头发"，"我第一次看到差点吐了，

这些氨基酸用时要先用纱布过滤，如果有头发就过滤掉了……很多村子加工酱油的小厂特别多，但村民都吃知名品牌，自己村里的从来不吃，因为他们了解生产过程。"

头发，又称"三千烦恼丝"，有"人有三千烦恼丝，丝丝入扣，条条连心"的说法。对文艺青年而言，剪短头发也代表着一种决绝，正如梁咏琪的《短发》所言："我已剪短我的发，剪断了牵挂。"但现实是，在食品安全形式不乐观的当下，剪短了头发未必就能剪得断牵挂，因为也许有一天，你和你的头发可能会在餐桌上再见。

📋 **小贴士**

- 如果豆芽过于肥大，或无根须，或有刺鼻味道，可能是用药水养大的。
- 过于洁白的豆芽可能是经过漂白剂漂白处理的。
- 价格便宜的豆浆可能是使用豆浆粉精冲调而成的。
- 小作坊可能会使用工业卤水制作豆腐。
- 有的臭豆腐制作过程中使用了粪便。
- 化学酱油完全用化学药剂调配而成，与黄豆无关。
- 头发有可能成为黑心酱油的原材料。

大米

大米的历史悠久，在中国饮食文化中占有举足轻重的地位。《三字经》中说："稻粱菽，麦黍稷，此六谷，人所食。"其中的"稻"经过清理、砻谷、碾米等处理后即是大米。《三字经》是古代中国儿童的百科全书，这样的介绍使得稻米的价值进一步的深入人心。在中国，五谷杂粮泛指一切能吃的粮食作物。在《三字经》更早之前的《黄帝内经》中，称五谷为"粳米、小豆、麦、大豆、黄黍"，稍后的《孟子·滕文公》中，称五谷为"稻、黍、稷、麦、菽"。可以发现，不管是在哪个定义中，大米都是当仁不让的五谷之首，其重要性可见一斑。

中国是稻米的发源地之一。考古工作者在黄河、长江流域的新石器遗址中都发现过大量稻米种植的证据：在浙江省余姚河姆渡发现过 7000 年前的栽培稻谷；在河南省舞阳贾湖遗址发现过 8000 年前的栽培稻谷壳痕；而在湖南道县玉蟾岩出土的稻谷兼备野、籼、粳的特征，经鉴定属于由野稻向栽培稻深化的古栽培稻类型，是目前世界上发现时代最早的水稻实物标本，也因此将人类栽培水稻的历史追溯至一万年前。时至今日，中国仍是稻米生产和消费的大国，其水稻种植面积占粮食作物种植面积的 1/3，产量为全球第一。

　　然而尽管稻米的种植历史悠久，尽管食用人群庞大，近年来关于大米的食品安全丑闻还是层出不穷并涉及多个方面，其中影响最恶劣、对消费者危害最大的当属大米重金属超标与陈化米变身进入口粮市场。

重金属超标

　　"重金属"本是一化学术语，指原子序数大于 20 的过渡族元素或密度大于 5 的金属，从这个定义来看，大多数金属都是重金属。后来，这一术语在环境污染领域被广泛使用，指的是对生物有明显毒性、且不易被微生物降解的金属或类金属元素，如汞、镉、铅、铬、锌、铜、钴、镍、锡、砷等。有两点需要说明，第一，并不是所有的重金属都有毒；第二，有毒的重金属多数情况下并非是指其单质状态有毒，而是指重金属离子有毒，能使蛋白质变性。有毒的重金属对人体危害极大，1994 年清华大学投毒案、1997 年北京大学投毒案、2007 年中国矿业大学投毒案，凶手们使用的都是重金属盐。

　　调查显示，大米中超标最常见的重金属是铅和镉，此外还有砷、锌、铜等。2002 年，农业部稻米及制品质量监督检验测试中心曾对全国市场稻米进行抽检，检查结果显示：稻米中超标最严重的重金属是铅，超标率 28.4%，其次就是镉，超标率 10.3%。无独有偶，2007 年，南京农业大学农业资源与生态环境研究所的潘根兴教授和他的研究团队，在全国范围内（分华东、东北、华中、西南、华南、华北六个区域）随机采购大米样品 91 个，结果同样表明市售大米镉超标率为 10% 左右。

　　上述研究表明，中国国内至少有 1/10 的大米是铅、镉含量同时超标的，这是一个非常惊悚的现状。根据美国农业部（U. S. Department of Agriculture）2012 年发布

的预测报告，中国 2012/2013 年度的大米产量能达到 1.41 亿吨。按 10% 计算，接近 1400 万吨大米受到重金属污染，这可以绕地球好几圈了。而如果按照 2002 年农业部的调查，有接近 30% 的大米铅超标，这更是吓人。重金属超标的大米不仅会坑害消费者，就连生产者也会深受其害：普天之下谁不是消费者呢？稻米被重金属污染更多发生在中国南方，以南方籼米为主，其中重灾区是湖南、江西、广西、广东等地。2011 年初，《新世纪》周刊一篇名为《镉米杀机》的深度调查报道使得这一议题重新进入公众视野。

在众多被重金属污染威胁的案例中，广西桂林思的村最为典型。思的村隶属于阳朔县，与县城的距离不过 40 公里。阳朔是一个风景秀丽的城市，素有"桂林山水甲天下，阳朔堪称甲桂林"之说。但其辖下的思的村却以稻农的怪病而闻名，广受国内土壤研究者的关注。村里的村民多以种植水稻为生，不少村民同时得了怪病，浑身疼痛，有的老人双腿无力，走路便疼，去医院却查不出所以然，村民只好自己命名为"软脚病"。学者研究后发现，这种病的症状与"痛痛病"极为类似。

"痛痛病"又称骨痛病，最早出现于 20 世纪 60 年代的日本，当时日本为发展经济广开矿场，但又忽视了对废水废液的无害化处理，导致其中的镉严重污染了农田。而农民长期食用被污染土地上种植的食物，终致镉中毒。医学研究表明，镉进入人体会引起骨痛等症状。这些日本农民患病时骨头有如针扎，他们受不了这剧痛口中便常喊"痛啊痛啊"，此病由是得名。思的村的村民会不会也是因为食用了镉超标的大米呢？数据显示，确实如此，日本的历史在中国重演了。早在 1986 年，对思的村农田的检测结果表明其土地有效态镉含量值为 7.79 毫克/千克，是国家允许值的 26 倍。而种植于这种土壤上的作物经检测同样超标，其中早稻的含镉量为 0.6 毫克/千克，超出国家标准 3 倍，晚稻则为 1.005 毫克/千克，超过国家标准 5 倍。

思的村大米里镉严重超标的罪魁祸首是一座铅锌矿。这座铅锌矿就在村庄上游 15 公里处，开采于 20 世纪 50 年代，但当时几乎毫无环保意识，因此矿场里含镉的水直接排放到河里，村民用河里的水灌溉耕地，土壤就这样被污染了。作物吸收了土壤里的镉，产出的大米镉就严重超标。统计显示当地有超过 5000 亩土地被污染，随后的调查表明，在矿山发掘早期，排出的废水中镉的含量超过国家规定的耕地灌水水质标准的 194 倍。

思的村村民的怪病能被发现是因为症状明显，而症状明显一是因为他们食用的当地大米镉超标严重，二是因为他们是长期食用，重金属在体力难以代谢，日积月累，于是患病。这也凸显出了研究食品安全问题的尴尬之处，若非单一饮食来源，或长期食用，即使吃了有毒害的食物，也不一定能及时发现，等身体出现问题，通常就太晚了。不过往好处想，剂量决定毒性，如果吃得量不多，也不是经常吃，发病的就会晚一点。按 10% 的概率，即每吃 10 碗饭，就有一碗有毒。这么看来，还是很刺激的，像玩俄罗斯轮盘一样，或者更准确的说，是古罗马军队中的十一抽杀率（Decimation，古罗马为惩罚大规模叛乱或临阵脱逃的部队，将每 10 人分成一组抽签，抽中者处死）在中国人的餐桌上上演了。

中国大米重金属超标的情况普遍，原因很复杂。最主要的原因是缺乏环境保护意识。殊不知，国内外大量的事例证明，无视环境问题发展经济，最后往往会得不偿失，人们将付出更大更惨重的代价，食品安全只是冰山一角。

其次，是环境污染问题的特殊性。大米中的重金属超标最常见的原因是土壤被污染，而土壤污染是一个棘手的问题。可以这样理解，"污染如山倒，治理如抽丝。"一块土地被重金属污染了，要自然恢复到正常状态是很难的。如果进行土壤修复，要花额外的成本且要经过一段不短的时间，见效较慢。有人会问，为何不采用最简单粗暴的办法：弃耕，污染的土地干脆放弃好了。这种壮士断腕的想法并不现实。根据 2005 年农业部对多省耕地长达 2 年的检测结果来看，重金属超标率达到 6.4%，其中最严重的是水稻产地，高达 14%。这么大比例的耕地，怎能说不要就不要？不要这些地，18 亿亩的耕地红线就不保了。而且，拥有这些耕地的农民怎么办，哪里还能再变出一块地来给他们耕种？于是农民只能睁一只眼闭一只眼继续耕种，我们接着装着没事继续吃了。不过近年来还是有一些好消息，比如土壤修复技术的提高，比如转基因技术的应用，科技的发展或许能提供更多的解决办法。

最后一个原因说起来有点奇怪，中国大米之所以重金属含量超标的比例大，有一部分原因是中国现行的大米镉含量标准过高。不要笑，这是真的。根据中国于 2005 年 10 月实施的《食品污染物限量》强制性国家标准，"白米中的镉含量最高不能超过 0.2 毫克/千克"；而国际的通行标准是大米中镉含量不能超过 0.4 毫克/千克。所以在这一标准上，中国领先于世界。因此就有专家表示，解决中国大米镉超标的办法很简单，降低大米镉含量的国家标准即可。这样原来镉含量在 0.2 ~ 0.4 毫

克/千克的大米被认为超标现在就不超标了。

这一建议看似有合理之处，中国人并不比外国人精贵，我们不是一直希望要向西方发达国家学习么，他们能设立低一点的标准我们为什么不能？然而仔细一想，并不是那么回事，因为：剂量决定毒性。国际标准定得低是因为在那些国家，大米不是主食，人们食用的少，这样标准定低一点也没事，本来一年下来也吃不了几次饭。但中国不一样，近半数的家庭餐餐吃大米，标准要是松一点，一年下来累积的量就会增加很多，如此一来，怎能轻易降低标准？

值得注意的是，大米重金属超标的问题越来越引发消费者关注。2013 年 2 月，《南方日报》的记者调查发现，有一批来自湖南的近万吨镉超标大米正流入广东市场。报道发布后，广东的市场开始拒收湖南的大米。坚定对有毒食品说"不"，这种消费者的合作意识对解决食品安全问题而言是一个良好的开端。

陈化米

如果说大米重金属超标算是农民的无心之过，那么下面的行为当属不法商贩的蓄意为之了。听说过给汽车打蜡，听说过给大米打蜡么？听说过给轴承上油，听说过给大米上油么？听说过给镜片抛光，听说过给大米抛光么？打蜡、上油、抛光，如此折腾大米为哪般？那是因为有些大米"年老色衰"，卖相不好，商贩便出此下策，将其好好"美容"一番，方便转手给下家。

大米和明星一样，也有"过气"之说。如同当红明星、二线明星和过气明星一样，大米的品相好坏也分为三类：当年生产的大米称之为新粮，新粮储存一年以上则称为陈粮，陈粮若因储存时间过长或储存不当而陈化变质则称为陈化粮。新粮和陈粮都能食用，只是新粮比陈粮口感、香气要更宜人些，但陈化粮不能食用，因为大米中的淀粉、脂肪和蛋白质等已发生变化，使其食用品质和营养成分下降，甚至还会产生如黄曲霉毒素等有毒有害的物质。

从价格上来说，新粮贵于陈粮，陈粮贵于陈化粮。对大米进行美容主要是针对陈粮，陈粮与新粮外观上的最大差别是其色泽较暗。不法商贩想到的办法是将陈粮回碾，以食用油或矿物油做抛光剂在抛光机中进行处理，处理后的大米便能冒充新米进行销售了。其实陈米本身是无害的，但经过这样一番处理后，米上沾有油脂，容易酸败，便能对人体造成伤害了。而有些不负责任的加工商甚至会用更便宜的工业用油来抛光大米，工业用油有毒，一旦误食，食用者会急性中毒，出现呕吐、腹泻、昏迷等症状，轻则会伤害到人体的消化和神经系统，重则威胁到人的生命。

按照 2001 年国家计委等五部委颁布的《陈化粮处理若干规定》，陈化粮只能向特定的饲料加工或酿造企业定向销售。一般来说，陈化粮的价格是新粮的一半，有些不法商贩利欲熏心，竟无视消费者的安危，铤而走险让陈化粮进入了口粮市场。陈化粮的外观与新粮有明显差异，需要更彻底的抛光处理，如果抛光剂用的是工业用油，处理出来的大米就是毒上加毒了：工业用油本身就不安全，陈化粮中更是可能含有黄曲霉毒素（aflatoxin）。黄曲霉毒素对人或畜有急性毒作用并会诱发癌症，被世界卫生组织划定为 1 类致癌物，毒性比砒霜大 68 倍，试验表明，其致癌所需的最短时间是 24 周。而且因为黄曲霉毒素的裂解温度是 280℃，一般的烹调加工温度并不能将其杀死。

当消费者误食陈化米时，会面临一个很纠结的问题：你是希望米中的黄曲霉毒素含量高呢还是希望含量低？这样问乍一听很可笑，但实际情况是这样的：如果含量高，会引发急性毒作用，导致食物中毒，你肯定会被送至就医并很快发现病因；然而如果含量低，不会对你产生明显的作用，你就察觉不到吃了不安全的大米，这样你会继续食用。但长期食用，毒素在体内积累，则会使你慢性中毒，肝脏受到损伤，出现肝硬化等症状，而且黄曲霉毒素还被证明与肝癌也有密切关系。此外，针对动物所做的长期摄入小剂量黄曲霉毒素的实验表明，会使动物出现生长发育迟缓、体重减轻、母畜不孕或产仔少等系列症状。

在中国，陈化米进入餐桌以及陈化米中毒的新闻不少见，但让笔者尤为心痛的是受害者多是弱势群体。《新京报》是最早关注这一社会问题的媒体之一，2004 年 6 月底，他们报道了北京的"民工米"现象，并引用《中国质量万里行》的数据称北京每年至少有近万吨的"民工米"被食用。"民工米"的特点是便宜：比一般大米便宜 1/3 还多。不过便宜是要付出代价的，这种大米多发黄发霉，但是通常卖家和买家都不太介意，因为这些米他们自己不吃，吃的是在建筑工地干活的工人（农民工），这种米也因此得名"民工米"。对的，你没有猜错，"民工米"正是陈化米。

半个月后，CCTV《时空连线》跟进此议题，派出 4 路记者分别在北京、天津、廊坊以及哈尔滨的粮油市场进行了调查。调查显示，"民工米"并非北京特例，在其他三地也极为普遍。CCTV 的报道立刻引发全国关注，各地方媒体的记者纷纷行动调查本地的情况，结果表明，"民工米"也并非这四地的特例，而是全国普遍的现象。事态愈来愈严重，8 月底，国家发展和改革委员会、国家粮食局、国家工商行政管理总局发出紧急通知，要求各地加强监管陈化粮的销售和使用。

"民工米"泛滥，原因很简单：利益驱动。从流出粮仓到流入口粮市场，再到进入工地食堂，每一个环节都是当事人受利益驱使而为之，但最后为此买单的，却是毫不知情的农民工。在央视记者的暗访中，有受这样一段对白，令人深思：

记者：你吃这米（注：陈化米）好吃吗？
某工地老板：不好吃，民工让我换我不换。
记者：您跟我说说好米和次米一个月下来能差多少钱？
某工地老板：一个月差得多，一个月下来肯定差很多，好米他们吃得多，这个米糙一点工人们就吃得少一点，本来一斤就少几毛钱，这个米糙他们又吃少一点，加起来就是四五毛钱，一个人就省下去了，好的米就是一个人一天多花五毛钱，就不划算了。

一个利欲熏心资本家的嘴脸跃然纸上：不惜让员工冒着患癌的危险，只为一天一人省下五毛钱。更可耻的是，在这肮脏的交易中，粮仓、米贩子和工地采购沆瀣一气，生造出"民工米"一词！

好消息是，根据国家粮食局的说法，陈化粮一词已渐渐退出历史舞台。陈化粮的出现有着特定的历史背景，与中国的粮食购销体制有着直接的关系。2004 年之前，粮食企业要收购或销售粮食，必须要服从国家的指令安排。而 1996 年至 1998 年，中国粮食连年丰收，政府担心谷贱伤农，于是强制要求各地粮库按照保护价收购农民余粮，但又不许其高价卖出。于是粮食大量囤积并出现陈化现象，截止于 2001 年，全国的陈化粮共计近 4 千万吨。这些不能吃的粮食有些按正规渠道去了饲料厂，有些则被黑心商贩当成了"民工米"。好在 2004 年之后，中国的粮食销购体制实行全面改革，过去享受地方财政补贴的粮食企业完全市场化，政府对农民的补贴以现金形式直接发放给农民。这样一来，农民、粮库都有了更多的自主权，在市场这只

"看不见的手"的指挥下，像之前那样来大量积压和陈化粮食的现象不会再出现了。

虽然国家层面的大规模陈化粮基本没有了，但小规模的却一直存在着。毕竟，陈化米就是放久了变质了的大米，如果米贩存储不当或长期存储，仓库里的陈米就可能会变成陈化米。米贩以低于新米的价格出售，那些贪图小利的采购人员买入，陈化米便能上餐桌。令人发指的是，除了农民工，小学生也成为了陈化米的受害者。究其原因，当是小朋友们尚不晓事，难以辨别，采购人员便柿子捡软的捏了。

2007 年 3 月，江西南昌的春芽艺术幼儿园被群众举报，称其给幼儿园的孩子吃陈化米，经南昌市卫生监督部门查实，勒令停业整改。2011 年 6 月，黑龙江省八五一零农场幼教中心发生的集体中毒事件，原因也正是幼教中心食堂使用了发黄变质的陈化米。可悲的是，小朋友们还不知道，要不是有的孩子在家里吃饭时对大人说："家里的大米没有学校的好看，学校的大米都是五颜六色的，有红的、有黄的"，"不过有臭味儿"，家长都不会发现孩子后来呕吐、腹泻的真正原因。不幸中的万幸是，虽然大米发黄了，但黄曲霉毒素的含量还在国家标准以内，没有酿成大错。

能够读到本书的，多半不是农民工，也肯定不是幼儿园的小学生，但这并不意味着你就不会吃到陈化米。陈化米的色香味都与新米迥异，直接吃通常能吃出区别。但有业内人士向记者透露，用陈化米来做膨化食品，比如锅巴等，再撒上辣椒，可以有效的遮掩霉味。此外，不法商贩常用的一招是混搭：将陈化米混进新米，比如半袋新米配半袋陈化米，这样一来，不管是生米还是熟饭，消费者都很难进行区别，而且抽检也大都能够通过，不可谓不高明。那么，如何在选购大米的时候来鉴别是新米、陈米，还是"美容"后的陈化米呢？

专家提供的办法是"一看二摸三嗅"：一看，新米色泽洁白、晶莹，陈米或陈化米颜色泛黄或有黑斑。经过上油抛光"美容"后的陈化米颜色通常是不均匀的，而且有的由于水分减少，表面还会有裂纹。二摸，正常抛光过的大米摸起来手感如同玻璃珠般圆滑，陈米或陈化米摸起来很糙。用油抛光过的大米用手揉捻则会有油腻的感觉，严重时手上都会沾有油渍。如果还能搓出白色粉末，说明被上过石蜡油。三嗅，新米是自然清香，陈化米常有发霉的味道。但抛光过的陈化米，基本无味，难以辨别，可采用的方法是用塑料袋包上半小时，然后再嗅，如果不仅无米香，还有霉味儿，则说明不是新米。此外，还有一招最为简洁：将少许大米放入玻璃杯，

注入温热水，观察是否会有油花漂起，再盖上杯盖几分钟，启盖闻是否有异味，若气味冲鼻，说明米已被污染，不可食用。当然，有些陈化米因抛光等处理技术高超，普通的家庭检测方法难以区别的，必要时还是要依靠专业的检测机构。

如果只是陈化米，"一看二摸三嗅"还能说出个子丑寅卯，但如果是使用陈化米进行二次加工的产品，比如米粉、酿酒等，那就可真是没辙了。2004年，江苏南通如皋发生一起食品安全大案，当地一家著名的黄酒厂被举报使用陈化粮来酿造黄酒，工商部门经调查后发现情况属实。黄酒就小菜，是如皋本地人祖辈沿袭的饮食习惯，而如皋人所喝的黄酒大多产自当地的白蒲黄酒厂。工商部门的调查显示，该黄酒厂在2003年时曾用11000吨陈化米酿成24000吨黄酒，装瓶后有近4800万瓶，并在此后一年销售一空。

陈化米中可能含有的黄曲霉毒素，并不会在酿酒过程中消失，仍有致癌作用。这是一起严重违反国家规定的行为，如皋工商机关于2005年对其进行处罚：罚款40万元。算下来，一瓶可能致癌的黄酒被罚款0.8分钱，一枚最小面值的硬币都够不上。不止如此，这一案件也一直没有公开，受害者一直不知情，直到2006年，《现代快报》的记者追查此事，才大白于天下。

甲醇酒

从"何以解忧，唯有杜康"到"烹羊宰牛且为乐，会须一饮三百杯"，中国的酒文化源远流长。在消费者的印象中，酒应该是由大米等粮食酿造而成的，不应该掺杂有其他的物质。但业内人士透露，中国目前大部分中低端白酒主要是用食用酒精加水勾兑而成，这已是行业内公开的秘密。

用食用酒精勾兑白酒是不对的，涉嫌商业欺诈，这些勾兑出来的酒通常不会在原料表上注明含有食用酒精、香精、香料等，相反在广告词上通常还会暗示是用高粱、小麦酿造而成，这种误导消费者的行为侵犯了消费者的知情权。不过同样需要说明的是，用食用酒精勾兑是国家允许的，并不算食品安全问题。白酒的酿造按照其生产工艺可以分为三种：固态法、液态法和固液法。固态法是指以粮、谷为原料进行酿造，不使用食用酒精，属于传统方法；液态法是指以食用酒精或基酒为原料，加入香精香料勾调。食用酒精或基酒是以淀粉和糖类为原料，发酵、蒸馏而得，是新工艺。固液法则是指将固态法、液态法酿造出的白酒进行混合，再加上食品添加剂进行勾调。

中国关于白酒的标准大都是推荐性而非强制性的，而且不少规定对度数、年份以及成分的要求并不严格，因此留下很多漏洞，不法商贩便有不少灰色地带可以牟利。最常见的情况是年份造假，正常生产的白酒，只要贴上年份酒的标签，就能立马"野鸡变凤凰"，身价翻番。标注是上个世纪的酒，实际情况可能是上周的。沈阳某品牌白酒厂的一内部人员曾向记者透露："哪有那么多年份酒，把白酒储存十年二十年再卖，酒厂早黄了，年份都是随意说的。"

与勾兑但不标注、年份造假比起来，更严重的问题是成分造假。用食用酒精勾兑水酿造白酒再冒充纯粮酿造可以赚取差价，但已经走上了这条路，不法商贩往往会走得更远：工业酒精比食用酒精还要便宜，如果用工业酒精勾兑水酿造出白酒来，再冒充纯粮酿造，则利润更大。但工业酒精对消费者的危害可能是致命的。与食用酒精不同，工业酒精含有较多杂质，甲醇含量较高。甲醇与乙醇（酒精）相比，气味、口感都相差不大，在感官上很难分辨，但其毒性极大，摄入10毫升就会严重中毒，双目失明，摄入30毫升可能致死。而且一旦进入人体，很难排出，如果是连续少量的摄入，会导致慢性中毒，如眩晕、头痛等。假酒的问题在于酒都是批量化生产的，因此一旦出事，受害者会成批出现。

2004年，广东东莞曾爆发过一起假酒案，令人后怕的是，出事的还不是白酒，而是米酒。之前人们在新闻上看到的多是假白酒中毒，会对此加以防备，但谁又会想到，米酒也有可能中招。假酒贩子之前就是做米酒生意的，米酒卖完后他想到用酒精掺水勾兑假酒再卖，于是去化工公司购买了50公斤工业酒精。在他的黑作坊里，他用10公斤酒精兑40公斤的水调成假酒，谎称米酒，销售给东莞的外来农民工以及当地的杂货铺。半个月内，有4人因饮用假酒而送医，不治身亡，还有5人因饮用的不多，捡回了一条命。该不法商贩被东莞市中级人民法院一审判处死刑。

类似的事件在中国不少地方都发生过。湖北宜昌的一个黑作坊从2002年起就开始造假酒，但因为一直是用食用酒精，因此没有发生过事故。2009年初，作坊主派人去日化经营部采购酒精，采购员购买了近4吨的工业酒精，其价格远低于食用酒

精，但作坊主未深究。当晚，他们用工业酒精勾兑自来水、香精、苞谷酒等勾兑出 6 吨白酒。令人倍感讽刺的是，当天正是 3 月 15 日。在随后的 10 天里，他们在当地销售了近 3.5 吨的假白酒，一共造成 5 人死亡、6 人重伤、11 人轻伤、2 人轻微伤的严重后果。此案经宜昌市中级人民法院一审审理、湖北省高级人民法院二审审理，判处作坊主死刑，缓期 2 年执行。此案也成为最高人民法院于 2013 年 5 月 3 日发布的《最高人民法院、最高人民检察院关于办理危害食品安全刑事案件适用法律若干问题的解释》中公布的五起典型案例之一。

勾兑醋

酒醋同源，一般而言，凡是能够酿酒的古文明，一般都能生产出醋来。这点很好理解，如果酿酒酿过头了，变酸了，就成了醋。在中国，酒的发明者是杜康，传说中，他同样也是醋的发明者。话说有一天，杜康想废物利用，便往放酒糟的缸子里掺了点水，21 天后，发现缸里飘出香味，一尝酒糟汁，酸酸甜甜的，端是一股好味道。于是杜康将酿好的汁液滤出，在市场上销售，因为是在第廿十一日的酉时酿成的，杜康便将其命名为"醋"。

2011 年 8 月，有媒体报道称，"全国每年消费 330 万吨左右的食醋，其中 90% 左右为勾兑醋"，当中央人民广播电台中国之声《新闻晚高峰》的记者向山西醋产业协会副会长王建忠求证此数据时，他的回应更为惊人："市场上销售的真正意义上的山西老陈醋不足 5%"，"这似乎是个难以接受的现实，但现实就是这样，我们平常喝的醋基本都是勾兑的。"

也不必一听到"勾兑醋"就认为肯定有害，专家表示"在正常范围内合理添加防腐剂的勾兑醋并不会对人体构成危害。"其实按照国家标准，醋是允许勾兑的。从成分来看，醋分成两种：酿造食醋与配制食醋，分别有《酿造食醋》（GB 18187—2000）和《配制食醋》（SB 10337—2000）的国家标准。

根据国家标准，酿造食醋是指"单独或混合使用各种含有淀粉、糖的物料或酒精，经微生物发酵酿制而成的液体调味品"，按发酵工艺分为固态发酵食醋（又称黑醋）和液态发酵食醋（又称红醋、白醋）。其中山西老陈醋便属于黑醋，中国北方多是黑醋。而配制食醋是指"以酿造食醋为主体，与冰乙酸、食品添加剂等混合配制而成的调味食醋"，在配制食醋中，酿造食醋的比例不得小于50%。

配制食醋属于勾兑醋，不能笼统的说勾兑醋对人体有害，或者说勾兑醋是国家允许的。因为只有满足了国家标准的一系列要求，比如勾兑醋的原料是合格的食品级醋酸；添加剂和其他成分的种类和含量都没有超标；外包装上清楚的表明是"配制醋"等，才是可以放心食用的勾兑醋。因此，不必一听说市面上的醋95%都是勾兑醋就觉得天塌了；但也不能一听说国家允许使用勾兑醋就觉得可以高枕无忧了。

据北京金中泰食品科技发展中心高级工程师王占永透露，"现在很多厂商生产的配制食醋都是直接由冰醋酸、食品添加剂调配而成，还有厂家选用的冰醋酸是工业用冰醋酸，这样可以降低生产成本。"这表明这些厂商为了节省成本，在制作配制食醋时可以一丁点酿造食醋都不用，全用化学试剂调配出来，而且还可能用工业级的原料。问题的关键在于，虽然国家规定了配制食醋的标准，但目前质监部门的抽检方法并不能检测出勾兑的比例和原料是否合乎标准，比如酿造食醋是否占了50%以上，以及使用的冰醋酸是食品级还是工业级。所以生产厂商到底用什么原料，全凭各自良心。

暨南大学食品科学工程系副主任傅亮表示，用食品级冰醋酸勾兑食醋，只要符合国家标准，并不算食品安全问题，但如果不注明是配制食醋，而是当酿造食醋来买，则是商业欺诈。如果用非食品级原料来勾兑食醋，就会产生食品安全问题，有的工业级冰醋酸中就含有重金属颗粒。此外，不法商贩为了将勾兑的食醋装成自然酿造的食醋，会加入一些违规的色素和添加剂，这可能会对人体造成伤害。人体可以接受的勾兑比例是3%~6%，如果超过这个比例，可能引发肠胃不适，而且如果醋酸含量过高，会对人体的口腔、胃肠道造成伤害，严重者甚至会灼伤喉咙，引发孕妇、老人、小孩等胃肠功能较弱人群的刺激性反应，长期大量食用过度勾兑的食醋还可能会影响到胎儿的生长。

"勾兑醋还分两种，一种是冰醋酸勾兑的，一种是加苯钾酸钠防腐的添加剂勾兑的，而且放添加剂的占了95%，不添加任何防腐剂、纯酿的6度老陈醋，几乎很少。"爆料人王建忠这样补充道。如何区分？看成分表："只要有苯钾酸钠，都可以断定它不是老陈醋，老陈醋不用添加任何防腐剂，取消保质期，久放不腐，这是山

西老陈醋的根本特点。"但王建忠认为，这样的老陈醋占市场份额不到5%。

可以这样理解，正规厂商生产的正规酿造食醋没有问题，生产的正规配制食醋（勾兑醋）也没有问题，但小作坊生产的勾兑醋很有可能出现问题，但关键问题在于，小作坊生产的勾兑醋占据了相当一部分的市场份额。而目前的检测水平难以判定勾兑醋是否符合标准，要查只能从制作流程查起，但这些小作坊通常流动性强，不易监管。要让食用醋的安全得到保障，要么得在技术上能检测勾兑比例，要么得在制作流程上加强监管。

小作坊不仅生产的勾兑醋容易出问题，即使是酿造食醋，也未必安全。2011年8月，四川省阆中市对食醋生产企业进行突击检查，发现6家位于偏僻山乡的私人醋作坊酿出的醋里面竟含有农药敌百虫和敌敌畏。在回答执法人员的质问时，一作坊主解释称"在醋里加敌百虫，醋不生花、不长蛆。"阆中的"保宁醋"至今已有千年历史，是中国四大名醋之一，故阆中又被誉为醋城。醋城的醋发生这样的事故，真不知祖先会作何感想。

📋 **小贴士**

- 重金属超标的大米除非用专门的仪器测试，否则光靠肉眼难以辨别。
- 陈化米颜色泛黄，揉捻有油腻感，闻起来有发霉的味道。
- 甲醇酒靠外观难以识别，只能通过渠道来确保安全。
- "勾兑醋"未必有害，但小作坊生产的容易出问题。

食用油

有个很老的段子，说明末清初时一个穷书生，家徒四壁却总爱炫耀。时常拿块猪油抹嘴，然后四处跟人说刚吃了什么美味。一天，他正炫耀着，儿子慌慌张张的跑过来喊道："爸，不好了，猫把你挂在门后抹嘴的猪油偷走了！"书生急问："你娘怎么不去追？"儿子答道："娘的裤子不是被你穿着吗？"虽只是个段子，但反应的现实是，如果一家人穷，通常餐桌上是比较少见到油的，即使有油，质量也会比较低劣。

假油

2006 年 2 月，CCTV《每周质量报告》播出《花生油的"纯正"谎言》，记者在广西的超市走访时发现，同样是 5 升的纯正花生油，不同品牌的价格差异很大，贵的超过 70 元，便宜的才 40 元。国家粮食局科学研究院副研究员，花生油国家标准的起草人薛雅琳介绍称，"每斤花生的市场批发价大约是两块七，每两斤半花生可以生产一斤成品的花生油，按这种成本计算的话，成品花生油每斤价位应该在六块钱以上，到七块钱或者更高一点。按市场上 5 升包装计算的话，每桶油的价位应该在60 块钱以上。"显然，花生油的价格与花生的价格是挂钩的，如果一桶花生油的售价竟然比成本还要低，说明多半原料并不是花生。

记者购买了一桶 40 多元的花生油送检，结果发现其亚麻酸含量超出国家标准规定近 18 倍，属于不合格产品。记者随后向生产厂商所在地的广东省质量技术监督局进行举报，并与之一同前去生产工厂一探究竟。花生油是由花生经过压榨或浸取而得，但在工厂里，既没有看到花生，也没有看到压榨机器。工厂负责人承认，因为花生油压榨成本过高，他们是直接从其他油厂购买散装花生油进行灌装，贴牌出售。那为什么会亚麻酸含量超标呢？执法人员在调查时发现，该工厂灌装花生油的设备简陋，输入管道连接了两个装油大罐，一罐装的花生油，一罐装的大豆油。亚麻酸是大豆油的主要特征指标，其含量在花生油中超标近 18 倍，换算一下，大概掺入了近 70% 的大豆油。掺假的原因很简单，当时纯花生油的市场批发价约 1 万元每吨，而大豆油才 6000 元每吨，按 70% 的掺入量计算，一吨花生油即有近 4000 元的利润空间。棕榈油更低，每吨 5000 元左右，因此也有不少作坊用其造假。

在高价的油中掺入低价的油也不是不可以，其实这种油因为便宜在市场上还广受欢迎，而且还有个很洋气的名字：调和油。花生调和油以花生油为主，加入大豆油、菜籽油等调和而成。可以冠上花生油的名号，但价格要低一些。调和油没有国家标准，一般是企业自定标准，在当地质量技术监督部门备案后再生产。调和油的混合比例通常很难检验出来，这就使得不法厂商有漏洞可钻。记者调查的这家工厂，花生调和油的产品配料表上明确标注，花生油含量为 20% ~25%，但老板承认，真实的比例只有 5% ~8%，其余都是大豆油。也就是说，记者在超市购买的"纯正花生油"其实是调和油，算是被欺骗了一次，而且调和油竟也比例不达标，算是被骗

了两次。只有5%的花生油也敢标成"纯正花生油"，这感觉就好象在黄浦江里扔只鸡，再打一桶水上来就敢称是鸡汤了。

有食用油脂业资深人士向记者透露，被媒体曝光的仅是行业的冰山一角，广东市场上标榜的"纯正花生油"产品，近80%掺杂有大豆油、棕榈油，是假货。广东省质监部门随即表示抗议，称这一说法没有权威数据支撑，但他们也承认"食用油领域造假掺假现象一直存在"，只是"造假的数量比例不大可能如此厉害。"如果只是低价的大豆油、棕榈油掺入高价的花生油，只是涉嫌商业欺诈，并不算食品安全问题，毕竟油和油混合并不会生成对人体有害的物质。但问题在于，不法商贩不会止步于简单的混合，为了能以假乱真，他们通常会添加另外一些物质，而这些物质，可能会带来安全隐患。

掺了假的花生油颜色不够红亮、也不够香，多心的消费者可能会察觉得出来，为了避免被识破，不法商贩往往会在混合油中再加入添加物"花生精"。业内人士介绍，对大工厂而言，不管是用压榨还是浸出的方法生产花生油，原料一般都会采用个大饱满的花生，个头特别小的就会成为边角料。但这些大工厂的边角料常会成为小作坊的抢手货，在制作过程中，花生会被严重炒焦，炸出的油料呈红黑色且香味浓郁，被称为"花生精"，正好可以弥补假油在颜色和气味上的不足。因为在调制假油时，"花生精"能以一当十，因此售价竟能比纯正花生油还贵50%。不过"由于不少货尾的花生籽已经发生霉变，产生了强致癌物质黄曲霉素，所以由此压榨出来的'花生精'对人体健康危害非常大。"

假花生油如何流入市场？其实并没有想象中那么复杂，如果要进超市销售，要有质量报告，但这个质量报告是生产商送检而得。如果厂商蓄谋造假，送检时自然会选一套最优质和纯正的产品，而在生产线上出来的产品的质量，那就得另说了。而超市方，通常在与供货商的经营合同上会注明"如有质量问题，由生产商独立承担"，以此推脱责任。

小作坊的油可能会造假，大公司生产的未必不会。2006年2月被曝光的假花生油厂家番禺友利不仅是 QS 认证企业，其旗下的某花生油还曾被评为广东省优质产品。他们采用的方式就是送检是一套产品，生产的是另一套产品。广东省质量技术监督局法规处负责人对记者表示，"由于监督机关只对送检的产品批次负责，因此对于生产和流通环节上的监督，还要投入更大的人力与物力，才能更大程度上防假打假。"这种说法也侧面证明，质监局的数据与市场上的真实情况有很大不同，广东市场上80%的花生油掺假并不是空穴来风，其他地方恐怕也未必能好到哪里去。

千滚油

就算使用的是合格的油，但使用的方法不合格，仍会产生问题。2011年8月，一段名为"揭秘方便面制作过程"的视频在网络上热传。这段视频不足2分钟，但记录了方便面制作的主要流程：制作面饼、送入蒸箱、调味、切块、油炸、冷却、分装。视频显示，炸面饼的油是循环反复使用的，而且面饼炸完带出的油已经变得黑乎乎了，但工人滤过残渣后倒回油锅继续使用。如果剩下的油量不够了或不合格了，也不会全部更换，而是注入一些新油，混合后继续使用。这样的油俗称"千滚油"。

业内人士表示，炸面的油通常是棕榈油，检测是否需要注入新油的指标有二，一是油量，二是酸价和过氧化值。如果油量减少到一个值，则会自动加新油。如果酸价和过氧化值超标，则会抽出一部分老油，置换新油，起到稀释作用，但残存的老油就会成为"千滚油"。

"千滚油"会有什么危害呢？煎炸用的油经过反复使用或高温加热后，会发生一系列的化学反应，使得油的品质降低，如黏度上升、颜色变深、风味变差、油烟增加等。而且油脂在高温下连续重复使用，内部会发生氧化、聚合、裂解、水解等反应，生产羰基、羧基、酮基、醛基等化合物，这些化合物被称为极性化合物，不仅会降低油炸食品的质量和营养价值，还会有损人体健康，如影响儿童生长发育、破坏人体免疫力、甚至还有致癌的可能。食用油在煎炸时，极性化合物的含量会随着煎炸时间的延长以及温度的升高而逐步增加，加热时间越长、温度越高，苯并芘和反式脂肪酸等的含量越大。加热食用油时产生的油烟中含有苯并芘，是致癌物质，长期吸入会导致肺癌；反式脂肪酸被证明与许多疾病如肥胖、糖尿病、心脑血管病等有较强的相关性。

中国是方便面消费大国，2010年中国方便面的生产总量为494.5亿包，平均每年人均消费近38包。如果方便面含有大量反式脂肪酸，将会有很多消费者成为受害

者。不过好在专家表示，视频中所拍摄的方便面生产过程、展示的车间卫生环境以及用油方法，与正规大企业生产线的质量控制完全不同，因此应该不是一家正规工厂。其生产的方便面应该不具代表性。

中国农业大学食品科学与营养工程学院沈群教授表示，炸方便面的油如果一次性全部换成新油，成本较高。因此业内常用的方式是补充新油，这样既可以保证食品安全，又能降低成本、充分利用食物资源。补充新油能降低煎炸过程中油脂氧化劣变速率，虽然仍会生产游离脂肪酸等，但只要量控制在一定范围就是安全的。

如果是正规厂商生产的方便面，如果能及时更换新油，产品并无太大危害。但如果是小作坊生产的，可得多加小心。其实，人们最常接触到的"千滚油"并不是来自方便面，而是街头小贩的油条、油饼。在炸油条的过程中，摊主们很少彻底换油，而是边用边添加，即使是收摊时，也只是用纱布过滤满是油渣的老油，第二天再将这些油倒入锅中重新用，这样千百次沸腾过的油中的有害物质就会越积越多。

2012年5月，河北保定一位早点店的店主因为坚持每天使用新油，不用复炸油，并贴出验证方法，提供"验油勺"让消费者随时验证，在网上走红，店主刘洪安也被称为"良心油条哥"。CCTV《焦点访谈》在采访时中发现，这家店与其他油条店最大的区别在于对每天炸完油条后的油的处理。其实剩的油也不多，一般也才3斤油，十几块钱的事，但其他店会将其回收，第二天再用，而"良心油条哥"会将其送到废油脂回收公司。就是这样一个小的举动，使他既获得了人们的赞誉，也获得了市场的认可。他家的油条比别人家更贵，但顾客还是更多，甚至还有人专程从郊区赶来吃上一根油条。"良心油条哥"的走红一方面反映出消费者对食品安全的关注与渴望，一方面也反映出油条行业让人难堪的现状：每天使用新油炸制油条本应该是一条底线，但整个行业居然都选择为了蝇头小利而无视消费者健康，以至于有人仅仅只是捍卫了这道底线却赢得了全社会的夸赞。幸运的是，"良心油条哥"在舆论和媒体的关注下生意蒸蒸日上，并没有上演"劣币驱逐良币"的悲剧。

地沟油

2013年3月，两会期间，广东代表团的代表钟南山院士在分组讨论时表达了对中国食品安全问题的担忧，他表示"每年有 700 万至 1400 万吨废油，其中 350 万吨地沟油回流餐桌，谁都可能吃到地沟油。"钟院士引用的具体数据可能尚有争议，但不容否认的是，地沟油在中国已经泛滥，而且几乎防不胜防。虽然每年都有不少公安机关破获生产、销售地沟油的新闻传来，但情况并没有彻底改变，黑心油贩总是"野火烧不尽，春风吹又生。"

泛滥

"地沟油"，顾名思义，是指从地沟里打捞出的油。广义的"地沟油"则泛指生活中出现的各种劣质油，如把动物的下脚料如内脏、毛皮或者已腐败的肉进行提炼而得的油，或重复使用、长期不更换的，或者仅是偶尔添加点新油的用于油炸食品的"千滚油"等。狭义的"地沟油"又称"潲水油"，来源通常有两种，一是酒楼、餐厅回收的泔水；二是城市下水道。下水道里的油一部分来自酒楼、餐厅，另一部分则来自各家的厨房，在家里吃完饭后洗锅洗碗时，锅里或者碗里残余的油脂常被直接倒入排水渠进入下水道。另外，为了防止在烹饪过程中高温产生的油气污毁天花板或家具，多数家庭和餐厅都会使用抽油烟机。家庭的抽油烟机多是将油烟聚集在槽内，定期清洗；而餐厅厨房的抽油烟机则通常会将凝结后的油气直接排入下水道。各种渠道排入下水道的油会残留在排水渠中，而且因为油比水轻，会浮在水面上。地沟油贩常在夜深人静之时，敲开下水道的井盖，用特制的工具将废油捞取上来，然后运到黑作坊进行提炼。

地沟油要经过提炼后才能重返餐桌，不然其色泽和气味会很容易出卖自己的身份。除了提炼设备要些许投资外，地沟油几乎算是无本生意，因为成本低廉，提炼出来的油可以把价格压得很低，而另一方面，在外观和口味上又与正规的食用油相差不多，因此广受小餐馆、路边摊的欢迎，能够迅速的占据市场。从污秽不堪的地沟里捞出别人吃剩的油，这是常规的收集方法，已然很恶心了，但不法商贩在追逐利益的道路上永远是充满了想象力以及丧失道德底线的。

2011 年 4 月，重庆云阳县一栋大楼旁的粪池边停着一辆三轮摩托车，车上有 10 多个塑料桶，一名男子正在用工具从粪池里往外捞着什么。这位男子形迹可疑，加上很少有掏粪工会如此行事，路过的市民起了疑心，便悄悄报了警。民警出警后发现这位男子正把捞上来的生活残渣往桶里倒，但不知他要做什么，民警决定先不打

草惊蛇，等他开动摩托车后一路跟踪。这名男子将桶运到了城郊的一间民房，捣鼓了起来。民警观察后发现，这里居然是一个生产地沟油的黑作坊：房子里有汽油桶、缸、瓢、筛子等工具，房子外倒满了加工后留下的粪渣。整个黑作坊臭气熏天、污水四溢，民警当即联系了辖区的工商所，一举将这个黑作坊捣毁，缴获已经制好的地沟油200多公斤。对的，没有看错，油贩子用的是粪池里捞取的残渣来炼油。这样的油，如果顺利，会销售到路边的小餐厅，给消费者食用。不过据该男子交代，这是他首犯，目前还没有将地沟油销售出去，只能希望他说的是实话了。

重庆的消费者可能躲过一劫，但广东的消费者就比较悲惨了。2011年5月，一位从贵州到东莞打工的农民工主动联系了记者要讨回公道。他一个月前被亲戚介绍到一个地沟油黑作坊打工，黑作坊本来就见不得光，加上安全措施又不到位，他在"搅油锅"旁工作时不小心掉进油锅里，严重烫伤。老板不愿意承担全部的医疗费用，准备跑路，他一急之下就联系了记者。记者随即报警，第二天，执法部门将黑作坊端掉了。现场触目惊心，散发着恶臭，熬制地沟油的原料里混着石子、塑料袋、卫生纸和卫生巾。据打工者称，这些原料"有的是从下水道捞出来的，有的是收集的餐馆的潲水，还有的是跟一些公司合作，他们从化粪池抽上来的，然后就卖给了我们。"等地沟油炼好，会装进油桶，凑齐一定数量后，就派车运走，"据说是送去深圳的一些批发市场，东莞的批发市场也会送"，"因为价格便宜，深圳、东莞的一些大小餐馆会去批发市场采购这种地沟油。"

从粪池中捞取的原料竟能提炼成食用油重返餐桌，也就是说你们家炒菜用的油，有可能是从别人家的粪便里炼出来的。不知你读到这句话时是否有点恶心，或许换个思路会好受一点？这导致的另一个事实是：你们家的粪便，可能成为别人家炒菜的油。"易粪相食"，我以前以为只是夸张，没想到竟然是当今中国食品安全问题的写实。

岂止是重庆和广东，哪里有暴利，哪里就有不法商贩，地沟油是个全国性的问题。2010年初，武汉工业学院食品科学与工程学院的9名大四学生在该院何东平教授的指导下开始了对武汉地沟油状况调查工作，何教授同时也是全国粮油标准化委员会油料和油脂工作组组长。他们调查发现，从餐饮业的餐厨垃圾中提炼1吨地沟油，成本仅为300元左右。算来下，掏一桶地沟油就能挣得近百元，一人一天能捞4桶，一个月就能挣上万元，好些大学毕业生工作的前几年还不一定能挣到这个数。

北京、上海、广州这样的一线城市，都曾曝光过地沟油上餐桌的问题，更别说其他中小型城市了。不夸张的说，只要下过馆子，就不可能没吃过地沟油，最多只是没有察觉到而已。

广州市的政协委员宋川称，他的司机以前在快餐店打过工，打工时发现老板曾用1元钱购买过50公斤油，无疑是地沟油了，用这样的油炒的菜，店里的员工自己都不吃。宋委员听后极为吃惊，从此之后他的车上就常备两桶油，不是给汽车的汽油，而是食用油，到哪吃饭就把油交给餐厅，叮嘱只能用他给的油炒菜。曾有一电子购物网站的广告在互联网上被广为传播，最出名的一句被戏称为"我是陈欧，我为自己带盐（代言）。"这样说来，这位政协委员可以说"我是宋川，我为自己带油。"宋委员不是为自己带油的第一人，在他之前，已有不少广东白领下馆子自己带油了。就连珠海市食品药品监督局局长陈昌亮也曾表示："不洁食油充斥市场的丑陋现象目前还一时难灭绝。""我们到外面用餐也怕！"陈局长坦言，"自己在顺德药监局上班时，单位没食堂，每天中午和几个同事在固定餐馆用餐，便买一壶油放在这家餐馆，让厨师用自己备的油。"连政协委员、食品安全监管部门的官员都如此提心吊胆，普通消费者岂不是更无路可逃了？

提炼

提炼地沟油的方法并不复杂，普通小作坊便可胜任，一般只需3个步骤：提纯、脱色、除味。

泔水桶或下水道或粪池的油脂被收集来后会先进行简单的加工：加热提纯。具体做法是将泔水等原料放置在一口大锅中，下面点火加热，同时工人拿铁锹或棍棒在锅中搅拌，加热到一定温度时，泔水里的油脂会慢慢的漂浮到表层，再用勺子将这些油脂一点点的舀出来，装进新的容器里。

"提纯"后的地沟油呈褐红色，看上去令人恶心反胃。工人将这种油倒入过滤设备，并加入"活性白土"，使其变得清澈透明，并降低油的酸价。"活性白土"是一种吸附剂，是以粘土（主要是膨润土）为原料，经无机酸化处理，再经水漂洗及干燥而制得。其化学特性是有极强的吸附性，能吸附有色、有机物质，加之外观为乳白色粉末，因此被称为"活性白土"。在食品工业中常作为糖果汁、葡萄酒的澄清剂

以及动植物油精炼中的脱色净化剂使用。

油的酸价是食用油游离脂肪酸含量的一个指标，其值是中和 1 克油脂中游离脂肪酸所需氢氧化钾的毫克数。这个指标并不是用来衡量食用油的营养价值，而是用来判定其品质的好坏。长期储放的油，其所含的脂肪会因空气、阳光或高温的影响，在微生物、酶和热的作用下发生缓慢水解，生成游离脂肪酸。游离脂肪酸越多，酸价越大，说明油脂的质量越差，新鲜度和精炼程度越不合格。因此油贩子需要用化学物质将酸价降低，以通过检测。

地沟油经过提纯、脱色处理后，观感上与成品油已相差不大，肉眼已无法区分。但是仍在气味上有所差别。商贩们再将这样的油放在真空罐中加温，就可以除去异味。

经过提纯、脱色、除味这样一个完整的处理过程，原来污秽不堪的地沟油，就能冒充成品油重新回到市场上进行销售了。为了更具迷惑性，商贩甚至会在这样的地沟油中间兑入一定量正规的色拉油或者棕榈油。所谓"油混油，神仙愁"，这样一来消费者和质检部门就更难判断了。

有了这样能"易筋"、"洗髓"的"高科技"，提炼"地沟油"的原料就不再局限于泔水桶或者下水道中的泔水了。屠宰场中废弃的边角料、动物内脏、鸡鸭脂肪、甚至腐肉都一概可以来者不拒了。至于反复烹饪后的"千滚油"，也自然不在话下。

危害

经过种种处理把地沟油改头换面，可以使其在色泽、气味、味道上能以假乱真，仅用肉眼甚至简单的检测手段，都难以区分其与正常油的区别。更何况消费者平时接触更多的是已经烹饪好的菜肴，而不是单纯的油，因此更难判断。但并不是看起来、闻起来、尝起来两者没区别就真的没区别了，地沟油可以欺骗你的眼睛，欺骗你的鼻子，甚至欺骗你的舌头，但是没法欺骗你的胃。

地沟油的危害之一便是其可能携带病菌、毒素和重金属。地沟油从泔水桶中来，从下水道中来，从粪池中来，毫无疑问，那里是典型的"病菌集中营"。因为生产过程无人监督,产品也不需经过检查,地沟油的生产者自然不会按照国家规定的卫生标准进行生产。地沟油的原料中通常有大量的病菌、毒素和重金属,在加工过程中,因为反复高温加热,病菌多半会被杀死,所以地沟油的微生物指标通常是合格的。但地沟油中的毒素和重金属能不能被完全处理掉,那只有天知道了。从理论上讲,地沟油也是可以完全净化的,但其成本必然很高昂,生产地沟油的商贩断不会作此尝试的。所以说,餐厅的厨师不吃自己做的菜也是情有可原的。

特别要说明的是,下水道中混有大量的污水、生活垃圾和洗洁剂,这些会和地沟油一同捞出,放在大锅中提纯。其中所含的重金属:铅,并不会轻易的被净化掉,而是会随着地沟油一同走完每一个流程最后登上餐桌。调查显示,几乎所有的地沟油都会铅超标,区别只是量的大小而已。而长期食用含铅超标的食物,会导致剧烈腹绞痛、贫血以及中毒性肝病。

地沟油的另一危害在于,长时间加热或反复加热的油,与空气中的氧气接触,会发生热裂解、反式异构化等多种反应。正常油类的有效营养成分如维生素E、必需脂肪酸等会被破坏掉,取而代之的是反式脂肪酸和饱和脂肪以及一些不常见的油脂氧化聚合和环化产物。生成的醛、酮、内酯等会致癌,且酸败的油脂会损害人体内的酶,如细胞色素酶等。地沟油必然是"千滚油",凡是"千滚油"可能带来的危害,地沟油同样存在。

识别

目前国内鉴别地沟油的常规方法是通过检测酸价,即脂肪酸败的程度。其原理是使用过的,或放置时间过长的油,其中的游离脂肪酸会变多,酸价会升高。根据《食用植物油卫生标准》(GB 2716—2005),如果植物油酸价高于3,则证明酸败了,不能食用。但问题在于,一方面,有的地沟油生产商学会了使用化学药剂提高酸价;另一方面,地沟油成分复杂,含有多种化学物质,尚无一种方法能够鉴别所有的地沟油的所有成分。连职能部门都难以想到快速检测地沟油的方法,更不用说在日常生活中用肉眼如何鉴别了。

另外,如今包装造假的技术也越来越高明:假标签、假合格证、假QS,可以提供一条龙服务。地沟油经过这样如假包换的打扮后,就可以大摇大摆的走进粮油市

场和超市了。更让人担忧的是，一些颇具规模、较为知名的食品加工企业，也会从地沟油生产商处购油。这些加工企业并不是直接把这些油转售，而是用于加工食品，如膨化、油炸类。因为这些企业通常生产证明齐全，通过了 QS 认证，因此加工出来的食品能够进入超市进行销售。

动机

毫无疑问，地沟油的核心竞争力是价格。纯正花生油的价格约每公斤 20 元，以大豆油、菜籽油为主的调和油约每公斤 12 元，以棕榈油为主的调和油约每公斤 10 元。但地沟油的售价大概是每公斤 3 元左右，是棕榈油调和油的 1/3，是花生油的 1/6。对于酒楼、餐厅、食堂来讲，这是难以拒绝的诱惑，更不用说随处可见的路边摊和大排档了。

各类餐厅和摊贩是地沟油销售的终端，其上一个环节是批发商，批发商同样面临着低价的诱惑。为安全起见，地沟油生产商通常不会直接和餐厅接触，其生产出的地沟油一般也不会零售，而是转手给批发商。面对诱惑，批发商同样难以拒绝。

地沟油不止对于销售环节的餐厅、流通环节的批发商而言意味着暴利，对于生产环节的生产商，更是如此。地沟油生产商以极低的价格在各酒楼、餐馆收购泔水，通常以包年的形式，根据泔水的量，包年的费用在数百到数千元间不等。而根据调查，"每加工一桶（约 180 公斤）毛油再加上精炼成所谓的食用油，成本才 100 多元，而售价却可以卖到五六百元，即每公斤 3 元左右。按此计算，每生产一吨地沟油，便可获利 2000 元到 2500 元。"2011 年 6 月，新华社记者曾对北京地区的地沟油加工行业做过一次长达一个月的暗访调查，结果显示，记者暗访的几家颇具规模的地沟油黑窝点，其日加工能力均在 20 吨以上，算下来一天可获利 4 万至 5 万，实可谓暴利。

地沟油的生产不仅有着稳定的销售渠道，同样有着稳定的原料渠道：大量的餐厅不仅是地沟油的目标客户，还是地沟油主要原料：泔水的提供者。其实将泔水出售给收油者，餐馆收取的只是象征性的费用，分摊下来每天几块钱而已。为什么会这样呢？两"害"相权取其轻。因为按规定，餐馆的泔水应交给环卫部门进行处理，但这样的处理，是需要餐馆付费的，大概每桶 6 元。比较下来，卖给收泔水的既可以省下这笔开支，又还可以小赚一笔，店家何乐而不为呢？

2013 年 3 月，上海市正式实施《上海市餐厨废弃油脂处理管理办法》，这一《办法》被称为"最严单独立法"。在此之前，餐厨废弃油脂产生单位需要向收购方缴纳垃圾处理费，而该《办法》最大的亮点是将这一费用取消，改为收购方向产生单位购买，至少从经济利益上避免了之前"守法要亏本"的现象。此外，《办法》首次明确以政府招标的方式来合理确定并控制收运单位、处置单位的数量，以加强监管，确保合规运营，强化全程监督。同时，《办法》还从两个方面强化了处罚力度，一是如果运收单位违反协议约定收费，将被追究违约责任，直至剔除出市场；二是对非法从事运收、处理废弃油脂的行为加大了罚款额度，并对情节严重者将会依法追究刑事责任。希望这样的办法能早日起到效果，并被推广到各地。毕竟，就算上海控制住了地沟油的收集，但外地的地沟油还是有可能进入上海，只有全国一盘棋，各地加强监管，才有可能根除这一现象。

2013 年 5 月 3 日，最高法院出台《关于办理危害食品安全刑事案件适用法律若干问题的解释》，第一次对制售"地沟油"的处罚问题作出明确规定，规定称：如果利用"地沟油"加工食品，致人死亡，最高可判处死刑。

> ✍ **小贴士**
> ● 目前没有地沟油的快速检测方法，为避免食用地沟油，购买油时应尽量在正规商店，在外就餐时尽量选择正规餐厅。

饮用水

自来水

2013 年第一期的《南方周末》发布了一篇重磅新闻：《北京，北京，给我一瓢北京水，清清白白的北京水》，讲述的是北京的一个家庭 20 年来喝水习惯转变的故事。丈夫李复兴是国家发改委公众营养与发展中心饮用水产业委员会主任，妻子赵

飞虹是北京保护健康协会健康饮用水专业委员会负责人，因此赵飞虹戏称"我们可能是北京最会喝水的家庭，没有人像我们这么讲究"，但这对夫妻已近20年不喝北京的自来水了。

2007年3月，赵飞虹参加了由北京环保界发起的城市水源考察活动——"城市乐水行"，开始实地考察北京市区和郊区的河、湖。结果触目惊心："亮马河、坝河、马草河、通惠河、凉水河、萧太后河、沙河、永定河……灰黄色污水场景如复制粘贴般出现于京城诸多河流"，1949年之后中国第一座大型水库——官厅水库因被严重污染，已不再担负饮用水源的功能。赵飞虹在接受采访时表示，他们2012年圣诞节前刚检测了北京自来水中硝酸盐的指标，自来水中所含的硝酸盐主要来自垃圾、滤液和粪便，国家标准规定的上限值是10毫克/升，他们检测出的值已经达到每升九点多毫克了，虽然没有超过，但已然很接近了，而"五六年前，这个指标还在1~2毫克/升之间，就在2011年还只有四点几。"北京自来水的水质正在变差，"这是不争的事实。"

《南方周末》的这篇报道本该引起公众足够多的重视和讨论，遗憾的是，民众的注意力被那一期南周的"题词风波"吸引，自来水安全的话题没有被跟进，慢慢淡出视野。在《南方周末》之前，关于中国自来水问题较近一篇极有深度和影响力的报道来自《新世纪》周刊。2012年5月，《新世纪》周刊将《自来水真相》作为其封面报道重磅推出，本节的主要数据来自这期报道。

2007年底，国家发改委、卫生部、建设部、环保总局等多部委联合发布《全国城市饮用水卫生安全保障规划》，其中提到："全国近年抽检饮用水合格率83.4%。"虽然指望饮用水"零污染"不现实，但15%的不合格率也未免过高。住房和城乡建设部城市供水水质监测中心总工程师宋兰合表示，83.4%的合格率是根据对全国2000余份水样检测得出的，这些水样来自国内重点城市或少数城市，地级市及以下的水厂都没有包括在内，因此"无法代表全国情况"，而"中国水厂的问题，越往下越多。"这样看来，情况只会更糟。

2009年下半年，住房和城乡建设部城市供水水质监测中心做了一次对全国城市饮用水水质状况的普查，检测范围扩大到县城以上的全部城市，检测方法采取交叉检测，即A省可检B省，B省可检C省，但不能互检，以确保客观。据介绍，这次普查是近十几年来规模最大的一次，覆盖了全国 4000 多个城市的自来水厂，其结论被认为是最接近真实的。然而，这一数据，住建部至今没有对外公布。

在接受《新世纪》周刊记者采访时，宋兰合表示"没有授权，我无法告诉你那个数字（饮用水实际合格率）"，但他补充道："那次全国普查，发现 4000 余家水厂中，1000 家以上出厂水水质不合格。结果表明，多数地方存在不同程度的问题"，而且自调查以来这几年，城市自来水水质并无"太多改善"。"1000 家以上"不合格，"以上"多少，宋兰合没有透露，《新世纪》周刊记者通过多位接近权威部门的业内人士了解到，这次调查所得出的饮用水不合格率可能接近 50%，对此，宋兰合既未证实，也未证伪。另外，住建部的这次调查并未覆盖乡镇的自来水水厂，那里的水源安全更难保证、处理工艺更落后，所以整体情况会更不乐观。为什么会有如此高的不合格率？问题可能出在各个环节：水源本身、处理工艺、传输方式等。

水源

对对子流行时，一句经典的上联"上海自来水来自海上"引无数才子尽折腰，这是一个回字联，顺读倒读语句一样，而且句子通顺。只不过这只是文人的遐想，上海自来水并非来自海上，而是来自黄浦江。正因如此，2013 年 3 月，黄浦江上漂浮着过万头死猪时，人们会戏称"上海人打开水龙头就能喝到猪肉汤。"

自来水不合格的最根本、最直接的原因是水源不合格。环保部《2010 年全国水环境质量状况》中披露，中国城市饮用水水源合格率为 76.5%，而卫生部、水利部的官方表态是 70%。但这两个数据都明显高估了，环保部的数据依据的是《地表水环境质量标准》（GB 3838—2002），标准共有 109 项指标，但环保部只检测了其中 24 项。此外，根据这一标准，饮用水源可分为 5 类：一二类为合格，三类以下为不合格，但在最后统计时，环保部将三类水质也算作合格了。如果将三类水质的水源剔除，再剔除一二类水源中实际不合格的部分，宋兰合的个人意见是"中国城市水源地真正合格的比例大约为 50%。"而根据 2010 年 1 月水利部发布的中国水资源质量公报，"全国 709 个饮用水源区达标的只有 44.4%"，此后这类公报再无发布。中国环境科学院的调查显示，"全国所有省市区中只有西藏和新疆地表水饮用水源不存在上游来水超标的问题，其余地区上游来水不达标现象都极为严重，成为饮用水水源地污染的重要原因。"

　　工业化时代之前，城镇水源的主要污染物是微生物污染，如含有细菌、病毒以及寄生型原生动物和蠕虫，可能会引发急性疾病和传染病，如霍乱、伤寒等。国际上最经典的案例是 1854 年英国伦敦的霍乱，当年 8 月开始，伦敦每天都有近 50 多人死于霍乱，当时的主流意见是霍乱像黑死病一样是通过空气传播。但约翰·斯诺（John Snow）医生不这么看，他利用当地 1∶6500 的大比例尺地图，用圆点准确记录了每位死于霍乱的患者的家庭地址，得到一张分布图。在地图上还有这个地区详细的道路、房屋、公用抽水机分布。分析这张地图，并利用统计学知识，斯诺发现霍乱集中于抽水机旁，而抽水机又是从被污染的泰晤士河中取水，于是他建议当地政府停止使用该抽水机，果然，霍乱发病率也随之下降。① 这是公共卫生史上里程碑的事件，也应该算是地理信息科学（GIS）最早的应用。不过好消息是水源微生物污染对中国消费者的影响并不是很大，因为多数中国人都习惯将自来水煮沸后饮用而不是直接喝，煮沸的过程能杀死多数微生物。

　　工业化时代之后，城镇水源的主要污染物变成了更难处理的重金属离子污染和溶解性的有机污染，重金属污染的原因很简单：厂里产什么，水里就有什么，河流成为"超级化工厂"，工业废水、废气、废渣都可能成为水源的污染源。有机污染源则来既来自工业污染排放，也来自农药化肥以及人们的日常生活。根据住建部 2009 年的普查结果，以地下水为水源的自来水厂，常是氟、砷、铁、锰等超标；以地表水为水源的水厂，常是有机化合物总量（CODMn）超标。重金属超标会威胁人体健康，有机化合物总量超标也不是好事，容易导致慢性疾病。美国环保总署曾发布报告称，"现有检测技术发现水中有 2221 种有机化合物，在饮用水中发现有 756 种，其中有 20 种致癌物，23 种可疑致癌物，18 种促癌物和 56 种致突变物。"清华大学环境学院教授王占生表示，饮用有机化合物总量超标的水，"一天两天没问题，半年一年看不出问题，但有机化合物会在人体中富积，最终对身体造成危害，严重时可能致癌、致畸、致突变"，王占生还介绍说，在有机化合物中，还有相当一部分是环境激素，又称内分泌干扰物，可能会产生四方面的危害："会让人免疫力降低，会影

---

　　① 约翰·斯诺 1849 年著有论文《霍乱传递方式研究》（On the Mode of Communication of Cholera），认为霍乱的传播与空气无关，1855 年，论文出版第二版。第二版中，他将 1854 年英国伦敦西敏市的霍乱作为案例。通过与当地居民交流和分析，他将污染源锁定在布劳德大街（现布劳维克大街，Broadwick Street）的公用抽水机上，认为在病菌传播中起到媒介作用的是水源。虽然这一结论未经化学分析及显微镜观察样本的证实，但却令学界信服。媒体将停止使用抽水机作为霍乱终止的开始，但根据斯诺的解释，霍乱发病率在此前可能已经大幅度下降。

响人的生育能力，会致癌症，会对人神经系统产生干扰。"根据中国疾病控制中心环境与健康相关产品安全研究所主任鄂学礼发表于 2006 年的论文《饮水污染对健康的影响》得知，国内多地水厂出厂水中被检测到环境激素。

　　被污染的水源不仅给当地的环境造成危害，对当地人的饮水安全构成威胁，还可能贻害其他城市。2013 年 6 月，CCTV《经济半小时》的记者调查了湖北十堰的神定河与陕西紫阳县境内的河流，发现其污染严重，这些河流的水汇入了丹江口水库。而 2014 年，南水北调中线工程将正式通水，丹江口水库的水将流往北京等地。记者在十堰市郊的神定河注意到"水面各种垃圾、动物尸体随处可见，河底淤积着黑色的淤泥，整个河面散发出阵阵臭味"，河里的臭水哪里来，记者调查后发现，十堰市市区的污水通过纳污管道送入十堰市污水处理厂，但污水处理厂并未经过处理，而是暗渡陈仓，在主干道上分了个岔，将污水原样排入河道。当地人已经见怪不怪了，这些污水最后的去处当地人也心知肚明，一位村民对记者说，"最后排到汉江了嘛，南水北调，以后北京人就吃这水。"

　　陕西紫阳县的情形更让人惊讶，记者发现，紫阳县的客运码头旁，排污管正在将未经处理的污水直接排入汉江，甚至都没有经过沉淀池。不止如此，汉江两岸的居民还肆意往江中倾倒生活垃圾，排放生活污水甚至粪便。记者顺江而上，随处可见"随意抛撒的一堆堆垃圾和一条条通往汉江的污水沟，花花绿绿的垃圾和已经发黑的污水沟与碧波荡漾的汉江水面形成了鲜明对比。"至记者调查时为止，紫阳县唯一的一座污水处理厂仍未正式运营，当地 30 多万人的生活、生产废水直接排入汉江。当地民众称"现在汉江就是紫阳县城的天然化粪池。"汉江流经紫阳县后再经过安康市，便汇入丹江口水库，南水北调的源头之一。中国环境科学院研究员赵章元表示"在调水之前规划的时候想的很好，想调来一些一类水体，供北方缓和缺水之急。然而，如果等到建成以后，因为管理不当调来的竟是污水，将来只会成为一个祸患，把污水调来就等同于惹火烧身。"

　　水源被污染不是一时一地的个案，2013 年 8 月，BBC 转引了一篇发表在《科学》（Science）上的研究报告，报告的主题是关于中国水源的砷污染现象，作者是瑞士联邦水质科技研究院（Swiss Federal Institute of Aquatic Science and Technology，EAWAG）的 Annette Johnson 博士及其他研究人员。中国有数百万口地下水井，如果要一一测试砷污染的状况需要几十年，鉴于此，这个研究团队开发了一个统计风险

模型，结果显示，在中国有近 2000 万人生活在砷污染高风险区域。风险较高的地区包括新疆塔里木盆地、内蒙古额济纳地区、甘肃黑河、中国北部平原的河南和山东等。

世界卫生组织（WHO）对水中砷浓度的指导值是 10 微克/升，而直到近些年，中国才将标准与 WHO 同步，此前一直是 50 微克/升。根据模型，研究小组推测，中国有近 58 万平方公里的地区砷浓度超过 10 微克/升，牵涉到 1500 万人，而其中有近 600 万人的饮用水砷浓度甚至超过 50 微克/升。2001 年至 2005 年，中国卫生部门曾对 44.5 万口水井的砷浓度进行过检测，发现有超过 2 万口水井砷浓度超过 50 微克/升。长时间摄入砷会导致砷中毒，带来严重的健康风险，即使摄入的浓度低，也会引发一系列病症，如皮肤色素沉着、肝病、心血管和肾功能受损等。

处理

不管水源受污染与否，自来水出厂前都要经过净化处理。最早、最简单的办法是静置沉淀，然后过滤。但后来发现经过沉淀的水，有些依旧很浑浊，还有杂质，于是人们采用了添加絮凝剂（如聚合氯化铝）的方式，使悬浮于水中的细颗粒泥沙因分子力作用凝聚成絮团状集合体，然后过滤。过滤一般是使用石英砂或卵石。但随着微生物知识的普及，人们发现光靠沉淀和过滤也无法保证水质的安全，于是开始往水里投放消毒剂，最早用的是氯，氯溶于水后生成次氯酸，是强氧化剂，能杀死水中的细菌。1908 年，往水里加氯的技术正式应用，标志着现代饮用水处理技术的出现，也推动了现代饮用水标准的制定。絮凝、沉淀、过滤、消毒，这被称为传统水处理工艺的经典"四部曲"。清华大学环境学院饮用水安全研究所所长刘文君介绍说，"美国纽约、加拿大和澳洲的许多城市，至今仍使用上述简单工艺，可以实现饮用水直饮。"所谓"直饮"，即打开自来水龙头，可以直接饮用，这是自来水的最高标准。在中国，2009 年底，全国县以上的 4000 多家自来水厂，98% 采用的是传统工艺，据估计，到 2012 年 7 月，也只降低了一个百分点。刘文君解释说"凡是仍然采用传统工艺的城市，均拥有基本未受污染的水源。中国大量水源被污染，这种传统工艺已经不再适合。"王占生则表示"现有处理技术最多杀灭 30% 的有机物，其他 70%，将堂而皇之地流入寻常百姓家。"换言之，以中国城市饮用水水源被污染的状况来看，只用传统工艺处理，并不能消除可能带来的健康风险。

从净水原理来看，传统工艺可以消除水中的微生物，但无法处理水中的重金属离子和有机化合物。从历史上看，日本和多数欧洲国家也有环境严重被污染的经历，他们的应对方式是升级水处理工艺，通过运用臭氧、活性炭等技术，实现深度处理，清除各种有机、无机化合物，使水质达标，实现直饮，这被称为第二代处理工艺。在中国，虽然水源污染较为严重，但目前仅有北京、上海、广州、深圳等部分城市的部分水厂实现了深度处理。当水中含有大量有机化合物，而仍采取传统工艺不仅净化效果不明显，还有可能带来更大的危害：有机物可能与消毒用的氯发生反应，生成副产品，有一些已被证实是致突变性的物质。一位县级自来水厂厂长向媒体表示 10 年来他一直保持着把水烧开 3 分钟后再喝的习惯，为的是尽量发挥掉水中的余氯，但他也同时表示，水中的重金属、有机化合物没法通过这种方法去除。自来水厂不采用深度处理技术的一个主要原因是资金不足，根据业界普遍认可的算法，使用深度处理技术会使每吨水的成本上升 0.3 元左右，再加上管道等硬件的投资，会使成本再上涨 0.5 元，这样按县级以上 4000 余家水厂日供水 6000 万吨计算，每年的成本将增加 200 亿元左右。

如果水源受到严重污染，水厂又没有采用深度处理技术，怎么可能保证自来水的安全？典型的例子便是湘江。《新世纪》周刊在调查时注意到，湘江"裹挟着经过矿山、冶炼厂、工业区排出的富含重金属的洗矿水和工业废水，流经人口密集的城市群：长沙、湘潭、株洲。"而根据湖南省环保厅和这三座城市环境部门公开的信息可知，流经此三市的湘江段存在污染，且多数时间为三类水质。但这三市水厂的深度处理工艺因资金缺乏，一直进展缓慢，也使得事故频出。

2005 年 12 月，株洲霞湾港在清淤治理工程时开挖导流渠，次年 1 月，进行截流，结果污水进入映峰居委会一湖和二湖。这两个湖本身长期接纳附近工厂里含镉的废水，特别是株洲冶炼厂的渣场渗入，再加上这次污水导入，使得其镉含量严重超标。随后，两湖的水又集中排入了湘江，于是导致湘江被镉污染，根据湘潭市环境检测站的检测数据，镉最高超标 25.6 倍。当时主要采取了以下几种办法：一、停止清淤工程；二、加大下游泄水量；三、各水厂在净水时加大投入絮凝剂和石灰，聚合、沉淀部分有毒物质；四、要求高耗水企业暂停生产，以降低日出水量，延长水厂的净化周期。这些方法有效果，但未能完全奏效，此次的镉污染事件中，"以湘江水为水源的所有集中供水单位的出厂水和管网末梢水中的镉含量全部超标"，湘潭市第一自来水厂的负责人坦陈："像镉污染这样的事情，供水企业一点办法都没有。"

运输

　　即使水源地是合格的，水厂进行的是深度净化处理，使出厂时的水质是合格的，也不能保证用户用到的是合格的自来水，因为从水厂到用户家中，还需要经过供水管网，而供水管可能出现问题，使得水被二次污染。住建部曾于 2002 年、2003 年调查过数百座城市的供水管网，发现管网质量低劣的现象很普遍，"已不符国标的灰口铸铁管占 50.80%，普通水泥管占 13%，镀锌管等占 6%"，这三类管网主要铺设于20 世纪 70 年代以后，2000 年之后城镇新铺的管网已有很大改进，但量却不大，即使在北京，供水管网改造也未更换完毕，不能实现直饮，更不必说其他城市。多数城市，尤其是老城区，使用的仍是质量低劣的管网。

　　老旧的输水管网存在管道老化、接缝点渗漏、金属管道内壁镀层脱落等问题，一则容易漏水、漏气，二则容易腐蚀、结垢，产生微生物，与水中的营养物发生反应，形成二次污染。被严重污染的水会发黄、发黑或发臭，肉眼都能观察出来，多数时候水有污染但不严重，肉眼无法发现，如果直接饮用，就会让细菌进入体内。宋兰合表示，2000 年至 2003 年间，184 个大中城市发生过 4232 起二次污染事件。

　　除了在水运输过程中可能出现问题，中国还有独有的问题，居民楼的二次供水。中国城镇里 6 层以上的小高层、高层建筑较多，为了让 6 层以上的住房水压正常，也为了避免公共管网承受过大的压力，各城镇自来水公司普遍采用的方法是管网末端加压模式，即"将自来水压至高层建筑屋顶水箱或半地下的蓄水池，再由蓄水池或水箱进入用户家中。"这种方法自一开始就因容易引发二次污染而饱受诟病，但因为简单易行，所以一直沿用至今。水箱或蓄水池容易出现问题的一个根本原因在于责权不明，水箱通常是由各地产开发商所建，因为没有统一的标准和式样，建好之后，产权属于全体居民，但居民又无力管理，只能托付小区物业，但物业一则未必有足够的专业能力，二则未必有足够的责任心来进行维护。在监管方面也是如此，自来水厂和送水管网一般由城市建设部门管理，但水箱不是，自来水厂也不会自找麻烦去管理。二次供水的设施理论上讲应归卫生部门，但后者通常仅负责审核、颁发消毒许可证，对后期的维护却无力插手。结果，这些设施就成为监管薄弱之处，自来水入户的这"最后一公里"也成为问题高发区。

　　在中国省会一级的城市里，每座城市都有数千个水箱或蓄水池，因为这些设施而导致的二次污染事件也一直充斥着媒体。2007 年时，北京市海淀区品阁小区有居民发现水箱水泵的运作声音不对劲，"一阵快一阵慢，出水不稳，而且老跳表"，维修工人表示水泵出了问题，需要检查和清洗水箱。小区居民最后决定自己清洗，时任小区业委会主任的邵里庭回忆称，在放水过程中，发现出水口有异物，"掏出来一看是两只死耗子。"一位物业管理公司的项目经理告诉《北京晚报》的记者，一些小区，尤其是使用老式水箱的小区，"打开手电筒一照，水箱经常能见到死蛇、死猫和死老鼠。"这位经理笑称，"这很正常"，"司空见惯了，这在物业管理行业里其实不是什么秘密。我见过最夸张的，拿手电筒一照，水里三只死猫泡得像个皮球一样。物业管理公司只要不出事，压根没人去管。"他还说道"你到物业办事的时候，看办公人员喝的是什么水？都是桶装水！你见过几个物业喝小区的自来水？有也是用净水器。"根据他的介绍，在北京，生活用水的水箱有多种，一部分是老式的砖混结构以及铸钢、铁皮水箱，大部分是不锈钢材质的水箱，但都存在致命缺陷：密封性不强，达不到防鼠、防蝇、防蟑的效果。但物业管理公司又不愿意在这方面有所投入，所以水箱二次污染问题在北京很多小区非常常见。以这位物业从业人员自己的工作经历，北京"不少小区物业根本拿不出来水箱的卫生检测合格证。"

标准

2006 年之前，中国的饮用水国家标准一直是由卫生部制定于 1985 年的《生活饮用水卫生标准》，一方面当时的检测条件所限，一方面当时的水源还未面临大规模的污染，所以这一标准规定饮用水需要检测的指标只有 35 项。随着环境的恶化以及生活水平的提高，旧的标准越来越跟不上时代的发展，2006 年，在国家标准化管理委员会的协调下，由卫生部牵头，制定了修订版，并要求全部指标最迟于 2012 年 7 月 1 日实施。新的标准严格了很多，将检测指标升级为 106 项，与世界上最严格的水质标准：欧盟水质标准基本持平。如果真能做到这样，中国的自来水就能成为直饮水。遗憾的是，这个标准修订的步子迈得有点大，大到脱离了现实：没有巨额的投入，水厂的净水处理工艺不可能升级，净水处理工艺不升级，污染源又难以治理，如何能够提供符合新标准的水？此外，这一标准并非是强制性的，如果没有达标也没有具体的惩罚措施，这样的标准并无太大的威慑力，也容易陷入空谈。专家表示新标准发布以来，"地方政府和水厂在水处理工艺改造方面鲜有进展"，但却往往会声称"供水水质全面达标"，听上去更像是"皇帝的新装"。

一个有趣的对比是，澳门与珠海一江之隔，自来水用的是同一水源地：珠江口西江水源，该水源地常年是地表水二类水质，有时是三类水质，不能直饮。澳门与珠海的饮用水标准类似，珠海用的新国标，与欧盟标准看齐，澳门则直接用的是欧盟标准。但珠海的自来水不能直饮，澳门的自来水却可以。在澳门，每天都会有政府指定的专业人员在自来水生产环节取 80 个点进行水质的检测，一天测十几项水质指标，并发布在网上供公众查阅。每月月末，还会将标准规定的近 100 项指标全部监测一次。而在珠海，虽然卫生疾控部门会每天取水样，但水样数很少，且结果也不对外公布。澳门自来水股份有限公司执行董事范晓军解释称"我们是给澳门特区政府打工的，是特许经营关系。干不好，会被炒掉。"

净水器

一方面是环境污染问题持续恶化，一方面是人们对饮水质量越来越重视，对水龙头里的自来水不放心？那不如自己净化。在这样的背景下，净水器产业走红，并呈井喷之势。中国饮水电器行业目前已有近 3000 多家生产企业，但有许可批件的只有 1500 家左右。消费者本来是出于安全的考虑，将净水器视为最后一道防线，但如有不慎，这将可能是一道马奇诺防线。

资料显示，2012 年全国共生产净水器 3000 万台，总销售额过 300 亿元。相比于其他传统家电，净水器行业的毛利润极高，近 50%，而且还是家电行业少有的"耗材行业"：滤芯必须定时更换，业内人士形容，水家电被业界公认为是"家电产业的最后金矿"，于是众多家电厂商，无论大小，纷纷涉足这一领域。加上净水器行业入行门槛低，导致的结果是，制造商鱼龙混杂，营销概念层出不穷，消费者满头雾水。以名称论，有纯水机、纳滤净水机、反渗透直饮机、管道超滤净水机等十多种；以净水技术论，有"活性炭"、"微滤"、"超滤"、"反渗透"等；以概念论，有"离子活化水"、"矿化水"、"小分子团水"、"π-水等；以效果论，有"美容"、"祛斑"、"磁化"等。宣称净化处理后的水因为物理或化学性质发生变化，因此有保健功能的说法通常不可信。本质上讲，净水器是对自来水做减法的，净化后的水只是更干净，没办法也没必要新增什么功效。当然，如果购买的是无资质的小作坊生产的净水器，净水的效果都未必有。

即使买的是大品牌的净水器，也不能掉以轻心。2011 年 5 月，卫生部组织地方卫生行政部门对部分进口小型净水器进行了卫生安全抽样检查，结果发现包括 3M、松下等品牌在内的 11 个产品检测不合格，不合格的原因主要是砷超标、有机物去除率不合格和菌落总数超标。连价值不菲的进口商品都如此，那些小作坊生产的就更可疑了。此外，就算买到的是合格的，在使用时也要注意。净水器和热水器不同，后者一劳永逸，不需在意使用时间，但净水器是周期性消耗品，使用时净化效果会不断下降，直到完全没有。这个时候需要更换滤芯，才能继续净化，"滤芯使用寿命少则三个月，多则半年必须更换。因为无论使用何种滤材，滤材上都会吸附大量的有机物，很容易成为细菌滋生的温床，导致净水器净化效果变差。"如果忘记更换，净水器的吸附能力饱和，细菌滋生，这时通过净水器的水还不如没净化的水卫生和安全，所以需要格外小心。

也有一些小区设有大型户外净水机，像自动售货机一样，投币进去就有净化后的水出来。在功能上，这是家用净水器的放大版，但相比之下，更不安全。设备的维护、滤芯的更换完全靠商家自律，如果商家靠不住，滤芯迟迟不换，再加上平时风吹日晒，清洗、消毒又不及时，水质未必比自来水安全。2012 年 1 月，《沈阳晚报》的记者调查了沈阳的居民小区，某小区的保安告诉记者那台售水机摆在小区已有 3 年，从未见人来更换过设备或检查过水质。记者以购买直饮水机的名义拨打某厂商电话，对方称，直饮水机的销售成本主要是水电费，一般销售 1 吨"净化"过的水，成本只需 20 多元，却能售出 200 元。2013 年 5 月，《第一生活数字报》的记者调查了西安某居民小区里的投币式直饮水站，发现"6 个小区的 6 台自动售水机只有 5 台机器有产品名称，2 台有卫生许可证"，还有 1 台的批件有效期已经过期 1 年。2013 年 6 月，《时代商报》将沈阳一些小区的直饮机水样，连同自来水、矿泉水、冰红茶、绿茶等一道，送至沈阳医学院病原生物学实验室检测，结果发现"包括自来水在内的 9 个样品中，除污水外，只有直饮机的水中检测出细菌，其他均没有。也就是说，抽样送检的水样中，直饮水细菌含量要超过抽样的自来水。"

尾声

《南方周末》关于"最会喝水的家庭""20 年不喝自来水"的报道，引发了一些争议，有些人认为这是"矫情"。赵飞虹回应称，这篇报道"只是讲述了自己的生活习惯。而且自己是做水化验的，只不过有这样的条件对水进行监测和选择"，她还说"我个人认为，自来水是符合国家标准的，大家可以喝"，只不过"自来水是一种

安全水，但它不是一种健康水，对我们的健康并不是很好。"丈夫李复兴对这个观点进行了补充，他把水分为安全水和健康水两个概念。安全水不能含有对人体有毒、有害的物质，它起到一个解渴作用，能维持人体基本生命要求。在此基础上，能提高人生命质量、促进人体健康的水，才能称之为健康水。因此，安全和健康是两个概念。

或许确实如此，在北京、上海这样的大城市，水厂有着更先进的硬件设备，也被更严格的监督着，因此自来水虽然不能直饮，但也不会太差，是安全的，然而其他中小城市可能就不这么乐观了。此外，还需要说明的是，不合格自来水的危害不止在于饮用。现在几乎所有办公室和大部分白领家庭都在使用饮水机，喝的是纯净水。这样自来水水质再差看上去也与自己无关了，但事情并不是如此。国外大量研究发现："水中有害物质只有1/3是通过饮用进入人体，另外2/3是通过皮肤吸收和呼吸进入人体——在洗浴、洗涤、刷牙、洗脸时"，也就是说，除非你用纯净水洗脸、刷牙、洗澡，否则不合格自来水中的重金属、有机化合物还是会被摄入，影响健康。只是这个过程很漫长，十年二十年之后才可能致病，而且那个时候也很难证实疾病与饮用水间的因果关系。所以，自来水安全，是每个人都需要关注的，因为你，无处可逃。

桶装水

假水

对于几乎所有的办公场所以及大多数的城市家庭，桶装水以前是生活品质的象征，但现在已经成为生活必需品。一般认为，桶装水更安全，更健康，可以直饮。因此当2007年7月，《京华时报》曝出"北京桶装水市场中假水至少占一半"的新闻时，消费者震惊了。水也能造假？桶装水有封口，送到时包装完整，桶身上有防伪标签，能打通防伪电话，品牌是响当当的大牌子，这样的桶装水也能造假？是的。

一桶合格的桶装水，它的生命周期应该是由正规厂商生产，贴好防伪标签，包装封口后交付给代理商，代理商转运至水站，再由水站搬运到消费者家中或者办公场所。饮用完毕后消费者将水桶还交水站，水站还交代理商，代理商再还交厂商，如此循环。看上去很清楚的流程，但据《京华时报》记者的调查走访，却发现北京市场上不少桶装水来路不明，这些水生产于小作坊，绕过了质监部门的检查环节，直接销售给消费者。按照规定，桶装水必须要对桶进行消毒，并控制好水中大肠杆菌与霉菌群落等的数量。但因为不会被抽检，所以这些小作坊既不会注意生产环境，也很少按照规范的生产流程来作业。长期饮用这种"纯净水"，自然会对人体健康造成威胁。

桶装假水是如何躲过质监、工商部门的检验，又是如何潜入水站最后"登陆"到消费者家中的呢？这得从桶装水在流通环节中最重要的一环"水站"说起了。桶装水是一种特殊的商品，特点是重，因此运输成本较高，体积又大，一般不会见于超市或者小卖部，因此"水站"成为消费者购买桶装水最常用的渠道。而对消费者而言，除有锻炼身体或在丈母娘面前展示体力的迫切需求外，通常不会选择自己扛水而是选择水站送水上门。分布于各小区的水站掌控着这"最后一公里"，因此也掌控着消费者的选择权。

《京华时报》曝出"北京半数桶装水造假"的新闻不久，国家质检总局卫生食品监管司司长邬建平回应称，"北京饮用水抽样合格率是96.9%。"乍一看，这个数字与"半数造假"的50%相去甚远，如果不是两个数字都有问题，那至少有一个有问题。但仔细分析一下，这两套数据的确可能同时存在，不相抵牾，而且这一对看似矛盾的数据背后正反映了目前中国食品安全管理的尴尬处境。

质检部门通常是针对商品的生产环节进行抽查，卫生部门则通常是针对商品的流通环节进行抽查，而《京华时报》的调查却是针对消费环节。也就是说，质检部门抽查了正规厂商的生产线，结果是96.9%合格；卫生部门抽查了销售于"水站"的桶装水，同样是超过九成合格；然而记者的调查走访却显示最后进入消费环节的水只有50%是合格的，原因正是出在"水站"。

北京水站的行话中有1号水、2号水之分。所谓1号水，是指正规厂商生产的，检验合格的产品；所谓2号水，则是指产于小作坊，未经过检验，但是贴上了正规厂商的标签的产品。把2号水冒充1号水卖给顾客，这样以次充好牟取暴利便是水站的盈利之道。如何冒充？小作坊自有"妙"招。桶装水由以下几个部分组成：水、水桶、盖子、塑封套以及防伪商标，他们能各个击破。

生产假水

小作坊为何敢生产桶装水？因为明知道生产的产品不会被抽检，且对人体也不会造成即刻的危害。小作坊主们用何种态度来生产桶装水完全取决于他们的良心。业内人士表示"合格的桶装水企业必须具备粗滤、精滤、超滤、软化、反渗透、臭氧杀菌、空气净化、自动灌装等一系列设备，至少需要上百万元的投入"，有些甚至要过千万。

小作坊主当然不会投入这么多了，如果稍微有点良心，可能会配置一套几万元的极简单的净化设备，但通常不会购买质量安全检测设备。即使有净化设备，也多半不会严格执行生产规定。净化设备中最核心的部件是过滤网，是耗材，对正规厂商而言，可能过滤 1000 桶后就需要更换新的，但对小作坊而言，只要自己不觉得恶心，过滤多少桶后都不会换。如果净化设备超负荷运转，消毒效果就大打折扣。

良心少点的作坊主则"花几千元钱买一台水泵、一个过滤机、几十只空桶，利用自家的地下水"就可以开一个家庭作坊式的小"纯净水"厂。不愿投入那么多？也有烧白开水然后灌瓶的，但质量安全检测设备通常是没有的，且不说这样的"纯净水"厂生产的纯净水质量如何，单是反复使用又不进行消毒清洗的水桶就很可能成为细菌集中营。

更没良心的作坊主更加省事，直接在水库旁接一根管子，简单的过滤后，"打开水龙头，哗啦啦不消一分钟，一桶市场价十六七元钱的名牌'矿泉水'便生产完成，只要封上标签，便俨然是一桶货真价实的'纯净'、'天然'、'无污染'的'矿泉水'。"

水桶

相比而言，水桶更容易造假，而且一劳永逸。造假的方法主要分两种：以假乱真、旧瓶新酒。所谓以假乱真是指作坊主自行去购买水桶，冒充品牌桶。因为他们必然会选择更便宜的，所以这样的桶只要用心还是可以分辨出的，比如色泽、重量、触感等。所谓旧瓶新酒，就是说水桶还是那个水桶，但水已不是当初的水了，这种方法更狡猾，而且防不胜防。正规厂商生产的水运到水站后，一般有一半留在消费者那，剩下一半作为循环之用。这些水桶的品牌和标识都是正规的，按照程序，水站本该把这做循环之用的水桶交还给厂商，但他们为了牟利，却将其转手交给小作坊，灌进小作坊生产的未经检验的水，冒充品牌销售给消费者。这样的话单从桶的外观上是无法鉴别真伪的，因为桶本身是真桶，而多数消费者又难以辨别出水的味道和品质，因此能够蒙混过关。

塑封套

这是造假技术门槛最低的，制造盖子的工艺已形成产业链，可以批量生产，想生产什么牌子生产什么牌子。塑封的技术门槛更低，一个吹风机就能胜任。

防伪标签

对消费者而言，最直接也是最常用的检测手段是看防伪标签，稍微较真的还会拨打上面的电话号码进行查询，但即使这样造假者还是能魔高一丈。首先，防伪商标是可以伪造的，无论是商标的材料，还是防伪的序列号，且价格低廉，一般0.5元一枚；其次，据业内人士介绍，每年正规厂商的库房"都有数量不小的防伪标被盗"，也就是说，即使防伪标签是真的，也不能保证产品是真的；再有，目前桶装水采用的防伪方式是一桶水对应一串数字号码，消费者可以拨打电话或者发送短信进行查询，如果这个号码在厂商的数据库中，而且此前未被查询过，则被认为是正品。但问题在于，普通消费者鲜有查询防伪码的，这些防伪码便会被造假者回收及仿造。这样，即使偶有消费者特意进行了查询，假水也不一定会被识破。此外，更滑稽的是，一些伪造的防伪标签还有"微创新"——上面印制的查询电话并不同于真的防伪标签，而是小作坊自己设置的，这样即使拨打这个电话，对方也会表明这个标签是真的。如此种种，简直是防不胜防。

这种由小作坊生产的水通常质量不达标，当它们运到水站后，如何逃避管理方的检测呢？一如造假账的公司会有两本账，一本应付税务检查，一本仅给自己看。水站也是这样，会有两个仓库，一个是公开的，即店面，放的是正规产品，来应付检查，另一个是秘密的，2号水便放置在其中。平时给消费者送水上门，便从秘密仓库出货，而质检部门检查时，便将其带到店面。有时候秘密仓库就设在水站老板的私宅里，根据中国的相关法律法规，工商质检部门是无权进入私宅进行查看的。因

此在工商部门的抽查数据中，桶装水的合格率超过九成，殊不知还有另一半是不可能被抽查到的。此外，狡猾点的水站在进 2 号水的货时会低调的选在晚上，通常这个时候监管部门已经下班，而且也能方便掩小区之人的耳目。

需要补充一点的是，即使是正规厂商出产的桶装水，出厂时质检合格，也不意味着最后消费者饮用时就是安全的。即使是符合规定的矿泉水、山泉水，如果净化不彻底，其中也可能含有藻类。藻类生命力顽强，如果在阳光下暴晒，会发生光合作用并快速繁殖，这是为何有的水桶里会长青苔的原因，因此桶装水开封后要尽快饮用。

小贴士

- 不建议直接饮用自来水。
- 购买桶装水，最好在正规的水站，如果有条件，最好拨打防伪电话核查。
- 使用户外净水机时注意观察有无卫生许可证，以及有无更换滤芯。

乳制品

中国一家知名的乳制品企业曾有一句脍炙人口的口号："每天一斤奶，强壮中国人！"但在多次食品安全事故后，这一口号被人们改编为："每天一斤奶，结石中国人！"中国近 10 年来爆发的所有食品安全事件中，最触目惊心、影响最恶劣、后果最严重的当属问题奶粉事件。一则受害者大都是降临这个世界不久，对外界毫无防备之心的婴幼儿；二则食用问题奶粉后后果惨重：或成为大头娃娃，或导致肾结石，甚至致死。制售毒害婴幼儿的食品以获利，这是任何一个文明社会都不能接受的犯罪行为。

牛奶并不是中国人的传统食品，主要是因为中原文化历来是农耕文明，奶牛数量极其有限，不可能成为大众饮品；事实上，牛奶甚至都不是大部分西方人的传统食品：在 19 世纪中期法国人路易·巴斯德（Louis Pasteur）创立"巴斯德消毒法"

130

（又称"巴氏消毒法"）以前，牛奶不能长期保存和运输。此外，与高加索人（欧美白人）相比，亚洲成年人的乳糖不耐受比例要高得多（约90%），所谓乳糖不耐受，即体内缺少乳糖酶，不能将乳糖分解为半乳糖和葡萄糖，因而会产生腹胀、腹泻、呕吐等症状，所以牛奶并不是古代中国常见的饮品。

中国人开始大规模喝牛奶的历史并不长，只有几十年。直至改革开放初期，大部分婴幼儿都是母乳喂养长大的，尤其是在农村地区。婴幼儿奶粉如何普及的？原因很多，一方面是商业公司的宣传：在乳品消费上，中国与西方国家有巨大的差距，我们一定要要迎头赶上。另一方面，中国积贫积弱的近代史使得部分民众盲目崇拜西方人的生活方式，特别是在对比过欧美人与国人的体格之后。民众容易将这种差异归因于人种、饮食，但人种不可改变，饮食可以效仿，在这样的心理背景下，奶粉开始大受欢迎。这样简单的因果归纳并不科学，但也算歪打正着，牛奶对身体有益的确是事实。在世界公众营养发展史上，牛奶的普及率确实是一个民族健康水平提升的重要因素。

近10年来，中国乳制品行业丑闻不断，从劣质奶粉到三聚氰胺，再到黄曲霉毒素。出事的有地方性的小牌子，也有全国知名的大企业，消费者的信任就这样一点点被消磨掉了。信任的丧失易如山倒，重建难如抽丝。以至于当2013年4月，中国乳制品工业协会发布国产与进口婴幼儿配方乳粉质量状况调查报告，报告显示经过在北京及周边的省会城市的市场随机抽样送检，结论是"国产产品无论是国内品牌还是国外品牌质量好于进口产品"时，迎来的不是消费者的欢呼，而是铺天盖地的口水。报告还引用数据表示"2011、2012年，国家质检总局共抽检国产乳制品样品128240个，产品合格率99.74%，其中婴幼儿乳粉样品12082个，产品合格率99.23%"，同样遭到了民众的强烈质疑。简言之，消费者选择不再轻信，哪怕说者言之凿凿。这怪不得消费者，冰冻三尺非一日之寒，故事要从10年前讲起。

劣质奶粉

2003年开始，安徽阜阳的农村出现一件怪事，当地的婴儿陆续患上一种怪病：出生时本是健康的宝宝，在喂养期间身体变得孱弱，四肢短小不易长大，尤其是婴儿的脑袋，显得异常庞大，当地人称为"大头娃娃"，至少有189名宝宝患上这种

病，其中至少有 12 名因此而夭折。一位来自临泉县的农民，他的孙子 6 个月前出生时有 8 斤半重，"是个健健康康的胖小子，而现在，体重比刚生下还要轻半斤多，嘴唇青紫、头脸胖大、四肢细短，比例明显失调。"经诊断，这属于"重度营养不良综合症"，医生表示"这种现象已经有 20 多年没有出现过了，以前主要是因为生活水平不高引起的。"

2004 年 4 月，在阜阳市人民医院，《东方早报》的记者见到了一位只有 2 个月大的患者，医生介绍说，在中国，"婴儿的生长速度一般为每月 0.7 公斤"，按照这个速度，患者的正常体重应该为 4.6 公斤，但实际情况是只有 3.2 公斤，仅比她刚出生时多了 0.2 公斤。也就是说，刚出生的头两三个月，本是人生长速度最快的一个阶段，但患者几乎没有生长。医生表示"蛋白质含量不足，是婴儿停止生长的根本原因。"蛋白质含量不足？难道是这些宝宝的家长没有给孩子喂食？没道理，刚出生的宝宝是全家人的掌上明珠，大人们宁可自己不吃也不会饿着孩子。后来原因查明，问题出在奶粉上。

非母乳喂养的婴儿的主食是奶粉，婴儿奶粉里应包含成长所需的主要营养物质，蛋白质是其中之一。蛋白质是身体构建的重要成分，也是生理功能实现的重要因素，是生命的基础物质。人体的每一个细胞都有蛋白质，其摄入对婴幼儿的生长发育具有举足轻重的作用。根据国家标准，"婴儿一段奶粉的蛋白质含量应不低于 18%，二、三段为 12%～18%。"但根据阜阳市产品质量监督所出示的检验报告，患者平时食用的奶粉其蛋白质含量仅为 1%，这表明患者食用的奶粉提供的蛋白质远远不够其生长所需，1/10 都不到，而且因为小宝宝尚不能言语，有意见也说不出来，只能哭。

需要说明的是，不少媒体在报道阜阳劣质奶粉事件时，用的是"毒奶粉"一词，严格来讲，这样的说法是不准确的。因为这样的奶粉本身并没有毒，只是以次充好，营养含量不达标而已。婴幼儿奶粉与成人奶粉作用不同，给成人喝的奶粉，是为了增强营养，是"锦上添花"，就算是用面粉冒充的，其实也不会有什么损失。但婴幼儿奶粉不同，这是他们的主食，如果没有营养则可能会致命。这些食用劣质奶粉的宝宝相当于从出生下来就只喝了几个月的清汤寡水，因此就不奇怪为何长不大、容易夭折了。换个说法，这些宝宝是被活活饿死的。

阜阳市疾病控制中心曾于 2003 年检测过市面上的奶粉，共计 13 个品牌，全部不合格，其中蛋白质含量最低的仅有 0.37%，多数是 2%～3%，此外其他微量元素的含量也普遍不达标。这样的奶粉根本不能帮助婴儿成长，专家表示"基本上没有营养可言，比米汤还差"，长期食用会导致营养不良，随后引发各种并发症，如生长停滞、丧失免疫能力等，甚至会越长越轻，严重者还会因呼吸衰竭而死。这种奶粉正是婴幼儿成为"大头娃娃"的罪魁祸首，因为虚有其表，后被称为"空壳奶粉"。医生称根据"空壳奶粉"的营养成分来看，食用超过 3 个月就会给婴儿期的发育带来重大损失，超过 5 个月会带来终身影响，超过 8 个月以目前的医疗水平基本是无力回天。

"空壳奶粉"的受害家庭不仅要遭受丧子之痛，还要承担经济损失。一个 4 个月大的宝宝因为食用"空壳奶粉"而死，她的父母状告经销商，经过当地消费者协会的调解，经销商赔付 1.2 万元了事。这还算好的，有个家庭光治疗费就用了近 4 万，但经销商仅赔付了 5000 元。阜阳市工商部门有关人员回应称，办理赔付投诉时需依据《消费者权益保护法》，赔付额度一般不超过 6000 元，再高就得去法院提请诉讼了，但据记者了解，很少有受害者的家庭懂得运用法律手段维护自己的权益。

面对"空壳奶粉"，当地的行政部门也并非毫无作为。2003 年年中，阜阳市就展开过劣质奶粉专项整治活动。2004 年 1 月，阜阳市卫生局与阜阳市工商局还联合发布过《关于奶粉产品的消费警示公告》，公告了 33 个品牌的劣质奶粉，希望全市予以注意。但这点作为远远不够，仅公布黑名单而不查抄，一方面农村地区的消费者未必能获知这一信息，另一方面这些不合格的奶粉"改头换面"后可以重现市场，甚至还有记者在距当地工商所不足 200 米远的超市买到了黑名单上的奶粉。此外，有问题的奶粉并不止这 33 种，没有建立长效的监督机制，消费者还是会买到其他的问题奶粉。事实也正是如此，据重灾区阜阳太和县的医生介绍，当地医院收治的"大头娃娃"，致病奶粉多半不属于这 33 家。

为何"空壳奶粉"会呈泛滥之势？原因无它，金钱的诱惑。"空壳奶粉"的利润远高于合格奶粉，在当时，其进价只需 5 元左右，但售价能到 10 元，而正规奶粉一袋的利润还不到 2 元。之所以能够有这般高额利润，是因为其在蛋白质含量上"偷工减料"。中国奶粉的中低端市场竞争极其激烈，中小奶粉厂商为占据市场，一方面压低售价，一方面增加中间商利润，于是只能在降低成本上动脑筋了。在奶粉的生产成本中，蛋白质占了 1/3 以上。降低成本最直接的方式是减少蛋白质和微量

元素的含量，为了继续盈利，厂商不断降低含量直至国家标准以下，"空壳奶粉"就这样被生产出来了。

根据《新民周刊》的调查，"空壳奶粉"最初的源头在浙江苍南。2000年时，苍南县生产奶粉的企业已有近20家，但大部分企业没有设备，只是委托有生产能力的企业代为加工，然后分装。因为这些企业规模小、投资少、品控差，屡屡因产品不合格而被当地质量技术监督局曝光。2001年，当地政府对乳制品市场进行整顿，关闭了一大批不合格的企业。但这些企业并没有被根除，一位知情人士称"苍南打击力度很大，但欠发达地区投资政策相对宽松，一些苍南籍奶粉商到北方投资办奶粉厂，当地有关部门盛情款待，并给予诸多优惠。"就这样，黑心商贩实现了"战略转移"，将作坊式的奶粉生产模式带到了北方，如内蒙古、黑龙江等省份，而这也正是阜阳"空壳奶粉"的主要来源地。

苍南当地一位经营着中等规模奶粉厂的叶姓经理向记者自曝了产业链的黑幕。叶经理的企业名列质监局的"曝光榜"之上，并被勒令停业整顿，但他坦言自己的产品被曝光并不冤枉，其婴幼儿奶粉的蛋白质含量为10%，部分还只有6%，确实低于国家标准。然而他强调，他并没有欺骗消费者，这一含量他都如实的印在包装袋上了。同时他还认为幕后黑手并未受到惩罚：吃出问题的"空壳奶粉"蛋白质含量往往只有1%、2%，主要是小型企业生产的，但这些企业擅长"游击战"，执法部门不易抓捕。于是每次出了状况，都是中型企业来顶罪。

事实上，惩罚中型企业也不是完全没有道理，因为小型企业并没有加工设备，往往都是付费让中型企业代为加工，中型企业并非不知道这样加工的产品有问题，但在加工费前就睁一只眼闭一只眼了。叶经理给自己找的理由是"很多小企业主以前都是奶粉厂的同事，甚至还沾亲带故，谁都拉不下脸面严词拒绝。""我不帮他加工，他也会找别人，商人嘛，利字当头，我开这个厂子干什么？还不是为了挣钱?!"叶经理表示市场上还有不少每袋售价只有两三元的奶粉，这种奶粉不管怎么算都不可能赚钱，除非根本不加蛋白质，而是掺入廉价的原料如淀粉、蔗糖等，有些甚至含有杂质亚硝酸盐。此外，成人奶粉，尤其是中老年奶粉的问题几乎同样严重，只是成人的反应没那么明显，因此不为大家所知罢了。

这些不法商贩生产出的"空壳奶粉"进入市场主要通过以下几种方式。一是彻头彻尾的"黑户"：生产劣质的奶粉，包装袋上印制的生产厂家以及生产地点都是虚假的，商品出售需要的三证（企业生产许可证、产品质量检测合格证、产品注册证）也都是伪造的，这样的产品出了问题除非追溯物流渠道，否则很难找到肇事者。CCTV 曾根据包装袋上的地址暗访过两家北京的企业，结果查无此人。第二种是假冒产品：挂的是知名企业的牌子，但实际是黑作坊生产的。假包装有时能做到以假乱真，消费者难以察觉其差异，容易上当。第三种是掺假：在合格奶粉中掺入劣质奶粉，再换上新包装出售。总的来说，"空壳奶粉"的生产厂商或者是小厂或者是黑作坊，其定位是中低端，目标人群主要在农村。

根据之后的统计数据可以得知，"空壳奶粉"的受害人主要来自农村，相当一部分是留守家庭的宝宝。他们本来就是弱势群体，却也因此更容易受到伤害。为何不法商贩会把黑手伸向他们？很重要的原因是"柿子要捡软的捏"。

首先，阜阳是中国较大的农民工输出地，农村不少夫妻在小孩出生不久就双双外出打工，孩子留在家中由老人照顾。一方面必须要用奶粉喂养，另一方面老人获取信息的能力有限。其实早在 2003 年 4 月，阜阳当地的媒体就曝光了"大头娃娃"的事件；6 月，《中国消费者报》曝光了阜阳的劣质奶粉；12 月，CCTV 第七套新闻评论栏目《聚焦三农》也聚焦了劣质奶粉。但直到 2004 年 4 月，多家全国性媒体进行曝光时，发现还有不少当地的宝宝继续在吃"空壳奶粉"。

其次，农民们的法律意识不强，再加上维权成本过高，使得即使出了问题，不法商贩也不是很在意。悲剧发生后，大多数患者家属并没有通过工商局提出索赔，更不用说在法院正式起诉了。甚至还有受害者的家长向记者表示"自认倒霉，并不准备投诉经销者，一来觉得投诉麻烦，二来和经销户比较熟悉，投诉的话怕'伤了交情'。"这样的想法在多数人看来觉得难以接受，但也许只有对中国农村、农民的现状有多一点的理解，才能有多一份的同情。2004 年 4 月，CCTV《时空连线》曾采访过一位受害宝宝的母亲陈某，闻者伤心，其全文如下：

记者：接下来我们来连线一位受害婴儿的母亲陈敏，孩子什么时候出生的？
陈：2002 年腊月二十三。
记者：孩子吃这种奶粉多久了？
陈：一直都在用，5 个多月了。

记者：怎么发现孩子的病是因为这种奶粉造成的呢？

陈：小孩儿乱叫，头发白，送去医院检查，他们叫住院，化验奶粉营养达不到，说这个奶粉有假。

记者：你还看到其他吃这种奶粉得病的孩子了么？

陈：有，跟我的小孩儿一起住院的有几个。有两个跟俺（孩子）一样，都是严重的。

记者：现在孩子还有什么后遗症的表现么？

陈：现在是3岁。人家的孩子几个月就会站了，一蹦一跳的，俺们家的只是会站。

记者：当时治病花了多少钱？

陈：住院、吃药将近3000多块钱。

记者：您家的年收入是多少？

陈：乡里没有啥收入，俺乡里地里的还不够人吃，人还要钱买（粮食）呢。

记者：他们是如何处理的？

陈：消费者协会给卖奶粉的打电话，让他过去，经过一个月，赔几千块钱，一次算清。那时候他叫俺咋写俺就咋写，写好了。我现在看我的小孩儿，将来我就怕有毛病，我想等他长大了以后我再做做工作。

记者：您下一步打算怎么办？

陈：下一步处理，他叫我打官司，俺乡里哪有钱，打官司要有钱，我哪有钱。

记者：在您的孩子身上发生了这种事情后，您怎么想？

陈：我很恨他，我想骂他。我是说不能再让他们卖下去，不能再害更多的小孩儿了。乡里图便宜，有的不知道是假的，不知道是真是假，乡里没有钱，就买便宜的，小孩儿就吃这种奶粉，吃坏的太多。

第三，当地食品安全监管部门的行政效率低。"空壳奶粉"的苗头早在一年前都显露出来了，如果说患者家属还能以消息闭塞作为借口，那么当地职能部门的无作为或者无能则是铁板钉钉的事。为何当地工商部门自称有过多次检查，但"空壳奶粉"还是普遍存在？有知情人士表示："生产劣质奶粉的厂家为什么能够生存？一来他们十分隐蔽，二来很可能与地方保护有关。一些乡镇企业注册资金只有几十万元，起个好听的名字包装一下就成了'名企'。有些地方政府只要企业按时交纳税金，很少过问产品质量。"

如果说在阜阳劣质奶粉事件中，有个好点的消息，是对官员的问责。事件爆发后，阜阳市先后有 1 名市长、2 名副市长、1 名市政府副秘书长、5 名处级干部受到党纪国法的处理，其中阜阳市公平交易局原局长杨树新因玩忽职守及介绍贿赂，两罪并罚，被判有期徒刑六年。

根据公开资料，阜阳劣质奶粉事件中，共查获 55 种不合格奶粉，产地涉及 16 个省市自治区，但其中没有一种是阜阳当地生产的。一位阜阳人叫冤说："绝大多数媒体没有去追根溯源，而是一致把矛头指向阜阳。这就像你家里进了贼，所有人不去指责小偷，反而指责你没有把门关好。"这显然是狡辩，公职人员拿国家工资，理应"守土有责"，家里失窃，既是贼的问题，保安自然也脱不了干系。但这一看法也有一定道理，在阜阳劣质奶粉事件的处理中，确实没有进一步追查奶粉的来源问题，而是点到为止，这也为之后的奶粉事故重发埋下了伏笔。

2004 年 4 月，向《新民周刊》自曝行业内幕的叶经理最后还甩出一句话："我索性将黑幕揭个底朝天！你以为大企业的产品质量没问题吗？给你举个例子，前一阵检查，一家企业从市场上买来某种名牌奶粉装进自己的包装袋，企图蒙混过关，检验结果呢？还是不合格！"这句话当时并未引起时人的注意，却在 4 年后一语成谶。

三聚氰胺

缘起

2008 年上半年，全国多个省份均出现多起肾结石婴儿的病例。这很反常，因为肾结石常见于成年人，在婴幼儿阶段非常罕见，即使出现也常是因为尿路畸形，但新出现的这些病例都不存在尿路畸形，并且入院时病症基本已到中晚期，表现为急性肾衰竭症状，有些甚至有生命危险。医生们对病因莫衷一是，有南京的家长发现，在南京市儿童医院同一病区的多名患儿都曾食用过同一品牌的奶粉，且均出现肾结石的病症，但专家表示并没有确凿的证据证明结石与奶粉是因果关系。毕竟肾结石的出现原因复杂：可能是先天性的，也可能是排钙渠道不畅，还有可能是长期饮用水质偏硬的水。

2008 年上半年的病例都是零星发生的，并没引起医院太多的关注，直到 7 月 16 日，兰州大学第二附属医院致电甘肃省卫生厅，称本年该院收治的肾结石婴儿病例明显增多，近月来已达到十几例。甘肃省卫生厅随后组成流行病学调查组展开调查，发现该院 2008 年已收治 16 例肾结石患儿，多数来自农村，大部分年龄为 5 ~ 11 月，且病情均较重，部分已经肾功能不全。了解初步情况后，甘肃省卫生厅向甘肃省委、省政府和卫生部进行了汇报，然而这些信息并未向民众公布。

2008 年 9 月 9 日，《兰州晨报》刊登了记者沈丽莉的文章《14 名婴儿同患"肾结石"》，报道称自 6 月 28 日以来，中国人民解放军第一医院（位于甘肃省兰州市）泌尿科一共收治了 14 名患有"双肾多发性结石"和"输尿管结石"病症的婴儿，"这 14 名婴儿有着许多相同点：都来自甘肃农村，均不满周岁，都长期食用某品牌奶粉。"这是中国第一篇奶粉导致婴儿肾结石的新闻报道，随后《华商报》、《扬子晚报》等跟进了报道，但均未对奶粉品牌点名。

9 月 11 日，《东方早报》刊登了记者简光洲的文章《甘肃 14 名婴儿同患肾病疑因喝三鹿奶粉所致》，是中国第一篇将三鹿奶粉与婴儿肾结石联系起来的新闻。文章称"医生们注意到，这些患病婴儿在没有母乳之后，都使用了品牌为'三鹿'的奶粉。李文辉（解放军第一医院泌尿科首席医生）分析说，因为这些婴儿最主要的食品来源就是奶粉，且都是长时间使用同一品牌的奶粉，'因此不排除与奶粉有直接的关系'。"简光洲还采访了甘肃省卫生厅，卫生厅办公室主任杨敬科表示"这次甘肃婴儿患病的情况根本没有当年安徽阜阳空壳奶粉严重，但因为媒体经常询问，所以决定 11 日上午召开新闻发布会向外界说明调查的进展。"

《东方早报》这篇报道迅速引起了全国的关注。就在报道发表的当天上午，甘肃省卫生厅就问题奶粉事件召开新闻发布会，称"目前甘肃全省已上报病例 59 人，死亡 1 例"，但"根据调查，目前初步确定与配方奶粉无直接关系。"卫生厅办公室陈建红还表示"考虑到发生患例的儿童基本来自农村，存在食用假冒产品引起患病的可能"，调查组专家则认为"甘肃当地区域的水质偏硬，溶于水中的钙、镁等盐类较多的水，非常容易诱发肾结石。"

9 月 11 日下午，三鹿集团传媒部杨爱向记者表示"目前仍无证据表明婴儿患病与食用三鹿奶粉有必然联系，甘肃质监部门对三鹿奶粉的检验结果显示该厂奶粉符合国家质量标准"，"当前奶粉市场竞争激烈，不排除竞争对手要卑鄙手段，栽赃陷害三鹿奶粉。"

简光洲事后回忆称当初在文章中点"三鹿"的名时曾有过犹豫和顾虑，"担心如果批评错了，会给三鹿这家著名的企业带来不必要的麻烦和造成巨大的损失，不但要坐上被告席，还会成为千古罪人，甚至会被人扣上被外资品牌利用打击民族品牌的罪名。"但当他看到有婴儿母亲在之前媒体未点名的报道下留言"如果你有孩子，你是否能够这样含糊其辞？"时，他觉得不能继续写"某企业"了。9 月 10 日晚，《东方早报》的领导经过慎重考虑后决定上版，整个晚上，简光洲都没有怎么睡好，"脑子里晃动的都是第二天三鹿公司可能气势汹汹地打电话指责我不负责任、并要把我告上法庭的情景。"

9 月 11 日的白天，简光洲的日子估计并不好过，上午是甘肃省卫生厅的背书，下午是三鹿集团的声明。难道他真的冤枉了三鹿，写了不实报道？当天晚上，事情出现逆转。卫生部连夜发出通报，称"近期甘肃等地报告多例婴幼儿泌尿系统结石病例，调查发现患儿多有食用三鹿牌婴幼儿配方奶粉的历史，经相关部门调查，高度怀疑石家庄三鹿集团股份有限公司生产的三鹿牌婴幼儿配方奶粉受到三聚氰胺污染。"三鹿随后发出产品召回声明，称"经公司自检发现 2008 年 8 月 6 日前出厂的部分批次三鹿婴幼儿奶粉受到三聚氰胺的污染，市场上大约有 700 吨。"

9 月 12 日，由卫生部、公安部、农业部、工商总局、质检总局、食品药品监管局等部门和专家组成的"三鹿牌婴幼儿配方奶粉污染事件联合调查组"在患儿的尿液和结石中检出了三聚氰胺的成分。根据现有调查研究结果和流行病学资料，调查组认定，"受三聚氰胺污染的婴幼儿配方奶粉能够导致婴幼儿泌尿系统结石。"消息传出，举国震惊。从这一刻起，震惊中外的三聚氰胺奶粉事件正式进入公众视野，中国乳制品行业随后经历了一场前所未有的腥风血雨。

中招

中国乳业的上一次风波是 2004 年阜阳劣质奶粉事件，但当时犯事的主要是中小企业，还有部分黑作坊，并没有涉及大品牌。但这并不是说大品牌就是清白的，因为当时中国施行"国家免检产品"政策，获得免检资格的企业产品可以免受各级政

府部门的检验，然而一些企业滥用了这份信任，以"免检"作为以次充好的挡箭牌，比如三鹿。

2008 年 9 月 15 日，国家质检总局公布了在全国展开婴幼儿配方奶粉三聚氰胺专项检查的阶段性结果。当时中国共注册有 175 家婴幼儿奶粉生产企业，其中 66 家已停产，在剩余的 109 家企业中，抽检了 491 批次的产品，结果显示 22 家企业的 69 批次产品检出三聚氰胺，这 22 家企业不乏大品牌。

22 家生产不合格婴幼儿奶粉企业名单

公司名称	产品名称	抽样数	不合格数	含量
石家庄三鹿集团股份有限公司	三鹿牌婴幼儿配方乳粉	11	11	2563
上海熊猫乳品有限公司	熊猫可宝牌婴幼儿配方乳粉	5	3	619
青岛圣元乳业有限公司	圣元牌婴幼儿配方乳粉	17	8	150
山西古城乳业集团有限公司	古城牌婴幼儿配方乳粉	13	4	141.6
江西光明英雄乳业股份有限公司	英雄牌婴幼儿配方乳粉	2	2	98.6
宝鸡惠民乳品（集团）有限公司	惠民牌婴幼儿配方乳粉	1	1	79.17
内蒙古蒙牛乳业（集团）股份有限公司	蒙牛牌婴幼儿配方乳粉	28	3	68.2
中澳合资多加多乳业（天津）有限公司	可淇牌婴幼儿配方乳粉	1	1	67.94
广东雅士利集团股份有限公司	雅士利牌婴幼儿配方乳粉	30	8	53.4
湖南培益乳业有限公司	南山倍益牌婴幼儿配方乳粉	3	1	53.4
黑龙江省齐宁乳业有限责任公司	婴幼儿配方乳粉 2 段基粉	1	1	31.74
山西雅士利乳业有限公司	雅士利牌婴幼儿配方乳粉	4	2	26.3
深圳金必氏乳业有限公司	金必氏牌婴幼儿配方乳粉	2	2	18
施恩（广州）婴幼儿营养品有限公司	施恩牌婴幼儿配方乳粉	20	14	17
广州金鼎乳制品厂	金鼎牌婴幼儿配方乳粉	3	1	16.2
内蒙古伊利实业集团股份有限公司	伊利牌儿童配方乳粉	35	1	12
烟台澳美多营养品有限公司	澳美多牌婴幼儿配方乳粉	16	6	10.7
青岛索康营养科技有限公司	爱可丁牌婴幼儿配方乳粉	3	1	4.8
西安市阎良区百跃乳业有限公司	御宝牌婴幼儿配方乳粉	3	1	3.73
烟台磊磊乳品有限公司	磊磊牌婴幼儿配方乳粉	3	3	1.2
上海宝安力乳品有限公司	宝安力牌婴幼儿配方乳粉	1	1	0.21
福鼎市晨冠乳业有限公司	聪尔壮牌婴幼儿配方乳粉	1	1	0.09

注："含量"指"三聚氰胺最高含量"，单位为"毫克/千克"。

9 月 17 日，国家质检总局发布 2008 年第 99 号《关于停止实行食品类生产企业国家免检的公告》，宣布取消食品行业的国家免检制度，"所有已生产的产品和印制在包装上已使用的国家免检标志不再有效。"

9 月 30 日，国家质检总局公布了对全国普通奶粉和其他配方奶粉三聚氰胺专项检测的情况，一共抽检了 154 家企业的 265 个批次的产品，有 20 家企业的 31 个批次的产品含有三聚氰胺，其中三鹿牌高铁高锌配方奶粉的三聚氰胺含量最高，为 6196 毫克/千克。中国疾病预防控制中心、中国检验检疫科学研究院等单位事后制定了《关于乳与乳制品中三聚氰胺临时管理限量值规定》，规定"婴幼儿配方乳粉中三聚氰胺的限量值为 1 毫克/千克，液态奶（包括原料乳）、奶粉、其他配方乳粉中三聚氰胺的限量值为 2.5 毫克/千克。"

需要担心的不只是奶粉，与乳制品相关的产品都有可能被三聚氰胺污染。香港食环署检测发现伊利某款雪糕中含有三聚氰胺。新加坡检测机构以及美国 FDA 均表示在中国产的大白兔奶糖中查出三聚氰胺。台湾则在大陆进口的奶精中测出三聚氰胺，随后将使用了奶精的产品如即溶咖啡、麦片等大规模下架。香港联合利华公司自检时发现，其旗下的立顿奶茶使用了大陆奶粉导致三聚氰胺超标。此外，在巧克力、饼干、砂糖等加工产品中也都曾检测出三聚氰胺。

道魔斗法

三聚氰胺是什么？三聚氰胺（Melamine）又称密胺、蛋白精，化学式为 $C_3H_6N_6$，是一种有机化合物，通常被用作化工原料。如果摄入三聚氰胺，成年人能将其大部分排出体外，但如果与三聚氰酸并用，则会发生反应，产物无法溶解于水，因为排尿的肾小管非常纤细，容易堆积堵塞，形成肾结石。三聚氰胺加入牛奶后，在制作过程中会产生三聚氰酸，对人体造成伤害。尤其是婴幼儿，他们的肾小管比成人更细，而且以奶粉为主食，摄入量大，更容易形成肾结石。三聚氰胺不允许用于食品加工，但直到 2008 年 9 月，中国都没有设定三聚氰胺在奶粉中的残留标准限制，因为此前根本没有想到这一化工原料竟然会出现在奶粉里，所以在之前的常规检测中，是没有三聚氰胺含量这一指标的。

三聚氰胺为什么会出现在奶粉中？说起来和 2004 年阜阳劣质奶粉事件还有点关系。当年出现"大头娃娃"是因为奶粉中蛋白质含量严重不足，婴儿食用后营养不良。之后国家加强了对奶粉行业的监管，消费者也意识到了蛋白质含量的重要性。根据国家标准，鲜牛奶的蛋白质含量应为 100 毫升≥2.95 克，奶粉的蛋白质含量根据各自的适用人群有不同的标准，如 12%、18% 等。

一般的生鲜牛奶都能达到 100 毫升 ≥2.95 克的指标，但如果掺水了就可能不达标。为防止奶农掺水，乳企在收奶的时候需要对蛋白质含量进行检测。检测方法有很多，最早是用密度计，简单方便：如果掺水了，密度就低。但后来奶农掺入与牛奶密度差不多的物质，就可以蒙混过关了。后来企业采用的是凯氏定氮法（Kjeldahl method，全称为凯耶达尔定氮法），这种方法是由丹麦人凯耶达尔于 1883 年发明的，原理很简单：蛋白质里有氮元素，用硫酸进行处理能使其中的氮转化为硫酸铵，加入少量氢氧化钠后蒸馏能将铵盐转化为氨，再用反滴定法确定总氨量，然后倒推氮的含量。因为理想状态下蛋白质的含氮量约为 16%，所以含氮量乘以 6.25 便可算出蛋白质的含量（根据国家标准，在乳制品中转换因子为 6.38）。

凯氏定氮法是通过测含氮量反推蛋白质含量的，因此有其局限性：如果样品中还有其他含氮的化合物，则会影响检测结果。不过在乳制品中，这并不是一个问题，因为牛奶中只有蛋白质含氮，其他如碳水化合物、脂肪都不含。因此如果是符合规定的牛奶，通过凯氏定氮法可以方便、准确的检测蛋白质含量。然而如果有人往样品中加入含氮化合物，则会使凯氏定氮法发生误判，得到蛋白质含量高的结论，这样的牛奶即使兑了水也不会被检测出。

在牛奶里掺杂三聚氧胺真可算得是一是项"伟大"的"创举"。三聚氰胺的含氮量高达 66.6%，掺杂在牛奶里既能增加含氮量，又能增加重量，且无色无味，用简单的检测方法不易查出，而且价格便宜，仅为同样氮含量蛋白质原料的 1/5，用来造假堪称"完美"。令人感慨的是，最早想到把三聚氰胺掺入牛奶以提高含氮量的，是河北省曲周县的一个普通农民张玉军。张玉军一直在当地从事养殖业，他经过多次试验，发现将三聚氰胺和麦芽糊精按一定比例混合能配制出"蛋白粉"，可以提高原奶蛋白检测含量且不易被查出。最初张玉军只是在自己的养牛场使用，发现效果很好后他前往济南市，转身成为"蛋白粉"的生产商。从 2007 年 9 月至 2008 年 8 月，短短一年不到的时间，张玉军共生产"蛋白粉"600 余吨，非法获利 50 余万元。

在河北省正定县开厂的高俊杰、薛建忠等人起初是张玉军的经销商，从张处购得"蛋白粉"，再加价转售给奶站。他们发现"蛋白粉"广受奶站欢迎，有利可图，于是从购入的"蛋白粉"中分析技术配方，分析出来后开始自行研制并直接销售给奶站，先后共生产"蛋白粉"200 余吨。

在河北省正定县办养牛场的耿金平，是三鹿集团鲜奶的供应商。2007 年底，他的牛奶因检验不合格屡次被三鹿拒收，后来他听说加入某种化工原料，可以增加蛋白质检测指标，蒙混过关。2007 年 10 月，耿金平购买"蛋白粉"560 公斤，至 2008 年 8 月，他按每 1000 公斤原奶添加 0.5 公斤"蛋白粉"的比例，将 434 公斤"蛋白粉"添加进其收购的 90 余万公斤的原奶中，销售给三鹿。

处理

2009 年 1 月，河北省石家庄市中级人民法院作出刑事判决："认定被告人张玉军犯以危险方法危害公共安全罪，判处死刑，剥夺政治权利终身；认定被告人耿金平犯生产、销售有毒食品罪，判处死刑，剥夺政治权利终身，并处没收个人全部财产。"3 月，河北省高级人民法院驳回张玉军、耿金平上诉，维持原判，并报请最高人民法院核准。最高人民法院核准了河北省高级人民法院的裁决，根据这一判决，石家庄市中级人民法院 11 月对张玉军、耿金平执行了死刑。

2009 年 1 月，河北省石家庄市中级人民法院"以生产、销售伪劣产品罪判处田文华（原三鹿集团董事长兼总经理）无期徒刑，原三鹿高管王玉良、杭志奇、吴聚生分别被判处有期徒刑 15 年、8 年和 5 年。"

2008 年 12 月 1 日，卫生部通报，截止 11 月 27 日，"全国累计报告因食用三鹿牌奶粉和其他个别问题奶粉导致泌尿系统出现异常的患儿 29 万余人"，"累计住院患儿共 5.19 万人"，"死亡病例共 11 例"。

中国乳制品工业协会协调有关责任企业筹集了婴幼儿奶粉事件赔偿金 11.1 亿元，其中 9 亿来自三鹿（三鹿集团于 2008 年 12 月起进入破产程序），2.1 亿来自剩余 21 家产品不合格的企业。赔偿金分为两部分，第一部分共计 9.1 亿元，"用于发放患儿一次性赔偿金以及支付患儿急性治疗期的医疗费、随诊费。"赔偿标准是：死亡病例 20 万元，重症病例 3 万元，普通病例 2000 元。2009 年 3 月初，最高人民法院副院长沈德咏与网民交流时表示"受到婴幼儿奶粉不同程度损害的 30 万婴幼儿 95% 以上都已经接受了企业的赔偿，另有少部分想通过诉讼获赔"，"人民法院已经做好了这个方面的工作准备，随时会依法受理赔偿的诉讼案件。"

沈德咏所说的未接受赔偿的5%之所以希望通过诉讼途径获得赔偿，或是因为种种原因未被列入赔偿名单，或是因为受害严重，3万或2000元的赔偿远远不够，或是"打官司是想给孩子的死要个说法。"此前，公盟律师团曾代表多名受害者提起6次共同诉讼，但均未被立案，法院答复是"向上级请示是否立案"。沈德咏的表态之后不久，2009年3月底、4月初，全国两例三鹿三聚氰胺奶粉受害者民事索赔诉讼先后在石家庄新华区法院立案。

第二部分2亿元设为医疗赔偿基金，"用于报销患儿急性治疗终结后、年满18岁之前可能出现相关疾病发生的医疗费用。"考虑到"中国人寿拥有遍布全国并延伸到基层的服务网点"，中国乳协将医疗赔偿基金委托给中国人寿代为管理。据中国人寿2012年5月的通报："自2009年7月31日医疗赔偿基金正式启动至2011年12月31日，我公司累计办理支付2055人次，支付金额1242万元，其中，2011年1月1日至12月31日支付512人次，支付金额338万元。目前全国各省、自治区、直辖市均有医疗赔偿基金赔付发生。截至2011年底，医疗赔偿基金账户余额1.9亿元（含利息）。"

重现江湖

中国乳业乃至中国食品业的生意和声誉在2008年的三聚氰胺奶粉事件中遭受重创，此后三聚氰胺成为"过街老鼠"，成为重点监控对象，并被纳入乳品企业的常规检测项目之中，其泛滥的势头得到了抑制。2010年1月，全国食品安全整顿工作视频会议中，时任全国食品安全整顿工作办公室主任、卫生部部长的陈竺表示"2009年全国没有发生重大食品安全事故"，会议同时指出要"彻查并坚决销毁2008年问题奶粉"。这一指示的背景是2009年以来，各地又查处了一些乳品三聚氰胺超标的案件，调查显示这些案件无一例外都是使用了2008年未被销毁的问题奶粉作为原料进行加工的。三聚氰胺重现江湖，消费者的神经又一次紧张起来了。

2008年10月，卫生部、工业和信息化部、农业部、工商总局、质检总局等对三聚氰胺超标乳制品的处置意见是："凡不符合三聚氰胺临时管理限量值的产品，不得出厂、销售，并按要求销毁和无害化处理。已上市的产品，生产企业有责任进行自检，超过限量值的，企业要主动发布信息，并采取召回、下架、退市并按规定退货和退款等措施，确保产品安全。"

时至今日，三聚氰胺奶粉或者被无害化处理，或者被消费者处理，过去的存量

144

应该已经消耗完了。在之后的检测标准中，三聚氰胺成为常规项目，被重点盯防，应该也不会再出现大规模的事故了，但三聚氰胺事件的教训和启示值得我们一再回顾。如何在监管制度上进行调整？如何在问责机制上更得人心？如何规范小型企业的生产？如何防范大型企业作恶？如何挽回中国食品的国际形象？如何让中国消费者恢复信心？这是需要一直思考的。

皮革奶

2012 年 4 月 9 日，CCTV 主播赵普发布了一条微博："来自调查记者短信：不要再吃老酸奶（固体形态）和果冻了。尤其是孩子，内幕很可怕，不细说。"稍后，媒体人朱文强也发布了一条微博进一步解释："央视一哥们说，'以后别吃果冻和酸奶，问为啥，他比喻说，哪天你扔了双破皮鞋，转眼就进你们肚子了。'"

皮革变蛋白的传闻早已有之，早在 2000 年就有广东出现酱油中加皮革水解物的媒体报道，此后也陆续有"皮革奶"的曝光，但都没有这一次引起的反响强烈。一是因为微博的出现使得信息能够高效、快速的传播；二是信息的发布者本身是有百万关注者的央视当红主持人；最后，在经历一系列匪夷所思的事情之后，民众对食品安全议题的态度早已是风声鹤唳、杯弓蛇影了。两条微博数小时内转发量超过十万，但当晚，他们二人又删除了各自的微博，引发民意更多猜测。4 月 15 日，央视《每周质量报告》曝光"皮革废料所产明胶被制成药用胶囊"的内幕，将此话题的热度升至顶峰，报告称用来治病救人的"放心药"、"良心药"，其胶囊的制作原料竟然是旧皮鞋，且已流入国内医药市场，其中超标的六价铬对人体有害。

皮革、牛奶，这两样看上去风马牛不相及的东西怎么可能勾搭上？说来话长。牛奶之所以在营养学上备受称赞，很重要的原因是其中含有丰富的优质蛋白。蛋白质是生命的基础物质，在生命的成长和发育中具有举足轻重的作用。蛋白质由氨基酸构成，构成天然蛋白质的氨基酸有 20 余种，其中有 8 种是人类自身不能在体内合成、必须通过食物摄取的，故被称为必需氨基酸。不同食物中，蛋白质的含量和成分各不相同，如果食物蛋白中必需氨基酸的种类多、数量大、比例合适，容易被人体吸收利用，那么这类蛋白就被称之为优质蛋白。

优质蛋白营养好，但价格高，阜阳劣质奶粉事件中，一些小厂和黑作坊就是用

便宜的淀粉、蔗糖等冒充优蛋白质，最后导致食用者营养不良甚至死亡的。中型或大型的正规乳制品厂在收原奶时会用凯氏定氮法检测蛋白质含量，如果检测不合格是不收的。但你有张良计，我有过墙梯，新的替代品很快被找到："皮革蛋白"，其能有效的躲开针对三聚氰胺的检测。皮革是指经过脱毛、鞣制等物理、化学手段加工后的动物皮肤，主要由胶原蛋白组成，这与三聚氰胺不同，三聚氰胺不是蛋白质，其含的氮是"非蛋白氮"，但胶原蛋白是蛋白质，其含的氮是"蛋白氮"。所以把皮革加入牛奶，冒充牛奶蛋白，即所谓的"皮革奶"，更不容易被察觉和检测出。

组成皮革的胶原蛋白自然状态下并不溶于水，要掺入牛奶需要先进行水解。水解的传统方法是在强酸或强碱条件下长时间加热，将聚集着的胶原蛋白分解成小的片段；新的方法是使用蛋白酶进行分解。小片段的胶原蛋白分子形成"多肽"，便能溶于水，能掺入牛奶了。虽然皮革的胶原蛋白是蛋白，牛奶的优质蛋白也是蛋白，但皮革中胶原蛋白所含的氨基酸与人体所需的大相径庭：它有的，人体大都不必需，人体必需的，它又大都没有，称之为"劣质蛋白"都不为过。

皮革做的牛奶，从营养学的角度来讲价值不大，此外，一想到白白净净的牛奶、酸奶，其前身竟是不知道被哪个抠脚大汉穿旧了的皮鞋，谁都会忍不住的恶心。被用来做皮革奶的不只是皮鞋，业内人士介绍，旧皮衣、皮箱、手袋甚至沙发皮等废旧皮革制品以及皮具厂的边角料，因为其主要成分都是胶原蛋白，因此也都能用来水解成皮革水解蛋白，加入牛奶之中。

皮革水解蛋白又被称为明胶，其实明胶不是不能吃，明胶分为两种：食用明胶和工业明胶。食用明胶是使用通过检验检疫的新鲜动物皮肤和骨骼，按照规范流程进行处理后提取的胶原蛋白质。根据国家规定，食用明胶在食品工业中可作为增稠剂使用（但将食用明胶加入牛奶以提高蛋白质含量的方法同样是不允许的，虽然确实无害，但属于商业欺诈），用于果冻、布丁、软糖、冰激凌、酸奶、胶囊的制作等。相比而言，工业明胶主要用于纺织、印刷、火柴、胶合板、纱布等工艺，不必担心被人食用，因此其原料的采用和处理工艺就粗犷得多。而那些黑作坊里用旧皮鞋、旧皮衣、皮革下脚料提炼的水解蛋白，质量甚至比工业明胶还要差。

很显然，皮革水解蛋白不能用于食品行业，一方面是因为其营养价值不高，另一方面是因为其极可能含有毒素。皮革厂在鞣制皮革时会使用一些有毒的化学制剂，最常见的是含有铬元素的制剂，这些有毒物质会残留在下脚料中，即使水解也不能将其去除，最后会通过牛奶进入人体。铬是重金属元素，会破坏人体骨骼和造血细胞，长期摄入会慢性中毒，导致骨质疏松等病症，甚至会致癌，但这是个缓慢的过程，早期摄入时人并不能察觉到。既然危害这么大，为何还有商家用工业明胶代替食用明胶？利益而已。中国明胶协会理事长王敬忠透露"1 吨正规食用明胶的原材料，价格高达 2000～3000 元，而一般的皮革下脚料，1 吨仅需要 100～200 元。但是，进入市场后，1 吨食用明胶的收购价都在 2 万～3 万元左右。"

皮鞋做牛奶并非是 2012 年才有的新鲜事，早在 2005 年 3 月，《新民周刊》接到爆料，曾派记者赴山东就假牛奶事件进行调查。调查发现当地已有厂商在用人造蛋白代替牛奶中的天然蛋白，掺水并佐以香精等添加剂，生产以假乱真的牛奶。所谓"人造蛋白"，据中国奶业协会理事王丁棉的介绍就是"用城市垃圾堆里的破旧皮衣、皮箱、皮鞋，还有厂家生产沙发、皮包等皮具时剩下的边角料，经过化学、生物技术处理，水解出的皮革中原有的蛋白"，正是我们在 2012 年提心吊胆的皮革水解蛋白。也就是说早在 2005 年，皮革奶就已出现在中国大地上了。

当时记者杨江感叹道："'纯牛奶'可以与牛不发生任何关联，只需香精、添加剂和水。这样的'人造牛奶'正在泛滥……""耸人听闻的是，甚至一双破旧的皮鞋经过一系列处理后，也可变为假牛奶的原料。"这篇名为《当皮鞋成为牛奶》的新闻随后成为《新民周刊》的一期封面报道，反响激烈。

《新民周刊》的报道发表不到半年，媒体又在北京郊区发现了"皮革奶"的踪迹。而 4 年之后，2009 年 3 月，"皮革奶"又一次重现，浙江金华市晨园乳业被匿名举报生产"皮革奶"被监管部门查实，此后皮革水解蛋白被列入生鲜乳制品的检测项目。全国打击违法添加非食用物质和滥用食品添加剂专项整治领导小组办公室专门下发了《关于加强对违法使用皮革水解物加工食用明胶、食用蛋白制品整治工作的通知》。通知称山东、山西、河北等地存在违法使用皮革水解物加工成食用蛋白制品的行为，要求在全国范围内对这种违法行为进行打击。2010 年，农业部安全监测计划规定要对抽检样品的 1/3 进行皮革水解蛋白检测；2011 年，这一比例降为30%。农业部奶及奶制品质量监督检验测试中心（北京）检测员李长皓解释称"检测一批样品的费用就要几百到近千元不等"，"全部都检测的话费用特别大"。

低比例的抽检看来威慑力不够大，2012 年，"皮革奶"再现江湖，这次还带来了它的师弟"皮革胶囊"。皮鞋不仅攻陷了食品行业，连药品行业也要分一杯羹。4

月 19 日，国家食品药品监管局针对媒体曝光的 9 家药品生产企业，抽验了 33 个品种 42 个批次，结果其中 23 个批次不合格，9 家被曝光药企胶囊均有铬超标。难怪网上会流传这样的段子："想吃果冻了，舔一下皮鞋，想喝老酸奶了，舔一下皮鞋，感冒要吃药了，还是舔一下皮鞋。上得了厅堂，下得了厨房，爬得了高山，涉得了水塘，制得成酸奶，压得成胶囊。2012，皮鞋很忙。"

黄曲霉毒素

2011 年 10 月，国家质检总局对 21 个省市 128 家企业生产的 200 种液体乳产品进行抽检，检测项目共计 18 项，包括蛋白质、酸度、铅、无机砷、总汞、铬、黄曲霉毒素 M1、金黄色葡萄球菌、三聚氰胺等。黄曲霉毒素（Aflatoxin）是黄曲霉菌和寄生曲霉菌的代谢产物，剧毒，对人及动物的肝脏组织具有破坏作用，会降低免疫能力，引发肝炎、肝硬化、肝坏死、肝癌甚至致死，被世界卫生组织（WHO）列为 I 类致癌物。流行病学的研究表明，乙型肝炎患者、乙肝病毒携带者更容易在黄曲霉毒素暴露下患上肝癌，不知是不是巧合，中国正是乙肝的重灾区。

黄曲霉毒素在紫外线照射下能发出荧光，根据荧光颜色的不同，分为 B（Blue）族和 G（Green 或 Green-blue）族两大类。在天然污染的食品中，最常见的是黄曲霉毒素 B1，其危害也最大：半数致死量为 0.36 毫克/公斤，毒性比氰化钾大 10 倍，比砒霜大 68 倍。虽然黄曲霉毒素剧毒，但因为其广泛存在于大自然中，在天然食物尤其是谷物，如大米、花生等中几乎无法避免，因此在考虑成本的因素下没法做到"零容忍"，只能按"剂量决定毒性"的思路设定一个安全限值。

黄曲霉毒素产生于植物中，被动物食用后一部分会积聚在动物体内，另一部分会转化到乳汁和尿液中。奶牛摄入黄曲霉毒素 B1 和 B2 后，会将其转化为牛奶中的黄曲霉毒素 M1 和 M2。根据中国的国家标准，牛奶中黄曲霉毒素 M1 的含量不能超过 0.5 微克/千克。B 转 M 的转化率为 3.45% ~ 11.39%，据此 FDA 规定"饲料中的黄曲霉毒素 B1 不得超过 30 微克/千克。"

中国的饲料卫生标准（GB 13078—2001）也对饲料中黄曲霉毒素的含量有严格的限制，但研究者发现超标的现象十分严重。南方地区天气湿热或阴冷多雨，用于喂养奶牛的玉米等饲料容易因保管不当发生霉变，产生黄曲霉毒素。奶牛食用了受污染的饲料后，所产牛奶也会受污染，从而出现黄曲霉毒素 M1 超标的情况。另外，储存不当或加工、运输过程中污染、长霉都会导致超标情况的发生。

黄曲霉毒素 M1 一旦出现在牛奶中，用常规方法很难消除。牛奶最常用的三种消毒方法是巴氏消毒法（63℃保持 30 分钟）、高温快速（HTST）的巴氏消毒法（72℃保持 15 秒）以及超高温（UHT）灭菌法（135℃保持 1～2 秒钟）。然而面对这些消毒方法，黄曲霉毒素 M1 颇有种"任尔风吹浪打，我自岿然不动"的霸气，因为它对光、热、酸等均不敏感，且裂解温度高达 299℃。曾有研究者做过极端实验，在不改变牛奶品质的前提下，将其"加热至 90℃保持 10 分钟，然后冷却至 20℃，再经紫外线辐照 30 分钟"，最后也仅使黄曲霉毒素 M1 减少 56.2%。清除黄曲霉毒素，有效的方法是添加生物制剂，但这得牺牲牛奶的品质，所以并不可行。

因为牛奶中黄曲霉毒素 M1 顽强的生命力，乳制品企业能做的只有两点：一、从源头预防，给奶牛喂食符合国家标准的饲料；二、加强检测，一旦发现超标，将问题牛奶进行销毁或无害化处理。

在黄曲霉毒素牛奶面前，消费者是绝对的弱势，因为靠看颜色、闻气味、尝味道等常规方法根本识别不出来，而且煮沸消毒也不可行，能做的只能是祈祷了。

对食品企业来讲，谁都可能出现问题，甚至是灾难性的问题。但在中国做食品企业有个好，那就是中国有一群善良、宽容和健忘的消费者，所以即使出了问题，只要不太过分，一般不会有灭顶之灾。有操守的企业应该珍惜这样的氛围，不避讳承认错误，诚心对待消费者，改进预防和处理机制，避免下一次事故发生，而不是利用消费者的善良，将责任推给没有发言权的弱势者，自己置身世外。

📝 **小贴士**

● 不管是劣质奶粉、三聚氰胺奶粉、皮革奶还是黄曲霉毒素奶，普通消费者都无法直接辨别出来，也没有什么更好的建议。如果还是担心这个问题，可以把下面这句话反复地读几遍。

● "目前国产乳制品、婴幼儿配方乳粉的质量安全状况是历史最好时期。"

——《婴幼儿乳粉质量报告》，中国乳制品工业协会，2012 年 5 月

第 2 章
七种武器

非法添加物

福尔马林

　　人类对防腐技术的追求可能与人类寻找食物的历史一样悠久。远古时代，人们狩猎采集为生，那时的人们虽然没有太多的科学知识，但也会慢慢的通过观察得出结论：不管是果实还是肉类，放久了会腐败，吃了腐败的食物会致病，甚至致死。但在资源匮乏的当时，吃不完扔掉又太过浪费，于是古人想尽了一切办法来减缓食物的腐败。

　　食物为什么会腐败？长期以来主流的观点都是"自然发生说"，认为垃圾会产生虫蚁、腐臭的尸体会产生蝇蛆，这些腐败物是天生的，只要放久了，就会产生，无可避免。这种观点一直流行到 19 世纪 50 年代，直至法国化学家路易·巴斯德

（Louis Pasteur）通过实验证明，腐败的发生是因为微生物（细菌、霉菌等）的生长。实验中，巴斯德将肉汤分别放入两个瓶子里，一个是直颈瓶，一个是曲颈瓶，将两瓶肉汤加热杀菌后静置在同一环境里，结果直颈瓶里的肉汤仅过了 3 天就变质腐坏了，但曲颈瓶里的肉汤一直清澈透明，没有变质，直到今天。巴斯德解释称，直颈瓶是顶端开口，悬浮在空气中的微生物可以落入瓶中直接与肉汤接触，并在肉汤里生长繁殖，因此很快变质。曲颈瓶虽然也与空气相通，但因为瓶颈既细长又弯曲，空气中的微生物仅落在弯曲的瓶颈上，没法与肉汤接触，因此没有腐败。这个实验证明了空气中遍布着微生物以及微生物是食物腐败的原因，是生物学史上最经典的实验之一。

微生物（Microorganism）是一个笼统的概念，常用来指个体体积直径小于 1 毫米的生物群体，特点是结构简单，大多是单细胞。最早将生物界分界的是 18 世纪的瑞典博物学家林奈（Carolus Linnaeus），他将生物界分为植物界、动物界。随着科学的发展，界数不断增多，现在常用的是六界系统：植物界、动物界、真菌界、原生生物界、原核生物界、非胞生物界，其中除了植物界与动物界，剩下的都是微生物。微生物的种类上百万，但在食品行业，可以简单的分成三种：发酵食品微生物、食品腐败微生物和食物中毒微生物。发酵食品微生物可生产酒、醋、酱油、馒头和面包等发酵食品，对人体有益；食物中毒微生物又称食源性病原微生物，能引起食物中毒或使动植物感染而发生传染病，对人体有害；食品腐败微生物则是引起食品变质腐坏的微生物，作用在食品上能使其失去原有的营养价值、组织性状等。

既然食品腐败变质是因微生物的活动所致，而微生物的成长又需要营养物质、水分、空气（有的不需要）、合适的温度与酸度，那么只需改变其中的一项条件就能实现防腐，一项一项来看。

食物本身富含营养物质，所以是微生物生长的天然土壤，这点很难改变。

相对而言，减少食物中的水分更加可行和有效，干燥应该算是人类最早掌握的防腐办法。只要食物中水含量少、水活度低，就能抑制微生物的成长，因此干货如海带、蘑菇、脱水蔬菜等，水含量低的糖、盐、蜂蜜等都能保存很长时间。

只要不是厌氧菌，那么隔绝空气就能使之无法生长，罐头、真空包装等便是用

到这一原理来防腐的。通常来讲，过高和过低的温度都会降低微生物的活性或将其杀死，因此冰箱可以将食物保存很久，高温也能杀菌。

酸度越高，微生物生长、繁殖的难度越大，如果能用化学药剂适度的调低食物的 pH 值，也能延长保存时间。

这样看来，要防腐未必非要用到防腐剂。比如著名的巴斯德消毒法（Pasteurisation），由前文提到的那位法国科学家发明，将牛奶在 55~60℃的温度下煮 20~30 分钟，即可杀灭大部分细菌。但因为还有部分细菌能存活，因此巴氏消毒后的牛奶室温下仅能保存一两天，4℃时能保存一周。其改进版被称为超高温消毒法（UHT，Ultra-high-temperature processing），是将牛奶在 132℃的高温煮 1~2 秒，这种方法能杀死牛奶中几乎全部的细菌，并仅破坏少量营养物质。经过 UHT 消毒后的牛奶密封包装好后，可在室温下保存近半年。再比如方便面，方便面能存放很久，人们通常以为其中放了大量的防腐剂，其实不然，这是一种想当然的误解。方便面面饼经过油炸、干燥后，水分极少，微生物难以生存，即使不放防腐剂，只要保持密封，短时间也不会腐败。

虽然古人并不知道腐败的科学原理，但这并不妨碍他们摸索出一些有效的防腐技术。除干燥法外，腌制也是历史最悠久的防腐手段之一，即用食盐、糖等处理食品原料，使其渗入食品组织内部，提高渗透压，使微生物细胞质壁分离，抑制微生物的活动；并降低水分活度和氧容量，形成缺氧环境，抑制好氧菌的生长，从而减缓食品腐败变质。腌制虽然是个有效的防腐手段，但并不是很健康，长期食用会影响肠胃黏膜系统，易得溃疡，并引发高血压，甚至导致鼻咽癌。腌制会使用大量的盐，蔬菜腌制之后，维生素损失惨重，而且蔬菜中的硝酸盐还可能被微生物还原为亚硝酸盐，引发食物中毒。由此看来，腌制是可以防腐，但腌制品不宜多吃。

可以这样理解，食物因为含有营养物质，所以得到人们的喜爱，但也因此同样深得微生物的喜爱。如果食物被人吃了，算是功德圆满，但如果被微生物污染了，就会腐败变质。为了防止食物腐败变质，人们会用各种手段抑制或消灭微生物，防腐剂便是其中之一。从这个角度来讲，防腐剂是捍卫食品安全的功臣。然而虽然几乎所有的防腐剂都能抑制微生物的生产或繁殖，但并不是所有的防腐剂都能用于食品防腐，因为有的防腐剂威力过猛，不仅对微生物有效，对"不微"的生物——人也会产生危害。从使用范围来讲，防腐剂分为两种，食品级防腐剂与工业级防腐剂，前者如苯钾酸钠、山梨酸钾、丙酸钙等，在规定的限量范围内对人体无害，后者如福尔马林、硼砂等，都严禁用于食品加工。

最著名的非食品级防腐剂是福尔马林（Formalin）。福尔马林是甲醛（CH_2O）含量为35%～40%的水溶液，并含有10%～15%的甲醇，具有消毒、防腐和漂白的功效。福尔马林在医学上常用于给手术器械及病房消毒，在医院里常能闻到一股特有的味道，那便是福尔马林，其消毒原理是甲醛能阻止细胞核蛋白的合成、抑制细胞分裂、抑制细胞核和细胞浆合成，使其失去感染能力。福尔马林还用于保存病理切片或标本，原理是通过浸泡的方式隔断标本与空气的接触，并保持无菌环境，使切片或标本不腐败。

甲醛有毒，被国际癌症研究中心（IARC）列为疑似人类致癌物质（2A），是中国有毒化学品优先控制名单的第二位。少量吸入甲醛会对眼睛、鼻子、上呼吸道有刺激，量稍微大一点会引发呼吸困难或造成慢性肺部阻塞，严重者会引发肺水肿或肺炎，吸入过量甲醛会昏迷、休克甚至死亡。其水溶液福尔马林对人体也有伤害，如果皮肤接触，会引起刺激、化学灼伤和过敏等反应。

福尔马林禁止用于食品的防腐加工，但因为其价格比食品级防腐剂要低，加上小作坊又常能躲避监管部门的监察，因此将其用于食品加工的新闻屡见不鲜。2013年6月，接到群众举报，西安公安局未央分局徐家湾派出所对辖区内某黑作坊进行检查，发现工人们正在加工羊血，现场查获大量用甲醛浸泡过的羊血半成品和甲醛。据作坊主交代，他们自2012年7月起开办制售假羊血的黑作坊，从屠宰场购买大量牛血作为原料，向牛血中添加甲醛防止牛血腐败，加工好后将羊血售往西安市多个大型综合农贸市场。截止于被查封时，他们至少生产"毒羊血"15000斤。

有冒充羊血，也有冒充其他血的。2012年5月，江西九江市公安民警及工商行政执法人员在联合执法时查获一黑作坊制售假猪血、鸭血，现场扣押有毒假猪血20桶近400斤，有毒假鸭血14桶近300斤以及甲醛100斤。经检验，假猪血中甲醛含量为21.3毫克/千克，假鸭血中甲醛含量为32毫克/千克，远远超过了国家规定的0.5毫克/千克的检测上限。据作坊主供述，他们自2011年9月起开始用牛血制作假猪血、鸭血，为防止产品变质，便掺入甲醛。这些有毒的猪血、鸭血被售往九江市

的火锅城、超市等地。

除了血制品，动物内脏也是重灾区。2011年4月，重庆市沙坪坝区食药监分局对街边火锅店进行突击检查，见老板闻声进入存放食品的楼梯间，执法人员迅速跟了过去，发现他正在藏一个塑料桶。将桶打开后刺鼻的味道扑面而来，经验丰富的执法人员表示这便是福尔马林溶液。老板承认，福尔马林是用来浸泡毛肚的。浸过福尔马林的毛肚不仅能保存的更久，颜色也会更鲜亮。食药监局随后吊销了该火锅店的《餐饮服务许可证》，并将其移送至当地公安局追究刑事责任。

最让人哭笑不得的应该是《重庆时报》的这则新闻，2010年8月，一位重庆程姓男子急冲冲闯入了西南医院的急诊室，他浑身酒味，吐词不清，表情惊恐，陪他一块过来的妻子忙向医生求救，说"他嘴里很痛，是喝了有毒的东西。"事后男子回忆称，当晚他和几个朋友吃饭，喝了好些啤酒。他不胜酒力，回家后口渴难耐，便拿起放在冰箱里的一瓶"鲜橙多"喝了一大口，还没吞下去便觉味道不对，赶忙一口喷出，但为时已晚，嘴里已是火辣辣，那瓶"鲜橙多"里装的正是甲醛。"福尔马林?!"医生表示不解，家里怎么会备有防腐剂呢。男子回答道："对头，我们家是做毛肚生意的，家里有福尔马林"，"医生，我觉得嘴里好痛哟！我的'毛肚'可能都可以烫火锅了。唉呀，我可不吃那东西。"医生很无语，"你自己都不吃毛肚，那你就泡来给我们吃啊？"男子解释道："有几家不泡的哟？不泡怎么保鲜？别说毛肚，好多东西都是用那东西泡出来的。"据了解，这位程姓男子在重庆做毛肚生意已有12年了，每天卖出几十百斤毛肚。没想到机关算尽太聪明，差点反害了自己的小命。

2012年2月，威海一位海产品从业人员刘先生良心发现，向《威海晚报》的记者自曝行业内幕。刘先生称，一些不法商贩在利益的驱动下，为使虾类、带鱼、鱿鱼、鲍鱼等水发产品保鲜或增重，在里面加福尔马林已是该行业公开的秘密。新鲜度不高的虾加入福尔马林后颜色能马上发红，看上去特别新鲜，不止如此，重量也能增加2倍。而从南方运来的带鱼，"如果按照正常的冰块保鲜方法，一般4天左右不腐烂。但经过福尔马林浸泡，半个月之内不会腐烂。"带鱼从南方运来路上就得2天，再经过批发商等环节，光上市就需3天，如果不能尽快全部卖掉，就会腐烂，损失惨重，于是福尔马林便成为他们心照不宣的选择。

2013年5月，消费者在西安的一家面食加工店购买了面条，但怎么煮都煮不烂，面汤上还飘着很脏的杂质，于是报警。当地民警随后调查了该面食加工店，在店面里发现有福尔马林。店主交代，他以前在浙江打工时，听说往面食里加甲醛，可以延长保质期。一年前来西安后，接手了这家面食加工店，他便买来工业甲醛，和面时每 120 斤面粉勾兑约 10 毫升的甲醛，一天的面食销量有时会多达 420 斤，除自产自销外，还销往当地餐馆以及工地。警方发现，其添加甲醛的原因是店内没有冷柜，加过甲醛后，面点在室温下都能保质 3 到 4 天。因此警方建议，买面条时尽量选择有冷冻措施的加工店。

用福尔马林浸泡毛肚、猪血、海鲜、面点的新闻消费者渐渐见怪不怪了，但 2012 年 6 月，发生在吉林的伪劣啤酒案还是震惊了不少人。当年 3 月，双辽市质监局稽查分局在例行日常检查中，发现辖区里的鑫鑫饮品厂的原材料库里堆放着大量青岛啤酒、雪花啤酒的周转瓶，成品库里也堆放着不少。厂里的工作人员支支吾吾解释不清，执法人员起了疑心，并上报四平市质监局，但在随后的几次检查中都未在工厂发现违禁品。5 月，四平市质监局经与公安局经侦大队沟通，决定联合执法，对工厂进行布控。侦察发现，该饮品厂不仅涉嫌假冒其他啤酒品牌，还在生产过程中非法添加工业甲醛和工业盐酸。6 月，执法人员查抄了该饮品厂，现场扣押成品啤酒近 2 万箱，工业甲醛 6 箱 120 瓶，工业盐酸 20 余桶，总价值 1300 万元。经过检验，现场抽取的 14 个啤酒样品全部不合格，13 个样品甲醛含量超标，最严重的为 10.6 毫克/升（国家标准为 2.0 毫克/升）。

饮品厂老板交代，他接受这个工厂以来，共生产啤酒 2300 余吨，销售金额约 300 万元。但因为杀菌机温度不够，使得酒中常出现杂质，导致经销商退货，赔了不少钱。后来，他想到了另一种延长保质期的办法：在酒糖化过程中添加工业甲醛。但消费者反映口感不好，于是他又琢磨出往啤酒里添加工业盐酸。最后到消费者手上的一瓶标签是青岛啤酒或雪花啤酒的啤酒，里面既有工业甲醛，也有工业盐酸，想想就让人不寒而栗。

吊白块

时尚界有句名言："一白遮百丑"，在食品界也同样适用。"洁白"与"黝黑"都是描述颜色的词，本来不含褒贬，但听起来前者就更高端大气上档次些，消费者

在选购食品时也更倾向于购买更白的。面粉，越白越好；粉丝，越白越好；银耳，越白越好，就算是大米，理应是米色才对，但也是越白越好。有了这样的需求，自然会有对应的市场，在化学科技发达的今天，只有想不到的，没有做不到的。要漂白？简单，上漂白剂。要便宜的漂白剂？简单，上工业漂白剂。但便宜往往要付出代价，在食品领域，代价就是安全。

吊白块是最常用的工业漂白剂之一，是甲醛次硫酸氢钠（$NaHSO_2 \cdot CH_2O \cdot 2H_2O$）的俗称，常用于印染、印花工艺的漂白。120℃时会分解产生甲醛、二氧化硫和硫化氢等有毒气体，其水溶液60℃时就开始分解有害物质。纯吊白块的致死量仅为10克，因此被禁止用做食品漂白。但吊白块的价格比食品级漂白剂要便宜，故其非法用于食品漂白的历史很悠久，且屡禁不止。早在1988年3月，国务院就曾明令禁止在粮油食品中使用吊白块；2008年，卫生部发布《食品中可能违法添加的非食用物质名单（第一批）》，吊白块名列榜首，但直到今天，其违禁使用的情况还很严重。

吊白块加热后的分解产物有甲醛和亚硫酸氢钠。甲醛具有凝固蛋白、使蛋白质变性的特点，因此会使食品呈均匀交错的"凝胶"状态，使食品的外观和口感得到改善，更有"劲道"，更耐咀嚼。亚硫酸氢钠有漂白的作用，能漂白面粉、粉丝，也能使白糖、榨菜脱色，因此有不法商贩直接在这些原材料中大量添加吊白块。漂白能够掩盖食品原材料的低劣，比如黄豆霉变了，加入吊白块，就能将其制作出的豆腐变得白净，卖相甚至比正常黄豆还要好。

2011年8月，湖南省长沙县公安民警在对辖区单位进行排查时发现，当地一家加工腐竹的豆制品厂不仅将生产场地藏在院子后面，而且生产出的腐竹外观也很可疑，色泽十分光亮，与常见的腐竹颜色很不相同。为避免打草惊蛇，民警偷偷将作坊里的腐竹带回一点，送至检验机构，并对作坊展开调查。暗访中，民警注意到工厂的加工环境很差，整个厂房基本上是露天的，苍蝇满天飞，但生产出来的腐竹却格外鲜亮，而且产量很高。按正规的工艺生产，1000斤黄豆约产出三四百斤腐竹，但这个豆制品厂能产出660斤来，足足提高了近一倍。工人介绍，之所以产量高、卖相好，都多亏了老板购买的神秘配方，每次生产前，技术员会按配方调好配料，煮豆浆时放进去。

　　民警暗自取出的腐竹样品的检测报告显示，3 个样品中均发现含有硼砂，2 个含有乌洛托品，1 个含有吊白块的分解产物甲醛，这些都是明确规定不得加入食品的非食用物质。警方随后依法刑事拘留了老板和工人，在随后的审讯中，技术员对在腐竹中添加有毒有害化学物质的罪行供认不讳。技术员表示，老板购买的配方只说明了需要往腐竹里添加哪几种化学品，量是多少，配比如何都没有说，于是他只能自行摸索。他原来只是工厂的机修工，对化学品的危害和添加后可能产生的后果都一无所知。具体添加时，只是凭感觉，唯一的标准是看添加后能多大程度的增加腐竹的产量。按 1000 斤黄豆原材料来算，如果加入了这些化学药剂，生产出的腐竹能增产约 350 斤，按市价一斤 8 元来算，就能多挣近 3000 元，而使用的这些化学药剂成本不过 10 元，这可是一笔划算的买卖。

　　警方在调查时还发现，这样的毒腐竹，居然还有产品检验合格报告，而且检测报告还不是伪造的。原来狡猾的工厂主只要求检测感官、重金属残留等少数几项指标，并没有涉及甲醛、硼砂等有毒有害物质。靠着这份"部分真实"的检测报告，这家豆制品厂的产品就能大摇大摆的进入正规市场进行销售，别说消费者通常不会这么细心，买根腐竹还要看检测报告，就是超市的选购员，也不一定看得那么仔细，有合格证就不错了，检测什么项目有什么关系呢？警方还找到了为工厂提供化学药剂原材料的批发部老板，据他介绍，他代理的这些化学药剂远销湖南娄底、江西宜春、福建南平等地的多家食品加工企业，涉及泡菜、米粉、腐竹等多种食品。

　　2011 年 12 月，CCTV《每周质量报告》对这起毒腐竹案件进行了专题报道：《变了味的腐竹》，令人感叹的是，就是在这个栏目，早在 2003 年时就曾曝光过《"黑"佐料调"白"腐竹》，节目组调查了某地的腐竹加工厂，发现往豆浆里加入吊白块、工业明胶、碱性嫩黄口等工业染料当时就已是业内公开的秘密。过去了这么多年，情况似乎并无好转。近年来，关于往腐竹等豆制品中加入有毒有害化学物质的报道不断见于媒体。2011 年 5 月，广东韶关查处了一家地下腐竹加工厂，发现其将吊白块用于腐竹生产。2012 年 12 月，北京市食安办通报，某品牌腐竹再次被检出吊白块和硼砂。2013 年 6 月，山东枣庄警方破获一起重大毒腐竹案，该制售毒腐竹的窝点有 4 个生产车间，不仅在生产过程中使用了吊白块，还印制了腐竹界知名品牌的包装，以次充好，扩大销量。

　　除吊白块外，业内常用的非法漂白剂还有过氧化氢。2013 年 7 月，广西曾破获

一起境外冻品非法入境的案件。据广西防城港市公安局治安支队副支队长李剑敏表示，"走私入境的冻品往往含有大量细菌和污血，不法分子用过氧化氢等漂白剂浸泡"，"一则杀菌延长保质期，二则可以去除表面的污渍，让鸡爪显得又白又大。"犯罪嫌疑人对此供认不讳，用过氧化氢浸泡后的凤爪更大、更重，1公斤凤爪可以泡成1.5公斤。过氧化氢即双氧水，吸入蒸气会对呼吸道产生强烈刺激，直接接触眼部会导致不可逆转的损伤甚至失明。口服过量会中毒，引发腹痛、呼吸困难、呕吐等症状，长期接触会导致接触性皮炎，被国家禁止用于食品加工。

硼砂

硼砂是与福尔马林、吊白块常常成双结对出现的非法添加物。硼砂的化学成分是四硼酸钠，可作为清洁剂、杀虫剂和防腐剂使用，其水溶液呈弱碱性，能起到面碱的作用，使面团更加劲道、口感更好，并增加糕点的蓬松度和色泽。因为硼砂能增加食品的韧性、弹性、保水性和保质期，再加上其属于天然产物，并非是人工合成的，因此很早就被人们用于食品加工，比如拉面、肉丸等。

但天然未必无害，硼砂在胃里与胃酸作用，生成硼酸，能被消化道迅速、大量的吸收，并贮存于脑、肝、肾、脂肪和骨骼中。硼在体内聚集后主要通过尿液排出，但效率很低，且易造成肾小管的损伤，同时还会影响消化酶作用，妨碍营养物质的吸收，引发食欲减退和消化不良，使得体重下降。中毒症状为呕吐、腹泻，严重者会休克、昏迷，成人致死量为20克，儿童仅为5克。长期摄入，还会对人体的肝脏、肾脏、神经系统造成损伤，因此早在1978年，卫生部就在《食品卫生检验方法（理化部分）》中明确指出，硼砂、硼酸属于禁用防腐剂。

一则因为价格便宜，二则因为效果明显，硼砂一直是非法食品加工业的座上宾。近年来，较有影响力的一起案件曝光自CCTV《经济信息联播》的《甜蜜萨其马出自小作坊》，2011年7月，该栏目组暗访了河南多家萨其马加工厂，发现他们生产的萨其马不仅价格便宜，而且保质期长。业内人士爆料称，这是因为使用了硼砂，硼砂能让面团蓬松，产出同等体积的萨其马需要的面更少；硼砂还有杀菌的作用，能使萨其马的保质期更长；此外，经过硼砂的处理，产品的颜色也更鲜艳。记者随后的调查发现，萨其马业内非法使用硼砂的现象十分普遍，而且销路很广，东至山西、南至湖北、西至兰州、北至北京。

使用硼砂的食品远不止有萨其马，据首都医科大学附属北京朝阳医院职业病与中毒医学科主任医师郝凤桐教授的介绍，"2000～2001 年，科研人员对某省城部分市场食品采样，检测硼砂添加情况，发现 42 份牛肉丸阳性率为 57.1%，65 份米粉阳性率为 43.1%，45 份面条阳性率为 35.5%，22 份腐竹为 13.6%，只有牛奶检出率为零"，"2006 年，某省卫生监督人员对辖区市场上的肉丸、粽子及面条等食品进行了非食品添加剂硼砂筛查，共抽检样品 77 份，阳性率为 31.2%。其中 10 份粽子阳性率为 80%；33 份肉丸阳性率为 30.3%；34 份面条阳性率为 17.6%"，"2009 年某市卫生防病部门随机采集部分农贸市场、摊点、超市的食品，检测硼砂添加情况，共采集 6 类食品样品共计 81 份，其中 9 份腐竹样品阳性率 100%，5 份凉皮阳性率40%，41 份各类丸子阳性率 2.4%。"

2011 年 12 月，河南新乡市工商部门在抽检时发现米皮中检出有硼砂，随后通知了公安和质监部门。公安部门在调查时发现，毒米皮产自一家夫妻店，他们几年前开了这家生产米皮的小作坊，但发现磨出的米浆常因过夜而变质，2011 年 5 月时，他们在购买原料时听说加入硼砂不仅可以防止变质，还能增加米皮韧性，经过试验有效，于是一发不可收拾。为牟取这不法利润，他们也付出了沉重的代价，当地法院经审理以生产、销售有毒、有害食品罪，分别判处两人有期徒刑 1 年和 10 个月。不止米皮，米粉也可能出问题。2013 年 6 月，深圳市市场监督管理局对深圳餐饮服务进行了一次大规模排查，结果显示餐饮单位使用和销售的河粉、米粉违规使用禁用物质等问题较多。该局一共抽查了 42 批次的河粉、米粉，合格 30 批次，不合格的批次主要原因是硼砂、脱氢乙酸、苯甲酸、二氧化硫残留量超标。

相比而言，硼砂用于萨其马的危害尤其巨大，一是因为使用量大，二是因为食用人群主要是孩子。CCTV 的记者将在河南市场上购买的萨其马送至北京的检测机构进行检验，结果发现样品中硼最高含量为 4.6 克/千克，这是相当大的一个数值。2004 年，欧洲食品安全局（EFSA）发布的评估报告称，每天每公斤体重摄入的硼安全限量是 0.16 毫克。对成人而言，只要吃超过 20 克这样的萨其马就可能会食物中毒，对于婴幼儿，5 克就过限了。而且儿童的身体发育尚不完全，更容易受到伤害，加上萨其马主要是孩子们在吃，不可不引起重视。

掷出窗外 面对食品安全危机 你应有的态度

苏丹红

2003 年 5 月，法国发现在进口的辣椒粉中含有苏丹红一号成分，欧盟随即向各成员国发出警告。苏丹红学名为苏丹，是一种化工合成染色剂，分为 Ⅰ、Ⅱ、Ⅲ、Ⅳ号，都是工业染料，用于石油、机油或其他工业溶剂的增色，还用于地板、鞋等的增光。国际癌症研究机构将苏丹红列为动物致癌物，苏丹红Ⅳ号列为三类致癌物，其代谢产物为二类致癌物，可能引发人体癌症，被严格禁止使用于食品之中。

2005 年 2 月 2 日，英国第一食品公司（Premier Foods）向英国环境卫生部门报告称，其 2002 年从印度进口的 5 吨辣椒粉中被测出有苏丹红一号，已经生产为辣椒酱等调料销往众多下游食品商。2 月 18 日，英国食品标准署（Food Standards Agency，FSA）确认了这一污染，并在其官方网站上发布全球食物安全警告，分四批列举了 575 种含有苏丹红一号的食品，警告消费者不要食用以减少致癌的几率。同时要求这些食品全部下架，已销售的产品需无条件退货。这一事件被认为是英国历史上最大规模的食品召回事件，引发了英国自疯牛病以来最大的食品恐慌，据估计，英国食品行业因此蒙受的损失可能超过 1500 万英镑。

2005 年 2 月 23 日，中国国家质量监督检验检疫总局发布《关于加强对含有苏丹红（一号）食品检验监管的紧急通知》，要求对国内销售的食品进行清查，以防含有苏丹红一号的食品被销售及食用。3 月 10 日，湖南省工商局发布紧急通知称，长沙坛坛乡风味辣椒萝卜测出苏丹红；随后，浙江卫生部门确认该省生产的"山峰"牌炒萝卜和"周太"牌农家辣萝卜均被检出含有苏丹红……根据国家质检总局的数据，全国共有 18 个省市 30 家企业的 88 个样品中测出了苏丹红。

3 月 15 日，肯德基的"新奥尔良烤鸡翅"、"新奥尔良烤鸡腿堡"被测出含有微量的苏丹红一号。3 月 16 日，肯德基发布声明，国内所有肯德基餐厅停售此两种产品，同时销毁全部剩余调料。3 月 18 日，肯德基的"香辣鸡腿堡"、"劲爆鸡米花"、"辣鸡翅"也被测出含有苏丹红。3 月 28 日，肯德基在全国 16 个城市同时召开新闻发布会，表示经专业机构的检测，其门店所售的几百种产品均不含苏丹红，问题来自其香料的供应商，该香料公司提供的辣椒粉含有苏丹红，导致部分产品被污染。

160

肯德基的这一说法之后得到了证实，卫生及质监部门对食品原料供应链的连续抽查和追踪调查，发现源头在广州田洋食品有限公司。从广州田洋将苏丹红投入生产开始，辣椒粉经河南、安徽、江苏再回到广州，漫游了半个中国，然后进入了肯德基。苏丹红事件对肯德基的形象有较大影响，直至今日，历数中国的问题食品时，这都是个绕不过的坎。

2006 年 8 月，广州市中级人民法院宣判，广州田洋食品有限公司的总经理因生产、销售伪劣产品罪被判处有期徒刑 15 年，并处罚金 230 万；总经理助理被判处有期徒刑 10 年，并处罚金 100 万。两人不服提起上诉，广东省最高人民法院终审裁定维持原判。

苏丹红的危害并没有随着法院的判罚而告终结。2006 年 11 月，CCTV《每周质量报告》披露，河北石家庄周边的养鸭场里，一些鸭农为了使鸭子产下"红心"鸭蛋，将含有苏丹红四号的"红药"添加到饲料中。这些鸭蛋经过腌制加工后，销往各地市场。在北京的禽蛋交易市场上，一位老板告诉记者，"红心"鸭蛋很畅销，一天能卖 6400 多斤。记者购买了一些鸭蛋送检，结果显示均含有苏丹红四号。不止是河北的鸭蛋，福建质检部门在对福州市场的抽检中发现，来自湖北神丹健康食品有限公司的"神丹健康蛋"（鸡蛋），同样含有苏丹红，含量分别为 0.2 毫克/千克，比河北鸭蛋的含量还要高。

除了辣椒粉和鸭蛋，唇膏也可能成为苏丹红的藏身之所。2007 年 2 月，国家质检总局开展对唇膏、口红的专项抽查，抽样了 54 家企业的 102 种产品，发现有 5 种不同颜色的保湿防水唇膏被检出有苏丹红。

苏丹红臭名昭著之后，不法商贩很快摸索到替代品："罗丹明 B"（"罗丹明 B"，又称"大红粉"，会导致人体皮下组织生肉瘤，能致突变和致癌，2008 年时，中国已明令禁止将其用作食品添加剂。）。2011 年 3 月，重庆九龙坡区质监局在重庆火锅研究所食品生产基地送检的某品牌火锅底料、麻辣鱼底料中，均检验出"罗丹明 B"。质监局随即联系了当地警方，并将同批次的原材料送重庆市计量质量检测研究所以确定"罗丹明 B"来源，检测报告显示，来源于花椒。重庆警方找到了花椒的供货商，经过审讯，后者对"知毒、购毒、售毒"的犯罪事实供认不讳。据交代，为牟取暴利，供货商以 16 元/公斤的低价购得 200 公斤已掺染"罗丹明 B"的劣质

花椒，分两次混入从成都购进的正品花椒中。第一批次 880 公斤"混合染毒花椒"，以 52 元/公斤的市场价，卖给重庆火锅研究所食品生产基地，也就是被查获的那批；第二批次 4920 公斤"混合染毒花椒"，还没来得及出手，警方随后将其扣押。

据业内人士称，花椒的红色越鲜艳，卖相越好。未成熟、个头小、品质差的小花椒，与正品花椒有明显差异，本来应该被抛弃，但将其涂染"罗丹明 B"，就能混入正品中以次充好了。这种"混搭"，已是行业的潜规则，业内还有专门的黑话，把这些染色染毒的花椒称为"颜椒"，意为"涂了颜色的花椒"。"颜椒"的市场价约为 16 元/公斤，而正品花椒约 52 元/公斤，在暴利之下，消费者的安全只能靠边站了。

塑化剂

台湾塑化剂

台湾一直被认为是食品安全状况较好的地区，一则在于媒体、舆论的广泛监督，二则在于健全的官员问责机制。因此当 2011 年中塑化剂事件爆发时，不少人深感意外。2011 年 5 月，台湾对市售食品、药品进行抽检，意外发现在康富公司的益生菌粉末中验出有邻苯二甲酸二酯，即塑化剂 DEHP，而且其浓度高达 600ppm（百万分之一），远超过台湾制定的摄入上限标准 1.029ppm。经过广泛抽检后，许多台湾知名品牌的饮料产品中都测出法律明文规定禁止使用的塑化剂，截至 7 月 29 日，累计有 317 家企业的 818 种产品榜上有名，包括台湾食品界的龙头"统一"、悦氏运动饮料以及知名药企"宏星制药"等在内的多个知名企业都未能幸免。此事引发台湾民众恐慌，被称为台湾的"三聚氰胺事件"。

塑化剂 DEHP 又被称为"环境荷尔蒙"，广泛存在于各种食物中，普遍认为其会促使女性性早熟以及危害男性生殖能力，在动物实验中，长期摄入会导致肝癌，但是否对人类致癌尚未证实。婴幼儿处于内分泌系统、生殖系统的发育期，塑化剂对其潜在威胁更大，可能会造成小孩生殖器变短小以及性征不明显，引发激素失调、导致儿童性早熟等。

2011 年 5 月，台湾大学食品研究所教授孙璐西表示，"塑化剂 DEHP 毒性比三聚氰胺毒 20 倍，一个人喝一杯 500 毫升掺了 DEHP 饮料就已经超过单日食量上限。"香港浸会大学生物系曾用小白鼠做过塑化剂实验，结果显示经常服用塑化剂的老鼠，诞下的后代以雌性为主，并会影响其正常排卵，诞下的雄性，生殖器官比正常的小 2/3，且精子数量也远低于正常水平。这说明塑化剂属于抗雄激素活性，会造成内分泌失调。专家称，此一研究可以应用到人类身上，长期摄入塑化剂可能使得男性女性化。

塑化剂是怎么进入食品中的呢？这得从"起云剂"说起。起云剂是台湾翻译，在大陆指的是乳化剂。油不溶于水，且轻于水，如果一瓶溶液中有油且有水，会形成分层，且油在水上。起云剂能显著降低油与水两相界面张力，使本不互溶的油和水形成稳定的乳浊液。在饮料行业，饮料的味道、颜色大都是脂溶性的，存在于油中，如果不经过处理，可能会出现饮料瓶的上半部分颜色鲜亮，味道十足，但下半部分就是白开水的情形。为什么大部分的饮料不需要"喝之前，摇一摇"就能保持一瓶的颜色、口感是均匀的呢，这就得归功于起云剂。

起云剂是可以食用的食品添加剂，常用于运动饮料、果汁、果冻等食品。因为其特殊的化学性质，很容易腐败，为防止腐败，需要往里面添加防腐剂或调节酸碱度。如果使用的是符合规定的原料，生产出的起云剂对人体无害。但问题在于使用食用级防腐剂与调节酸碱度的成本较高，不法商贩在摸索中发现，便宜的塑化剂也能起到使起云剂品质稳定的作用，于是开始广泛使用。"塑化剂"也是台湾翻译，大陆称为增塑剂。工业塑化剂的种类很多，主要有邻苯二甲酸酯（DEHP）、邻苯二甲酸二丁酯（DBP）、邻苯二甲酸丁苄酯（BBP）等六种，这些"邻苯二甲酸酯类"属于内分泌干扰物，这次在台湾被查出的主要是 DEHP。

台湾"卫生署"查出益生菌中含有塑化剂后，将消息通报给了台湾检方。台湾检方顺着益生菌生产厂商提供的线索，一路追溯，发现源头竟是台湾最大的起云剂供应商昱伸香料公司。该公司常年向多家大企业提供加入了塑化剂 DEHP 的起云剂，它的沦陷迅速引发几乎整个台湾食品行业的地震。随着对昱伸公司销售网络的排查，涉案企业越来越多，涵盖了运动饮料、果汁饮料、茶饮料、果浆果酱类和胶锭粉状 5 大类食品，还包括保健品和部分制药企业，甚至连婴幼儿吃磨粉用的调味糖浆都中招了。昱伸公司负责人赖俊杰供认，他往起云剂中添加塑化剂已将近 30 年，这引发

了民众进一步的恐慌和愤怒。一位台湾妈妈在网上撰文说:"自责到眼泪快掉下来,每天都在给儿子喂毒。"

但台湾人并不是唯一的受害者,香港浸会大学生物系对200名香港市民的血液样本进行化验,结果显示99%的血液样本中验出塑化剂,这表明这类化学物质可能一直存在于食品之中,消费者食用时并没有注意到。香港食物安全中心随后宣布,禁止进口和销售台湾的数种饮料。对台湾消费者而言,这一事件最直接的后果是民众对饮料有了阴影,使得鲜榨果汁大受欢迎,间接造成了水果涨价。

昱伸公司负责人赖俊杰、简玲媛夫妇以欺诈欺等罪行被判定有期徒刑15年、12年,并处罚金15万、12万新台币。昱伸公司被处罚金2400万新台币。台湾股市也被塑化剂风波影响,5月26日至30日,短短几个交易日,食品、生物科技类个股的总计市值蒸发了近百亿元新台币。

在台湾塑化剂风波中,有一个人不得不被提起。我们并不知道她的全名,只知道她是"卫生署"食品药物检验局的一位普通检验员,姓杨,52岁,2位孩子的母亲。杨女士负责对益生菌样品做检测,检测目的是看是否含有减肥西药或安非他命,但她在气相层析仪上发现了一个异常波状讯号。因为与检测目的无关,这本不是她的份内之事,按"卫生署"食品药物管理局主秘罗吉方的话说,"她本来可以装做没看见。"但这位母亲还是花了两个星期的时间,将这个异常讯号与各种物质的图谱一一对比,发现竟然是本不该出现在食品中的塑化剂DEHP。杨女士最早以为是受到了食品容器的污染,于是又检验了益生菌的薄膜包装材料,发现是PE材质,理论上讲是不可能溶出大量塑化剂DEHP的,那么唯一的可能就是来自食品本身了,这时她才意识到出大事了。

事后,台湾媒体总结称,"这家不肖厂商一卖30年,若不是这名妈妈检查员的鸡婆立大功,恐怕民众仍笼罩在毒饮料威胁下",台湾民间也流传着"鸡婆妈妈立大功"的说法。"鸡婆"是台湾闽南语,意指多管闲事。但今次塑化剂风波,若不是杨姓检查员"鸡婆",恐怕台湾人还要再吃30年塑化剂。这位"鸡婆妈妈"的所作所为感动了台湾人,台湾当局计划将其事迹列为案例,纳入到公务员的训练教材中,台湾舆论则呼吁要有更多的"鸡婆公务员"。

白酒塑化剂

台湾塑化剂风波平息了 1 年多后，大陆的食品行业接过了接力棒。2012 年 11 月，酒鬼酒被曝含有塑化剂，其股价随声被腰斩，几天内就蒸发了数亿。稍后，这把火又烧到酒业行业的龙头贵州茅台的头上，茅台被称为国酒，这可非同小可，一时间消费者人心惶惶。白酒中怎么会有塑化剂呢？和起云剂有关系么？其含量对人体有危害么？

塑化剂除了有让起云剂更加稳定这份非法的"兼职工作"，还有一份合法的"本职工作"的：加入到塑料中增加其弹性、透明度、耐用性和使用寿命。因此塑化剂在化工生产中应用广泛，但由于其独特的化学性质，使其容易从塑料向其周围的食品、水和空气中迁移，最后进入人体。

白酒中的塑化剂与牛奶中的三聚氰胺不一样。一方面，虽然白酒的指标确实不少，但基本与塑化剂能够影响到的无关；另一方面，塑化剂的含量并不高，即使是酒鬼酒，其塑化剂 DBP 的最高检出值为 1.04 毫克/千克，对检测指标的影响较微弱。因此白酒中的塑化剂极可能是在生产过程中由塑料的酿酒器材迁移到酒中的，比如塑料管道或塑料容器。

有传闻说茅台的高价酒比低价酒更危险，含有更多的塑化剂。事实上，只要酒中的塑化剂不是人为添加的，那么这样的推测就没什么道理。白酒中的塑化剂是通过塑料酿酒器材迁移而有的，那么其含量的多少跟且仅跟白酒在管道中的滞留时间有关。除非茅台的陈酿是用塑料桶装的，否则高价低价的酒其中的塑化剂含量差别不会太大。不过有一种解释，白酒每储存一两年就要进行一次盘勾，这个过程需要用到塑料管抽吸，因此年份越久的酒，里面的塑化剂越多。这是有可能的，不过即使如此也不必过于恐慌，因为这种方式迁移的塑化剂含量还远未达到危害人体的程度。

还有一个传闻是说塑化剂能让白酒有挂壁的效果，显得更高档大气，因此被生产商广泛使用。这个说法也值得商榷，一是这次在白酒中检测出的磷苯类的塑化剂是否有挂壁效果尚无科学依据，尤其是考虑到其含量虽然超标了，但在总体含量中并不高；二是厂商完全可以用合法的添加剂：黏稠剂，来达到增加黏稠感的效果，

两者差价并不大，厂商不必为此铤而走险。

总的来说，白酒中塑化剂的危害，不需太担心，毕竟含量很少，远低于对人体产生危害的量。但这并不意味着我们食品行业就能掉以轻心，我们的态度应该是：本来不应该在白酒中出现的，就多少都不行，不是吗？

吸管塑化剂

2013年5月，长沙市食安办组织卫生局、质监局、工商局对长沙市场上的塑料吸管进行了大规模抽检，结果发现，包括华莱士、净果甜品、黄记煌等知名连锁餐饮店也涉嫌使用存在极大安全隐患的"三无"塑料吸管。华莱士采用的是红白相间的塑料吸管，店主介绍称这些吸管可用于热饮，但当执法人员要求查看吸管的进货台账时，店主却无法拿出。执法人员表示"这些吸管摸上去质感粗糙，材质较软，有可能是用废旧塑料或者PVC（聚氯乙烯）制作的劣质吸管，安全隐患很大。"

并不是所有的餐饮店都用的"三无"产品，长沙市卫生局表示，"在前期的摸底调查中，发现肯德基、麦当劳、星巴克等大型连锁餐饮店所采购的一次性塑料吸管比较规范，其塑料吸管多来自外地如广东、浙江、福建等有证生产厂家。"塑料吸管一般100支一包，正规厂家生产的聚乙烯（PP）、聚丙烯（PE）材质的一包约5元，而劣质吸管约3元，差价不大，为何会被广泛使用？一位餐饮店老板解释称，塑料吸管多是附赠品，不会引起太多重视，店主也常缺乏相关的安全意识。

劣质塑料吸管有什么危害？长沙市政府副秘书长、市食安办主任黄吉邦接受采访时称，"为降低生产成本，'三无'塑料吸管多采用废弃塑料或者PVC生产，用此类材料生产食品用塑料吸管，发生塑化剂迁移的风险较高，毒性物质容易溶解到饮料中去，长期使用会造成性早熟、不育症、孕妇流产等不良后果。另外，劣质塑料吸管还可能产生重金属超标，对身体有害。"此外，长沙市质监局食安处处长胡朝晖表示，"企业在大批量生产过程中，如果在原材料PP或PE中加入部分聚氯乙烯或废塑料的话，由于几种物质的熔点、密度等理化性质完全不同，高温成型后塑料吸管的外观会呈现明显的厚薄不均匀、软硬不一致、有色差等，因此，一些不良生产厂家或者小作坊在生产一次性塑料吸管时，会进行染色掩盖。从这个角度来说，那些披着彩色外衣的吸管更值得消费者警惕。"《长沙晚报》的记者做过实验，发现劣质塑料吸管"一捏就软，放进热饮中就散发出一股塑料味"，这股塑料味往往对身体有害。

瘦肉精

纵观人类的科技史，要发明或发现一种有奇效的药剂，通常需要的是科研人员百折不挠的精神、持之以恒的实验、艰苦卓绝的工作以及一定的天分。比如农药"六六六"，就被认为是科学家试验了 665 次都失败了，第 666 次才成功，因此而得名，从中可以看出科学之艰难。[①] 但极少数时候，一种药剂的诞生却是一种意外，需要的是运气。1991 年，当时美国辉瑞制药公司正在研发一种能扩张血管以缓解心血管疾病的药剂，结果虽然失败了，但研究人员却意外发现，这一名为西地那非（Sildenafil）的药虽然不能使人的心血管扩张，但能使另外一个器官扩张，伟哥（万艾可）就这样诞生了。

瘦肉精的历史

与万艾可一样，瘦肉精的出现也是一种意外。最早的瘦肉精克伦特罗，其实是一种治疗人类哮喘的药，但20 世纪 80 年代时，美国 Cyanamid 公司的的科研人员意外发现这种哮喘药加入猪饲料后能促进猪的生长，并能提高猪的瘦肉率减少脂肪，于是克伦特罗开始作为"瘦肉精"被畜牧业广泛采用。但与青霉素、万艾可不同的是，青霉素在其诞生后挽救过无数人的性命，万艾可在其诞生后挽救过无数人的幸福，然而瘦肉精自诞生以来一直是毁誉参半，赞美者称其为神药，诋毁者称其为毒品。这到底是怎么回事？

严格的说，"瘦肉精"是个笼统的称呼。"瘦肉精对人体有害"这样的表述是不严谨的，因为瘦肉精其实有很多种，其中一些确实对人体有害，但也有一些未必。

---

① 其实，"六六六"（六氯环己烷）得名的原因与其实验次数并无关系，只是因为它的分子式是 $C_6H_6Cl_6$，即由六个碳、六个氢、六个氯原子组成。与之类似，药物"六○六"（$C_{12}H_{12}12As_2N_2O_2$）得名也并非是正好试验了 606 次才成功，而是该药物的发明者埃尔利希（Paul Ehrlich）合成了一千多种氨基苯胂酸钠的衍生物，从中他发现了一种能治疗梅毒，编号是 606。长期以来，"六○六"和"六六六"都被用来说明科研的艰辛，事实上，即使不是正好试验了 606 次或 666 次，要研制一个符合预期目标的药物，确实是需要相当多次数的试验的，因此本文仍沿用此一解释。

掷出窗外 面对食品安全危机
你应有的态度

按科学的定义，瘦肉精属于乙型交感神经受体致效剂（Beta- adrenergic agonist，俗称 β-兴奋剂），这种致效剂就如同兴奋剂，能够增加人体细胞的活性。比如能增加气管平滑肌的细胞活性，使得气管放松，缓解哮喘症状；也能增加心肌细胞活性，增强心脏收缩力并加快心跳，这也是为什么误食含瘦肉精猪肉的运动员在尿检时会被误认为服用过兴奋剂。但与人类略有不同的是，瘦肉精如果作用在畜禽身上，能显著增加其体内的蛋白质（瘦肉）并减少脂肪（肥肉）。所用想食用瘦肉精来减肥的朋友们可以洗洗睡了，人和畜禽还是有些不同的。

瘦肉精是一类 β-兴奋剂的统称。因为有利可图，20 世纪 80 年代之后，在畜牧业的发展中，除了最早的克伦特罗，还有多种药物同样被当作瘦肉精使用，比如科尔特罗（Colterol）、齐帕特罗（Zipaterol）、塞曼特罗（cimaterol）、沙丁胺醇（Salbutamol）、妥布特罗（tulobuterol）、特布他林（Terbutaline）和莱克多巴胺（Ractopamine）等等。经过科研人员对瘦肉精的深入研究，其作用机理也慢慢明了：畜禽食用瘦肉精后，先经过消化系统被肠道吸收，然后进入肝脏。肝脏会代谢一部分瘦肉精，和胆汁一起排入肠道；未被肝脏代谢的瘦肉精则流往全身加速蛋白质（瘦肉）的合成，之后流经肾脏，被肾脏过滤，再通过尿液排出。这也是为何瘦肉精在畜禽的内脏，尤其是肝和肾中残留量最高的原因。

瘦肉精起源于美国，效果显著，种类繁多，但很快美国食品药品监督管理局（Food and Drug Administration，FDA）禁止了大多数瘦肉精在畜禽饲料中的使用。科研工作者对各类瘦肉精进行了细致而深入的研究，包括瘦肉精的效果、在畜禽体内的代谢率、残留在畜禽体内的含量等等。通过对比各个方面的指数，发现有的瘦肉精效果不明显，就算能用，性价比不高，畜牧业主也不会用；而以克伦特罗为首的瘦肉精，虽然其促进瘦肉效果明显，但在畜禽体内残留量太高，会传递到食用者身上。而如果人食用了过量的克伦特罗，则会有急性中毒症状，如心悸、心跳过快、头晕、乏力、四肢肌肉颤动，甚至不能站立等等，严重者如果抢救不及时可能会因心律失常而猝死。克伦特罗第一次引发大规模食物中毒事件是在 1990 年的西班牙，35 名西班牙人因食用了含瘦肉精的牛肝之后，出现不同程度的头晕头痛、恶心、呕吐、手足麻木、心动过速等症状，引发了当地的恐慌。之后法国、意大利也出现了类似的集体中毒事件。出于安全考虑，欧盟（当时称为欧共体）于 1988 年禁止盐酸克伦特罗作为饲料添加剂使用，美国 FDA 的禁令则于 1991 年颁布。

安全的瘦肉精？

需要提醒读者的是，目前的科学研究显示，还有一类瘦肉精，既对畜禽增加瘦肉的效果明显，又不积累在其体内，大部分能被排出，不会传递到食用者，对人体基本安全。这类瘦肉精以莱克多巴胺（Ractopamine）为代表，含莱克多巴胺的猪饲料的商品名称为"培林"（Paylean），牛饲料则称为"欧多福斯"（Optaflexx）。1999年，FDA 宣布允许在饲料中添加莱克多巴胺，但不得将其直接用于人体，并规定在牛肉和猪肉中允许的残留量分别是 30ppb（十亿分之一）和 50ppb。考虑到在人体实验中测得人对莱克多巴胺的忍受量是 1.25 微克每公斤体重，换算下来，一个 60 公斤的人，每天吃 3 斤猪肉或 4 斤牛肉，即使里面含莱克多巴胺，也是安全的。而根据对小白鼠的毒性测试，对这个体重 60 公斤的人来说，要吃到急性中毒的半致死量（Lethal Dose, 50%），得吃 28.44 克莱克多巴胺，而莱克多巴胺在动物体内代谢快，残留少，这个量按正常吃法通常达不到。不过心血管疾病的患者若食用含莱克多巴胺的肉制品，可能会引发心悸、心肌梗塞并发症。

根据目前所知的国内外信息，大部分瘦肉精引发的食物中毒事件都是因为克伦特罗：包括 1998 年 5 月，香港 17 人因食用中国大陆供应的猪内脏而中毒；1999 年 10 月，浙江省嘉兴市 57 人中毒；2000 年 4 月，广东省博罗县龙华镇 30 人中毒；2001 年 11 月，广东河源发生 747 人大规模中毒事件；2006 年 9 月，上海 330 多人因食用猪肉而食物中毒；2009 年 2 月，广东省 70 多人因食用猪内脏而食物中毒等等。但目前尚未有因食用用莱克多巴胺饲养的猪而引发食物中毒的报道，这或可证明其安全性比克伦特罗要好很多，美国农业部旗下的 USDA-ARS 生物科学研究实验室的研究也证实了这点。根据该实验室的研究员 Smith 和 Paulson 发表于 1998 年的研究论文，实验中连续 7 天饲喂 20 毫克/千克的莱克多巴胺给猪，然后测量猪肉、猪肝、猪肾的莱克多巴胺浓度。研究结果显示，猪肾中残余的莱克多巴胺最多，为猪肝的 2 至 3 倍，但总的量也不大。根据联合国粮农组织（FAO）以及世界卫生组织（WHO）的联合专家委员会（Joint FAO/WHO Expert Committee on Food Additives, JECFA）2004 给出的建议标准（该标准于 2006 年、2010 年得到再度确认），莱克多巴胺的安全剂量，在猪肉中应不超过 0.25ppm，猪肝不超过 0.75ppm，猪肾和脂肪不超过 1.5ppm，每天摄取的总值最大不超过 1.25 微克/千克。按照这一标准以及上述的研究结果，一个 60 公斤的男子要在短时间内吃 113760 公斤猪肉才会急性中毒。有研究者戏称："想要吃莱克多巴胺吃到超过标准、甚至中毒大概会先撑死。"

简而言之，同样是瘦肉精，克伦特罗毒性高代谢慢，会引发食物中毒，目前没有一个国家允许将其添加进饲料；而莱克多巴胺毒性低代谢快，既能帮助畜禽快速长瘦肉，又对人体影响小，因此美国、加拿大、澳大利亚、中国香港等少数国家和地区允许在限量范围内使用。与此同时，一向在食品安全问题上谨慎且保守的欧盟则颁布了对莱克多巴胺的禁令，欧洲食品安全局（EFSA）认为在对莱克多巴胺的安全性进行的人体实验中，不仅样本量太少（只有 6 例），而且并没有采用双盲试验，此外所有的数据均由莱克多巴胺的制造商美国爱兰可公司（Elanco）提供，缺乏独立性和权威性，因此其安全性值得怀疑，故而禁用。全球有 150 多个国家与欧盟一样，也颁布了禁令。

在瘦肉精的问题上，中国也执行着"零容忍"这一全世界最严厉的标准。中国工信部、农业部、商务部、卫生部、国家工商行政管理总局、国家质量监督检验检疫总局曾发布联合公告：自 2011 年 12 月 5 日起在中国境内禁止生产和销售瘦肉精莱克多巴胺。

瘦肉精在中国台湾

食品安全的问题很复杂，因为有的时候，一种食品能不能吃，能吃多少，发言权并不一定在科学家，尤其是当涉及进出口时，政治因素或许会参与其中，决策会异常的麻烦。典型的例子是中国台湾地区对美国含瘦肉精的牛肉、猪肉进口的政策摇摆，即台湾所称的"美牛问题"。

台湾本来是限制瘦肉精的使用的，2006 年 10 月，台湾"行政院"农业委员会动植物防疫检疫局公告 4 种瘦肉精为动物用禁药，一旦查获有养猪户使用，可以依法判处 4 个月的有期徒刑。被禁的瘦肉精中既有屡次引发食物中毒的克伦特罗（Clenbuterol），也有相对安全的莱克多巴胺（Ractopamine）。

2007 年 7 月，台湾"卫生署"食品卫生处检验发现部分从美国进口的猪肉含有瘦肉精，此后又检测出少数台湾本土猪肉亦含有瘦肉精，并查明自 2006 年 10 月至 2007 年 6 月共进口 7460 吨美国猪肉，去向不明。不过这些猪肉中瘦肉精的残余量远低于 10ppb，符合美国 FDA 的标准，可在美国销售和食用，不会对食用者造成伤害。

2007 年 8 月，当时执政的"陈水扁政府"向 WTO 发出通知，称台湾准备解禁莱克多巴胺，并效仿美国，规定最大残留量为 10ppb。消息传出，引发民意沸腾，当时在野的国民党也同样持反对意见。在反对的人群中，声音最大的是台湾的猪农。因为一旦放开禁令，美国的牛肉和猪肉会源源不断的进口到台湾，用瘦肉精喂饲的牛和猪的瘦肉率远大于用普通饲料的，这将使得它们能以更低的价格占据市场，本土猪农的利益最难得到保障。8 月 20 日，数千名猪农包围了"卫生署"进行抗议，喊出了"拒用瘦肉精、拒吃毒猪肉"、"'卫生署'长下台"等口号，并用猪粪、鸡蛋投掷"卫生署"，现场臭气冲天，还强迫"卫生署"长侯胜茂收下抗议者送的小猪。第二天，当时的"行政院"长张俊雄表态"正倾听各界声音，建立共识中"。之后，台湾政府决定维持现状，暂缓决定，莱克多巴胺仍为禁药。

然而没有想到的是，虽然 2007 年时"陈水扁政府"规定莱克多巴胺为禁药，且同样不允许出现在进口的肉类中，并委托经济部商检局对进口肉类进行检测，但实际上，在此后的检测中，该局只检测了美国猪肉，并未检测美国牛肉，此被称为"验猪不验牛"模式。绿营的反对者认为这可能是陈水扁政府与美国私下的承诺，以期换取陈水扁"过境美国待遇提高"。直到 2011 年，台湾"卫生署"成立食品药物管理局，接手了进口检验业务，才发现输入台湾的美国牛肉中检有禁用的莱克多巴胺，并追溯统计出从 2007 年到 2011 年，共有近 10 万吨含有莱克多巴胺的美国牛肉被台湾消费者在不知情的情况下食用了。而政府对这一丑闻的解释是，2007 年是民进党执政，2008 政党轮替后国民党执政，在政权交接过程中这一细节被遗漏掉了，于是此后数年食品安全监管者萧规曹随，而消费者则不明不白的吃下了含瘦肉精的牛肉。不幸中的万幸是，虽然检测出含瘦肉精，但都是莱克多巴胺，而且含量在 FDA 的规定范围内。

2012 年 2 月，台湾大选，马英九获得连任，他随后指示陈冲新"内阁"研议美牛问题和台美贸易暨投资架构协定（TIFA）。但民间对此的反对声音不断，在野的民进党则认为这是"马英九政府"试图以开放美国牛肉进口换取美方对 TIFA、台湾护照赴美国免签证承诺的落实。开禁莱克多巴胺的法案通过的并不顺利，期间论战无数，直到 7 月 25 日，台湾"立法院"临时会才三读通过《食品卫生管理法》修法，规定允许牛只饲料中添加莱克多巴胺，开放含量在 10ppb 莱克多巴胺以下的美国牛肉进口，但餐厅或摊贩必须标示肉品来源。如果瘦肉精检测超过标准，违者可处以 6 万到 600 万（新台币）的罚款。另外，该法案保证："若台湾境外出现吃了安全容许

量内的瘦肉精肉品而中毒，政府将立即禁止含瘦肉精牛肉进口，台湾内部若有人因此中毒，政府也会协助求偿。"至此，台湾成为全球有一个为数不多的解禁莱克多巴胺的地区。

根据 2009 年签署的台美美牛进口议定书规定，台湾仅允许"30 月龄以下的美国带骨牛肉、绞肉及加工肉品进口，但是不包含内脏，也不允许任何瘦肉精残留量。"2012 年 7 月台湾《食品卫生管理法》的修订，删除了对瘦肉精的限制，让美国牛肉能畅通无阻的进入台湾。为缓解民众的疑虑，"立法院"强调了法案许诺的十六字方针：安全容许、牛猪分离、强制标示、排除内脏。

"安全容许"是指并非允许无限制使用瘦肉精，而是要在法案的规定范围内，并且如果一旦发生中毒事件，不管是在台湾境内还是境外，都将立即禁止进口，并进行损害赔偿。"牛猪分离"是指法案规定的莱克多巴胺安全容许量仅针对牛肉，不包括猪肉，即含瘦肉精的美国的猪肉不得进口至台湾。"强制标示"是指无论是供应饮食的场所如餐厅，还是零售包装，都应明确以中文标示出牛肉或牛可食部位原料、原产地。"排除内脏"是指考虑到内脏中残留的瘦肉精含量数倍于牛肉，因此牛的内脏不在进口范围之内。

"台湾美牛事件"可以当作我们观察台湾社会对待食品安全问题的窗口。从 2012 年 3 月台湾"行政院"宣布将有条件的开放含莱克多巴胺的美国牛肉进口，到 7 月份法案正式通过，期间发生种种波折。各个利益团队及其代言人，在各自的发言平台上表明自己的态度，并以"立法院"的投票数作为角力的中心舞台。

博弈不止发生在台湾内部，事涉美牛，美国自然也会牵扯其中。2012 年是美国的大选年，奥巴马政府需要政绩吸引选票，而如果能够撬动台湾市场，是可以给自己加分的。美方曾表示"不排除以 TIFA、免签证待遇及军售作为交换条件，迫使马英九在'美牛'议题上松动立场。"美国是牛肉生产的大国，但 2003 年发现第一例疯牛病后，出口状况每况愈下，不少国家借此拒绝进口。即使之后疯牛病被扑灭，许多国家仍不开放，而是更愿意发展本国的畜牧业。美国不得不把牛肉出口和其他贸易进行挂钩，捆绑销售，"台湾美牛问题"便是典型的一例。

正好台湾的牛肉自给率不到 10%，即使开放了美牛的进口，牺牲的也只是少数牧牛人的利益，不会影响太多。而台湾是美国肉类外销的第五大市场，仅次于墨西哥、日本、加拿大和韩国。一个生产多，一个需进口，于是一拍即合。由此也可得知，为何台湾仍然禁止含瘦肉精的美国猪肉的进口：毕竟台湾是华人社会，民众对猪肉更为依赖，有着更成熟的本土猪肉市场，他们势力庞大，政策如果触犯到他们的利益，则很难继续推进。很多时候，食品安全议题并不仅是单纯的食品安全或不安全的问题，因为涉及到极大的利益冲突，法律法规的出台，常是多方博弈的结果。

违规添加剂

食品添加剂是现代食品工业中重要的参与者，防腐剂、发色剂、乳化剂、漂白剂……已经很难想象一个没有食品添加剂的世界了。能被列入"食品添加剂"名单中的物质，都需要经过严格的毒性试验，证明对人体无毒或伤害不大才能入选。《食品安全国家标准食品添加剂使用标准》对添加剂的用法、适用范围以及剂量有着明确的要求，只要符合这些要求，添加剂并不会构成食品安全问题。但问题在于，常有不法商贩有意无意的违反规定使用添加剂，或者使用超量，或者在未经许可的食品上使用，造成事故，败坏添加剂的名声。

亚硝酸盐

亚硝酸盐是一种特殊的食品添加剂，一方面是它是一种有毒物质，进入人体后可能导致"高铁血红蛋白症"，使血液失去携带氧气的能力，造成患者缺氧甚至死亡，其半致死量为 22 毫克/千克，对一个 50 公斤的人而言只需 1.1 克。更为深远的危害在于，在酸性条件下，亚硝酸盐与蛋白质分解产物能发生反应，生成亚硝胺类物质，是致癌物。胃液的 pH 值适宜亚硝胺的形成，即使胃酸不足，胃中的微生物也能使食物中本来无毒的硝酸盐还原成亚硝酸盐，加大胃癌的几率。

但另一方面，亚硝酸盐又是各国（包括中国）都许可的食品添加剂，主要用于肉制品加工，西式肉制品几乎 100% 添加过亚硝酸盐，腌肉、香肠、熏肉、鱼干等食品中均可能存有亚硝胺类化合物。既然有安全风险，还允许适量使用，这说明亚硝酸盐的难以替代以及效果非凡。确实如此，加入肉制品中的亚硝酸盐能起到发色、

防腐以及改善风味的作用。其原理是亚硝酸盐能与肉中的血红素结合形成粉红色的亚硝基血红素，使得肉制品在煮熟后能有诱人的色泽，而未经亚硝酸盐发色的肉煮熟后是白色或褐色。

肉制品

根据中国的国家标准，亚硝酸盐允许作为发色剂和防腐剂用于肉类制品，但对使用量有严格限制。以亚硝酸钠计，酱卤肉制品中的残留量≤30毫克/千克，西式火腿中的残留量≤70毫克/千克。如果食用的是正规生产的肉制品，是不会亚硝酸钠中毒的。但如果不遵守标准，可能就会出现问题。

2011年4月21日，北京市丰台区一位小女孩正好满一岁半，她的姑姑来看望她，并和她妈妈一道带着她出门。下午2点，一行三人在路上看到一家鸡肉熟食店，姑姑便买了7元钱的炸鸡给小女孩吃。不想，吃过之后约半小时，小女孩嘴唇发紫，浑身颤抖，家人以为是冻着了，便给孩子加了一件衣服，但裹上衣服后，孩子的嘴唇仍紫得厉害，而且不停的哭闹。下午6点，小女孩父亲将其送往医院，途中女孩已口吐白沫，到医院抢救一个小时后，医生宣告死亡，病因是过量亚硝酸盐中毒，含量超过正常标准的79.8%，怀疑是人为投毒，建议报警。当天夜晚，警方将熟食店老板带走调查，并对店内鸡块进行检测，发现亚硝酸盐含量达到4500毫克/千克，超过国家标准150倍。

熟食店老板张某称，他是从老乡手中学来的炸鸡手艺：先煮再炸，煮的时候放点亚硝酸钠，这样不仅"肉熟得快"，而且"颜色好看"。殊不知，这种"有奇效"的化学药剂，3克就能致死成人，1克就能致死儿童。张某对此毫不知情，他说，放亚硝酸钠时用的是自己女儿吃饭时的小勺，一百斤鸡肉放一小平勺，自己从业两年多来一直如此，从未听说有人因此吃出问题，自己的小孩也在吃炸鸡，也未出事。庭审时，法官问，"你凭什么确定勺子里亚硝酸钠的用量？"张某答道："凭感觉。"张某随后因"过失致人死亡"被起诉，可能面临两到三年的有期徒刑，他表示"我出去后永远不会再做炸鸡了。"

这位熟食店老板的口供透露了一个行业"潜规则"：用亚硝酸盐，只要没出食物中毒事件，就大胆的用。中国农业大学食品学院营养与食品安全系副教授范志红在接受媒体采访时表示"亚硝酸盐已经深入各种肉制品烹调当中,从仅用于猪、牛、羊肉当中,已经逐步发展到所有动物性食品都添加,甚至连鸡鸭肉、水产品也不放过。应用亚硝酸盐或含有亚硝酸盐的嫩肉粉、肉类保水剂、香肠改良剂来制作肉制品,让肉制品色泽粉红,口感变嫩,不易腐败,已经成为绝大多数厨师的不传之秘。"

范志红所说的嫩肉粉,又叫松肉粉,本来的主要成分是淀粉和从番木瓜中提取的疏松剂木瓜蛋白酶,"能将动物类原料结缔组织、肌纤维中的胶原蛋白及弹性蛋白适当分解,使部分氨基酸之间的连接键发生断裂,从而破坏它们的分子结构,大大提高原料肉的嫩度,并使其风味得到改善",对人体无毒无害。但 2009 年与 2010 年,范志红曾在北京和济南的各大超市购买过 24 份嫩肉粉以及肉类制品腌制剂的样品,并对其进行检测,结果显示,全部含有亚硝酸盐,但在其产品包装上,无一注明含有亚硝酸盐,而且也没有任何安全方面的提示。这样极可能产生的后果是,厨师并不知道"嫩肉粉"里有亚硝酸盐,过量使用或者另外再加亚硝酸盐,很容易造成超标,导致食物中毒。

嫩肉粉广受商贩的欢迎,除了能够使得成品卖相更好,还有一个重要的功能是掩盖劣质的原料。即使原料用的是有异味、快腐烂的肉,用上嫩肉粉,再在锅里一煮,就能与正常的肉差别不大了。不止是成品,就连鲜肉也可能被涂上嫩肉粉,范志红曾在某大型超市购买过牛腩,清炖之后竟发现肉块呈粉红色,而且肉质比平常软烂不少,"显而易见是加了含有亚硝酸盐的嫩肉粉",她还曾见过超市里购买的排骨,炖汤后骨髓呈深粉红色,"不用说,也是被亚硝酸盐发色了。"生肉中加入亚硝酸盐的原因之一是可以让注水肉延长保质期,注水肉在注水时会混入微生物,使肉很快腐烂变质,如果注水时一同注入亚硝酸盐,能起到杀菌防腐的效果,但付出的代价便是这些药剂最后会进入消费者体内。

2010 年 9 月,《扬子晚报》的记者对南京市场的嫩肉粉进行过调查。一位曾经营过烧烤店的老板向记者确认"绝大部分烧烤店多多少少都会用到嫩肉粉,因为南京不是羊肉的原产地,羊肉从外地运到南京肯定是冷冻的,不可能保持新鲜嫩滑,只有加入嫩肉粉才能保持其口感","加多加少,加哪个牌子的,各家都不一样,这个完全看老板的良心了。"

一位有 30 多年烹饪经验的技师向记者表示"许多餐饮企业使用嫩肉粉，主要出于追求菜肴的口感和降低成本的考虑。使用嫩肉粉较多的，一般是炒牛柳和牛肉丝，有时鱼香肉丝、京酱肉丝、宫保鸡丁等也用"，"过去炒牛柳只用牛身上比较嫩的牛腩部分，即使这样，也还需要提前用清水浸泡，让牛肉吸足水，然后再用水淀粉勾芡，勾芡的水淀粉还要浓淡适宜，同时还要掌握好火候，这样牛柳下锅过油时牛肉中的水分遇高温时被凝固的淀粉锁住，牛柳才会嫩。而使用嫩肉粉，则什么部位的牛肉都能用，也不花太多的时间提前浸泡，而且也不需要掌握火候的技术，可谓'经济实惠'。"

除了蓄意使用之外，因为亚硝酸盐是白色粉末，和食盐长得很像，所以经常被厨师误作食盐使用，酿成大错。据卫生部的统计，近年来，亚硝酸盐已成为导致食物中毒的最主要化合物。仅 2010 年，就有上海闵行工地、四川海螺沟饭店、河北正定县婚宴、江苏盱眙的中学食堂等多起亚硝酸盐中毒事件，导致数人死亡。在 2011 年 9 月，卫生部发布的《预防和控制食物中毒发生的预警公告》中，第一条就指出，要"严防亚硝酸盐引发的食物中毒"。

既然亚硝酸盐这么容易闯祸，是不是将其明令禁止就好了呢，事情没这么简单。在食品加工行业，如果用"三国杀"的身份类比的话，亚硝酸盐并不是有益无害的"忠臣"，但也不是有害无益的"反贼"，更像是一个"内奸"：如果你用不好，它会反噬，造成不可挽回的伤害，但如果用好了，可以当大半个"忠臣"，帮你消灭"反贼"。之所以在肉制品中广泛使用亚硝酸盐，是因为其对肉毒梭状芽孢杆菌有很好的抑制效果，这种功效是其他物质难以取代的。而肉毒毒素是目前已知的天然毒素和合成毒剂中毒性最强烈的生物毒素，A 型肉毒毒素的气溶胶对成人的致死量仅为 0.3 微克，比氰化钾还要毒。两害相权取其轻，宁可摄入点亚硝酸盐，也别摄入肉毒毒素。

另外，要求餐馆全面禁止亚硝酸盐也不是那么容易的，毕竟这又不像海洛因是稀罕物。2000 年前后，因为爆发了多起亚硝酸盐中毒事件，北京市政府出台了相关文件对其进行严打，甚至禁止普通日用百货店和食品商店销售食品级亚硝酸盐。但效果并不理想，全国政协委员、中国肉类食品研究中心总工程师冯平回忆当时的情景时称"很多人发现，可以从化工原料店和建材商店买工业级亚硝酸盐，效果一样，还更便宜。更有甚者，有人直接去冬季施工的工地上抓一把亚硝酸盐，更是零成本。"

176

完全禁止不可行，完全放任又不放心。冯平提供了一个解决思路，他在与外籍专家合作时了解到，在欧洲有一种专门的"腌制盐"，是食盐和亚硝酸盐混合而成，专供家庭或餐馆腌制肉制品。"这里的亚硝酸盐是按比例添加的，但使用时不可能过量，因为用多了，不仅亚硝酸盐多，肉也会咸得无法入口。所以，他们是利用盐管住了亚硝酸盐。"这不失为一个简单易行而又有效的方法。

蔬菜

不法商贩为了将劣质的肉包装成好肉会使用亚硝酸盐，厨师为了多快好省的烹饪肉制品也会使用亚硝酸盐，看上去只要吃肉就难以避免亚硝酸盐，那吃青菜总可以了吧。其实不然，虽然没有人会想到往青菜里加亚硝酸盐，但问题在于，青菜本身就会产生亚硝酸盐。也就是说亚硝酸盐"荤素皆吃"，躲是躲不了的，能做的只是控制食用的量。另外，这也说明，天然食品未必就天然健康。

氮元素广泛存在于自然界，在空气中的含量仅次于氧，同时植物化肥中也富含氮，因此植物在生长过程中会不可避免的吸收大量的氮。氮在植物体内经过复杂的生化反应最后合成为氨基酸，这个过程中会产生硝酸盐。植物体内的还原酶会将部分硝酸盐还原为亚硝酸盐，因此所有植物都会含有硝酸盐和亚硝酸盐，差别只是不同植物间的含量多少不同而已。植物被收割之后，会释放更多的还原酶，使更多的硝酸盐转化为亚硝酸盐，另外，空气中的微生物也有助于这一转变，因此蔬菜买回家放久了，亚硝酸盐的含量会比刚买时更高。

2011 年 9 月，《都市快报》的记者与浙江大学生物系统工程与食品科学学院食品科学与营养系实验室联合做过一次实验。将炒青菜、韭菜炒蛋、红烧肉和红烧鲫鱼包上保鲜膜后放入实验室冰箱，在 4℃ 下冷藏，模拟普通家用冰箱。24 小时候，4 个菜肴的亚硝酸盐含量分别是 5.36、5.64、5.52 和 7.23 毫克/千克，全部超过《食品中污染物限量》国家标准中的规定，其中荤菜超标最多。新闻发布后，不少消费者很是紧张，因为随着生活节奏的加快，吃打包菜、隔夜菜是很寻常的事情。如果放在冰箱里都会亚硝酸盐超标，那还能吃么？

事情是这样的，首先，这个实验本身没有问题，不管生熟，蔬菜放久了都会使得亚硝酸盐的含量增多。因为空气中有细菌，细菌与蔬菜接触后就可能将硝酸盐转

化为亚硝酸盐。如果绝对密封，蔬菜放久一些也没事。其次，这个实验的结论稍有些不严谨，因为《食品中污染物限量》其实是针对新鲜蔬菜和肉类，而不是针对餐饮业中成品菜肴的，所以难以以此作为标准。科普作家云无心认为，如果一定要找一个"国家标准"来做参考，应该用"加工食品中的亚硝酸盐残留量"标准，因为这两者都可以直接食用，更具可比性。而在这一国家标准中，亚硝酸钠的残留限量是 30 毫克/千克，此外，酱腌蔬菜中亚硝酸盐的残留限量是 20 毫克/千克。所以，虽然隔夜菜放得越久，亚硝酸盐的含量越大这是不错，但并不意味着就有毒不能吃了。根据这一实验的检测结果，至少在冰箱里放置 24 小时以内的隔夜菜是可以放心食用的。

范志红也做过类似的实验，发现"如果烹调后不加翻动，放入4℃冰箱，菠菜等绿叶菜24小时之后亚硝酸盐含量约从 3 毫克/千克升到 7 毫克/千克"，一般认为如果人体摄入 0.2 克亚硝酸盐后会食物中毒，但如果隔夜菜要达到这个限量，需要吃下 30 千克，用一些科普人士常挂在嘴边的话来讲，"毒死前就先撑死了"，因此无需过虑。还有人担心会不会在体内累积，范志红称"亚硝酸盐本身并无致癌效应，它被吸收之后，在血液中存在的半衰期只有1～5分钟，被转化为一氧化氮，起到扩张血管的作用，对降低血压和预防心脏病有好处。而亚硝酸盐本身因为已经分解，谈不上'蓄积中毒'的问题。故而，一次吃了没事儿，后面也不会再有麻烦。"

二氧化硫

二氧化硫是常用的漂白剂，常用于熏蒸干货，如水果干类、蜜饯凉果、干制蔬菜、食用菌等。过量摄入二氧化硫可能会使人恶心、头晕、呼吸困难，甚至致死，但只要不超量，就影响不大，按照国际食品添加剂联合专家委员会（JECFA）制定的安全摄入限，一个 70 公斤的成年男性每天最多能摄入二氧化硫 0.05 克。在中国，二氧化硫是合法的漂白剂，国家标准对不同作物容许的二氧化硫残留量进行了严格的限制，最高的是马铃薯，为 0.4 克/千克。

为什么需要漂白？很多食材会自然变色，术语称之为"酶促褐变"。蔬菜、水果、薯类都含有"酚氧化酶"以及具有抗氧化作用的"多酚类物质"，这两种物质碰到一起，在氧气的作用下就会发生"酶促褐变"，从无色状态变成有色，并随着氧化的过程从红变褐再变黑。变色后的食物卖相不好，消费者多半会不喜欢，于是商家倾向于用漂白剂漂白。漂白剂的工作原理是破坏、抑制食品的发色因子，使食品褪色或免于褐变。因为漂白剂能杀菌，因此还有防腐的作用。

漂白剂按作用原理可分为氧化性漂白剂和还原性漂白剂，前者是通过强氧化性使着色物质被氧化破坏，后者是通过强还原性去除食品中的色素，从而实现漂白效果。中国允许使用的漂白剂有 9 种，其中氧化性漂白剂并不多见，因为其会严重的破坏食物的营养成分，故目前食品工业更多选用的是还原性漂白剂，二氧化硫便是其中之一。

二氧化硫的使用有着悠久的历史，中药界自古以来就用硫磺熏药材，就是利用硫磺能挥发出二氧化硫能起到防腐、防霉、干燥的效果，但"自古以来"并不意味着无毒无害。2011 年 6 月，国家食品药品监督管理局公布了中药材及其饮片二氧化硫残留限量标准，规定"山药、牛膝、粉葛等 11 种传统习用硫磺熏蒸的中药材及其饮片，二氧化硫残留量不得超过 400 毫克/千克；其他中药材及其饮片的二氧化硫残留量不得超过 150 毫克/千克。"食药监局发布此标准的背景是近年来中药材超标的现象屡见不鲜：2010 年 9 月，《新快报》的记者调查了广州的中药材市场，经过送检发现，接近一半的样品二氧化硫含量超过 500 毫克/千克，最高的竟达到 1850 毫克/千克；2013 年 4 月，山西省食药监局对山西中药材市场进行了清查，发现存在"二氧化硫过度熏蒸、非药用部位过多、炮制不符合规定"等问题。

在食品市场，二氧化硫超标的现象更加普遍。2012 年 10 月，福建龙岩市长汀县工商局根据举报信查获了一家制作辣椒的黑作坊。执法人员在现场发现其所售的干辣椒色泽红亮，经过食品快速检测仪的检测，发现辣椒样品中二氧化硫的含量最高为 200 毫克/千克，严重超标。作坊主承认用硫磺熏过辣椒，说这样熏出来的辣椒红彤彤，更好卖，普通辣椒 9 元一斤，硫磺熏过后可卖到 12 元一斤。而且还更好保持，不易腐烂，他还说"用硫磺熏辣椒，吃了没事，大伙都这么干。"

2013 年 6 月，浙江东阳市工商局公布了上半年食品快速定性检测的情况，在抽检的 17776 批次产品中，不合格 221 批次，不合格数量 1773 公斤。在不合格的食品中，因二氧化硫含量超标的就达到 170 批次，总数量达 1532 公斤，占不合格食品的76.9%，"主要集中在土豆、芋艿等脱皮、剥皮销售的蔬菜，榨菜、小萝卜等腌制蔬

菜，猪头肉等熏制食品和年糕、粉丝等米面制品中。"同月，北京食安办抽检时发现，连冰糖也有二氧化硫超标的。

食用色素

"黑"心食品

黑花生

2013 年 3 月，两会期间，全国人大浙江代表团小组审议中，人大代表、浙江省海宁市华丰村党委书记朱张金从包里拿出一袋花生米，数了十几粒黑花生，放入杯中，用冷水一冲，一会儿后，整杯水都变成了黑色，他拿着一杯黑水极具画面感的照片迅速传遍各个媒体。

这样的黑花生市场售价高达 160 元一斤，朱张金认为是被染过色的。朱张金表示，最初他只是想把这些"化过妆"的食品找出来，教周围的人鉴别，得知自己当选全国人大代表后，便打算将这四处收集来的"化妆"食品带到会上让更多的人看到。这次来北京，他带来了三百多样"毒食品"，染色的黑花生只是其中之一。此外还有用漂白剂、防腐剂泡过的人参，用硫磺熏出来的开心果、银耳等等，就是希望政府能重视食品安全的问题，他今年提交大会的提案也正是《关于加强农产品安全管理的建议》。

此事当天就引发了巨大的关注，但并不是所有的人都欣赏他的做法。次日，朱张金受邀参加中央人民广播电台的《中国之声政务直通》节目，同台的嘉宾还有中国农业大学食品科学与营养工程学院副教授朱毅。开播前，朱张金给朱毅展示了带来的几份样品，问她敢不敢吃。朱毅认为朱张金是在博眼球，随后吃了一颗，然后追问朱张金"这么多的毒食品从哪里来的啊？这黑皮花生哪里来的啊？"朱张金被激怒，痛斥中国的食品安全有问题就是因为这样的无良专家，然后径直离开演播室，连随后的直播节目也没有参与录制。

第二天，朱毅撰文《人大代表指黑皮花生掉色不科学》评论此事，嘲讽朱张金是"两会明星代表"，并猜测当时朱张金问她敢不敢吃黑花生是在故意给她做局："要是我不敢吃，明星代表会说，'看看吧，这毒大着呢，农大专家深明就里，吓得都不敢吃。'这敢吃吧，明星代表一定会不开心，因为我没有和其他人一样看到这黑花生做大惊小怪呼天抢地状，明显不配合主角的布局谋篇。"在稍后的媒体采访中，朱毅进一步表示，"中国已经非常重视食品安全问题了，可以说是不能承受之重了，他再拿着三百种来，纯粹就是哗众取宠，你要想做明星，想要吸引眼球，没人挡着你，但是要用科学的方法，要有科学的涵养"，"他拿着这些来，不懂装懂的"。

双方孰是孰非，大家心里都有自己的判断，笔者就不多加详述了。但严格地说，朱张金用浸水变黑来证明黑花生被染色并不严谨，因为即使是天生的黑花生，浸水也会变黑，脱色的食物不一定是被染过色。黑花生的种子皮中富含水溶性花青素，是天然植物色素，用冷水泡即可掉色，如果是用热水则更快。那如何既快速又科学的鉴别呢？有网友提供了一个思路，用白醋。因为如果是真的黑花生，那么溶出的色素是花青素，而花青素遇酸会变红，在泡出的黑水中加入白醋，如果水变红了，几乎不留黑色痕迹，说明基本可判定是真的。当然，另一方面，如果因为浸水法不严谨所以认为朱张金展示的染色黑花生其实是真的黑花生这样的看法同样不够严谨，毕竟染色的花生确实会掉色。如果不想费功夫测试真假，倒是有个简单粗暴的方法，直接买带壳的花生，如果花生壳是土黄色，但花生仁的皮是黑色，说明不是染色而成。

黑米

同样是黑皮肤家族的成员，黑米也常被曝出染色的新闻。2012 年 1 月，无锡的吴先生向《无锡商报》投诉称，几天前他从超市买了些黑米，但疑似染色黑米。记者现场观察到，在碗里放入一勺黑米然后冲水，"可以明显看到水的颜色在逐渐变深，呈现出淡淡的紫色。10 分钟过后，水已经变得浓如墨汁，无法见底。原本光滑的碗壁上也出现了许多紫黑色斑块，需费劲才能擦去。记者用手拨动了一下'墨汁'，结果手指上沾染了大量颜色。"之后记者又随机采访了一些市民，他们表示都遇到过类似的情况。

CCTV10 套的《我爱发明》栏目曾介绍过一种鉴定真假黑米的办法："将白醋滴在生黑米上，如果液体变成酒红色就是真的黑米，如果不变色则是染色黑米或者是

陈米。"黑米浸水褪色是否正常，央视的方法是否靠谱，记者向江南大学食品科学与技术国家重点实验室常务副主任江波求教。江波表示"黑米泡水变色是正常现象，不能因此就说它是染色的。因为黑米外皮中含有一种名为花青素的物质，花青素是天然色素，在酸碱性不同的溶液中会呈现不同的颜色。而人工色素遇到酸碱都不会变色，只会被稀释。央视介绍的方法就是利用这个原理，也是检验黑米真假的可行且简单可操作的方式。"

记者随后从沃尔玛、乐购等超市购买了 5 份黑米，每份各取 20 粒放入陶瓷盘中，并滴入白醋，使之与黑米充分接触。5 分钟后，白醋颜色即发生了变化，40 分钟后，记者发现有的黑米周围的白醋变成玫红色，有的没有变色。一位常年从事黑米销售的米商崔先生告诉记者，目前市场上确实有染色的黑米，"很多人认为染色的黑米是由普通大米经过劣质染料染色做成的，这种说法是不正确的，因为普通大米无论个头，外形和黑米差距都很大，很容易就能看出来。现在市场上的染色黑米大多本身就是黑米。"因为有很多公司从黑米中提取花青素，提纯后黑米的品相、营养就会变差，甚至不如普通大米，不法商贩为了再次销售，于是对黑米进行染色，"批发商不会将染色黑米一次性批发出去，一般都会掺杂新上市的黑米一起卖，这样不至于作假太明显，又能走掉一些货。"

黑芝麻

会被染黑的不止黑花生和黑米，黑芝麻、黑木耳、黑豆都曾上过黑名单。2010 年 12 月，上海市民陈女士向《新民晚报》反映，她从市场上买回的散装黑芝麻可能是染色的。陈女士回忆称，黑芝麻是在梅陇路华轻综合市场的一个摊位上买的，9 元一斤。但回家洗芝麻时发现倒入的水马上变成咖啡色，而且越来越深，"半个小时不到，就变成了一碗黑水"，陈女士开始以为是芝麻自然脱色，于是换水再泡，结果比第一次洗出的水还黑，"像墨汁一样"。如此一共洗了 6 遍，水还是泛黑，而且"有些黑芝麻居然变成了白芝麻"，这种情况她之前从未遇见过。

为证实陈女士的说法，记者在该市场上不同摊位处购买了两份 9 元一斤的黑芝麻，一个号称是东北产的，一个号称是安徽产的，然后又去一家正规超市购买了一份标注为河南南阳的黑芝麻，但超市的价格贵了一倍，19.8 元一斤。记者将三份样品依次装入一次性杯子，半小时后，标本 1、标本 2 的杯中已像满杯墨汁，已经看不见黑芝麻了，而标本 3 的水呈咖啡色，半透明。记者将杯中水滤清，第二次浸泡，半小时后，标本 1、标本 2 的水色稍淡，但仍是黑色，依旧浑浊不清，而且出现了白芝麻，浮在水面上，标本 3 中水质无色透明，杯中芝麻粒粒可见。

（从左至右为标本 1、标本 2、标本 3 第二次浸泡结果　　新民晚报　陈浩摄）

专家解释称，正宗的黑芝麻用水浸泡也会掉色，因为其表皮上的天然色素，黄酮花色苷类，水溶性很好，能使水呈紫色或偏黑色，"但不应该洗出像墨汁一样黑的水来，也不应出现洗了多次依旧严重'掉色'的情况。"业内人士表示，黑芝麻染色的原因一是因为黑的漂亮，好卖；二是可以将廉价的白芝麻混入其中，赚取差价。

2011 年 4 月，北京海淀区的郭女士称，她在明光寺农副产品综合批发市场上购买了一斤黑芝麻，清洗时发现褪色得厉害，洗过的水呈深黑色，黑芝麻有些发白，怀疑是染色芝麻。《新京报》跟进调查，虽然卖给郭女士黑芝麻的商贩表示他家的黑芝麻不是染色的，但记者发现抓取几次后，手上有了明显的黑色痕迹，而在其他商贩处的黑芝麻没有这个现象。记者在另一家商场购买了一份黑芝麻，做对比的浸泡实验，发现很快郭女士的芝麻水质开始变黑，10 分钟后明显发黑，但另一瓶中，水色暗红。记者随后拨打北京市农业局 12316 服务热线求助，对方表示清洗时掉色是正常的，但"如果清洗后水的颜色特别黑，可能有问题，建议不要食用。"

《新京报》还采访了中国农业大学食品学院营养与食品安全系副教授范志红，她表示，真的黑芝麻营养价值高、产量少，比白芝麻贵，泡水后应该形成一种"比较透明的、有点褐色的溶液"，"如果黑芝麻泡在水里，黑色一下子就出来，还一团乌黑，溶液不透明，这种现象肯定不正常，很有可能是芝麻上染了东西。"至于染了什么东西，范志红称"不做专门检测无法判断，因为可能加入的黑色物质很多，有可

能是食品色素植物碳黑，或者墨汁，也有可能是其他的黑色物质"，像郭女士这样的情况，怀疑染色了，但不知道染了什么，很难检测，"因为检测是针对存在的某种物质进行的"，所以"需要对怀疑的各种物质逐一测试排查，检测完可能是一笔非常高昂的检测费。"

染色馒头

2011年4月，CCTV《消费主张》栏目播出《超市馒头这样出炉》，央视记者经过暗访发现上海浦东区的一些联华超市和华联超市销售的馒头有问题。记者按图索骥找到馒头的生产厂商，宝山区南大路380号的上海盛禄食品有限公司。在工厂里，记者注意到工人在给馒头贴标签，但标签上的生产日期都注明的是明后天，工人称，"这是公司的规矩，标签上的生产日期按照进超市的时间标注。"同时，记者还发现墙角堆着不少包装好的馒头，生产日期是一周前，工人表示这些是从超市退回来的过期馒头。随后工人将过期的馒头直接倒进了和面机，再倒入两桶水泡了5分钟，然后倒进两袋面粉开始搅拌。和面机接着馒头机，这些混有过期馒头的面团，从馒头机里一个个滚出来，被放入蒸箱，十几分钟后就成了热腾腾的"新鲜"馒头。这些因过期被下架的馒头大可高呼一声："我会再回来的，二十分钟后又是一条好汉！"

工人在搅拌过期馒头时，还加入了一些药粉。工人介绍称这是防止馒头发霉的山梨酸钾，用了之后馒头的保质期能更长一些。还有甜蜜素，"以前做馒头都是放糖精，现在就是加甜蜜素代替了，哪里有白糖，没有的，你店要做大肯定要用的。"在馒头的标签上，注明的是白砂糖和维生素C，而实际上，工人添加的不是白砂糖而是甜蜜素，没添加维生素C，但加了防腐剂山梨酸钾，而且这两样添加剂都没有标注出来。

山梨酸钾是食品防腐剂，适量食用对人体无害，但根据《食品添加剂使用卫生标准》的国家标准，在发酵面制品中不得使用。甜蜜素也并非不允许使用，只是根据国家标准，仅能用于烘焙/炒制坚果与籽类，并不能用于发酵面制品。上海盛禄食品有限公司算是超范围使用，有食品安全隐患，而且记者发现，工人们在使用添加剂时用量十分随意，"完全是按照自己的经验，想添加多少就添加多少。"

随着记者调查的深入，更惊人的一幕发生了。在生产车间里，记者看到玉米馒

184

头的制作过程：工人先是将过期的白馒头、玉米馒头倒入和面机，再加水、面粉，然后加入两勺橘红色的粉末。粉末的包装袋上注明是柠檬黄，工人介绍说，"掺进这个黄的，白的就变成黄的了，变成玉米馒头了，两袋一百斤的白面，然后加一碗玉米面，再加一点色素就可以了。"200 斤白面，一小碗玉米面，两勺柠檬黄，再加上过期馒头，"玉米馒头"就这样被做出来了。柠檬黄也是一种食用色素，允许使用在部分食品中，但根据国家标准的规定，并不包括发酵面制品。用柠檬黄染色，将便宜的白面馒头染成淡黄色的玉米馒头，这是不法商贩的"创新"之举。

上海盛禄食品有限公司一天能做 3 万个馒头，工作人员说是上海最大的送馒头的公司，主要送往华联超市，后来联华和华联合并后，联华也要送，量又加上去了，合起来大概要送三四百家店。染色馒头的新闻被 CCTV 曝光后，在上海引起了极大的反响，因为华联、联华在很多上海人看来，是很正规的超市，要比一般菜市场、小摊贩有保证得多，而且几乎遍布每一个小区，但这样看来，超市也未必完全可靠。在之后的上海市人大常委会"问题馒头"查处情况专题汇报会上，时任上海市食品安全办公室主任、市食品药品监管局党委书记的王龙兴表示"'问题馒头'在上海出现，是很沉痛的，性质非常严重，影响极其不利的"，并向公众致歉："馒头是普通百姓每天都买得到的最常见的、最基本的食品，出了问题真的对不起上海人民。"

染色馒头所用的山梨酸钾、甜蜜素、柠檬黄等添加剂，如果是食用级的，本身无毒，也可用于食品生产，即使违规使用在面制品中，也未必就会产生伤害，所以不必过于恐慌。但有几点需要注意：一、超出国家标准限定的范围使用添加剂，这种行为不管对消费者有无造成伤害，都是违法的；二、用柠檬黄将白面馒头"化妆"成玉米馒头，除了违反国家标准，还涉嫌商业欺诈；三、即使是食用级的添加剂，如果使用过量，也会对人体健康产生威胁，记者注意到工人们并没有在意使用的量；四、即使使用的量在安全范围内，着色剂的使用会掩盖原料的低劣，也许过期馒头已经发霉、变色了，但加入着色剂后，能将其变成正常颜色，误导消费者食用，这可能产生进一步的危害。

"鲜榨"果汁

炎炎夏日，在路边喝一杯鲜榨的果汁，既能解渴，又能补充营养，是个不错的选择，只是，你知道这果汁是如何"鲜榨"的么？2013 年 6 月，《安徽商报》的记

者以打工者的身份卧底了合肥的一家咖啡店。记者观察到，在操作区，调汁师拿出一小块西瓜放入榨汁机，随后灌入满满的凉开水，再从桌上的塑料桶里舀了一勺粉末和一勺胶状物质，然后开动榨汁机，一分钟不到，一大杯西瓜汁就被轻松调出。调汁师介绍，"行业里都是这样做的，我们已经算是很正规的了，至少有果肉，有的店就是浓缩果汁加食品添加剂。"确实如此，记者随后又走访调查了合肥的多家饮品店、茶楼，发现大部分鲜榨果汁并非用新鲜果肉鲜榨的。

安徽省质监局表示"鲜榨果汁在国内还没有产品标准，目前在国家强制性标准中，果蔬汁类产品主要采用'果蔬汁饮料卫生标准（GB 19297）'，其中仅对'低温复原果汁'下了定义。"但根据《食品标签国家标准实施指南》，果汁与饮料应该明确区分，名称不能混用。该局食品监管处仲处长介绍称"目前果汁饮品分三类：一是由冷冻浓缩果汁稀释而成；二是浓度已调到与原汁相似的非浓缩果汁；三是真正现榨现做的新鲜果汁，其中前两种都不能冠以'鲜'字"，"根据这一法规，酒店将果汁加入水或一些添加剂调配而成的饮料，都不能称为'鲜榨果汁'，最多可称为'现榨果汁'。"

安徽省标准化研究院的专家则表示"真正的鲜榨果汁营养要求非常高，以橙汁为例，一扎1250毫升的鲜榨橙汁需要近20个橙子，每扎含790毫克维生素C"，"很多酒店内出售的所谓'鲜榨果汁'，严格来说只是一种带果肉的果味饮料。这种添加了水和色素、甜蜜素的果汁，容易出现液体分离的现象，即果汁浮在杯子上，下半部分出现水样稀释液体。"

《城市信报》的记者曾调查过青岛的批发市场，有店员称"这种柠檬黄的添加剂专门用在果汁店，很受欢迎。用了后原本颜色黯淡的饮料，会变得色泽鲜艳，看起来口感很好。"记者在店内还看到了"柠檬水果原浆"，店员说，"饮料店都用它，倒上一小杯，添加5倍以上的水，很快清水就变成浓浓的饮料了，口感还特别好"，"柠檬黄的复配着色剂可以搭配浓缩原浆一起用，勾兑出来后，颜色会更加鲜艳。"通过调查，记者发现"目前市面上很多所谓鲜榨果蔬汁都是使用浓缩果汁、果酱、果汁伴侣、果汁粉之类的复合添加剂勾兑而成的，鲜果蔬只是其中一小部分，从它们的实际状态来说，大部分是糖酸、香精、色素、增稠剂等成分"，业内人士则称"目前饭店和饮品店里销售的各种果蔬汁饮品，几乎都属于这种勾兑产品。"

浓缩原浆勾兑色素配成鲜榨果汁之所以很普遍，节省成本是主要原因。一家冷饮店的老板算了一笔账："做一杯 600 毫升的鲜榨木瓜汁至少需要 2 个木瓜，而一个中等木瓜市价大约 10 元，两个就是 20 元，这还不算人工、水电、包装、杯子的费用。如果一杯木瓜汁卖 20 元，谁会喝？""成本 20 块钱的东西，现在卖四五块钱，肯定不是鲜榨的，顾客买的时候也应该都知道。"用少许水果榨出的果汁颜色、味道都很淡，甜味不够就加甜味剂，香味不够就加香精，颜色不够就加色素或浓缩果汁，这样就能做出以假乱真的鲜榨果汁了。

青岛市质监局的一位负责人接受《城市信报》的采访时表示"国家对于添加剂的使用都有严格限定，许多添加剂里面都有柠檬黄成分，长期食用含有这种成分的食品，容易加重人们肝脏、肾脏等器官的负担，从而会影响人们肝肾功能的发挥，影响人们的身体健康。""儿童更容易成为受害者"，青岛市市立医院的营养学家陈医生称，"如果正值发育期的儿童长期饮用这种勾兑饮料，饮料内的人工合成色素、防腐剂等成分可能会导致儿童缺锌，严重者甚至会患上异食癖，并有可能影响智力发育。"

果汁饮料如此，汽水更是如此。不少果味汽水的主要成分是人工合成色素、人工合成香精、人工合成甜味剂再加上二氧化碳，除了热量几乎没有什么营养，这些添加剂对人体无益，过量饮用会对健康有害，尤其是对儿童。过量的色素和香精进入儿童体内后，容易积聚在他们尚未发育成熟的消化道黏膜上，导致食欲下降或引发消化不良，还可能会干扰体内酶的功能，对新陈代谢、体格发育造成不良影响。

2007 年，英国南安普敦大学的研究者在《柳叶刀》上发表了一篇论文，称他们在一项对 300 多名孩子进行的随机双盲对照实验中发现，一些人工合成色素与苯钾酸钠的组合在某些情况下会导致儿童注意力下降和多动。研究负责人吉姆·史蒂文森（Jim Stevenson）教授指出，"添加剂不仅会对严重多动的孩子（例如存在'注意力缺陷多动障碍'的孩子）造成不利影响，也会波及普通人群，不管多动行为程度如何，都会受影响。"实验使用的色素包括落日黄、柠檬黄、胭脂红、蓝光酸性红以及防腐剂苯钾酸钠等，这些人工合成色素可能会使儿童的智商下降 5 分。

吉姆·史蒂文森教授随后专门写信至英国食品标准管理局，呼吁尽快采取措施禁止人工色素的使用。信中称，根据他们的研究，"人工色素对儿童智力的破坏作用

跟铅中毒差不多"，20 世纪 80 年代初，研究者发现铅对儿童的智力有很大的损害，高铅儿童与低铅儿童的 IQ 值上相差 5.5 分。2000 年，含铅汽油被全面禁止。但英国食品和饮料协会表示"食品添加剂的使用是严格按照欧洲的有关法律进行的，是在欧洲科学委员会批准安全的情况下才使用的。"

2008 年 3 月，欧洲食品安全委员会（EFSA）发布了对吉姆·史蒂文森教授研究成果的审查结论，称"这项研究只提供了非常有限的证据来说明这些添加剂对于儿童的活动与注意力有微弱影响，而这一微弱的影响是否具有实际意义并不清楚。加上这项研究在其他方面的缺陷，EFSA 专家组的结论是它不足以成为改变这些合成色素和苯钾酸钠安全标准的理由。"

吉姆·史蒂文森教授的实验一共测试了 6 种色素，有趣的是，2009 年，欧洲食品安全委员会还是将其中 3 种的安全上限调低，但特别声明，调低与该研究结论无关。2010 年 7 月，EFSA 要求任何含有这 6 种色素的食品都必须在包装上加上警告信息，注明可能对儿童的活动与注意力有负面影响。在美国，也有消费者权益组织申请将含有色素的食品加上类似的标注，但被 FDA 驳回。在中国，这些色素都是允许限量、在指定范围内使用的，但滥用的情况较为普遍。

甜味剂

"甜蜜蜜，你笑得甜蜜蜜，好像花儿开在春风里……"人类对甜食的向往可以说是伴随在千万年的进化历程中，深深的刻在 DNA 里。对于采集捕猎为生的远古人类而言，肉固然更好吃，但对于饥肠辘辘的古人而言，活蹦乱跳的野兽未必是第一选择，谁吃谁还不一定，这时还有什么能比静静待在树上的果子更完美的呢？再加上"甜"意味着能量，于是这一美好印象就成为人类共同的遗传记忆和饮食偏好了，这或许可以解释为什么不管哪个国家的小孩子，都倾向于吃甜食了。

糖精

1878 年，糖精在实验室被发明，在此之前，人们食用的糖主要是通过天然植物加工而成。在中国古代，糖主要分 3 类：一类是淀粉水解而成的饴糖，因其中含有麦芽糖而甜；一类是由甘蔗汁加工而成的蔗糖，也就是我们今天很熟悉的白砂糖；还有一类是蜂蜜。西周时的《诗经》中已有"周原膴膴，堇荼如饴"的描写；战国时的《尚书·洪范篇》中也有"稼穑作甘"的句子，"饴"、"甘"指的都是饴糖。

糖精是人工合成的，化学名称是邻苯甲酰磺酰亚胺，制作原料主要有甲苯、氯磺酸、邻甲苯胺等，均是石油化工产品。糖精可以增加甜味，吃起来和糖的区别不大，但一则可以工业化大规模生产，使得成本远低于糖，二则因其甜度为蔗糖的300～500倍，用量更少即可达到同样的效果，因此问世后深受食品企业的喜爱。糖精不会被人体吸收，基本能被排出体外，听上去完胜蔗糖，但历史上，关于糖精安全性的争议却是一波三折，直到2000年才算基本画上句点。

1958年，FDA对食品添加剂的管理进入新的阶段，发布了《食品添加剂修正案》，规定任何添加剂在上市前必须通过安全审查，同时也列出了675种"一般认为安全"（GRAS）的食品原料，糖精因为已使用了几十年，也位列其中。但20世纪60年代，多项学术研究表明，糖精可能是一种致癌物质。1972年，FDA计划禁用糖精，但反对者称糖精致癌的证据还不充分，可能是糖精中的杂质致癌，于是FDA决定采用过渡方案，等有确凿证据后再做决定。1977年，加拿大的一项老鼠研究显示，老鼠被饲喂大剂量的糖精后，患膀胱癌的几率明显上升，于是加拿大宣布禁用糖精，FDA准备跟进。然而糖精工业界鼓动消费者向国会表达强烈抗议，理由之一是，糖精是当时唯一的甜味剂，而且不为人体所吸收，因此广受糖尿病患者的喜爱，如果禁用，对大量患者是极大的损失；另一理由是，美国人已经吃糖精吃了几十年，都没出什么事，动物实验的结论有问题。最后双方妥协的结果是，没有更确凿证据前，暂不颁布糖精的禁令，但所有含糖精的食物必须附带警告标签："糖精可能是致癌物质。"

之后的诸多研究越来越倾向于证实糖精与癌症，尤其是膀胱癌，没有相关性，摄入正常剂量的糖精并不会对人体健康产生多大的影响。之所以加拿大老鼠实验中老鼠会患膀胱癌，是因为老鼠尿液中的pH值、磷酸钙和蛋白质含量都较高，长期大量食用糖精，会使尿液中的沉淀增多，引发癌症。但老鼠的尿液与人类的相差甚远，因此糖精在老鼠身上致癌的原理并不适用于人类。1991年，FDA正式撤回禁用糖精的提案，但警告标签仍需要继续注明。1998年的一项研究显示，对猴子长期喂食5倍于人体安全剂量的糖精，连续观察24年，未发现膀胱癌。2000年，美国国家环境

卫生科学研究所的结论也与之类似，同年，美国国会通过提案，糖精产品再也无需标注可能致癌警告信息。

在中国，糖精的钠盐：糖精钠，是允许限量使用在部分食品中的。糖精钠在体内不分解，不被人体吸收，大部分能通过尿液排出而不损害肾功能，也不改变体内酶系统的活性，比较安全。JECFA 规定的糖精每日允许摄入量限值为 5 毫克/千克，即对一个 60 公斤的成人而言，每天摄入小于 300 毫克的糖精是没有问题的。按照正常的吃法，通常一天不会吃得了这么多。但如果多种食品中均含有糖精，则可能会摄入超限，毕竟在中国糖精钠最常见的问题是不标注、超范围使用和超量使用。

1999 年，中国消协在北京、河南等地随机抽取了 98 种不同品牌的饮料进行比较试验，结果显示，"61.2% 的饮料含有各类人工合成的甜味剂，其中 55.2% 的饮料含有糖精，约 1/4 的饮料含有糖精但未在标签上注明，有的使用了'不含糖''无糖食品'等诱人说法，也有的使用了诸如糖蜜素、健康糖、甜宝、高甜素等模糊名称。"

部分饮料是允许使用糖精钠的，但使用了却不标注不符合国家规定，涉嫌商业欺诈。而白酒并不允许使用糖精钠，如果使用，则可能引发食品安全问题。2013 年 5 月，武汉市质监局执法人员对市内白酒作坊展开专项整治，抽检时发现有 30 多家作坊违规添加糖精钠。湖北省酒业协会相关负责人表示"真正的纯粮酿造酒根本不必使用添加剂，个别白酒作坊或小企业为了调节口感或节约成本，可能会在酒中添加酯、酸、醇类物质以及甜蜜素、糖精钠等。"2013 年 6 月，贵州省质监局对该省生产的散装白酒进行了抽检，共有 113 种散装白酒不合格，原因主要是白酒中的甜味剂甜蜜素、糖精钠超标。

甜蜜素

糖精是最古老的人工合成甜味剂，有趣的是，虽然它的甜度最高是蔗糖的 500 倍，但吃起来仍有轻微的苦味，还有些许的金属味。1937 年，美国伊利诺伊大学的研究生麦克尔·斯维达（Michael Sveda）合成甜蜜素，即环己基氨基磺酸钠，其甜度只有蔗糖的 30 倍左右，但后苦味比糖精要低，成本也低，而且与糖精混合使用时，既能带来甜味还能避免苦味，因此广受食品行业的欢迎，1950 年代开始用于软饮料行业，1958 年，同糖精一道列入 FDA 的 "一般认为安全"（GRAS）的食品原料列表中。

1968 年，有研究发现，240 只喂食大剂量甜蜜素和糖精混合物的老鼠，有 8 只出现膀胱癌。1969 年，美国的研究者用老鼠对甜蜜素进行毒理实验时发现，老鼠出现睾丸萎缩、睾丸重量减少的现象，推测可能是因为甜蜜素在代谢过程中经过肠道微生物作用分解成环己胺，而环己胺被证实对人体有害，这一推论得到美国国家科学研究委员会的认可。1970 年，FDA 禁止甜蜜素作为食品添加剂继续使用。之后关于甜蜜素的安全评估并没有停止，1990 年代，美国国家癌症研究所（NCI）与 FDA 先后两次重新进行审查，结论是甜蜜素的致癌性未经证实，但即使如此，FDA 表示不会推翻现有禁令。

在中国，目前允许在指定范围内适量使用甜蜜素，如碳酸饮料、罐头、蜜饯、酱菜、饼干、面包等。与糖精一样，甜蜜素的主要问题是超范围使用和超量使用。深圳市市场监督管理局曾在抽查中发现麦片甜蜜素超标，北京市工商局曾在抽检中发现烤花生仁甜蜜素超标。2013 年 5 月，《最高人民法院、最高人民检察院关于办理危害食品安全刑事案件适用法律若干问题的解释》发布，最高人民法院还公布了 5 起危害食品安全犯罪的典型案例，其中一例便是用食用酒精掺入自来水、苞谷酒和甜蜜素等勾兑白酒冒充苞谷酒销售。

除了法律允许的食品外，不管是玉米、白酒、花生还是麦片，都不得使用甜蜜素，一旦使用，均属于违法行为。但吃过的消费者也不必过于担心，这个量未必会造成危害，WHO 规定甜蜜素的每日容许摄入量 ADI 的限值是 11 毫克/千克·体重，即一个 60 公斤的成人，每天不得超过 660 豪克，按正常吃法，一般不可能吃得超量。当然，很有可能不法商贩除了使用甜蜜素外，还使用其他的添加剂甚至非法添加物，这就要另议了。

农用化学品

最近 30 年来，中国的农业产量逐步上升，位居世界前列，这一成就与农药化肥等农用化学品的广泛使用密不可分。在耕地短缺、人口渐增的背景中，使用农药化肥被认为是增加粮食产量的必然选择，中国也已成为世界上农药、化肥生产和消费

的大国。但人们很少意识到，农用化学品是把双刃剑，在增产的同时也给食品安全、生态环境带来严重的威胁。

农药

最早、最普遍使用的农用化学品是杀虫剂。最初，杀虫剂因为能有效杀灭害虫，增加粮食产量，一度被认为是科技进步的象征。但最早引起人们警惕和反思的，同样也是杀虫剂。1962 年，美国海洋生物学家雷切尔·卡森（Rachel Carson）女士出版了《寂静的春天》（Silent Spring），这本书首次将农药与环境污染对人类的影响这一议题带入公众视野，引发了美国各界对人与自然关系的反思，推动了美国乃至全球范围内生态思潮以及环境保护运动的发展。

《寂静的春天》出版时，DDT（滴滴涕，化学名双对氯苯基三氯乙烷）是当时世界上使用最广泛的杀虫剂，廉价且高效，尤其适用于杀灭传播疟疾的蚊子。因为DDT 的普及，疟疾的传播才得到有效的控制，DDT 的发明者，瑞士化学家保罗·赫尔满·米勒也因此获得 1948 年诺贝尔生理学或医学奖。DDT 能强力杀虫，很快被引入到农业生产，也确实在短时间之内迅速提高了粮食产量。但雷切尔·卡森敏锐的意识到，DDT 等农药不但能杀死害虫，还会杀死益虫，更让人担忧的是，DDT 会积累在昆虫的体内，不管是害虫还是吃害虫的益虫，当这些昆虫成为其他动物的食物后，DDT 便进入食物链开始逐级上升。在食物链中级别越高的，累积的 DDT 会越多，生物体忍受杀虫剂的能力与体重相关，当超过这个限值时，就会致命。虽然使用DDT 的目的是消灭害虫，但导致的结果是鸟类、鱼类的生存同样面临威胁，更可怕的是，在多数食物链中，顶端都是人类。《寂静的春天》通过环环相扣的论证，告诉读者杀虫剂的使用是如何改变了水和土壤，那些致命的毒素，不管最初排放量有多小，但最终将通过生物链一级一级的累积、放大，最后进入人体。

伟大的著作总有类似的遭遇，如同达尔文的《物种起源》一样，《寂静的春天》问世之初也是毁誉掺半，但其支持者越来越多。时任美国总统的肯尼迪曾在国会上讨论过这本书，并指定了一个专门调查小组对其观点进行审核，调查结果确认了其关于杀虫剂潜在威胁的警告。1970 年，第一个农业环境组织，美国环境保护署（U. S Environmental Protection Agency）成立。1972 年，美国禁止了 DDT 在境内的使用。1994 年，时任美国副总统的阿尔·戈尔在给重印的《寂静的春天》写序言时称"无疑，《寂静的春天》的影响可以与《汤姆叔叔的小屋》① 媲美。两本珍贵的书都改变了我们的社会。"

美国当年碰到的问题，中国现在同样碰到了。然而在中国，杀虫剂、除草剂等农药的使用可能带来的深远危害却仍没有引起社会的足够重视。2011 年 5 月，中国科学院植物研究所首席研究员蒋高明在接受采访时透露，"我国农药的平均施用量13.4 千克/公顷，其中有 60%～70% 残留在土壤中；2008 年我国农药总量 173 万吨，平均每亩施加 1.92 斤农药"，而在 1990 年，农药施用总量仅约为 70 万吨，这 20 年来，耕地面积并未扩大很多，但农药用量已经翻了近 3 倍。蒋高明戏称，"经常有专家说，中国人用了世界上 7% 的耕地养活了世界上 21% 的人口，都很自豪，但是其中还有一个问题大家忽略了，我们可能用了世界上一半的化肥和农药。"

除了杀虫剂，除草剂也是使用范围相当广泛的农药。用除草剂清除杂草，原理是模拟植物生长激素，使植物异常生长，最后功能失调而死。但数据显示，大量使用除草剂会对接触者有害，造成智能衰退、癌症或不孕、畸形儿比例增加等症状。这是因为人体会分泌不同的激素来实现不同的功能，其中之一是雌激素，与生殖发育有关，雌激素异常会导致身体异常，乳腺癌、前列腺癌都与雌激素的异常变化有关。而一些环境污染物具有雌激素活性，能影响人体内雌激素的水平，被称为"环境雌激素"，部分杀虫剂、除草剂就含有"环境雌激素"。因为美国是最早、最普遍使用除草剂的国家，其水体受污染的情况更早出现。有研究者发现，受除草剂产生的雌性激素的影响，部分雄性青蛙出现雌化的现象，丧失了生育能力。美国还曾爆发过开蓬泄露到河流的事故，开蓬是杀虫剂的主要成分，具有微弱的雌激素活性，结果后来发现周围工人的精子数量明显下降，直到几十年后，河中仍能检测到它的存在。

硫丹的经历值得借鉴。硫丹是一种典型农药，曾用作棉花、烟草、茶叶和咖啡等作物的杀虫剂，在水中的半减期长达 150 天，能以水为媒介进入植物体内，并以有机氯化物的形式积累在脂溶性组织中，此外还能够以蒸汽的形式在空气中长期漂

---

① 《汤姆叔叔的小屋》一书是美国南北战争的导火线之一，林肯总统也曾把斯陀夫人称为"发动南北战争的妇人"。林肯在南北战争处于高潮时会见了她，对她说："您就是启始整个事件的小女士。"

移，降落时会污染附近的土壤。2005 年时中国曾有过一次全国范围内的抽样调查，结果显示硫丹在各地土壤中均普遍残留，其中以江苏、福建等地残留量最高。因为硫丹的毒性、生物蓄积性和内分泌干扰素作用，遭到欧盟在内的 60 多个国家的禁用，并在 2011 年 4 月，《斯德哥尔摩公约》第五次缔约方大会被增列为禁用物质，中国等 127 个国家是该公约的签约国，此后将全面禁用硫丹。

禁用高毒、高残留农药的路，中国走得很艰难，原因有三：虫害的抗药性、农户的使用习惯和化工厂的逐利。农药的使用是条单行道，一旦开始施用，剂量通常会越用越大。原理很简单，虫害大都寿命短、繁殖率高，杀虫剂只是将其数量减少，而非根绝，这是一个自然选择的过程，最后存活下来的都是抗药性高的虫害。这些虫害的后代抗药性会越来越高，为了起到和以前一样的效果，农民不得不增大杀虫剂的使用剂量。对于蚜虫、螨类、白粉虱、蚊、蝇等虫害而言，一年可以繁衍近十个世代，如果农民一年里多次使用同一种杀虫剂，抗药性出现的概率就大得多。另外虫害的捕食者，也就是益虫，因为捕食的虫害含有杀虫剂，会在其体内聚集，达到一定量时，就会致死。相比而言，益虫的寿命长、更迭慢，不容易产生抗药性，更可能成为杀虫剂的受害者。益虫减少后，为控制虫害的量，杀虫剂的用量还要进一步增加。

对于农户来讲，因为知识水平的缺乏，他们选用农药的原则基本上是"一看广告，二看疗效"，很少自己决定。2013 年 5 月，《新快报》的记者伪装成农民去农用品店购买农药，店主不停地向记者推荐，当记者提出想购买"杀虫脒"时，店主取出一批农药，称"这就是差不多的了"。但记者发现，这些农药的外包装上，根本没有写清楚成分。业内人士表示，"一般农民根本不可能知道自己在用什么农药，都是老板说了算。换个角度想，老板也想生意好，自然会推销一些毒性强的农药，农民听效果好，自然就用了。"

在中国，小葱、韭菜等几乎所有的小品种农作物都没有专门的农药，主要是因为小品种农作物的市场总量小，利润较低，市场风险高，农药生产企业往往不愿意涉足。湖南省农药工业协会秘书长汪建沃表示，小品种农作物农药的缺乏已成为中国农业发展的瓶颈，"就目前为止，我们国家累积批准写着有效期的大田农药产品已经突破了 2 万多个，登记的农药有效成分将近 700 多个，那么在小作物上的农药用药一直是比较缺乏的状态，百分之一都不到了，一药难取。"对企业而言，生产剧毒

194

农药更划算。记者在调查时发现，所购买的"呋喃丹"、"氧乐果"等，在外包装上与普通农药无异，但包装上仅建议说明了用途，对国家的限用规定只字未提，而且对成分的标识也模糊不清，仅说明了农药的种类，没有标明具体的化学成分。业内人士称，这些违规农药的生产来源主要有两种：一是正规厂家偷偷生产，二是黑作坊私自调配。这样生产的农药可以轻易的躲避监管部门的监督，通常由农药销售员直接上门兜售。制售违禁农药的利润很大，风险很小。《农产品质量安全法》第五十条规定："农产品生产企业、农民专业合作经济组织销售的农产品含有违禁农药成分或农药残留量超标的，责令停止销售，追回已经销售的农产品，对违法销售的农产品进行无害化处理或者予以监督销毁；没收违法所得，并处二千元以上二万元以下罚款"，最高才两万元的罚款对生产企业来说几乎毫无威慑而言。

剧毒农药的大量使用使得农药残留超标的现象几乎无可避免。2012 年 4 月，绿色和平（Green peace）组织发布《2012 茶叶农药调查报告》称，经对吴裕泰、张一元、天福茗茶、御茶园、中茶、日春等茶叶品牌的中档茶叶进行第三方检测，结果显示这些包括绿茶、乌龙茶和茉莉花茶在内的普通消费者最常接触的茶叶，"9 个品牌的所有 18 个茶叶样本全部含有至少 3 种农药残留，12 份茶叶样本检出灭多威、硫丹及氰戊菊酯等违法违禁农药残留，14 份含有多菌灵和苯菌灵、腈菌唑和氟硅唑等影响生育能力、胎儿发育或可能损害遗传基因的农药残留。"半个月后，该组织又抽检了立顿的茶叶，结果显示"立顿绿茶、茉莉花茶和铁观音样本均含有农业部明令禁止在茶树上使用的高毒农药灭多威。此外，立顿铁观音被发现含有早在 2002 年农业部就禁止使用在茶树上的三氯杀螨醇，而立顿绿茶则含有国家规定不得在茶树上使用的硫丹。"

根据"剂量决定毒性"的原则，药物残留不是问题，残留量有无超标才是重点。但标准有多个，如按中国标准，氯氢菊酯允许的最大残存量为 20 毫克/千克，噻嗪酮为 10 毫克/千克；而如按欧盟标准，氯氢菊酯为 0.5 毫克/千克，噻嗪酮为 0.05 毫克/千克，最高相差近 200 倍。如果按照中国标准，绿色和平所检测出的残留农药并无超标，而如果按照欧盟标准，则严重超标。至于为何会被检出禁用农药，立顿向媒体解释称"现代检测手段发达，查出通过空气、土壤等渠道进入的微量禁用农药不足为奇，关键是量是否超标。以农药'六六六'为例，虽然早已经禁用多年，但其在空气中要完全消解至少需要数十年的时间，也完全可以检测到。"立顿茶叶被测出含农药的事后来不了了之，但茶叶含农药的现象并没因此杜绝，2013 年 6 月，苏

州食品安全办公室通报称，有4批次茶叶在抽检时发现三氯杀螨醇超标；而广东的抽检则显示有近7%的茶叶农药残留超标。

茶叶被认为是健康饮品，测出含禁用农药已让不少消费者感到不安。2013年6月，绿色和平发布的《药中药——中药材农药污染调查报告》则引发了消费者更大的恐慌。报告称，2012年7月至2013年4月，绿色和平在北京、昆明、香港等9座城市，购买了三七、金银花、枸杞、当归、白术等常用中药材送去第三方实验室检测。结果显示，65个样品中48个含有农药残留，占70%，其中32个样品都含有3种或以上的农药残留，其中26个样品中，含有甲拌磷、克百威、甲胺磷、灭线磷等6种禁止使用于中药材上的农药。绿色和平的报告总结称，"尽管中药材以其天然特性和治疗保健功效倍受患者和消费者信赖，却由于其种植模式过度依赖化学农药的使用，导致中药材被农药严重污染，在产品中存在多种农药残留。"

化肥

当说起农用化学品对人类的威胁，对食品安全的影响时，人们通常说的是农药的滥用；当说起农作物重金属含量超标，影响消费者健康时，人们通常以为仅仅是因为工业污染。其实，很长时间以来，一个重要的影响因子一直被忽视，它就像一个幽灵，在田间地头徘徊，却没有引起足够的重视，它就是化肥。同样作为农用化学品，滥用化肥产生的恶果并不比农药少，而且因为其后果不易被察觉，因此滥用的情况更普遍。

化肥即化学肥料，是指"用化学和（或）物理方法人工制成的含有一种或几种农作物生长需要的营养元素的肥料。"农作物生长所需要的常量营养元素有碳、氢、氧、氮、磷、钾、钙、镁、硫，微量营养元素有硼、铜、铁、锰、钼、锌、氯等，其中以氮、磷、钾最为必需，如果一种化肥含有氮、磷、钾中的至少2种养分标明量，则被称为复混肥料。

世界上第一种化学肥料是用硫酸处理磷矿石后制成的磷肥，由英国乡绅劳斯（L. B. Ross）发现于1838年。在此之前，不管是亚洲还是欧洲，农民普遍使用动物粪便作为肥料。在古希腊神话中，大力士赫拉克罗斯是众神之主宙斯之子，一个半神半人的英雄，他曾创下 12 项奇迹，其中之一便是在一天之内将伊利斯国王奥吉阿斯养有 300 头牛的牛棚打扫得干干净净。他将河流改道，用河水将牛粪冲至附近的土地，使农作物获得丰收。这虽然是神话，但表明至少在当时，人们已经意识到粪肥可以增产作物。在中国，也有"庄稼一枝花，全靠粪当家"的说法。

粪肥的缺点在于产量容易出现瓶颈，也难以长途运输，因此当耕地扩大，农业大规模生产时代来临后，粪肥只能渐渐退出历史舞台。当然，近年来，随着有机农业概念的兴起，粪肥再次重返舞台，这是后话。化肥能使耕地土壤包含的营养成分增多，增加粮食产量，是人类科技改善生活品质的明证。但过犹不及，过量的使用化肥不仅会对土地造成伤害，还会间接引发食品安全问题。在中国，化肥过量使用的情况十分严重。

2012 年 5 月，澳大利亚工程院院士、西澳大利亚大学农业首席科学家登鲍·西狄克做客广东省科学中心小谷围科学讲坛时，直言中国农业生产过于依赖杀虫剂和化学肥料，尽管产量提升很快，但在生产源头上会带来食品安全隐患。他表示"中国每单位土地粮食产量是 6.26 吨，使用肥料 200 公斤。日本产量是 6.42 吨，使用肥料 70 公斤。韩国产量是 6.79 吨，使用肥料 110 公斤。"论粮食产量，中、日、韩相差不大，但化肥用量，中国是日、韩的 2 到 3 倍。

无独有偶，中国科学院植物研究所首席研究员蒋高明的调查也证实了这点，蒋高明统计出了中国农业近 50 年来的化肥平均施用量，结果显示 20 世纪 50 年代时，一公顷（15 亩）土地施用化肥近 4 千克，而 21 世纪初为 434 千克，50 年内增长了近百倍。据据蒋高明介绍，"国际公认的化肥施用安全上限是 225 千克/公顷，但目前我国农用化肥单位面积平均施用量达到 434.3 千克/公顷，是安全上限的 1.93 倍"，令人感叹的是，"这些化肥的利用率仅为 40% 左右。没用完的，都变成了污染。"

因为化肥的滥用，自 20 世纪 70 年代末以来，中国耕地的肥力出现明显下降，不少地区农田土壤的有机质含量已从 20 世纪上半叶的 50%～70% 下降到 1%，有机质是指各种动植物残体、微生物及其分解合成的有机物质，是作物生产的必要条件。没有了有机质，如果不施用化肥，什么庄稼都种不出来。"白云黑土"常被用来形容东北，"黑土"即富含有机质的肥沃土壤，然而就是在东北，黑土层以每年近 1 厘米

的侵蚀速率在流失，可能 50 年之后，整个黑土层就将消失殆尽。这种非正常流失，很大程度上与化肥的滥用有关。

除了破坏有机质，滥用化肥带来的恶果还有酸化土壤。2010 年 2 月，《科学》（*Science*）刊登了一篇研究中国土壤问题的论文，论文作者是中国农业大学资源与环境学院院长张福锁及其团队，该团队的研究发现，"中国主要农田的土壤在过去 20 年间发生了显著的酸化现象。罪魁祸首，恰恰是最主要的化肥品种——氮肥。" 1998 年，张福锁曾去山东考察，发现一户农民在不到 1 亩地的农田里施用的氮肥竟超过了 1000 公斤，而根据科学的算法，"按照正常的氮肥施用量，以小麦、玉米、水稻为主的粮食作物体系，只需要每亩 150 至 200 公斤氮肥；以蔬菜、果园为主的经济作物体系，也不过 300 多公斤而已。"张福锁好奇的问，"哪里用得着那么多？"农民回答，"没关系，反正我能卖 4 万块钱，化肥才花了 4000 块。"这是中国农业滥用化肥的一个缩影。

根据张福锁的数据："自 1981 年至 2008 年，通过发展高投入集约化农业，中国粮食年产量从 3.25 亿吨增长至 5.29 亿吨，增长约 6 成。与此同时，氮肥消费量却从 1118 万吨增加到 3292 万吨，增长了近 2 倍。目前，中国占全球 7% 的耕地，消耗着全球 35% 的氮肥。"后果是中国高达 90% 的农田土壤存在不同程度的酸化现象。土壤本身有较为稳定的酸碱度（pH 值），但氮肥在转化过程中会形成阴离子硝酸盐，在水的作用下，会结合碱性的阳离子如钙、镁离子等，使得土壤酸度增加。张福锁团队的研究显示，氮肥的滥用让土壤酸碱度下降了近 0.5 个单位，在自然条件下，下降 0.5 个单位需要成百上千年，而"我们在 20 年就完成了这个过程，说明中国过去 20 年来高投入集约化农业生产，大大加速了土壤酸化进程"，张福锁表示"氮肥过量施用对土壤酸化的潜在'贡献率'达到 6 成；对以大棚蔬菜和果园为主的经济作物体系而言，氮肥过量施用的'贡献率'则高达 9 成"，"现实中，农民每年平均 1 亩粮食作物施氮肥 600 公斤的现象十分普遍，蔬菜地和果园等经济作物的氮肥施用量甚至高达上千公斤。"

酸化的土壤会直接或间接导致食品安全问题，威胁民众健康。最直接的影响是污染地下水，氮肥转化而成的硝酸盐会使地下水的硝酸盐含量超标，过量的硝酸盐可能导致高铁血蛋白症，还可能致癌。过量使用的氮肥污染地下水或汇入河流后会导致河流湖泊的富营养化。2007 年 5 月，江苏省无锡市的市民发现家中的自来水水质骤然恶化，气味难闻，难以正常饮用。当晚，无锡市大部分超市的纯净水被抢购一空，次日买不到纯净水的市民开始抢购果汁饮料。调查显示，自来水污染是因为无锡市唯一的饮用水取水源太湖暴发了大量蓝藻。近年来，太湖几乎每年都会在 5 月底 6 月初暴发蓝藻，暴发蓝藻的原因是水体的富营养化。国家环保总局副局长张力军介绍称，"2006 年，太湖湖心区平均氮、磷的含量分别比 1996 年增加了 2 倍和 1.5 倍。2007 年 5 月以来，太湖大部分水域藻类叶绿素的含量局部地区高达每升 230 多微克，这就为藻类生长提供了一个最为基础的物质条件，太湖呈全湖性的富营养化趋势。"

2010 年 2 月，中国第一次污染源全国普查的结果显示，"农业污染源是主要水污染物化学需氧量（COD）的最大'贡献'者，排放量占 4 成以上。而总氮的排放量为 270.46 万吨，占排放总量的近 6 成。"此外，氮肥的过量使用还会促进全球气候变暖。氮肥会转化为氧化亚氮，温度越高，转化率越大，而氧化亚氮是比二氧化碳更具致暖效应的温室气体，既会促进气候变暖，还会破坏臭氧层。遏制化肥滥用的势头很艰难，尤其在中国，多年来，政府一直鼓励"高投入高产出"，给化肥生产提供大量补贴和政策优惠，这在早期确实起到了积极作用，但现如今已经不合时宜了。而在农民看来，一亩三分地上化肥用得再多，开销也不算大，还能够增产，何乐而不为。如果没有外力介入，化肥滥用的现象会陷入恶性循环，难以自拔。

2013 年 5 月，媒体曝出广东地区大米抽检结果显示 10%～44% 镉超标，引起消费者高度关注。广东的镉米主要来自湘南和粤北地区，这一带土壤镉含量高，有色金属矿多，加之开矿过程中不重视环境的保护，使得该地区的大米镉含量明显高于其他地区。但这并不是唯一原因。日本早些年也饱受镉污染的困扰，因此对于镉超标有着大量的研究。日本的一项研究显示，大米镉含量超标（按中国标准是 0.2 毫克/千克）不一定全是因为土壤镉含量超标（0.3 毫克/千克），即使土壤中的镉含量低于 0.3 毫克/千克，还是可能种植出镉含量超标的大米。镉米的出现与土壤整体环境有关，尤其是酸碱度。研究证明，稻米对镉的吸收与土壤的 pH 值负相关，当 pH 值在 4.5～5.5 时，稻米吸收的镉最多。这表明，滥用化肥造成土壤酸化是镉米产生的一个重要原因，即使土壤没被污染，种植的稻米也有可能镉含量超标。

人们往土地上投下的农药、化肥、重金属，经过一系列的转变，最终又回到人身上，听上去很讽刺，但这样的事情每天都在发生。城里的工厂排出的废水污染了

农村的地，农村用工业废水种植的作物再出售给城里人吃。人类对大自然每一次无理的侵犯，都会被大自然有理有据的还回来，真是一种循环。

重金属

2012 年 3 月，美国《移民与难民研究》（Journal of Immigrant & Refugee Studies）学术期刊发表了一份研究报告，研究团队根据 2004 年的"纽约健康和营养检测调查"发现，在纽约市不同族群的比较中，亚裔体内的 3 种重金属（铅、镉、汞）超过了其他族群。而来自中国的新移民体内的重金属含量又超过了其他其他亚洲移民，如铅含量高出 44%，镉高出 60%，汞高出 530%，以汞而言，要比纽约当地人高出 660%，超标原因可能与饮食习惯有关。能移民的中国人在国内一般属于社会、经济地位较上层的，连他们都饱受重金属污染的毒害，更不必说贫贱不能"移"的普通民众了。

体内的重金属不是喝进去的就是吃进去的。食品，尤其是农产品中重金属含量超标已经成为食品安全领域不容忽视的问题了。2013 年 1 月，中国社会科学院当代城乡发展规划院与社科文献出版社联合发布《2012 年城乡一体化蓝皮书》。蓝皮书指出，"农业部门近 5 年农业环境质量定位监测的结果表明，湘江流域农产品产地受重金属污染的面积已逾 118 万亩，已成为湖南省重金属污染的重灾区，其中重度污染的约 19 万亩，占 16%。主要污染物为镉、砷等，尤以镉的污染最为严重，土壤镉的超标率高达 64%。"

而据国土资源部的统计，"目前全国耕种土地面积的 10% 以上已受重金属污染，共约 1.5 亿亩；此外，因污水灌溉而污染的耕地有 3250 万亩；因固体废弃物堆存而占地和毁田的约有 200 万亩，其中多数集中在经济较发达地区。"此前国土资源部还曾表示，"中国每年有 1200 万吨粮食遭到重金属污染，直接经济损失超过 200 亿元。而这些粮食每年足以多养活 4000 多万人。"

2007 年，南京农业大学农业资源与生态环境研究所教授潘根兴及其研究团队，抽样调查了全国六个地区（华东、东北、华中、西南、华南和华北）县级以上市场的大米样品 91 个，结果显示 10% 左右的市售大米镉超标。潘根兴表示，"现在我国土壤污染比各国都要严重，日益加剧的污染趋势可能还要持续 30 年。"中国环境科学研究院土壤污染与控制研究室研究员李发生观点与之类似，"随着中国经济发展和人口增加，中国土壤污染总体上呈加剧趋势。"

农作物所含的重金属主要吸附自其生长的土壤，重金属超标有两方面的原因，一是土壤中重金属超标，被作物吸附；二是土壤中重金属虽然没超标，但土壤呈酸性，使得作物能高效吸收重金属。土壤重金属超标的主要原因是环境污染，用被污染的水灌溉或者被污染的空气沉降到土壤上所致；土壤酸碱度（pH 值）较低的主要原因是化肥的过量使用。

环境污染

工业污染

2013 年 5 月，广州市食品药品监督管理局在其网站公布了 2013 年第一季度抽检结果，结果显示，大米及米制品抽检的 18 批次中只有 10 批次合格，镉含量超标率高达 44.44%，不合格的 8 批次经溯源查实，其中 6 批次来自湖南省株洲市攸县和衡阳市衡东县，这两个地方均以工业重镇而著称，该调查迅速引发民众的强烈反响。

摄入重金属元素会对人体造成伤害，以镉为例，日本在 20 世纪中叶也曾遭遇大规模的食物镉超标。河流被含镉的水污染后，使得稻米、鱼虾中富集大量的镉，再通过食物链传递到人体，镉在人体的量积累到一定程度后会导致患者骨质疏松、骨骼萎缩、关节疼痛。除此之外，镉会积累在肝、肾、胰腺、甲状腺中，使其发生病变，并影响人体对钙的重吸收，导致骨骼缺钙，并诱发贫血、高血压、神经痛、分泌失调等病症。

湖南镉米中的镉从何而来，现在尚无定论，但一般认为，这与当地的工业污染脱不了干系。以株洲市攸县为例，攸县自 2000 年起便被评为湖南省五个农业农村现代化建设试点县之一，水稻是其最主要的粮食作物。与此同时，攸县的矿产资源也十分丰富，已探明的煤、铁、锰、钨等有色金属矿藏资源高达 20 余种，煤炭储量超过 3 亿吨，名列全国 100 个重点产煤大县之中。湖南常被称为有色金属之乡，不仅

如此，自明朝中叶起，就有"两湖熟、天下足"的说法，故又被称为鱼米之乡。遗憾的是，当鱼米之乡遇见有色金属之乡时，问题便出现了。

2013年6月，《21世纪经济报道》的记者对攸县的镉米进行了调查，在田野采访时，记者注意到许多当地农民都认为是被污染的水源导致了大米镉含量超标。根据广东省质监局公布的超标大米名单，攸县的涉事大米企业主要集中在大同桥镇、皇图岭镇、网岭镇等地区，而从地图上看，这些乡镇从南到北呈线状分布。村民告诉记者，当地农户灌溉农田的水都来自酒埠江，通过沟渠引流至耕地，村民称"那个水太脏，我们自己是不喝的，只用来浇地，我们饮用水是挖井的。"

当广东质监局通报攸县的3家企业生产的大米镉含量超标时，攸县有关部门回应称，"涉事企业周围10公里内都没有重金属企业。"但当地村民告诉记者"酒埠江的上游地区充斥着铁矿、煤矿等矿产企业，主要集中在攸县的兰村和栾山地区，由于众多排污大户的开矿企业处于酒埠江上游，因此很难保证水源的干净。"酒埠江灌溉管理局的一位人士向记者证实，大同桥镇、皇图岭镇、网岭镇均属于酒埠江的灌溉范围，而这些地方正是涉事米厂所在地。米厂周围10公里内有没有污染源，这并不重要，米厂又不产米，只是收购米。当地的一位农业界人士称，"大板米厂的稻谷收购范围就远不止10公里，而是从周边乡镇大量收购，像周边的银坑乡、凉江乡等，就有正在生产的铁矿等工矿企业。"

既然镉米与工矿企业的关系重大，是不是将工厂一关了之就解决问题了呢？没这么简单。资料显示，攸县重金属生产企业数量多、规模小、污染重，但却为当地的GDP贡献甚大。根据《2012年攸县国民经济和社会发展统计公报》，2012年攸县GDP为252亿元，其中农业增加值为39.8亿元，仅占16%，工业增加值为138.5亿元，占54%。攸县的官员私下向记者表示，"那些矿产企业都关乎经济指标，都是当地GDP的重要来源，所以牵涉的问题很复杂，都是高层要再三权衡、仔细考量的事。"

电子垃圾

工业污染是土壤重金属含量超标的主要原因，除此之外，电子垃圾的作用也不容小觑。2013年5月，广东省监察厅、环保厅连续两年将汕头市潮阳区贵屿镇的污染整治列入十大环保督办案件，之后CCTV的报道称，镇上90%以上的儿童曾受过重金属污染。

　　贵屿被称为"电子垃圾之都"，镇上遍布着处理电子垃圾的小作坊。潮阳区政府的一次调查显示，"贵屿镇从事废旧电子电器及塑料拆解加工的经营户有 5169 家，13 万居民中有 6 万人从事相关产业，全年拆解废物量超过 100 万吨。"在一个小作坊里，《南方日报》的记者看到了工人们工作的情形，"100 多平方米的一楼大厅里，数以千计的手机主板被堆放在塑料筐中，七八名工人用小型电热器烘烤垫板，并用镊子把板上的电容、电极管等有用电子元件取下，分别放进不同的碗盘等器皿中。由于大量使用加热器和鼓风机，大厅里弥漫着一股塑料的焦臭味。在店门口的玻璃柜里，10 多种拆解下来的电子元件用塑料袋封装后摆放得整整齐齐。"作坊主称，这些元件将会发往深圳华强北与北京中关村等国内大型电子市场。

　　这种拆解方式原始，主要采用的是物理拆解，污染相对较小。但拆解后的电路板上仍有一些贵金属可以再利用，一些小作坊会采用"酸洗"或"烧板"来萃取贵金属，"酸洗"是指用硫酸等浸泡，"烧板"是指高温烘烤，这两种方式产生的污染极大，但成本很低，因此曾广为流传。中国环境科学研究院的调研报告指出，"贵屿新乡、联堤、北林、新厝、后望、湄洲、凤新、凤港等村已经成为土壤重污染区；北港河东西向贵屿镇境内河段、北港河靠近贵屿镇边界河段中上游、练江内溪冲沟出口处河段以及练江下游水渠出口处河段，均因为'酸洗'等因素导致水体和底泥中重金属含量较高，成为重污染河段。"一旦水被重金属污染，下一步就是农田被污染，然后就是农作物被污染，最后就是消费者成受害者，这几乎是顺理成章的事情。

人工添加

　　如果说农民用被污染的水灌溉庄稼导致农作物的重金属含量超标算是无心之过，那么有的食品含有重金属则是蓄意为之的了，食品中的重金属常是因为在制作过程中采用了更便宜的工业级原料所致。

　　2011 年 6 月，美国有线电视新闻网（CNN）的 iReport 栏目在评比全球"十大恶心食品"时，将中国特产松花蛋列为第一名。引发中国部分消费者的不满，7 月，CNN 在其网站上刊登中英双语声明，称"无意造成的任何冒犯"，并"表示诚挚的歉意"。松花蛋，又称皮蛋，传统做法是用纯碱混合生石灰再加入食盐、红茶、米糠

等包裹鸭蛋，储存两个多月，使蛋黄溏化，蛋清凝结为胶冻状，变成半透明的黑色，并有松针状的淡黄色花纹。初到中国的外国人并不熟悉松花蛋的做法，以为要储存很久才会使蛋变黑，因此称之为"百年蛋"（century egg）或者"千年蛋"（thousand-year egg）。

传统制法为了使鲜蛋中的蛋白质快速凝聚以及防止已凝固蛋白再液化，还会加入氧化铅，这就使得制成的松花蛋可能含有铅。按照《中华人民共和国农业标准·NY 5143—2002·无公害食品皮蛋》的规定，传统工艺制作的松花蛋铅含量应≤2.0毫克/千克。2011年2月，《江西省食品安全统一抽检不合格食品名单》发布，抽检的3款松花蛋都存在铅含量超标的问题，其中最高超标值为47.16毫克/千克，超标近25倍。铅摄入过量会导致铅中毒，尤其是儿童。

为了避免铅中毒，皮蛋生产企业对制作方法进行了升级，采用硫酸铜、锌替代氧化铅，这样制作的皮蛋被称为"无铅皮蛋"，国家标准对"无铅皮蛋"中铅含量的限定值为0.5毫克/千克。但"无铅皮蛋"未必安全。

2013年6月，江西某县一位皮蛋从业者向CCTV的记者爆料称，当地会使用工业硫酸铜加工生产皮蛋，而工业硫酸铜中含有大量的重金属如砷、铅、镉等，会通过皮蛋传递到人体，造成健康威胁。记者在暗访时核实了这一说法，在一个加工厂厂房的角落，记者发现了十几包食品添加剂氢氧化钠和硫酸铜。使用硫酸铜的好处之一是可以缩短加工时间，从原来的两个多月减为一个多月。加工厂老板对此并不否认，而且表示用的硫酸铜是食品级的，符合国家规定。但记者随后采访了国家食品药品监督管理总局新闻宣传司的刘冬，后者表示，截至记者采访时，该局未发放过任何生产食品添加剂硫酸铜的许可，也就是说目前全国无一家生产食品添加剂硫酸铜的企业。事后，该县县委宣传部发布通报称，已要求乡镇、质监部门联动对全县所有皮蛋加工企业进行拉网式排查，对涉及使用硫酸铜工艺的、有许可证的企业立即停产整顿，对无许可证的一律取缔，目前已关停皮蛋加工企业30家。

抗生素

细观人类使用抗生素的历史，可以算得上是一个哲学问题了：因抗生素的发现，

204

人类第一次能控制致病菌的蔓延；但随着抗生素的普及，致病菌开始快速进化，产生耐药性；人类开始研发更高效的抗生素来抑制产生耐药性的致病菌，如果研发速度赶不上致病菌的进化速度，人类可能回到抗生素出现前的处境。而开发一种新的抗生素大约需要 10 年，耐药菌的产生大概只需要 2 年，情况看上去不妙。

药用抗生素

人类发现的第一种抗生素是大名鼎鼎的青霉素，又称盘尼西林（Penicillin），1928 年由英国微生物学家亚历山大·弗莱明意外发现。这是科技史上充满了传奇色彩的一幕，一个幸运的失误。当时弗莱明在伦敦大学教授细菌学，正在写一篇关于葡萄球菌的论文，在实验室里培育了大量的金黄色葡萄球菌。8 月，弗莱明去乡下度假，可能是窗户没关严，也可能是培养皿没有做好防护措施，空气中的霉菌孢子飘落在了某个培养皿中。9 月，弗莱明回到实验室，注意到这个培养皿中长出一团青绿色的霉菌，在显微镜下观察，霉菌周围的葡萄球菌已停止生长。后来证明，这种青绿色的霉菌就是青霉菌，其分泌的抑菌物即青霉素，能起到杀菌作用。

弗莱明的发现当时没有引起重视，直到 1939 年，牛津大学的弗洛里与钱恩成功提纯青霉素，青霉素才开始逐渐投入药用。以青霉素为代表的抗生素的发现，被认为彻底改变了人类与传染病的斗争方式，挽救了难以数计患者的生命，极大的延长了人类的寿命。弗莱明、弗洛里与钱恩也共享了 1945 年诺贝尔生理学或医学奖。

抗生素，如青霉素、四环素等，是抗细菌药的一个分支。抗细菌药是指能够抑制细菌生长或杀死细菌的药物，这些细菌通常是导致人体生病的原因。除抗生素外，抗细菌药还包含抗真菌药、磺胺类等。抗生素最为常见，与民众接触最多，所以在非医学文献中，抗生素常用来指代抗细菌药。

不可否认抗生素对医学乃至整个人类社会的贡献，但过犹不及、物极必反似乎是一条放之四海而皆准的历史铁律，抗生素也不例外。抗生素能快速杀菌，起到几乎立竿见影的效果，因此广受医生和患者的欢迎。很长一段时间里，不管患者病症的种类如何、严重程度如何、抗生素总是第一选择，尤其是在中国。

抗生素滥用的后果是严重的，达尔文的生物进化理论：物竞天择、适者生存，在细菌界同样适用。抗生素能够杀菌，但不至于全部杀死，总有一些生存能力顽强的能残存下来，细菌的繁衍是呈几何级数递增的，没被杀死的细菌很快繁衍出后代，并将耐药性遗传下去。抗生素自己不会进化，但细菌会，久而久之，抗生素的药效就越来越低，原来能够轻松杀死细菌，但现在必须得增大剂量了，最典型的例子是结核杆菌。

因为抗生素的普及，20 世纪 80 年代期，结核病病例数量急剧减少，根除指日可待。但 90 年代末时期，结核病又死灰复燃。2012 年 10 月，世界卫生组织（WHO）关于结核病的报告显示，"耐药性结核病威胁全球对结核病的控制。"这绝非危言耸听，2005 至 2006 年间，南非 Tugela Ferry 县的苏格兰教会医院接收了 542 名患者，其中 221 名患者体内的结核杆菌具有多重耐药性（MDR），虽然使用了抗生素，但仍有 52 名患者不治身亡，这是广泛耐药性（XDR）结核病的第一次大规模爆发，标志着曾经几乎被抗生素根除的结核病又卷土重来了。2011 年，结核病夺取了 140 万人的生命，并导致了 870 万新病例及复发病例的出现。结核杆菌不是个例，肺炎链球菌亦是如此，这种病菌过去对青霉素、红霉素、磺胺等药品都很敏感，现在几乎已经"刀枪不入"。绿脓杆菌对阿莫西林、西力欣等 8 种抗生素的耐药性达 100%，肺炎克雷伯菌对西力欣、复达欣等 16 种高档抗生素的耐药性高达 51.85% ~ 100%。而耐高甲氧西林的金黄色葡萄球菌除万古霉素外已经无药可治。

抗生素滥用应该为耐药性致病菌的出现负责，这在国内尤为明显，就以挂点滴为例，中国平均每人每年要挂 8 瓶点滴，而国际上的平均值仅为 2.5 ~ 3.3 瓶。北京大学临床药理研究所副所长、教授兼主任医师肖永红介绍称"在欧美的发达国家抗生素的使用量大致占到所有药品的 10% 左右。而我国最低的医院是占到 30%，基层医院可能高达 50%。抗生素滥用是我们不可回避的问题。"某医院在 2000 年曾对住院患者使用抗生素的情况进行过调查，结果显示"住院患者中使用抗生素的占 80.2%，其中使用广谱抗生素或联合使用 2 种以上抗生素的占 58%"，远远超过国际平均水平。卫生部新闻宣传中心主任毛群安曾指出，"我国滥用药物情况比较严重，世卫组织因此多次警告中国，如果再不遏制抗生素滥用，将不仅是中国的灾难，可能引发全人类的灾难。抗生素的滥用会造成细菌的耐药性，而细菌是不分国界的，当人类面临传染病的时候，可能出现无药可用的危险状况。"

2012 年 5 月，卫生部出台《抗菌药物临床应用管理办法》，建立了抗菌药物临床应用分级管理制度，将抗菌药物分为非限制使用、限制使用和特殊使用三类，被称为"史上最严抗令"，这是一个好的开端。但人们往往容易产生误解，以为药物是人体摄入抗生素的唯一途径，殊不知，即使一个人从没进过医院、打过点滴，体内同样可能含有抗生素，因为有不法商贩在鸡、鸭、鱼等动物饲料中掺杂抗生素，消费者食用后，动物体内残留的抗生素会转移到人体，耐药菌也会一同传播给人类。

抗生素饲料

2010 年 11 月 25 日，《人民日报》报道了一个病例："广州市妇婴医院曾抢救过一名体重仅 650 克、25 个孕周的早产儿。头孢一代，无效！头孢二代，无效！头孢三代四代，仍然无效！再上'顶级抗生素'：泰能、马斯平、复兴达……通通无效！后来的细菌药敏检测显示，这个新生儿对 7 种抗生素均有耐药性！"医生分析，"新生儿耐药或来自母亲。孕妇在吃大量抗生素残留肉蛋禽时，很可能将这些抗生素摄入"，这表明，"动物产品中残留抗生素，已经成为耐药菌产生的重要原因之一。"

与人一样，动物也会生病，人生病需要吃药，动物生病也需要吃药，抗生素便是"常备用药"之一。肖永红介绍称，"中国每年生产抗生素原料大约 21 万吨，其中有 9.7 万吨抗生素用于畜牧养殖业，占年总产量的 46.1%。抗生素的滥用在全世界的养殖业都是非常普遍的，但在中国显得更为严重。"

抗生素在饲养动物方面有着难以替代的优势，比如提升饲料转化效率，提高动物生产性能，预防、治疗疾病等等。但抗生素的滥用却可能带来难以挽回的后果，中国农业科学院饲料研究所副所长齐广海研究员认为抗生素的负面作用主要体现在，"一是病菌产生耐药性问题；二是引起动物免疫机能下降，死亡增多；三是畜禽产品中的药物残留问题，直接危害人类的健康。动物产品中出现药物残留的不外乎两个方面，一是允许使用抗生素的非法超量添加，二是未经批准抗生素的非法添加。"

为防止抗生素在饲料中的滥用，我国出台了相应的国家标准，仅允许 30 几种人畜不共用的抗生素作为促生长剂添加进饲料，并且对于不同动物、不同生理阶段使用抗生素的种类、剂量和停药期都有着严格规定。但因为抗生素效果明显，偷用、滥用的现象屡见不鲜，中国社会科学院中医药事业国情调研组在调查时发现，"中小

养殖户不仅大量使用具有严重毒副作用的淘汰类别抗生素，就连人类还在试用的某些抗生素也已经用于畜禽鱼类。许多畜禽鱼不是病死的，而是过量用药致死。"

早期，抗生素在各个国家的养殖业都颇受欢迎，最早醒悟并对其进行限制的国家是瑞典。1986 年，瑞典在动物饲料中部分禁用了 AGP（一种抗生素生长促进剂）。其次是丹麦，1995 年，丹麦一家电视台播出《一只药猪》的节目，曝光了猪是如何泡在抗生素的药罐中的，震惊了民众。消费者的反响是强烈的，1998 年 2 月，丹麦的牛肉行业与鸡肉行业宣布，自愿停止使用抗生素饲料；4 月，猪肉行业宣布 35 公斤以上生猪，停止使用抗生素饲料。2000 年，丹麦政府下令，所有养殖的动物，一律不许使用任何抗生素。就在这一年，丹麦小猪的生病率和死亡率都达到了历史最高。但养殖户开始改善养殖环境，改进养殖流程，死亡率慢慢回落，到 2009 年，丹麦的猪肉产量为 160 万吨，其中 90% 用于出口，成为全球最大的猪肉出口国。获益的不止是养殖业，2000 年以来，统计数据显示当其他欧洲国家感染耐药性肠球菌的人数在持续上升时，丹麦不升反降，这与饲料中禁用抗生素有着密切的关系。2006 年，欧盟也全面禁止了那些用于促进动物生长的抗生素。

对于是否在美国限制动物使用抗生素，2010 年 7 月，美国国会众议院能源和贸易委员会举行过一场听证会，邀请了来自美国、欧洲的卫生专家和官员，进行探讨。美国明尼苏达大学传染病专家詹姆斯·约翰逊（James R. Johnson）博士是参与讨论的专家之一。10 月，他接受了《都市快报》的专访。他介绍说，"肉店中家禽肉和牛肉所带的耐药大肠杆菌，完全能在人类身上找到。基因研究结果表明，人畜都感染的这种耐药大肠杆菌几乎完全一致。更清晰的证据表明，人感染的耐药大肠杆菌来自养殖场的禽畜。"他自己的研究显示，"大约 30% 泌尿系统的耐药大肠杆菌感染者，并非由早前治疗导致（比如使用抗生素药物环丙沙星等），而且，对新型抗生素有耐药性的细菌不断涌现。毫无疑问，像我们这些在公共卫生系统的工作者，都知道绝大多数耐药性大肠杆菌追根溯源后都指向食用肉"，而且"食用肉只是传播耐药菌的路径之一，人类就算只吃素，目前也不能排除耐药菌有办法找到新的通过素食和有机食物传播的路径。"

在中国，对饲料中肆意添加人用抗生素的危害还没有引起足够的重视。中国社会科学院农村发展所尹晓青副研究员曾在山东、辽宁等地做过调查，结果发现，当地农村禽畜养殖者将抗生素添加进饲料的现象十分普遍，被调查者中，有 50% 在饲料里不同程度的加入了抗生素等药物。2010 年 4 月,《瞭望》新闻周刊曾调查过陕西养殖户滥用抗生素的现象,养殖户解释称,"要养鸡,防病、治病是最要紧的事。鸡容易得肠道疾病,一得病就会几天不下蛋,所以要经常在饲料里添加红霉素、土霉素预防。"除了鸡,牛也是抗生素的使用对象,乳腺炎、发烧是奶牛常见病,发病后用上一剂青霉素,见效很快。但吃过抗生素的鸡或者牛,如果在其还未将抗生素全部排出时取蛋、挤奶,这样的鸡蛋、鸡肉、牛奶就可能抗生素超标,消费者食用后会累积在体内。

2012 年 12 月,CCTV 播出一档调查节目,记者在山东青岛、潍坊、临沂、枣庄等地的白羽鸡养殖场调查时发现,为避免成群养殖的鸡生病或死亡,从鸡第 1 天入栏到第 40 天出栏时,至少要吃 18 种抗生素药物,甚至包括一些人用的药物。"鸡把抗生素当饭吃,停药期成摆设",养殖户把鸡交给屠宰场后,屠宰企业的检测人员并不会检测药物残留,而是编造检验纪录。这样的鸡最后都进了消费者的肚子里。

在禽类养殖上,目前中国执行的国家标准是农业部 2003 年发布的《绿色食品 - 禽肉 NY/T753—2003》和 2005 年发布的《无公害食品 - 禽肉及禽副产品 NY5034—2005》,根据这些标准,抗生素不是不能用,但一定要按规定使用。肉鸡养殖可分 3 个阶段:肉小期、肉中期、肉大期,不同阶段应喂饲不同饲料,为防止密集养殖的鸡得传染病而死,前两个阶段需要大量使用抗生素,第三阶段应该停药。理论上讲,抗生素能在一周左右被排出体外,但很多养殖户为了避免鸡在最后出栏前病死,造成经济损失,常常会无视停药期,持续用药。

抗生素在饲料中的滥用难以管理,一位主管畜牧兽医的官员解释称,原因在于"监管者人手太少,养殖者很多且很松散,监督养殖者是否对动物规范使用抗生素非常困难,目前一般是采取抽检制度。而在市场准入方面,有关部门对每批上市的禽畜类肉产品都进行抗生素残留等检测还很难做到。退一步来说,就算检查到养殖者对动物违规使用抗生素,处罚一般是批评教育和罚款,威慑力度不够。"

致病微生物

虽然食品添加剂、瘦肉精、重金属、农药残留这些化学性危害在新闻中曝光率

最高、最让民众担心，但在食品安全问题上，危害最大、最直接的其实是生物性危害，也就是食源性疾病。食源性疾病是指食品中的致病微生物进入人体后引发的感染性、中毒性疾病，其致病机理分为两大类：一是病原体直接损害机体，二是病原体产生的毒素损害机体。临床表现是胃肠道不适，典型的症状是呕吐、腹泻等。

食源性疾病之所以不常见于报端、不为人所重视，主要是因为它的病症大都是"拉肚子"，这与感冒发烧差不多，是常见病，消费者不觉得有什么大不了的。相比而言，问题食品的化学性危害民众并不十分熟悉，后果通常是致病变、致癌等，听上去也吓人得多，关心在乎的自然也就多了。这就好比交通工具的安全性，飞机失事的概率远小于汽车，但一旦出事，媒体会连篇累牍的报道，会让读者产生飞机更不安全的错觉。

食源性疾病受害者最多，2012年上半年，中国的食源性疾病主动监测显示，平均每年有2亿多人次罹患食源性疾病，平均6.5人中就有1位。这一现象并不是中国独有的，而是全球性的问题。根据美国疾病控制与预防中心（CDC）2011年6月的数据，每年每6个美国人中就有一个因为吃了被污染的食物而生病，共约480万人次，每年仅因沙门氏菌感染造成的直接医疗费用就高达3.65亿美元。根据世界卫生组织（WHO）的估计，发达国家有90%以上的食源性疾病的数据未被统计在内，发展中国家则有近95%以上未被统计，目前我们看到的，只是食源性疾病实际发生的极少一部分。

甲肝毛蚶

人类有历史记载以来最大规模的一次食源性疾病爆发在1988年的上海，消费者因食用被甲肝病毒感染的毛蚶而患上甲肝，从当年的1月中旬开始到5月13日，根据官方统计数据，一共有30多万人感染，31人死亡，这一纪录迄今未被打破。

甲肝，即甲型病毒性肝炎，是由甲型肝炎病毒（HAV）引起的一种急性传染病。传染源主要是急性患者和亚临床感染者，传染途径是粪－口传播，传染载体是粪便、尿液，或被污染了的水、食物。甲肝患者的粪便中会含有大量的甲肝病毒，如果粪便直接污染了食物、水源，或者通过苍蝇、施肥等间接方式污染了蔬菜、瓜果、炊具，会将甲肝病毒传播出去，如果感染者数量大，则会成为流行传染病。

　　早在 1983 年，上海就曾有过一次甲肝大爆发，有约 4 万人染病，病因不详。当时医疗卫生界人士普遍认为这与上海人喜欢食用的毛蚶有关，与上海相邻的江苏启东当时是甲肝高发区，而启东又盛产毛蚶，毛蚶受到粪便的污染则会成为病菌寄主。但这只是推测，没有确凿的证据，此事最后不了了之，但后来政府还是规定禁止启东毛蚶进入上海市场。

　　没想到上海在同一块石头上绊倒了两次。1987 年底，启东毛蚶大丰收，虽然上海市水产局、食监所有所行动，但未能阻挡大量的启东毛蚶进入了上海市场。事后的调查显示，启东附近海域毛蚶积淀有近一米之厚，但那里长期受到粪便污染。上海消费者沦为受害者也与自身的饮食习惯有关，上海人吃毛蚶的方法是先用开水一泡，再用硬币将壳撬开，然后往半生不熟的毛蚶肉上加点佐料就直接吃了，这样的吃法使得毛蚶腮上所吸附的致病菌和甲肝病毒能轻而易举地经过口腔进入消化道及肝脏，导致疾病。

　　甲肝大爆发前其实是有征兆的，在 1987 年底，上海有一场痢疾流行。上海的医院有较好的流行病学统计制度，会询问患有腹泻的病人的饮食史，结果显示大部分患者都曾吃过毛蚶，之后从患者粪便的细菌培养中得到的结论也证实痢疾是由被污染的毛蚶引起的。菌痢的潜伏期短，通常 24 小时内就会发病，因此今天吃了不干净的毛蚶，可能明天就会拉肚子得去医院看病了。相比而言，甲肝的潜伏期为两周至一个半月，即使吃出了问题，消费者也不一定能察觉到。但如果能注意到这两种病症的时间差，则可以尽早发现问题。

　　据当时分管卫生防疫的上海市副市长谢丽娟事后回忆，1987 年底菌痢流行之时，卫生部门就已将毛蚶送检，检测是否携带甲肝病毒，并通知医院腾出床位做好收治甲肝病人的准备。谢丽娟称，"对于 1988 年的甲肝流行，我们可说是做到了未雨绸缪——既有思想准备，也有物质准备。但是我们还是没能料到，这次甲肝流行来势会那么猛，影响会那么大。"

　　1988 年 1 月底，上海每天新增的甲肝病人已上升至 1 万多例，2 月 1 日时单日收治病患近 2 万例。患者症状主要是发热、呕吐、乏力，因为患者害怕传染家人，因

此一发现有类似的症状就会积极就医。但当时上海各医院的病床位总共也才 5.5 万张，即使不再收治其他患者，再将已经住院的患者赶出去，床位也不够用。最后的解决办法是上海一些大中型企业将仓库腾空，办成临时隔离病房，收治本企业的甲肝病人。当时适逢寒假，部分学校也将教室改成病房。也有患者自带折叠床、被褥，到医院来求收治。卫生系统感受到前所未有的压力，当时上海南市区（现并入黄浦区）的卫生局局长韩幼文向谢丽娟打电话哽咽着说，"病人那么多，都要住院，我实在是没有办法了！"

根据一些当事人事后的回忆，当时的场景与 2003 年 SARS 肆虐时颇有几分相似。如果某户人家出了甲肝患者，同栋楼的居民上下楼都不敢摸栏杆，这个家庭也会被很快孤立。在公共食堂和公交车站，市民在排队时会主动保持一段距离。小区里到处是居民在晒被子，希望能借此杀菌。市民多在家吃饭，以避免被感染。

1988 年上海甲肝爆发后，当时社会上就有传言，说板蓝根可以治甲肝（疗效其实未被证实），于是家属纷纷给患者服用板蓝根，各地生产的板蓝根都运往上海也还供不应求。有趣的是，15 年后，SARS 横行中国时，这类传闻又浮出水面；25 年后，H7N9 禽流感在上海爆发时，板蓝根再次被抢购一空，真可谓"铁打的板蓝根，流水的病。"

其实，本不必那么紧张，甲肝是自限性疾病，无需特效药，注意休息，大都可在 2 个月内自行康复，即使出现肝衰竭，只要熬过去，肝脏能再生而自愈。肝脏已产生的病变不易消退，但只要阻止继续恶化，就能保护剩余部分的功能，患者还能正常的生活。而且甲肝患者也只有在病毒潜伏期和出黄疸的一周里，其粪便中会含有病毒，之后患者便不再是传染源了。

当上海政府获知菌痢流行时就开始决定禁售毛蚶，在卫生、工商、水厂、财贸等多个部门的联合行动下，市面上的毛蚶被全部收缴、销毁，市郊要道也设立关卡禁止毛蚶进入。因为上海甲肝的流行是属于食源性甲肝爆发，致使市民感染甲肝的是毛蚶，因此当这个渠道被切断后，1988 年 3 月，甲肝在上海的流行基本得到控制。据统计，毛蚶在上海的食用人群约 230 万，而 30 多万甲肝患者中，生吃过毛蚶的有85%，如果不是毛蚶被尽早禁止，悲剧怕是会更惨烈。

防范措施

这种一下感染 30 万人的食源性疾病毕竟是个案，之后稍大的一起是 2001 年，发生在江苏、安徽的肠出血性大肠杆菌食物中毒，中毒人数超过 2 万，177 人死亡。但一般情况下，消费者遇见的还是小型的、无传染性的食源性疾病。一般只有群体性发病，疾控部门才会察觉，也正是因为这个原因，发生在普通家庭里的食源性疾病往往难以被媒体或舆论关注。

2013 年 6 月，广西疾控中心食品安全风险监测与评价所主任医师陈兴乐在接受《南国早报》采访时对消费者在日常生活中可能遭遇的食源性疾病进行了介绍。荤菜在放置 2 小时后容易滋生细菌，因为肉类是高脂肪、高蛋白，是细菌的乐土，因此应在 2 小时内放入冰箱。素菜，尤其是叶类蔬菜不宜隔夜，一夜之后不仅营养价值损失惨重，还可能产生亚硝酸盐。总的来说，剩菜、剩饭不宜放置超过 6 个小时。

即使放进冰箱，也不宜放太久。一般来说，温度越低，细菌的活性越低，但也有反例，比如嗜冷菌。李斯特菌便是嗜冷菌，4℃ ~ 7℃ 的环境中生长最活跃，即使是零下 20℃，也能存活一年。被号称"电冰箱肠炎"的致病菌耶尔森菌在冰箱里也是相当活跃，因此切记冰箱不是保险箱。从冰箱里取出的食物要重新加热、热透后才能食用。另外，剩饭剩菜需等凉透后再放入冰箱，不然热的食物突然进入低温环境，容易诱发变质，另外，食物的热气会引起水蒸气的凝结，促使霉菌生长。如有条件，冰箱应每月清洁一次，尤其是密封条，容易成为微生物的藏身所。

还有一个防范食源性疾病的重要原则：生熟分开。肉类极易感染沙门氏菌，好在这种菌不耐高温，正常的烹饪方式就能够将其杀死，但如果没有彻底煮熟，或者用切肉的刀再去切水果，沙门氏菌就会存活下来，随食物进入人体，引发疾病。广西乐业就曾爆发过一起因沙门氏菌引起的食源性疾病，婚宴上的一道白切猪肉，毒倒了 300 多人，致死 1 人，原因便在于猪肉块切得太大，中间没熟透，沙门氏菌得以存活。另外，熟食与生食接触后也会交叉感染，比如通过未洗净的砧板、刀具、容器间接或直接的接触，因此要时刻牢记，生熟分开。

第 3 章

真真假假

洪水猛兽添加剂?

安全的添加剂

根据掷出窗外网的统计，2004～2012 年间，在媒体关于中国食品安全的报道中，出现频度最高的关键词是"添加剂"。在一些消费者看来，"添加剂"等同于有毒食品，没有使用添加剂的纯天然食品才是最安全的，防腐剂、染色剂、甜味剂什么的，一听就不是好东西。有调查显示，在包括中国在内的东南亚国家，消费者将添加剂的使用视为最重要的食品安全问题。但这样的观点其实没有数据支撑，并不科学，主要原因除了部分媒体的失实报道，便是铺天盖地的商业广告的误导。不少食品、保健品的广告，但凡用到了"纯天然"、"无任何添加剂"，总是觉得高人一等，消费者就被潜移默化的影响了。

根据《中国食品添加剂使用卫生标准》（GB 2760—2007）的定义，食品添加剂指的是"为改善食品品质和色、香、味，以及为防腐和加工工艺的需要而加入食品中的化学合成或者天然物质。营养强化剂、食品用香料、胶基糖果中基础剂物质、食品工业用加工助剂也包括在内。"按这个说法，似乎只要是添加到食品中的物质都能叫食品添加剂，哪怕是对人体有害的，比如三聚氰胺、苏丹红。其实这是消费者最常见的误解，事实并非如此，在这一国家标准的附录中，明确的列出了允许使用的食品添加剂的名称、使用范围、最大使用量和残留量，一共有 23 类，共计 2500多个品种。只有在这个名单中，才是合法的食品添加剂，否则只能称之为"非法添加剂"或"食品添加物"。遵守这一国家标准生产出的食品，不管含有多少种、多少剂量的添加剂，在目前的医学认知的范围内，对人体都是安全的。

这允许使用的 2500 多种食品添加剂名单可不是随便列出来的，入选都是有科学依据的。一种添加剂能不能用，能用多少，需要先经过严格的动物毒性实验。实验的思路简而言之是这样的：给动物（通常是老鼠）喂食添加剂，观察其代谢情况，并持续喂食（通常是几个月），观察其生理指标的变动，然后逐渐加大用药量，直到生理指标发生异常。这个药量被称为"可观察到有影响的最低值"（LOEL），比这个剂量稍低的是"没有可观察到的不良影响值"（NOAEL）。得出 NOAEL 值后，除以实验动物的平均体重，可以得出每天每公斤体重能承受该种添加剂的最大限量。对于有些使用的化合物，限量标准是比"没有可观察到的不良影响值"（NOAEL）更谨慎的"没有可观察到的影响值"（NOEL）。

这是针对动物，如果要换算到人类，为稳妥起见，需要除以一个安全系数，不同添加剂的安全系数不全相同，一般较常见的是 50 或 100，这样人摄入的就更少。将动物实验的结果除以安全系数后得到人体每天每公斤体重的限量标准。具体到每个人，需要再乘以体重，一般将成人的体重平均为 60 公斤，所以在动物实验中测出的值需要经过如下处理：（NOAEL/动物平均体重）/50×60，运算结果是该添加剂允许进入人体的每天的总量，也就是每日允许摄入量（ADI，Acceptable Daily Intake）。从这个公式中可以看出，体重越大，能承受的有害物质越多，这估计是胖子当今唯一的福利了。

动物毒性实验的具体过程要更复杂些，比如要考虑添加剂是否会在体内聚集（如糖精不会，但山梨酸钾会），比如人和实验动物的生理差别等等。人体对某种添

加剂能承受的安全标准也不是固定不变的，而是会随着科技的进步，对该添加剂认识的深入而不断修改。

被误解的添加剂

既然食品添加剂很安全，为何又在中国被千夫所指？原因有二，一是被当"替罪羊"，二是被违规滥用。"替罪羊"是指有的问题食品本来不是添加剂的错，但被消费者误以为是，可谓黄狗犯错，黑狗遭殃。三聚氰胺、苏丹红、塑化剂、福尔马林等对人体有危害，确实不该加入到食品中，但这些并不在国家规定允许使用的2500多种食品添加剂名单之中，因此只能算添加物，不能算添加剂。但结果往往是它们惹出祸来，舆论谴责的板子却打在添加剂身上。

食品添加剂对人是安全的，前提是每天的摄入量要在每日允许摄入量的范围内，如果超量则不一定安全了。毒理学中，最基本的一个知识是：剂量决定毒性。再毒的药，微量摄入也未必有事；毒性再小，海量摄入也未必安全。当食品添加剂因为不法商贩违规使用而危害健康时，更该被谴责的是不法商贩，而不是食品添加剂。

总的来说，食品添加剂在遵守国家标准的前提下使用对人体无害，违规使用可能会出现问题。违规使用有两种情况，一是超量使用，二是超范围使用。超量使用可能会对人体产生危害；超范围使用时，如果量没有超标，则只是问题食品，未必是有毒食品。当然，问题食品可能会有安全隐患，比如"染色馒头"的原料是过期馒头，本来应该发黑发臭，但使用添加剂能改变其颜色、味道，让消费者察觉不出，吃了这样的馒头可能会得病，不过得病不是因为添加剂，而是添加剂掩盖了劣质的食品原料。因此添加剂的国家标准中专门有一条是：食品添加剂"不应掩盖食品腐败变质"，"不应掩盖食品本身或加工过程中的质量缺陷或以掺杂、掺假、伪造为目的而使用食品添加剂"。最后，没有入选国家标准的附录名单中的化学药剂或天然物质不能称之为食品添加剂，只能称为添加物，是不允许使用于食品加工的。

中国工程院院士、国家食品安全风险评估专家委员会主任委员陈君石在《从农田到餐桌——食品安全的真相与误区》一书中写道，"回顾近几年中国发生的真正食品安全事件，造成危害的，哪怕是潜在的危害，没有一个是由食品添加剂引起的。"

2012 年 7 月，中国工程院院士，中国食品科学技术学会副理事长孙宝国在杭州宣讲食品安全知识时表示，"迄今，中国尚未发生一起因使用合法食品添加剂而引发的食品安全事故。"两位院士的说法有一定的科学道理，但也有值得商榷之处。因为过量摄入食品添加剂是慢性中毒，即使致病，也是数年乃至数十年之后，患者将很难证明所得的病是因为食用有毒食品导致的。举证困难，这也是慢性食品中毒事件不易索赔的原因之一。有科学研究显示人工合成色素与防腐剂苯钾酸钠组合时（在有色饮料中这对组合很常见）会影响儿童智力发育、注意力集中等，摄入过多会减缓儿童智力发育并促发多动症。但因为这是一个长期的过程，且变量较多，所以即使儿童因此患病，也很难被列入食品安全事件的统计之中。多数情况下，合适剂量的食品添加剂是安全的，也是必要的。事实上，食品添加剂被视为现代食品加工业的灵魂，没有它，几乎所有的加工食品都将无法存在。

无毒无害纯天然？

不天然未必不安全

Kelly D. Brownell 是耶鲁大学健康心理学教授、食物政策中心院长，他曾讲授过《有关食物的心理学、生物学和政治学》的公开课[①]。整个课程是以一个小测验开始的，他展示了一种常见食品的配料表，看有没有人能够猜出来具体是什么食品。这并不是个简单的任务，因为配料表中共有 56 种配料，且大部分是人工合成的。答案揭晓，是"果酱馅饼"，当在超市里看到这种食品时，没人会惊讶，但当知道小小的馅饼里竟然有 50 多种配料，吃下一口就等于吃下了一堆化学制品时，多少还是让人感到意外的。Brownell 教授感叹"这种由 56 种物质构成的，而我们还将它定义为食品。"

是的，随着现代化的进程，"食品"的定义已经发生了翻天覆地的变化。番茄、番茄酱、番茄果汁都被认为是食品，但其实它们有着本质上的不同。番茄是天然长成的，其"配料"只有一种，就是番茄；番茄酱是人工制作的，配料会有几十种，

---

① 《耶鲁大学公开课：有关食物的心理学、生物学和政治学》一共 23 集，可以在"网易公开课"进行观看，http://v.163.com/special/thepsychologybiologyandpoliticsoffood/

番茄只是其中之一；番茄果汁的配料则更多，其中番茄的成分已微乎其微，甚至可能完全不含有，只是用色素和香精调配出来的特定颜色和口味。番茄有悠久的历史，生产过程可以不需要任何人工合成的化学制剂，而现代食品工业生产的番茄果汁，甚至可以不需要番茄，这便是所谓的食品化学化。

按照中国人民解放军总医院（301 医院）微量元素研究室研究员、中国食品科技学会常务理事、卫生部十大健康教育首席专家赵霖的说法，食品化学化过程有 5 个阶段。第 1 阶段是 20 世纪初至 1939 年，糖精、味精、植物黄油等一批化学合成物率先进入食品工业。第 2 阶段是 1940 年至 1961 年，化学添加剂越来越多的使用，并开始改变人类的生活方式。比如雌性激素当成畜禽的饲料添加剂，能增加动物脂肪和体重，能让奶牛大量产奶，这被认为是"人类食品生产史上最重要的发展"。但事后发现，曾被广泛使用的激素二乙基固醇会通过牛奶进入人体，会有致癌性，1977 年时被 FDA 禁用。第 3 阶段是 1962 年至 1973 年，化学制剂产生的毒素开始污染人类食物链。"美国工厂化农场生产的鱼和乳制品都含生长激素，抗生素和各种杀虫剂。急剧增加的加工食品中都含各种化学添加剂，如色素、防腐剂、甜味剂、增味剂等。"

第 4 阶段是 1974 年至 1990 年，医学界开始关注"化学化食品"现象以及其可能带来的健康危害。1976 年美国癌症研究所所长阿瑟·阿普顿在国会做报告时指出："美国所有的癌症中，有一半是因为饮食因素导致的。"1985 年，英国发现"果汁饮料综合征"，发表在著名医学杂志《柳叶刀》上的论文指出："79% 的多动症儿童从饮食中除去人工色素和调味剂后，病情就能够得到改善。"第 5 阶段是 1990 年至今，是"化学化食品"灾难集中爆发期。1993 年，FDA 批准使用牛生长激素（bovine growth hormone，BGH）来增加牛奶产量。但奶牛使用激素后，会使乳房感染更频繁，必须服用更大剂量的抗生素。残留在牛奶和牛肉里的抗生素，会污染人类食物链。2005 年，印度科学家发现，碳酸饮料消费量大的人群食管癌发生率也大，原因可能是二氧化碳的压力使胃酸逆流进入食管，刺激食道，促进了食道癌发生。另外，每天喝 2 罐可乐，其中的糖分和磷会使体液变酸，为维持体内的酸碱平衡，人体会动用骨骼和牙齿中的钙，导致骨钙流失。

这样的时间分段未必严谨，这样对食品化学化如临大敌的态度也未免过于谨慎，但确实反映了一个事实：大规模的食品化学化始于 20 世纪，而且愈演愈烈。化学制

218

剂成为食品的组成部分，甚至是主要组成部分，如今已是不可逆转，这是不得不接受的现实。人类食用人工合成添加剂的时间并不长，最悠久的如糖精，也才近100年，这2500多种添加剂中的确有一些可能有安全隐患。即使单项通过了动物实验，但动物与人毕竟不全相同，而且添加剂之间会不会有反应生成新的物质，造成新的伤害还属未知。所以谨慎是可以理解的，但也不必闻之色变，科研工作者们一直在持续进行毒理性检测，目前看来，这些添加剂在安全剂量范围内使用，多数情况下还是可靠的。另外，也不必一说到化学品就紧张，即使是纯天然食品，也是由蛋白质、脂肪、纤维素等组成的，说到底也是化学物质。北京大学前校长周其凤作词的《化学是你，化学是我》唱到"你我你我，要吃足喝好。啦啦啦，化学提供，营养多多。"虽然毫无文采，但说的倒是大实话。

很多时候，人们容易将对假冒伪劣食品的不满迁怒于其制造过程中用到的化学物质，并将其等同于有毒食品，这有失偏颇。确实，在多数假冒伪劣食品中，都存在着添加剂使用违规的现象，这些都是违法行为，但这并不意味着这是假食品都有毒。2013年7月，西安警方查获一起制假案件，不法商贩制售假冒饮料9万多瓶，涉及雪碧、红牛、加多宝等26种品牌，这些"黑心饮品"大都是用自来水和糖精勾兑的。这些假饮料固然是违法的，但只要糖精的量在限定范围内，假饮料并不会使人中毒，属于商业欺诈，但并不是食品安全事件。当然，如果是用工业酒精加水勾兑白酒，那就既是商业欺诈，也是食品安全事件了，这样的"食品化学化"是绝对不能容忍的。

2012年1月，美国有线电视新闻网（CNN）在报道中指出麦当劳出售的麦乐鸡被检出"聚二甲基硅氧烷"和"特丁基对苯二酚"。"聚二甲基硅氧烷"含有橡胶化学成分，是用于消泡、油漆及日化品添加剂的化学物质；"特丁基对苯二酚"是一种石油提炼物，常当作防止油氧化的抗氧化剂和防腐剂使用，用于抑制霉菌、防止油变质，但具有一定毒性，并能致癌。麦当劳承认，"在麦乐鸡中加入'聚二甲基硅氧烷'和'特丁基对苯二酚'是为了防止炸鸡块的食油起泡和保持鸡块的形状。"有人惊呼，吃麦乐鸡就等于在吃"橡胶"和"石油"，说麦当劳是垃圾食品真不冤枉。

这样说还真冤枉了麦当劳，"聚二甲基硅氧烷"和"特丁基对苯二酚"虽然是人工合成的化学物质，但都是国家许可的食品添加剂，不管是FDA的规定还是《中国食品添加剂使用卫生标准》，此外CNN报道中检测出的含量是在FDA规定范围内，所以美国人吃大概是没什么问题了。而中国卫生监督部门的负责人则表示"'聚二甲

基硅氧烷'和'特丁基对苯二酚'的监测并不在日常监测项目之列",这意味着虽然这两种食品添加剂的使用是合法的,但麦乐鸡中的剂量是否符合规定,只有靠麦当劳的自觉了。

麦乐鸡的一种成分提炼自黑乎乎的石油,这听上去让人很不适,但习惯就好。全球有近2.5万种食品添加剂,能直接用于食品的有3000多种,在中国被批准使用的有近2500种,其中一半以上都是石油化工产品。听上去不可思议,但化学就是这么奇妙。人工合成的色素几乎可以组合成任意颜色,人工合成的香精几乎可以调配出任意味道,用色素和香精可以搭配出各式各样的饮料。将特定的香精和色素加水搅拌就能得到一杯指定口味的"果汁",看起来像"果汁",闻起来像"果汁",尝起来像"果汁",但其实就是石油化工产品加上水,能够欺骗你的眼睛,你的鼻子和你的胃。这样的"果汁"通常没什么营养,因为这些添加剂人体不能吸收,于是整个过程看起来就是,一小撮粉末放入一杯白开水中,调成的饮料,你以为喝的是"果汁",喝下去后很满足,但这些色素和香精不参与人体代谢,最后随尿液被排出体外,留在体内的就是一杯白开水。有点像《聊斋志异》中的故事,但每天每时每刻都真实的在发生,尤其在路边小摊或不正规的咖啡店、奶茶店。

好消息是目前允许使用的食品添加剂基本上都还算是安全的,只要是按规定生产的食品,一般问题都不会太大。食品添加剂之所以容易被人诟病,是因为它比较容易诱人犯罪。试想,一杯纯橘子汁需要好几个橘子才能榨成,成本不低,但如果换用色素香精,花不了几个钱就能达到类似的效果,卖出一样的价格,加上监管又有漏洞,惩罚又不严厉,这便导致了添加剂滥用的情况很普遍。往好处想,这类化学制剂生产的食品也有很积极的作用,比如对于那些想通过饮食保持身材的人而言,他们可以放心的大吃大喝,既能满足口腹之欲,又不担心长胖。其实很久以来,糖精一直是糖尿病患者的福音,糖尿病患者不能吃糖,但喜欢吃甜食又几乎是每个人的习惯,于是既能产生甜味,又不会被身体吸收的糖精便成为上上之选了。对于食品化学化的现象,一方面确实要引起重视,安全是安全,但未必健康;但另一方面,不应将其妖魔化,这是现代食品工业的必经之路。

纯天然未必就安全

随着媒体上曝光的问题食品的增多,"纯天然"食品在中国越来越受到追捧,这点很好理解，多数消费者并没有食品安全方面的专业知识，当他们陷入"还有什么能吃"的恐慌时，选择吃老祖宗们吃的应该会更安全点吧，毕竟吃了那么多年呢，要是有问题早就吃出问题了。这是一种很朴素的判断方法，但很难去评判现代食品与纯天然食品哪个更安全，只能说不加考虑的盲目信任都是不可取的。现代食品可能出现添加剂超量的情况危害健康，而有些纯天然食品天然就有毒。从生物进化的角度似乎可以这样理解，物竞天择，适者生存。动物为了防止被捕食，会进化出各种技能，比如跑得快、跳得高、放臭气等；而植物没有腿，相对弱势一点，为了种族的发展，植物可能会进化出各种毒素警告动物没事别乱吃。典型的如蘑菇，蘑菇的历史十分悠久，是纯天然食物，但毒蘑菇却会致命。同样，豆类植物中则有100多种含有肝脏毒性生物碱。此外，动物性食物也未必都安全，热带海鱼有鱼毒素、河豚鱼毒素等，即使是常见的鱼，也有可能因为工业污染导致重金属超标。

有机食品更高端？

什么是有机？

中国食品安全问题频出，消费者犹如惊弓之鸟，一些商家看出商机，顺势抛出一些概念，许诺安全以吸引消费者，其中最有名、最有影响力的当属"有机食品"。什么是有机食品呢，有个最简单的辨别方法，当你走进超市的食品区，你会发现其实只有两个种类，一种是你能买得起的，另外一种是有机食品。这当然是开玩笑了，但"贵"确实是有机食品除"安全"外最鲜明的一个标签。

任何思想进入中国后都会被一定程度的中国化，有些甚至会被篡改得面目全非，"有机"也不例外。如今在中国，"有机"意味着更安全、更健康、更高端，但在其诞生之初并非如此。一般认为，有机农业的历史可追溯至奥地利人鲁道夫·施泰纳（Rudolf Steiner）于1924年开设的"农业发展的社会科学基础"课程，他认为"人类作为宇宙平衡的一部分，为了生存必须与环境协调一致；企业作为个体和有机体，要求饲养反刍动物；使用生物动力制剂；重视宇宙周期。"1935年，英国人霍华德爵士（Sir Albert Howard）根据自己在印度的研究撰写了《农业圣典》一书，"论述了土壤健康与植物、动物健康的关系，奠定了堆肥的科学基础"，他也被称为现代有

机农业（organic farming）之父。总的来看，有机农业的出现并不是为了解决"如何吃得更安全"的问题，而是为了"人与自然和谐相处"。

不同国家对"有机农业"（organic agriculture）的定义并不完全相同，中国目前执行的国家标准是《有机产品》（GB/T 19630—2011）。根据这一标准，"有机农业"是指"遵照特定的农业生产原则，在生产中不采用基因工程获得的生物及其产物，不使用化学合成的农药、化肥、生长调节剂、饲料添加剂等物质，遵循自然规律和生态学原理，协调种植业和养殖业的平衡，采用一系列可持续的农业技术以维持持续稳定的农业生产体系的一种农业生产方式。""有机产品"（organic product）则是指按照该国家标准生产、加工、销售的食品。

国家标准对有机食品整个产业链上各个环节都进行了事无巨细的规定，从农田灌溉的水质到空气的质量，从土壤环境到畜禽养殖业的污染物排放。对于农作物，要求远离城区、工矿、交通干线、工业污染源、生活垃圾场等，而且"一年生植物的转换期至少为播种前的 24 个月，草场和多年生饲料作物的转换期至少为有机饲料收获前的 24 个月，饲料作物以外的其他多年生植物的转换期至少为收获前的 36 个月。转换期内应按照本标准的要求进行管理。""转换期"是有机农业特有的一个词汇，指的是从常规种植转向有机种植时，要先按有机的标准进行种植 2 到 3 年，这期间的产物还不够资格称为有机产品，之后的才可以。

对于有机肉类的规定同样很严格，比如要保证自然光照、空气流通、适当温度湿度、户外自由活动等，如果动物吃饱了不能强迫喂食，在屠宰时，要"避免畜禽通过视觉、听觉和嗅觉接触到正在屠宰或已死亡的动物"，"应就近屠宰。除非从养殖场到屠宰场的距离太远，一般情况下运输畜禽的时间不超过 8 小时"，"不应在畜禽失去知觉之前就进行捆绑、悬吊和屠宰，小型禽类和其他小型动物除外。"

有趣的是，有机农业的思路是就像人类从没有过工业化一样，但有机农业标准的制定又是工业化的思维模式：量化、标准化。如果有空，建议看一下《有机农业》国家标准的具体内容，老实说，如果真的能全部达标，是合格的"有机食品"，古代皇帝吃的也不过如此了，也难怪会这么贵。说起来，有些不负责任的家长照顾孩子都不一定比饲养员喂养有机猪用心。

有机就更好？

与常规食品相比，有机食品的生产过程要投入更多的人力和心血，但因为既不用化肥，也不用农药，产量反倒比常规农业要低。其产品卖相未必会有常规食品好，但却远贵于后者，有机白菜可以买到 10 元一颗，如果是常规生产价格就低多了。是不是因为更用心、更贵，就会更安全呢？大体上来讲是没错，但也并不尽然。

毕竟从一开始，有机农业的目标就不是更安全，而是生态更友好。只是在中国具体的国情下，人们过于担心可能遇到的问题食品，病急乱投医式的找到了有机食品这根救命稻草将有机等同于安全，误以为有机的最大特点就是安全，外国人都兴吃这个，那肯定没问题了，这显然是荒谬的。在国外，有机食品并没有将安全作为其最大的卖点，更多时候，有机代表的是一种生活方式，一种世界观，愿意花更多的钱购买有机食品往往是觉得这是在为地球的生态环境负责，而并不是觉得非有机就不安全。有机农业对土壤、灌溉用水、种子有严格的规定，因此合格的产品是不可能出现重金属超标的情况，从这个角度来讲，有机食品是比非有机要更安全一些。这也是很奇怪的一件事情，"安全"本应该是食品的底线，但怎么就渐渐成为卖点了呢？

说到以"安全"为卖点，在有机食品之下，还有一些颇具中国特色的概念，比如绿色食品、无公害食品。"有机食品是指完全不含人工合成的农药、肥料、生长调节素、催熟剂、家畜禽饲料添加剂的食品。绿色食品是指遵循可持续发展原则，按着特定生产方式，经专门机构认定，许可使用绿色食品标识商标的食品，分 A 级和 AA 级。无公害食品是指产地环境、生产过程和终端产品符合无公害食品标准及规范，经过专门机构认定，许可使用无公害食品标识的食品。"听上去挺混乱的，这三者的区别在于标准不同，认证机构、认证方法不同，价格也不同。从严格程度来讲，是有机食品 > 绿色食品（AA 级 > A 级）> 无公害食品 > 普通食品。AA 级绿色食品不允许使用农药、化肥等，按农业部发布的行业标准，可以等同于有机食品；A 级绿色食品允许限量使用农药、化肥；无公害食品可以使用国家允许的农药、化肥，但成品的农药残留必须符合限量规定。说起来，无公害本应该是食品的最低要求，居然还要额外给出这样的定义，真不知翻译成外文，外国人会不会好奇，不是无公害的食品为什么还能出售呢？

很多人没有想到的是，在有些情况下，有机食品可能比普通食品有更大的安全隐患。方舟子在《有机食品就一定是健康食品吗?》一文中认为，即使严格按照有机农业的生产方式生产，产品也未必更安全。比如有机农业不允许用化学农药，只准用天然农药，但天然的也可能有毒，比如有机农业使用的天然杀虫剂鱼藤酮就具有肝毒性，可能诱发帕金森病。植物本身也会分泌天然毒素抵御病菌或虫、鸟，在常规农业中，因为化学农药能有效杀菌杀虫，这些毒素分泌的较少，但有机农业中的作物不得不多分泌一些，其天然毒素含量通常比常规农作物高10%～50%。而一旦农作物受到害虫伤害，在伤口处容易滋生霉菌，霉菌可能分泌毒性更强的毒素，比如伏马毒素，能致癌。2003年时，英国就曾查出市售的某种有机玉米粉伏马毒素含量最高超标40倍。另外，有机农业以不用化学肥料而著称，用的是有机肥，很大一部分有机肥来自家禽、家畜和人的粪便。化肥能标准化生产，但粪便不能，有的粪便里含有病菌或寄生虫虫卵，可能会污染农作物，如果消费者生吃或没有煮熟，可能会被感染，甚至食物中毒。因为在常规农业会使用抗生素预防畜禽生病，它们的粪便中也会有抗生素残留，当这种粪肥用于有机农田中时，抗生素可能被农作物吸收，最终进入人体。

除了安全，有机食品是不是比非有机更有营养呢？伦敦卫生与热带医药学院（LSHTM）受英国食品标准局（FSA）委托对此问题进行了学术史的回顾，并于2009年9月将结论发表在《美国临床营养杂志》。研究团队精选了过去50年里55篇分析有机产品和非有机营养成分差异的高质量论文，结论是"有机产品和常规产品在营养方面没有差异"，这算是学术界的权威观点了。不过这个结论也不算太意外，如前所述，有机农业的核心思想是为了生态更友好，并不是更安全或更有营养，只是中国的消费者更容易产生误解。考虑到中国特殊的食品安全形势，如果是合格的有机食品，从概率上来讲，确实是会比常规食品更安全。如果经济能力能够承受，有机食品可以作为规避问题食品的一个解决方案，但鉴于有机食品的价格远高于常规食品，也只能是少数人的选择。

有机的短板

不谈安全、营养，以最直观的外观、口感而言，有机食品其实与常规食品的区别不大，几乎没有人能仅凭肉眼辨别出一种食品是有机生产的还是常规生产的。有机重要的是过程控制，而不是结果控制，即使是常规种植的作物，经过一些处理，在指定的检测项目上是可以达标的。如果各项检测指标能符合有机的标准，虽然不能称之为有机，但如果混入其中，消费者乃至检测机构是辨别不出的。

　　除了有机认证标签，最能帮助消费者辨别的便是价格了，有机与非有机价格悬殊。南京农业大学有机农业研究所所长和文龙介绍称，"在美国，一般有机蔬菜的价格比无机产品高出约 30%，最多的也只高出 2～3 倍，以纽约市生菜价格为例，一般每千克无机生菜价格为 1.5 美元，有机生菜为 3 美元。但在我国，有机食品由于产业规模小、成本居高不下，其价格一般是普通食品的 5 到 6 倍，甚至可达 10 倍之多。在上海家乐福的万里店，普通卷心菜的售价为每 500 克 0.88 元，而有机卷心菜的售价达每 500 克 15 元。"

　　一方面是因为有机与非有机差价巨大，一方面是两者用常规方法很难区分开来，这就意味着将廉价的非有机食品处理后变成有机进行销售是可行的，而且有着巨大的利润诱惑。对于多数消费者而言，唯一能判断是否是有机的依据是包装上有无国家认可的有机认证标签，既然只是标签，当然是可以伪造的，说到伪造、冒充，还有谁能比中国的不法商贩更擅长呢？事实也确实如此，中国当下的有机认证比较混乱，整个市场还未规范化。新浪财经频道曾出过专题报道《谁来认证有机食品认证机构》，将这个问题总结的比较完全。

　　据《中国产经新闻报》的报道，"2010 年底，全国认证了 33 个国家有机食品生产基地。但是目前很多普通食品经过简单加工包装后，直接贴上假冒有机认证标志，其中甚至有认证机构主动找加工企业花钱购买有机食品认证。就连国家认监委也承认，目前有机食品监管体制还不完善，仅靠认监委一个部门很难进行'全覆盖监管'。因而我国现在的状况，就是从监管部门到认证机构，再从认证机构到企业自律，原本应该环环相扣，严实合缝的'有机食品'监管与认证流程，竟然漏洞百出。"

　　即使是正规认证的有机食品，也未必会全部按规定生产。2011 年 12 月，CCTV《焦点访谈》播出《以假充真"有机菜"》，记者在山东有机蔬菜的主产区进行调查，在山东寿光的农盛庄园公司有机农场发现有工人在给蔬菜喷洒溯菌·五硝苯和醚菌酯。这两种都是化学农药，属于低毒杀菌剂，在常规种植中允许使用，但在有机农

业中被禁止。在另一家有机蔬菜基地，记者发现菜农竟然在使用"3911"（甲拌磷），按照农业部的规定，即使是常规种植的蔬菜、瓜果、茶叶和中草药，都严禁使用。记者表示疑惑，这些所谓的有机蔬菜喷洒了农药，难道不怕检测出农药残留么？绿源果蔬有限公司安站有机农场负责人李华称，"农残是死的，人是活的。你只要有人合理地去安排，不会给你搞出农残来的。一般我们农场在收获之前的前20天不管什么农药，都全部停掉。"某有机蔬菜企业质管人员则称，"喷了药以后，验不出来的就当有机发货，国内不会有人能检测出来的。因为检测的花费较大，除非有人闲着没事，否则不会有人拿7000块钱去做一个样品（检测）。"

　　CCTV的记者通过明察暗访，摸排清楚了假冒有机食品的产业链，"首先是蔬菜公司将一些蔬农场认证为有机蔬菜基地，然后雇佣菜农在这里种植蔬菜，之后蔬菜公司从菜农手里把菜收购上来，贴上有机产品的标签，最后就是送到超市等市场上销售。造假的有机蔬菜也正是在这几个环节上做起了手脚。在认证环节上明明规定，农场需要有1到3年的转换期。但认证机构收钱之后，2个月就发证了。在种菜的过程中，更是大量违规使用农药化肥。而按照国家有机产品认证管理办法规定，有机产品认证机构应当对认证单位进行有效跟踪检查，显然认证机构根本没有去做这样的监督工作。"假冒有机是暴利，比如蔬菜公司从菜农手中收购的菠菜，价格为0.8元一公斤，但一旦贴上"中国有机产品"的标签，在超市里可以买到25元一公斤，涨了30倍之多。某有机食品认证中心的经理还洋洋得意的说，"别人的有机（蔬菜）都卖20，你卖10块，老百姓第一反应不是说你人好，反而说你的东西是真还是假的，肯定是这样。我们调查过很多，一斤米100多，一个苹果16块，16块钱一个，卖得供不应求。"

　　除了容易假冒，有机农业的另一个短板是难以推广。现代农业运用生物、化学科技，极大的提高了亩产量，将作物的潜力发挥到极致，用最少的土地养活整个社会。有机则是反其道而行之，产量并不是有机农业优先考虑的事，这就导致同样一亩地，有机能养活的人更少。如果全面推行有机，恐怕有些人就得饿肚子了。有机种植如此，有机养殖亦然。云无心曾举过有机鸡的例子，按欧盟标准，每只有机鸡的活动空间要大于2平方米，生长期要大于81天，而普通肉鸡，每平方米可养20只，生长周期在45天以内。这么算下来，如果只允许养有机鸡，同等条件下鸡的产量要下降近90%，鸡肉可能成为奢侈品。

说到底，多数中国消费者亲睐有机食品并不是为了拯救地球，维持生态平衡，而只是为了吃到放心的食品，消费者没有信心购买市售的普通食品，才会出现这样近似荒唐的场面。这也凸显出监管部门的失职，失职有二，一是在滥用农药、农药残留问题上监管不严，使得类似的新闻频出；第二个主要是在蔬菜水果领域，虽然目前看到的食品安全事故还不算特别严重，但消费者却过于担心，这说明在信息交流、说服民众方面相关部门还有很长的路的走。

食品工业有原罪？

工业革命是人类文明史的一个分水岭，之后，传统的农业社会、农业文明逐渐向现代工业社会、工业文明转化，这个过程也被称为现代化，现代化向全球范围进行传播的过程又被称为全球化。现代化带给人类的帮助不胜枚举，最直接的例证，但凡与"电"相关的，都是现代化的产物，电灯、电话、电冰箱、电脑……互联网的诞生标志着信息时代的来临，现代化的进程进一步加快。这个过程中，人对自然的改造达到了登峰造极的地步。

但现代化带来的并不全是好处，有评论认为，"掠夺性地对待自然，破坏了曾经和谐宁静的生存环境，造成了严重的环境污染和生态失衡，人类的生存环境正在逐步恶化，人们面临着失去家园的惶然与困惑。在'物竞天择，适者生存'的商品经济大潮中，面对严酷的优胜劣汰、生存竞争，个人的利益、需要和欲望得以强化，人与人之间不断发生冲突。这种不和谐、甚至冲突的社会关系，使人们的集体观念、社会责任感相对淡漠，并使人们陷入了忧虑与不安之中。"鉴于此，反思现代化甚至反现代化开始成为一种思潮。

反现代化的人群中最极端的是阿米什人，虽然生活在高度现代化的美国，但阿米什人仍保留着最原始的生活方式，尽最大可能拒绝现代文明。他们不用电，不用手机，不开汽车，自己制作衣服，他们的农业仅仅使用人力和畜力，不用生长激素，不用农药化肥。这样看来，他们倒是身体力行的在推行有机的理念。但对于一些人而言，要做到阿米什人这样决绝不太现实，他们仍会享用现代化带来的各种便利，但这并不妨碍他们表达对"现代病"的忧虑。

食品工业，是最被诟病的领域之一。最明显的表现是随处可以听到年纪大一点的人在嘀咕，"现在的鸡肉都是成批生产的，味道可比我小时候吃的差多了。"这些抱怨的人不会想到，正是因为引入现代工业式的规模化养殖，鸡肉才能如此普及，成为寻常人家的家常菜。是愿意一个月只吃一只味道好的鸡，还是每天都能吃上味道一般的？

在美国，也有对食品工业化的顾虑，2008 年上映的纪录片《食品公司》（Food, Inc.）是典型代表。该记录片广受好评，IMDB 评分为 7.8，Amazon 评分为 4 星半，豆瓣评分为 8.6，分数都相当的高。这部纪录片曝光了一些美国食品行业鲜为人知的内幕，包括食品工业化的现状、肉类产品的生产过程、种子公司对农民的控制、鸡肉企业对养鸡户的控制等等。不得不承认，这是一部极有煽动力的片子，推荐各位观看。

值得肯定的是，这部纪录片拍摄的镜头都是真实的，反应的问题也都是存在的。但遗憾的是，该纪录片从头到尾充斥着强烈的主观感情，并通过镜头剪切和有煽动性的旁白来论证自己的观点，对大型食品公司进行缺席审判（根据拍摄方的说法，是这些公司拒绝接受采访），这样传达出的信息难免有失偏颇。这部纪录片确实是很有说服力，但问题在于，它能证明的，与它试图要证明的，并不是同一件事。

《食品公司》中有两个震撼人心的画面，一个是养殖户喂牛吃玉米，一个是鸡棚里密不透风，暗无天日。牛的天性是吃草，但在美国，因为有政府的补助，玉米更便宜，所以养殖户倾向于将玉米当作饲料，然而这样就违背了牛的天性，而且牛的消化系统也难以适应，结果是排泄物的毒性会增加。而鸡的命运更加悲惨，为了让鸡更快的长肉，规模养殖的鸡棚被关在大黑棚子里，限制走动，唯一需要做的就是吃饲料，各种各样的饲料。因为吃得多又不运动，还挤在一起，鸡就容易生病，为了预防鸡生病，就得在饲料中加入抗生素。这些鸡养成时身体都会变得畸形，腿上没劲，战战栗栗，但肉很多。整个过程看来，在这种工业化的养殖环境下，鸡、牛降临世间，唯一做的事情是将玉米做的饲料转换为肉，可以称得上是造肉工厂，它们不会有自己的生活，自己的思想。这样一想，好像是挺残忍的。在中国，还有句煽情的说法是，"这些大棚里养殖的肉鸡一生只能见到一次阳光，那是它们在送往屠宰场的路上。"

从"鸡权"或者"牛权"的角度来看，现代食品工业确实是做的不怎么样。遥想田园牧歌的传统社会里，鸡能够满院子飞，吃麦糠，吃小虫，其乐融融，除了来了贵客会磨刀霍霍、一刀给个痛快外，大部分时候都是过得很安逸。在现在，肉鸡根本没有被当作生命，而只是粮肉转化器，喂的是粮，长的是肉。如何更人道的对待这些为人类提供肉的动物，有个专门的词汇，叫做"动物福利"。食品生产工业化后，效率是越来越高，但"动物福利"却每况愈下。如果《食品公司》致力于表达这一观点，其内容足以证明。但该纪录片的意图并不止于此，不少观众看完之后的感慨是食品工业化一切为了牟利，是资本运作的恶果，这样生产出的产品是不安全的，我们应该抛弃这种方式回归传统。这显然矫枉过正了。

诚然，相对而言，现代食品工业是在"动物福利"方面有所欠缺，甚至近乎惨无人道。但我们应该"同情之理解"：食品工业的初衷是致力于提供更高产量的食品，并以更为廉价的价格进行销售。如果对此避而不谈，只是站在道德制高点上大肆批判其对动物手段残忍，这并不公平。2012 年的统计数据显示，地球人口已超过70 亿，这是前所未有的，要养活这些人，对全球农业产量有着极高的要求。有机农业听上去很美，对动物也很尊重，但毫不客气地说，如果只允许用有机的方式进行农业生产的话，相当一部分人将会被饿死。根据联合国粮食及农业组织（Food and Agriculture Organization of the United Nations，FAO）的数据，2010 年，"全球遭受长期饥饿的人口为 9.25 亿，其中 98% 生活在发展中国家，约 3/4 生活在农村地区。" FAO 总干事雅克·迪乌夫表示，"每六秒钟就会有一名儿童因食物不足而死亡，因此饥饿现象仍是世界最大的悲剧和丑事。"

全球人口总数的量级随着现代化的过程到达新高，试图用传统社会的农业方式来养活这些人，既无必要也不可行，这是一个不可逆的过程，正如马车确实比汽车对空气的污染要小，但要回到马车时代已无可能，我们只能接受这一事实。食品工业并无原罪，相反，如果不是工业化式的生产食品，也许人类现在还不能摆脱饥饿状态。

亡国灭种转基因？

如果评选争议最大的食品安全问题，转基因食品应该是当之无愧的第一名。支

持者认为这根本不是食品安全问题，转基因是天使，能增加产量、减少污染，利国利民；而反对者认为这是最大的食品安全问题，如有不慎，亡国灭种。

什么是转基因？

转基因食品（Genetically Modified Food，GMF）是指利用转基因技术制造出的新品种生物的食品，包括转基因植物食品、转基因动物食品和转基因微生物食品。转基因是指通过生物技术将基因片段从一种生物中分离，再植入另一种生物体内的技术。转基因的过程是跨物种的，比如从苹果中截取一段基因植入香蕉中；甚至可以跨越生物界，从动物界到植物界，比如生活在北极的比目鱼防冻，将防冻基因抽出植入到草莓中，草莓就可能防冻；也可从微生物界到植物界，比如苏云金杆菌（Bt）有杀虫的功效，将其蛋白基因植入玉米和棉花，使得转基因后的玉米和棉花也具有抗虫性。听上去有点像科幻小说，但却切切实实发生在现实世界里。

转基因是现代生物科技的产物，但却与传统农业的技术：杂交，有相似之处。在杂交领域，中国人最熟悉和自豪的无过于袁隆平的杂交水稻了。从 1964 年开始，袁隆平和他的团队广泛选用全球各地 1 万多个水稻品种进行测交筛选，初步筛选出100 多个优良品种，然后进一步杂交培育，直到 1973 年终于培育出籼型杂交水稻良种，这被认为是世界上最早的杂交水稻良种，也被视为世界水稻育种史上的第二个里程碑。杂交水稻的原理在于杂交的下一代可能会出现比上一代更强的生长势、适应性和抗逆性，也就是所谓的"杂种优势"。杂交育种是个很传统的方法，自然界自古以来就是这样做的，所以消费者不会去担心杂交水稻能不能吃的问题。但从生物科学的角度来看，杂交本质上是基因重组，是指通过人工有性生殖把两个基因型不同的个体通过染色体基因重组而培育成新的基因型。

植物的性状都是由基因决定的，杂交育种会导致基因重组，因此可能将好的基因凑在一株作物上，但这个重组过程是随机进行的，育种者需要在海量的杂交后代中去寻找。而且植物有自己的生长周期，加上有些性状不是肉眼可识别的，比如是否抗虫、抗虫效果如何等，因此整个过程会相当的复杂和耗时。育种界有一个说法，传统杂交育种工作者的工作方式是"一杆秤、一把尺、拿牙咬、拿眼瞪"，方法原始，效率低下，但袁隆平正是在这种条件下培育出优质水稻良种，着实值得敬佩。

随着生物科技的进步，现在最先进的杂交育种方式是分子标记育种，先确定某个性状，对应的基因段，杂交之后在种子阶段就用 DNA 检测技术进行识别，这样种子都不用种就知道将来会长成什么样子，是否符合需求。这个方法的优势在于省时、省事，但局限性在于，该性状对应的基因段必须在这一作物中天然存在，否则再怎么杂交也不可能凭空产生。

与杂交相比，转基因有两点最大的区别：首先是对象不一样，据蒋高明的总结，"杂交多是发生在同种、同属或同科物种之间，亲缘关系很近，如袁隆平的杂交稻是野生稻与水稻杂交，但都是稻属植物。杂交最远发生在属间，科间就需要人帮助了，如马与驴的杂交。而转基因是不同的类群（生物类群中的界有三大类，动物界、植物界、微生物界，界以下分别是门、纲、目、科、属、种）之间，如将深海里鱼的基因转到西红柿，微生物的基因转移到水稻里去。杂交在自然界可自然发生，不同界之间的杂交是零概率事件，但转基因可以办到。"

其次，杂交结果不可精确控制，而转基因结果可精确控制。要达到指定的效果，如果通过杂交，可能需要多个世代的反复测试才有可能实现，实验过程中多数产物是不合需求的；而转基因可以精确到基因级，将一种生物的某个片段抽取出来植入到目标生物中即可，如外科手术刀般精确、高效。

转基因的争议

有趣的是，转基因的这两大特点：跨界、可控，既是转基因支持者支持转基因的主要原因，也是转基因反对者反对转基因的主要原因。支持者认为，这说明转基因能多快好省的生产新一代作物，增加产量，降低价格，让消费者受益。但反对者认为，其中的风险太大，比如将鱼的基因植入到草莓中，这是人类历史上从来没有的事。转基因食品的历史还不足半个世纪，万一吃出问题来怎么办？更保守的反对者则认为转基因食品是个大阴谋，会被发达国家当作战略武器来使用。不是可以精确控制基因么？如果将让人不孕不育的基因藏在食物中，这样一来，不用一兵一卒就可以不战而胜了。

转基因食品是否安全，安全系数有多少，本来只是一个科学问题，但现在越来

越成为一个社会问题，甚至是政治问题。一般来说，碰到科学问题，让资深的科学家提供专业见解这是最可靠的，但从媒体报道来看，科学家们的意见似乎不太统一。

2009 年 11 月，中国科学院院士、中国科协副主席、华中农业大学教授、著名作物遗传育种和植物分子生物学家张启发领衔的科研团队研发的转抗虫基因水稻"华恢 1 号"和杂交种"Bt 汕优 63"获得农业部颁发的安全认证，这也是中国第一张转基因水稻的安全证书。张启发本人因长期从事水稻转基因研究又被称为"中国转基因水稻之父"。张启发称，"获得安全认证的两个转基因水稻品系，先后做过多个食品安全性试验。从 1999 年开始，科研人员连续 3 年使用约 6 吨转基因稻米喂养小白鼠，从毒性、致瘤、致畸、育性等多个角度验证了其安全性。"但有专家和媒体认为，仅有 3 年的老鼠实验，就要将转基因水稻推广到整个中国，未免太草率了。2010 年 1 月，在华中农业大学转基因科普讲座上，张启发首度公开回应"转基因水稻安全认证质疑"，他解释称，"转基因农作物在全球大面积种植已有 14 年之久，食用转基因食品的人群超过数十亿之众，至今还没有关于转基因食品不安全的任何证据。"

2012 年 6 月，中国农业大学食品科学与营养工程学院院长、北京市食品安全专家委员会副主任委员罗云波教授在北京食品安全宣传周启动仪式上表示，"和传统的玉米品种相比，转基因玉米因为自身很好的抗虫性和抗病性，所以在生长过程中，可以很少使用或者不使用农药，所以，它的农药残留也会低得多。这在很大程度上提高了食用的安全性"，从这个角度来看，"转基因食品比普通食品更安全。"此外，也无需一听到转基因就色变，其实"我们种植的绝大部分农作物都已经不是自然进化的野生种，而是千百年来经过人工选育，即转移基因或基因变化而创造的新物种和新品种"，因此总的来说，"转基因技术会给消费者带来更多的利益、方便和安全保障。"

但也有科学家表示不同意见，2010 年 2 月，中国科学院植物研究所首席科学家蒋高明在接受《瞭望》新闻周刊的采访时表示，转基因至少存在三方面的不确定性："一是转基因对生命结构改变后的连锁反应不确定；二是转基因导致食物链'潜在风险'不确定；三是转基因污染、增殖、扩散及其清除途径不确定。"即使是最积极推广转基因的美国，也未将主食批准转基因安全证书，毕竟"转基因生物一旦出了问题，根本无法控制，所转移的基因不会以人的意志为转移。"

蒋高明举了一个例子，转基因能跨界转移基因，让微生物的基因长到植物身上，比如抗虫的转基因 Bt 蛋白，这是生物史上不可能自然发生的，从未有过①，人类这样做可能会产生隐患。含转基因 Bt 蛋白的作物是转基因支持者最津津乐道的，因为可以天生抗虫，所以少用农药，更安全。但生存是物种的第一原则，如果水稻用了抗虫的转基因，害虫就不再吃水稻而转而吃其他的农作物，如果所有的农作物都用了转基因或因为基因逃逸而携带了转基因 Bt 蛋白，害虫也许只能加速进化与人类抗衡，人类不得不加大农药用量来控制害虫。而且，"昆虫都无法下口的转基因抗虫水稻，对人体就没有害处吗？"

耶鲁大学的 Kelly D. Brownell 教授也讲述过另一个关于转基因 Bt 蛋白的案例。玉米螟会吃玉米，转基因 Bt 蛋白本来是用来杀死玉米螟的，但科学家们发现，另一种昆虫，石蚕蛾（Caddis Fly），虽然不吃玉米，但也会被 Bt 基因杀死。石蚕蛾并不生活在玉米地中，但含有 Bt 基因的转基因玉米在雨水的作用下会有一些被冲到河里，导致石蚕蛾的死亡。而石蚕蛾又是鱼类和两栖类动物的常见食饵，这说明整个生态系统都可能受到转基因作物的影响。

2012 年 2 月，国务院法制办公布了由国家发改委、国家粮食局会同有关部门起草的《粮食法征求意见稿》，其中一条特别指出，"转基因粮食种子的科研、试验、生产、销售、进出口应当符合国家有关规定。任何单位和个人不得擅自在主要粮食品种上应用转基因技术。"这被认为是中国转基因争议中一次里程碑事件。3 月，两会召开，全国政协委员袁隆平在接受《中国经济周刊》的专访时对转基因问题表态，他自称是"中间派"，但仍认为，将转基因用于主粮生产是"要慎重的"，"他们赞成转基因的，是用小白鼠做的实验，可是小白鼠和人能一样吗？他们有人类食用转基因的实验结果吗？""人民不是小白鼠，不能这样用那么多人的健康和生命安全做实验，来冒险"，袁隆平表示，"不要轻易地肯定或否定，也不要猜测和推论，要用事实说话。"

2 年后，袁隆平的态度发生了一些转变。2014 年 1 月，他在接受人民网的采访时称："我们也不能听到转基因就害怕，要谨慎对待转基因，而很多转基因还是好

---

① 注：跨物种的基因转移在自然界并非不会发生，这种转移被称为基因水平转移（Horizontal gene transfer，HGT）。

的。"他还表示，他的团队正在研究转基因水稻。

相比而言，北京大学生命科学学院院长、北京生命科学研究所资深研究员饶毅教授的态度就明确得多。2012 年 12 月，他发表了一篇名为《扒铁路保龙脉与反转基因保龙种》的文章，痛斥反对转基因人士，他说，"19 世纪火车进入中国的时候，清朝曾有人愚昧到说铁路影响中国的龙脉，鼓动扒铁路、保龙脉"，"很多人会以为，中国已经告别了扒铁路的愚昧时代。但近年可以看到，其实，在科学技术已经大量改观了全中国面貌的今天，扒铁路的心态并未完全消失，可以借尸还魂"，反对转基因就是这种扒铁路的心态，转基因在中国受到了愚昧、偏执和骗子的阻力。饶毅还表示，"在反对转基因的积极分子中，没有一位是分子生物学家"，"（蒋高明）只是植物所众多课题组的组长之一，而且在研究所前几年的评估中名列倒数第二。"在中国学术界，这种指名道姓的严厉指责非常罕见。

在"转基因是否安全"这一问题上，连相关领域主流的科研工作者意见都两极分化得如此严重，非科研第一线的科普人士自然也是莫衷一是，缺乏专业知识的民众更是吵成一锅粥。在非科研领域，转基因反对者最有代表性的著作是杰弗里·M.史密斯（Jeffrey M. Smith）的《种子的欺骗》（Seeds of deception），他也被称为全球"说明转基因生物产品健康危害的首席代言人"。书中介绍了转基因可能带来的恶果，以及转基因生物公司与政府、媒体勾结的阴谋。在中国，非科研领域里支持转基因的代表人物之一方舟子则称，"不管怎样，未来的农业必定是转基因作物的天下。不管是故意的阻挠，还是无知的恐慌，都改变不了这一趋势，只不过是妨碍了它早日造福人类而已。"

"转基因安全与否"的议题也凸显出科普人士的尴尬地位。虽然在多数科学问题上，科普人士靠平时的知识积累以及阅读论文文献，再用平实的语言转述给民众即可胜任，但在实证性很强的议题上，科普人士很容易捉襟见肘。转基因对人体有无危害，这不是从理论推导可以得出结论的，需要实验，而因为科学伦理道德所限，目前又没有实验室做过大规模的人体实验。科普人士本身不做实验，只是科研工作者实验结果的搬运工，但这些实验又主要是针对动物的，因此难免会有民众产生怀疑。对此，科普人士的进一步解释通常是，你看，美国人吃了 20 多年的转基因也没事，所以转基因是安全的。但这种"你看，他吃了没事，所以是安全的"的论证过程并不是严谨的结论，有违科普人士平日教导民众养成的科学精神。

虽然科普人士在科研行业的发言权不够大，但要想推广转基因食品，离不开他们的努力，一些科学家认为，只要埋头做好了实验，做出了好的成果，民众就会欣然接受；但现实是，在公众平台上，这些科学家的话语权并不大，还是科普人士更有影响力。因此，如果转基因食品真的值得推广，需要科学家与科普人士联合行动，说服民众，进而说服政策决定者。如果强推，可能出现"扒铁路、保龙脉"的悲剧。

背后的故事

在转基因反对者们看来，这些科学家、科普人士为转基因食品站台，为其安全性背书，背后是有利益交易的：这些专家都被转基因公司收买了，甚至还有大阴谋，这是敌对国家想一劳永逸消灭中国人的阴谋，无良专家便是汉奸。这样的指责是捕风捉影，不足为道，但这个思路却不能说错。

提到转基因食品，就不能不提到孟山都公司（Monsanto），这家创立于 1901 年的美国公司起初是以生产人工合成甜味剂起家的，也就是糖精，在一些人看来，这就意味着它出生就充满着原罪。后来又靠销售石油化工品和生物武器而声名鹊起，越战时美军使用的生物武器"橙剂"（即"落叶剂"）便主要产自孟山都，"橙剂"能将茂密森林烧成土丘，但因为含有剧毒成分，其对越南民众乃至部分美军士兵也造成了严重的伤害。20 世纪 80 年代，孟山都的研究人员在人类历史上第一次改变了植物细胞的基因，标志着转基因时代的来临。1999 年，经过一连串对种子公司的收购，《华尔街日报》发表评论称，"孟山都公司已经有效地控制了全球种子产业。"

现在，全球范围内种植的转基因农作物种子，有 90% 的生物技术来自于孟山都或它的授权，它是这个行业毫无争议的领跑者。这也是为什么在转基因反对者的抗议行为中，孟山都几乎是唯一的攻击靶子。在美国作家 F·威廉·恩道尔眼中，转基因技术是"一场新的鸦片战争"；法国女导演玛丽·莫妮卡·罗宾专门拍摄了一部纪录片，德文译名是《孟山都的首创：毒剂和基因》；绿色和平组织甚至把孟山都说成"生命海盗"。尽管在舆论上饱受争议，但在商业上孟山都却大获成功。2009 年，在《财富》杂志评选的"全球 100 家增长最快的公司"中，孟山都排名第 41 位，其 117 亿美元的营收中，有近 70% 来自转基因种子和转基因技术的专利授权。

　　既然转基因盈利的市场前景这么好，加上孟山都又这么财大气粗，但还有一部分民众对其安全性有顾虑，那么毫无意外，孟山都会投入一部分资金进行宣传，消除民众的误解，这笔宣传经费可能会有一部分会流向科研工作者。虽然没有证据显示具体是哪个专家与其有利益往来，但如果孟山都没有这样做，那一定是他们市场营销部门和公关部门的失职。换言之，那些宣称转基因食品无毒无害效果好的专家或科普人士，可能是出于严谨的科学研究而得出的结论，但也不排除是转基因企业的公关行为。

　　转基因反对者称，转基因的支持者方舟子可能与转基因企业有利益往来。2004年第9期《科技中国》刊登了方舟子所著的《对转基因食品的恐惧源于无知》一文，在署名之下，注有"美国生物信息公司咨询科学家"。此后，方舟子在接受媒体采访时也曾多次提及这家"美国生物信息公司"，但并没有透露公司名称以及自己在该公司从事的具体工作。转基因反对者认为该公司与转基因公司有业务往来，但方舟子多次表明自己与转基因公司无关。2012年2月，方舟子在微博上称，"我七八年前已不为该公司工作，如果哪家中立媒体感兴趣，我可以给他们看与该公司的合同。"

　　如果转基因公司足够强势，重金之下，是可能会请到专家为其唱赞歌，但科学家为企业说话并不一定意味着他就是在说假话。100多年前，不少中国人觉得照相机是邪物，能摄人魂魄，那些尝试说服民众理解照相机工作原理的人，即使是相机厂聘用的，也不算道德沦丧。然而如果是有科学家明明知道转基因可能产生的危害，不过为了自己的蝇头小利，昧着良心说假话，宣传转基因安全但自己不吃转基因，这就该被指责和唾弃，不过目前还没有确凿的证据证明有类似的情况出现。

　　如果任由转基因公司发展，会不会有一天他们能收买所有的科学家和媒体？这种阴谋论在有的转基因反对者看来是很可能出现的。但其实不必这么担心，转基因公司固然能够花钱请专家来论证转基因是安全的，非转基因公司同样能够花钱请专家来论证转基因是不安全的。你在担心宣扬转基因是安全的那些专家可能是被收买了，所以他们的结论未必可靠；但其实那些宣扬转基因是不安全的专家也可能是被收买的，他们的结论同样未必可靠。很简单的一个道理，如果马车生产商发现市场上出现一种叫汽车的新的交通工具，一定会大肆渲染虽然汽车比马车跑得更快，但更不安全——事实上，在历史上他们真的是这样做的。

2013 年 6 月，一篇名为《转基因大豆与肿瘤和不孕不育高度相关》的新闻在网上被热传，粮食行业从业人员王小语称，"之前我们对转基因大豆的安全性持审慎态度，但看到《2012 中国肿瘤登记年报》后，马上意识到问题的严重性。""《2012 中国肿瘤登记年报》显示，我国每年新发癌症病例约 350 万，因癌症死亡约 250 万。全国每天有 8550 人成为癌症患者，平均每 1 分钟就有 6 人被确诊为癌症，每 7 到 8 人中就有 1 人死于癌症，癌症发病呈年轻化趋势"，"我依据自身在粮食行业 20 年的工作经历，却发现致癌原因可能与转基因大豆油消费有极大相关性"，"河南、河北、甘肃、青海、上海、江苏、广东、福建等地，基本都是我国转基因大豆油的消费集中区域，这些区域同时也是我国肿瘤发病集中区。黑龙江、辽宁、浙江、山东、湖南、湖北、贵州等地基本都不以消费转基因大豆油为主，不是肿瘤发病集中区域。"王小语的结论是"食用转基因大豆油的消费者更容易患肿瘤、不孕不育病。所以，转基因大豆油不宜在没有获得安全定论前用于商业消费。"

这一结论被认为是有动物实验的依据的，2012 年 9 月，《食品化学毒物学》杂志刊登了法国卡昂大学 Seralini 等科学家的研究结果，通过对 200 只实验鼠为期 2 年的分类试验，用转基因玉米 NK603 和被 Roundup（商品名"农达"，由孟山都生产）污染的饲料喂养的实验鼠，容易患肿瘤及内脏损伤。不出意外，这篇新闻以及这个实验结论顿时引发了网络世界的轩然大波。有人惊呼"还有什么能吃"，有人感叹"果然如此，转基因就是祸国殃民"，但也有人表示这是"欲加之罪，何患无辞"。

虽然卡昂大学的动物实验结果是发表在正规期刊上，但并未获得学术界的认同，多个学术机构以及研究者指出该研究在设计、方法和结果统计上的严重缺陷。欧洲食品安全局（EFSA）也对该实验结论发表了初审和终审意见，认为"没有充分的证据支持其研究结论"。2012 年 10 月，法国农业部和生态、可持续发展与能源部发表联合公报称，"卡昂大学研究者的'有毒'论述不足以推翻此前的'无害'评估结果，但政府会考虑对转基因作物和杀虫剂长期影响加强研究的建议，并提议对欧洲转基因作物和杀虫剂的评估、进口批准和控制政策进行审查。"此外，公报还强调了法国政府禁止在法国种植转基因玉米的立场保持不变。

至于王小语所称的转基因大豆的危害，仅因为消费转基因大豆油较多的省份癌症发病率更高就得出结论认为转基因大豆油致癌，这完全是一个统计学外行的行为。一则癌症发病、不孕不育的影响因子极多；二则即使一个省之内，贫富差距、生活

掷出窗外 面对食品安全危机
你应有的态度

习惯也是迥异，不经过严格的双盲试验、控制变量，是很难找出真正原因的。最多只能说"消费转基因大豆油"与"癌症高发"有相关性，但要想推导出因果性，可有大量的工作要做，不是随随便便就能说的。在公众媒体上发布言之凿凿但实未经证实的信息，容易引发恐慌，王小语的言论随后被诟病，更被诟病的是王小语的身份，他是黑龙江省大豆协会副秘书长，代表非转基因大豆的利益，是转基因大豆推广后最直接的受害者。有评论认为，王小语的言论是因为转基因侵犯到自己的利益了，因此极力抹黑转基因。

如何对待转基因？

转基因的支持者里有科学家的声音，反对者里也有科学家的声音；推广转基因，会有商业公司因此得利，抵制转基因，同样会有商业公司因此得利。这就让消费者很为难了，该相信谁呢？建议消费者保持开放的心态，掌握更准确的信息，容忍不同的意见，兼听专家的看法，不要只听专家的结论，还要在意专家的推理过程。

个体对转基因安全与否的态度其实并无对错之分，因为这纯粹是个人选择，萝卜白菜，各有所爱。但如果当你试图把自己的观点强加于人的时候，光靠感性的感召是不够的，还需要理性的分析。当转基因的支持者和反对者在争论时，不只在价值判断层面有根本分歧，连基本事实都难达成共识，这是很可惜的。考虑到笔者的学术背景，本文无意给出转基因食品是否安全的结论，只是希望给读者呈现一些事实层面的证据，是否相信转基因食品是安全的决定权在每一个消费者自己手上。

有实验证明转基因食品有害人体健康吗？

目前没有实验证据显示转基因食品有害人体健康。转基因反对者所列举的所有有危害的例子或者是没有得到学术界认可，或者是捏造的，或者是以"可能"代替"必然"。不过确实有科学家担心，转基因食品里特定的蛋白质会引发人过敏。

现在认为安全的转基因食品长时间食用可能对人体有害吗？

也许有，也许没有，但目前没有实验证据。

外国人也吃转基因吗?

外国有很多,有的外国如欧洲有些国家,对转基因控制的比较严格,不允许种植转基因作物,也不允许转基因食品的销售;但有的外国如美国,美国是转基因农作物种植量最大的国家,而且转基因食品不只是出口,还内销,美国本土已有近 20年食用转基因食品的历史了。2013 年 5 月,美国参议院通过表决,以 71 票对 27 票否决了要求转基因食品强制标注的提案,这意味着在美国,转基因食品甚至可以不在包装上标注自己转基因的身份,消费者甚至都不会知道自己购买的是不是转基因食品。

吃了转基因食品,人的基因会转变吗?

目前没有实验证据显示人的基因会因为食用转基因食品而转变。食物进入人体后会被消化系统分解成小分子,而不是以基因形态进入人体,因此不会改变人体自身的基因。但也有观点认为,即使分解成小分子了,还可能对生物体有调节作用,比如药吃进去虽然被消化系统消化为小分子,但也能有药效。

我不吃转基因食品,转基因食品就不会和我发生关系了吗?

不管你吃不吃转基因食品,转基因都会和你发生关系。在这个全球化时代,想做到独善其身是很难的,即使你从不购买转基因的食品,但转基因作物还是会出现基因逃逸、基因污染的现象,这样转基因农场附近的作物就可能受到影响。而且,更常见的现象是,如果一户人家种植了转基因作物,比如含 Bt 基因的玉米,玉米螟发觉这样的玉米一吃就死,自然会对其敬而远之,于是会"举家搬迁"到隔壁种植常规玉米的农田,无形中增大了常规玉米地的害虫数。

政府为什么会允许转基因水稻的种植?

总的来说,转基因反对者的担忧都不是基于既定事实层面,而是基于理论推导的"可能性"。转基因可能出问题吗?确实有可能,只是现在还没有证据显示。所以在政策决策层面,这变成了一个风险和收益权衡的问题。推广转基因,能够扩大亩产量,降低粮食价格,甚至能出口国外,刺激经济增长。而转基因确实可能存在现

在并未查明的风险，风险具体是什么，几率有多大，现在还说不清楚。不能简单的说，政府禁止转基因就是对的，或者政府鼓励转基因就是对的，因为这确实是个复杂的问题。

科普作家云无心认为"增加产量、减轻劳动投入，是农业发展的必然方向。而转基因，是目前最现实可行的途径"，"中国每年需要6500万吨大豆，而自己只能生产1500万吨左右。另外5000万吨从哪里来？自己种，需要4亿亩以上的耕地。拿这么多耕地来种大豆，那其他粮食的缺口又怎么填补？"推广转基因大豆是一个解决方案，但中国民众又不理解，而"巴西、阿根廷，却及时抓住了转基因大豆的潮流，在国际市场上与美国三足鼎立。""大豆和玉米，中国已经失去了先机。在水稻转基因上，中国本来有较大的空间，美国、加拿大、巴西、阿根廷这些对转基因接受程度高的国家，都不是大米的主要消费区"，但因为转基因的争议太大，所以一直未能大力推行。而且舆论又很难取悦："国外没做的，担心'没有其他国家做过，万一有风险怎么办'；国外做过的，又担心'核心技术控制在别人手中，影响粮食安全'。"

值得注意的动向

一个让人不安的现实是，中国的转基因大米能否获得政府颁发的商业化许可这一议题还在热议时，转基因作物已经瞒天过海的登上了中国人的餐桌。

与许多问题一样，中国的转基因大米偷偷上了餐桌是外国人先发现的。与美国相反，欧盟在转基因问题上一直是很谨慎的，因此对出口到欧盟的作物检测得格外严格。中国是欧盟的大米输入国之一，出口的中国大米自然也是检测对象。欧盟第一次检测出中国的大米含有转基因竟是在2006年，这本来应该是个石破天惊的新闻，但却不知为何并未引起各方注意，要知道，中国农业部颁发的第一张转基因水稻安全证书是在2009年。这表明，在国家颁布安全证书的3年前，在中国的农田上就开始种植转基因水稻了。

事实上，即便是获得了安全证书，也不能立刻推向市场，还需要农业部颁发的商业化许可，而转基因水稻并未获得这个许可，也就是说，即使是在2009年之后，商业化种植转基因水稻也是违法的。实际情况如何呢？自2006年至2013年6月，

240

"欧盟预警系统总计通报了 184 次中国输欧食品中被检测出非法转基因,其中 2012 年 39 次,2011 年 29 次,2010 年 46 次,2009 年 15 次,2008 年 18 次,2007 年 9 次,2006 年 10 次。而 184 次中,大米制品和含有大米的制品 175 次。"忍无可忍的欧盟紧急出台了《对中国出口大米制品中含有转基因成分采取紧急措施的决定》,并通报中国政府。

2013 年 6 月,《中国经营报》的记者采访了欧盟食品和饲料委员会,对方回复称,"欧盟没有批准任何转基因水稻合法种植,自 2006 年发现中国输欧大米制品出现转基因,在多次要求中国政府采取措施后,欧委会 2008 年开始执行紧急措施,要求产自中国或从中国发货的大米及其制品,只有附带由官方或授权的实验室出具的显示产品不含 Bt63 转基因大米或不是由 Bt63 生产的原始分析报告,或者进口时由有关食品管理部门或在其监督下取样分析并收到满意的分析报告,方能进入欧盟市场。然而,输欧大米制品中仍然多次被检测出含有转基因。2010 年 3 月,欧盟发现输欧大米制品中出现了克螟稻 1 号和科丰 6 号的基因。"

在中国,一向是一流的产品做出口,二流的产品做内销,这也是为什么"外贸原单"会成为一个经久不息的广告词。欧盟检测那么严格,出口到欧盟的大米都有转基因,那在中国本土销售的大米有没有转基因成分便是很显然的了。目前中国实行的《转基因产品核酸定性 PCR 检测方法》国家标准(GB/T 19485.4—2004)中,有大豆、番茄、玉米、油菜、马铃薯、棉花等转基因作物的检测方法和标准,甚至都没有提到"大米"或"稻米"。想想也正常,中国都没有颁发过转基因大米的商业化种植许可,种植是违法的,只要源头管住了,自然就不必担心市场上有转基因大米的流通。但欧盟的检测报告无疑给了这种想法重重的一击。

2013 年 12 月,《消费者报道》杂志从市场上购买了 9 款包装大米,委托国家级转基因检测实验室珠海出入境检验检疫局技术中心进行盲样检测。检测结果显示,"其中一个产自湖北襄阳的'天谷汉水源香米'样品含有转基因成分,并且证实是转基因抗虫水稻 Bt63。"这一检测结果证实普通的中国消费者在国内的正规市场上也有买到转基因大米的可能。

这不是国内大米第一次被测出含有转基因,早在 2004 年和 2010 年,国际环保组织"绿色和平"就测出过国内市场的大米含有转基因。2004 年,"绿色和平"从湖北及其周边地区采集了 25 份品种,检出 19 份为转基因品种。2010 年时,从广东、

安徽、福建、湖北、湖南、浙江、江西、海南和香港等 9 个地区采集了 43 个大米样品和 37 个米粉样品，检出 7 个样品含有转基因成分。"绿色和平"的结论是违法转基因稻米已经污染了湖北大米市场。

很显然，有人没有按套路出牌。本来，转基因能否商业化推广是一个见仁见智的问题，支持者反对者大可以开诚布公的谈，说出自己的疑虑。但这样表面上还在科普，还在征询公众意见，但私底下已经开始偷偷种植并投入市场，这算什么？转基因作物都是人工培植的，不可能天上掉下来，而且农户自己不会研制转基因，他们使用的转基因种子唯一的源头便是实验室了。实验室的科学家是有意还是无意的将转基因种子交给农民，这就不得而知了。

根据《农业转基因生物安全管理条例》及实施办法，转基因品种要获得安全证书需要经过安全性评价阶段，具体包括实验室、中间试验、环境释放和生产性试验四个阶段。其中实验室阶段与中间试验阶段都是可控的，因为完全处于封闭状态，但后两个阶段的变数则大得多。

环境释放阶段则要求作物在全国不同的水稻产区进行试验，以检测作物是否能够适应不同的气候和生态环境。生产性试验要求则更高，需要至少 3 个点、超过 135 亩的种植面积。后两个阶段因为涉及大量的人力和时间，仅凭科研人员是不够的，国内的研发机构常采用的办法是与当地农民合作。根据规定，环境释放和生产性试验的成果应统一回收处理，但稻米毕竟是小物件，藏个一两粒是没法发现的。中国农业科学院生物技术研究所研究员黄大昉认为，"不排除农民看到这种水稻不用农药、节约人工，就私自留藏"，另外，也有可能种子公司会私自育种。种子一旦流出，就很难控制，培育出克螟稻的舒庆尧曾表示"理论上，如果一粒种子流出，种植一万亩、十万亩都有可能。"

食物中有避孕药？

黄瓜

2011 年 5 月，中国新闻社发布了一则《珠海居民担忧农产品安全问题选择开荒种蔬菜》的新闻，称珠海市南屏镇有居民在未开发的荒地里耕种。耕种者表示是因为担心吃到施放农药、催长激素的蔬菜，所以决定自己种菜。居民刘姨说，"我种的韭菜要三个礼拜才能长成筷子长，而一些菜农三天两头喷激素，四五天左右就能收割，这样种出的韭菜敢吃吗？"居民钟先生给记者展示了自己种的青瓜，说"我们自家吃的青瓜结果时花就谢了，而市场上卖的头顶鲜花的青瓜都是用避孕药、雌激素涂抹的瓜，人吃了会出现不孕不育甚至绝育等可怕的后果。"这则新闻刊出后，顿时引发热议，尤其是避孕黄瓜的介绍，更是让不少消费者忧心忡忡。

不只是珠海，同样在 2011 年 5 月，陕西电视台《第一新闻》播出节目，曝光了西安市场上的嫩黄瓜在种植时或被添加激素的内幕。有消费者向电视台举报，买的黄瓜又苦又涩，还有异味，"不是正常的黄瓜味道"，怀疑是加了激素。记者前去菜市场进行调查，问起激素黄光，商贩们并不避讳，表示"就在这花这里刷一点"，记者问"用什么刷？"商贩回答"拿刷子蘸一点，实际说白了是啥东西，用的是避孕药，就是避孕药。"

早些时候，2011 年 2 月，《青岛早报》也曝光了类似的新闻。记者在调查时收到业内人士的爆料，对方有 8 年的种植经验，称瓜农会用特效药种植黄瓜，比普通的药物厉害得多，能将黄瓜的生长期缩减一半，而且长出的黄瓜顶花带刺，卖相极佳，只是味道很苦，可能还对人体有害。这种特效药是小作坊配置的，具体原料不清楚，"好像里面含有避孕药"。

在中国的传统观念中，"不孝有三，无后为大"，在对骂时，"断子绝孙"是很恶毒的诅咒，但这只是说说而已，而如果吃个黄瓜就生不出孩子来了，这可是大事。在黄瓜上抹避孕药真的有效果？吃了这样的黄瓜真的生不了孩子？

在黄瓜的种植过程中，确实可能用到生长激素，使用生长激素能改变黄瓜本身的激素水平，让更多的花结成果实，也可以使果实长得更大，还能延缓花的凋谢。植物的生长激素又称植物生长调节剂，具体在黄瓜上，最常用的是生长调节剂是氯吡脲（Forchlorfenuron），在中国，这种生长调节剂是允许限量使用的。对植物有效是不是就意味着对动物同样有效呢？未必。诚然，有些化学制剂同时能对植物和动物都有效，比如除草剂能杀死杂草，也对人体有毒，但具体对生长激素而言，对植物有效的几乎不可能对动物有效，反之亦然。

避孕药是给人服用的，目前没有实验室证据显示能对黄瓜起效果。那为什么业内会盛传用避孕药涂抹黄瓜呢？一个原因可能是以讹传讹，避孕药是一种激素，黄瓜的生长调节剂也是一种激素，在传播过程中就混在一起了；还有原因可能是生长调节剂的生产厂商，为了迷惑竞争对手和经销商，故意放出风声，制造假象，以免配方被知晓，毕竟越神秘越能把价格卖得高。

避孕药不可能用于黄瓜的原因除了"用了也没用"外，更有说服力的理由是这不划算。对于商贩而言，不管是遵纪守法的良心商贩，还是利欲熏心的不法商贩，在行为模式上都是一致的，无利不早起。黄瓜几个钱，避孕药多少钱？避孕药怎么说都是有高科技含量的，便宜的20多元，贵的近百元，用下去后能让黄瓜多长几斤（没有证据显示有效）？农户不是傻子，第一次犯傻买了避孕药来抹黄瓜，但发现根本不能增产，他不会笨到一而再再而三的去尝试。

就算农户真的傻到天天用避孕药培育黄瓜，是不是消费者吃了就会不孕不育呢？基本不可能，剂量决定药效，试想，要用口服避孕药来避孕，还得天天按时服用，才能起到作用。而对大多数人而言，黄瓜并非每天食用，就算是每天食用，涂抹在黄瓜上的那点剂量根本体现不出效果，再说经水一洗、皮一削，油锅一炒，影响更是微乎其微。另外，对于短效口服避孕药而言，即使天天服用，也不会因此绝育，避孕药基本不会累积在体内。对于女性而言，黄瓜大可以放心的食用或使用，只是记得要洗干净，减少农药残留的危害。

鳝鱼

黄瓜只是避孕药流言新近的受害者，相比而言，鳝鱼更惨，蒙受不白之冤已有16年。鳝鱼味道不错，但在购买时，如果过于肥大，稍上年纪的人都会担忧，这会不会是避孕药催肥的？为什么会有这种想法？话还要从16年前说起。

1998年，重庆的一位养殖户向《成都商报》爆料，称其在黄鳝饲料里添加了避孕药，能让黄鳝快速增肥，长得又肥又大。记者随后采访了水产养殖专家，专家表示没听说过，但确实有在鱼苗中添加微量激素诱使其转变为雄性或雌性的作法。这篇新闻被冠以《避孕药催出巨鳝》的标题发表，各地媒体纷纷转载，因为标题耸人听闻，又是常见食物，因此虽然当时互联网还不普及，但也很快成为全国街头巷尾热议的话题。

原新闻的细节很少，但在传播过程中越来越多。根据传闻，用避孕药养黄鳝的"科学原理"有两个，一是鳝鱼属于雌雄同体类生物，避孕药能让鳝鱼从雌性变成雄性，雄性鳝鱼更好卖；二是雌鳝鱼产卵后肉质会变差，避孕药能够使其不产卵，保持肉质鲜美。听上去很有说服力。而且此后多家媒体发表的不少对食品安全形势的评论中，均引用了这一案例，使这种说法更深入人心。

2000 年 8 月，《江南时报》载文称，"现在很多水产养殖户在喂养黄鳝时会投以避孕药来催肥，女性避孕药一般含有大量雌性激素，女童一旦食用了含有药性的黄鳝就会引起性早熟，成年男性食用此类富含有雌性激素的食品将会出现男性性征减弱、女性性征增强的症状。"

2000 年 12 月，《人民日报》社主办的"网络文摘"转载了一篇名为《吃的恐慌》的文章，称，"当你看着那又粗又长的毛鱼时，你定会以为它有几年甚至更长时间的生长期，事实上，这样的毛鱼最长的生长期也不到一年，个中奥秘，说出来让许多人难以置信：这些毛鱼吃了避孕药！据业内人士透露，给毛鱼喂适量的避孕药，可以使毛鱼性早熟，而让它的身体迅速变得强壮。同样道理，避孕药还可用来喂养黄鳝、甲鱼等，也能产生奇效。不说不知道，一说吓一跳，了解了这些幕后新闻后，不知有谁还会觉得这些大鱼大虾津津有味？"

2003 年 6 月，《山西日报》发表了一篇《戕害孩子健康的"垃圾食品"》的评论称，"有的养殖户给养殖的黄鳝喂避孕药，使之长得又快又肥。不明真相的人吃了以后，轻者导致肥胖，重者导致不孕症。"

在媒体的渲染下，没有太多专业知识的消费者很容易听风就是雨，肥大的黄鳝是由避孕药喂大的说法很快深入人心，即使这并不符合科学道理。用避孕药真的能将雌黄鳝变成雄黄鳝吗？没有科学实验结果能证实这点。黄鳝确实是雌雄同体，幼龄时全部是雌性，之后经过性逆转，3 年后变成雄性，雌性体小，雄性体大。激素确实可以调节性别，但具体到避孕药，则是无稽之谈，因为避孕药本质上是雌激素，只能让雌性更雌，甚至让雄性变雌，如果养殖户真的想让雌黄鳝快速变成雄黄鳝，

避孕药一定是最不需要用的药物。

那用避孕药防止雌黄鳝产卵可不可行呢？其实没这个必要，黄鳝是一种对环境敏感的动物，如果其养殖密度超过每平方米 4 到 5 条，一般就不会产卵了。而现在的养殖方法通常是人工网箱养殖，一平方米的密度超过 30 条，根本无需破费使用避孕药。另外，黄鳝的味觉很好，常常拒绝食用有异味的饲料。

1998 年人工网箱养殖技术刚起步时，有些养殖户因为经验不足，为防止鳝鱼怀孕，确实曾给其喂食过避孕药。只是人的愿望比不过生物规律，使用避孕药，反而使鳝鱼抗病能力下降，还造成了鳝鱼的大量死亡。现在稍有经验的养殖户，应该都不会做这种既赔钱又赚不了吆喝的事。

不用担忧鳝鱼被喂食过避孕药的另一个旁证是，截至目前为止，鳝鱼用避孕药催肥的消息只是流传在网络上以及媒体的评论中，尚无监管部门的检测报告。考虑到 16 年来都没有一起被检测出，再加上在生物学层面被认为不可行，因此这则传闻很有可能只是都市传奇，当成茶余饭后的玩笑没事，但切莫当真。

除鳝鱼外，甲鱼、虾、蟹、罗非鱼等都曾曝出用避孕药增肥的传闻，但既没有科学道理，也没有事实依据，不必过于担忧。倒是水产品中抗生素的滥用问题，听起来不耸人听闻，但实际危害很大，应该引起重视。

自来水

2012 年 5 月，一位在微博上长期关注环境问题并颇有影响力的人士发布微博称："中国是避孕药消费第一大国，不仅人吃，且发明了水产养殖等新用途。避孕药环境污染可导致野生动物不育或降低再生能力。学者对饮水里雌激素干扰物研究发现，23 个水源都有，长三角最高。另外，它们作为持久污染物，一般水处理技术去不掉；人体积累，后果难料。各国比比，吓一跳。"

这条微博还有配图为证，发布者表示配图来自一篇发表于 2012 年 2 月环境学期刊《Journal of Environmental Sciences》上的学术论文。自来水也不安全？还有避孕药？听上去很像科幻电影的情节，但来自正规的学术论文使其有着较强的说服力。这条微博也很快成为热门话题，网友纷纷表示愤怒和担忧，水都不能喝了吗？

一周后，果壳网设法联系到这篇论文[①]的第一作者，并对其进行了采访，作者表示"本人的论文是英文文章，这条微博是在译为中文后，加上了自己的意思，完全曲解了本人的结论。"作者称"雌激素对野生动物确实有危害，但并不等于'避孕药环境污染可导致野生动物不育或降低再生能力'"，因为要达到不能生育的效果，对雌激素的浓度要求很高，论文表格中的浓度"不足以对人体健康产生危害"。另外，"西方发达国家的水源水和自来水中同样能够检出各种环境雌激素，且浓度并不比中国低。"环境雌激素确实可能对人体有害，但就这篇论文所采样的水源样本中雌激素的浓度而言，"对生态系统和人体健康的影响可以忽略不计，远低于其他环境因素的影响。"

至于喝论文中检测出雌激素的自来水有没有避孕的效果，作者表示，"肯定不能"，因为一粒避孕药含乙炔基雌二醇约 20～30 微克，但水中的乙炔雌二醇浓度为 1 纳克/升（0.001 微克/升），即使能被人体全部吸收，也得在很短时间内喝完 2 万～3 万升水才能起到口服一颗避孕药的效果。鉴于短效口服避孕药要天天吃，所以要想通过喝自来水避孕，得每天至少喝 2 万升水，这不现实。总的来说，这起"自来水里有避孕药"的警报算是有惊无险，环境雌激素确实需要担心，但是仅以这篇论文提供的数据，尚没有达到要全民警惕的地步。

催熟果蔬催熟娃？

香蕉催熟

2011 年 4 月 23 日，深圳卫视播出《打药催熟香蕉，卖水果也有潜规则》的新闻，记者拍摄到深圳某农贸市场存储库用农药催熟剂乙烯利催熟香蕉的过程，并称

[①] Assessment of source water contamination by estrogenic disrupting compounds in China. Weiwei Jiang, Ye Yan, Mei Ma, Donghong Wang, Qian Luo, Zijian Wang, Senthil K. Satyanarayanan. Journal of Environmental Sciences, Vol. 24，No. 2.（February 2012）.

"误服乙烯利会出现呕吐、恶心及灼烧感，长期服用对人体有害而无利"，还表示用于催熟香蕉的乙烯利，会导致儿童性早熟。这则新闻随后被多家电视台转播，在网上也被热议，很快引发了消费者的恐慌。

市场的反应是迅速的，4月26日，在海南拥有3个香蕉种植基地的种植户在接受新华社采访时称，4月中旬，他销售香蕉时，价格一直比较平稳。但"这几天，蕉价突然下跌，从每公斤6至7元跌到2元多，跌幅超过50%，收购商也少了很多。"海南万钟香蕉销售有限公司常务副总经理、海南省香蕉协会会长赵军则表示，因为新闻播出后香蕉价格大跌，他们公司每天损失产值20多万元。

往好处看，这说明中国消费者在食品安全问题上具有极强的自我保护意识，但往坏处想，对于辛苦了一年的香蕉种植户来讲，在收获的季节出现这样的新闻绝对是飞来横祸。催熟的香蕉被冤枉了吗？人们的担心有无必要？

用乙烯利催熟香蕉确实是事实，而且普遍存在。为什么要催熟呢，原因很简单，热带、亚热带的水果，尤其是香蕉，一旦成熟很难长时间保存，这就导致很难长途运输。为了在产地以外也能吃到这些水果，业界常用的办法是不等它们自然成熟就摘下来，然后运到目的地，再用药剂催熟，然后出售。乙烯利便是常见的催熟药剂之一，因用其催熟的香蕉成色均匀、色泽光良，卖相好，所以自20世纪60年代起便一直作为催熟剂使用。乙烯利（$C_2H_6ClO_3P$）本身不催熟，起催熟作用的是其分解产物乙烯（C_2H_4）。乙烯是最简单的烯烃，是石油化工的产物，常用于合成塑料（聚乙烯或聚氯乙烯）。植物本身就能生成乙烯，比如香蕉、苹果、梨等就会散发出少量的乙烯，既可以催熟自己，也可以催熟周围的水果。有商贩用罩子将香蕉和别的水果罩起来，使其成熟的更快，便是利用了这一科学原理。从这个角度来看，乙烯是纯天然的，可放心使用。

可是，乙烯对人体有害吗？考虑到剂量决定毒性的原理，回答应该是小剂量的乙烯无害，大剂量的乙烯有害。乙烯利同样如此，本质上看，乙烯利是有机磷化合物，是有毒的，但毒性较低，当然，大量摄入也会有害。那香蕉上残留的乙烯或乙烯利会有毒吗？一般不会，乙烯是气体，通常很少残留，而乙烯利的残留量通常也不大。根据《食品中农药的最大残留限量》（GB 2763—2005）的国家标准，香蕉、菠萝等水果上乙烯利的残留量不得超过2毫克/千克。而根据美国环境保护署

（EPA）的研究，成人每天可摄入乙烯利的安全上限是 0.05 毫克每公斤体重，这意味着一个体重 60 公斤的成人每天摄入 3 毫克乙烯利是没有任何问题，换算下来，大概是 3 斤香蕉。而乙烯利服用的半致死量约为 2000 毫克/公斤，如果是残留量符合国家标准的香蕉，这得吃 1 吨才能中毒，所以大可不必担心。会不会有不法商贩为达到更好的催熟效果过量使用乙烯利呢？也不会，因为物极必反，如果乙烯利的量使用过多，香蕉会因成熟过快而腐烂，消费者自然不会愿意购买。因此即使是乙烯利催熟的香蕉，也不必担心会吃得食物中毒。

乙烯利能催熟香蕉，会不会也能催熟儿童呢？理论上不可能，而且目前也没有实验证据证实这点。乙烯是一种植物激素，激素要有受体才能起作用，植物的果实内有乙烯的受体，两者结合才能产生效果，如果果实中缺少乙烯受体，或者人为阻断乙烯与受体的结合，便能延缓果实成熟。而人体并不存在乙烯的受体，因此即使乙烯想起作用，也鞭长莫及。使儿童性早熟的是性激素，性激素有特定的结构和受体，乙烯与之完全不搭界，因此并不会起到催熟儿童的作用。

说起来，激素有点类似于中国古代的虎符。虎符是调兵遣将的凭证，分为两半，右半存在朝廷，左半发给将军，专符专用，一地一符。要用兵时，需朝廷遣特使携右半虎符前去军营，两半勘合验真后才能生效，这也是"符合"一词的来源。中国目前最早的虎符是秦惠文君时的秦错金杜虎符，上有铭文曰："兵甲之符，右在君，左在杜，凡兴士被甲用兵五十人以上，必会君符，乃敢行之。燔燧事，虽毋会符，行。"仅有右半虎符（激素）调不动军队，仅有左半虎符（受体）调不动军队，虎符不符（激素与受体不匹配）也调不动军队。人体内没有植物激素的受体，即使摄入植物激素，也不会因此被"催熟"。

草莓催熟

2011 年 8 月，《济南时报》刊登新闻《吃自家催熟草莓，4 岁女孩来例假》，称奶奶给 4 岁的孙女洗澡时发现下体出血，起初以为是擦破表皮的外伤，没有在意，一个月后又一次出血，才紧张起来，加上还发现孙女胸部有肿块，于是赶紧送医。山东省千佛山医院的内分泌科主任医师廖琳经检查后发现，小女孩的子宫、卵巢、乳房均已发育，是性早熟。小女孩的家长介绍，自己家是种草莓的，会打催熟剂，

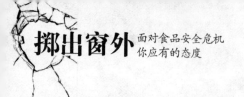

打理草莓时父母都将女儿带在身边，她也会信手采摘草莓直接食用，于是医生怀疑是草莓导致了女孩的性早熟。消息传出，众人哗然。

正常情况下，女性应该在青春期开始性成熟，根据世界卫生组织的划定，青春期为 10 至 19 岁。女性性成熟的过程在生理层面上是指下丘脑－垂体－卵巢轴（hypothalamic-pituitary-ovarianaxis，HPOA）被激活。下丘脑和垂体分泌促性腺激素，使卵巢发育，性激素增加，引起第一性征和第二性征的发育：乳房开始发育并变得丰满，阴毛腋毛开始长出，阴道长度和宽度增加，粘膜增厚出现皱襞，并且出现月经初潮。在这整个过程中，激素起到了至关重要的作用，但正如前文所述，如同虎符一般，激素也分很多种，让女性性成熟的是性激素，不是性激素的激素即使摄入，也未必能使之性成熟，除非这种激素能刺激性激素的分泌。但直至今日，植物催熟剂不能改变动物（包括人）的性成熟进程，动物性激素不能改变植物的成熟进程，这是生物学界的常识，目前还没有反向的证据证明。因此认为催熟草莓导致了小女孩的性早熟是没有科学道理的，正如人用的避孕药不能让黄瓜长得更快一样。

4 岁出现月经明显是性早熟，原因何在？外科医生、科普作家李清晨表示，"绝大多数女孩的性早熟在现今条件下找不到器质方面的原因（男孩则相反，80% 以上是器质性的），少部分由于卵巢肿瘤等因素导致的性早熟，其相关肿瘤究竟是因为什么发生的，还是搞不清楚。"但可以肯定的是，应该与植物激素无关。"媒体上频繁出现的某种食物会导致性早熟的报道，绝大多数都属于胡咧咧，如果抱着宁肯信其有的心态，这也不吃，那也不碰，搞不好将会给孩子造成比性早熟更大的危害——营养不良。"

在这起"催熟草莓致性早熟"新闻之前，还有一条类似的报道。2011 年 6 月，《长江商报》刊登了一篇新闻《儿童"性早熟"黄骨鱼惹的祸?》，称近来武汉带孩子去医院看"性早熟"的家长不少，医生发现，"3 岁以上的孩子多半都是外源性因素引起的，他们所吃的食物中主要有黄骨鱼、草莓和反季节的小番茄。"一个 4 岁的小女孩被发现乳房发育，家长前去湖北省妇幼保健院儿保科求助，副主任医师余靖接诊后，为小女孩做了各种检查，并排除了肿瘤因素。经过询问饮食史，发现为了给小女孩最好的营养，家里每天用黄骨鱼炖汤给她喝，鱼还是小女孩妈妈的舅舅的鱼塘里养的。医生建议先暂停食用一段时间再说，3 个月后，小女孩隆起的乳房果然消退了下去。小女孩的妈妈很意外，难道是舅舅在害人？舅舅表示自己毫不知情，但他向记者表示，自己在东西湖区承包了鱼塘，发现别人家的鱼又肥又大，他养的却没什么卖相，向别人请教时，同行告诉他只要将一种药片扔到鱼塘，鱼的收成自然好。他也不知道这药片具体是什么，但也买来按法使用，果然养出的鱼卖相不错。小女孩的妈妈也想起，带小女孩去舅舅家玩时，地上散落着许多白色药片，孩子常伸手去抓，之后又不洗手就直接拿东西吃，可能不知不觉吃下了不少药片。据医院介绍，"该院医生大约每天能接诊四五个类似的儿童，10 个有 9 个几乎都吃黄骨鱼，但停止食用后，症状都得到缓解，最后消失"，专家认为，可能是因为部分黄骨鱼含有激素所以才造成这种情况。

2011 年，《中国妇幼保健》刊登了一篇《反季节水果摄入与女童性早熟的关联性研究》的论文，第一作者是复旦大学公共卫生学院营养与食品卫生教研室、公共卫生安全教育部重点实验室的杜鸿祎。研究者们以医院为基础配对病例，"收集性早熟女童及其他疾病患儿各 105 例，采用膳食频率问卷调查方法调查主要反季节水果的摄入量，进行单因素及多因素 Logistic 回归分析。"研究得出的结论是，"未发现反季节水果的总体摄入与女童性早熟的关联性。但部分反季节水果过多摄入在女童性早熟发病中可能起促进作用，仍需进一步研究。"通俗的讲就是，不排除反季节水果在女性性早熟中会起到促进作用，但也不确定，消费者可自行决策。

西瓜膨大剂

2011 年 5 月，《扬子晚报》曝光了江苏镇江地区瓜田里西瓜爆炸的事件。说是一位瓜农花了几十年的积蓄承包了 40 多亩土地种植西瓜，5 月初时，西瓜已初具模样。村里的技术员上门推销"西甜瓜膨大增甜剂"和"速溶钙"，称能让西瓜更大更好。这位瓜农是第一年种西瓜，对技术员言听计从，次日便将两种药水分别喷洒。不想，第 2 天时，瓜农发现不少西瓜裂成了两半，而且瓜棚里还传来"噼噗、噼噗"低沉的闷响声，分明是西瓜正在爆炸的声音，瓜农一家就眼睁睁的看着这些瓜一个接一个在眼前爆炸。几天之后，瓜田里已爆炸了近 6000 多斤西瓜。老瓜农表示，应该是药用错了时候，得在西瓜小时候用，如果瓜长势已经很快了，再用就容易爆裂。

新闻传出，消费者并没有过多的同情这位瓜农，而是在担忧，这样用膨大剂养成的西瓜能吃吗，西瓜会爆炸，人吃了膨大的西瓜会跟着一块膨大么？浙江省农科

掷出窗外 面对食品安全危机
你应有的态度

院蔬果所研究员范敏表示，西瓜"爆炸"这一说法过于夸张，这其实只是瓜田里常见的裂瓜现象，不必太恐慌。膨大剂是通称，是人工合成的植物激素类似物，配方有很多种，江苏的这位瓜农用的是氯吡苯脲。氯吡苯脲是细胞分裂素类的生长调节剂，可以促进细胞快速分离，使植物快速增大，由日本于20世纪80年代开发，后传入中国，是国家允许的植物生长调节剂。这类植物激素能在自然条件不成熟的情况下，帮助植物快速生长，提高产量，但如果使用不当，则会对植物产生危害，比如爆裂。但并不会对人体有害，至少目前没有相关的科学证据，只是口感会变差，消费者很容易察觉得到。

除了膨大剂，还有一阵子网上流传着另一个关于西瓜的说法，"夏天，西瓜成为首选的消暑食品，但黑心商贩却把针头对准了尚未成熟的西瓜。'打针西瓜'所注射的是禁用食品添加剂甜蜜素和胭脂红！打过针的西瓜瓜瓤呈红色，汁液也很丰富，但没有一点西瓜味。所用添加剂会破坏肝脏、肾脏的功能、影响儿童智力发育等。"说的也够吓人的，实情到底是怎样的呢？

果壳网的谣言粉粹机栏目曾做过相关实验，解答了几个问题：一、液体能打进西瓜吗？实验显示能，并发现瓜脐处几乎打不进去，瓜蒂和瓜身处相对容易，但瓜身处注射容易开裂。二、是否会留下可辨别的针孔？实验显示会，并且有些针孔比较容易分辨。三、注射色素后的西瓜是什么样子？色素是否会在西瓜内部扩散开？实验显示，注射后溶液在小片区域均匀散开，但未能扩散至整个瓜。四、注射色素和糖溶液，是否会加速瓜的腐坏？实验显示，放置48小时后，腐坏特征不明显，但实际品尝会有明显异常，可能是针孔带入了微生物所致。五、注射的溶液是否会沿针孔流出？实验显示有的会有的不会。整个实验并不十分严谨，但基本能够说明，西瓜成熟后再打针难度较大。此外，云无心也撰文从理论上证明，"通过注射甜蜜素和胭脂红，很难让生西瓜变得象正常西瓜一样红而甜。"

不过理论上的不可行未必代表现实中的不存在，瓜农的科学素质良莠不齐，却有一颗勇于尝试的心。2010年7月，《兰州晚报》的记者暗访了兰州街头的多家瓜店，惊奇的发现在多个西瓜的瓜蒂上都发现有针眼，在有些流动摊点出售的西瓜，10个就有6个有大小不一的针眼。为证实这一行为，记者暗访了一家专售食品添加剂的商店，问老板"有没有给西瓜用的添加剂？"老板很熟练的从货架上拿出一罐对记者介绍称，"这个是'胭脂红'，打进西瓜里能上色，颜色正宗得很，跟长熟了的

252

颜色几乎一样！一罐 500 克，28 块"，"用一点就行，用多就过了，自己把握。"记者又问"有没有增加西瓜甜味，提升口感的东西？"老板拿出一袋装有白色晶体状的袋子说："这个效果就非常好，叫'甜蜜素'。一袋 1000 克，18 块钱"，并介绍称，"这些东西最近走得很好，一罐用的时间也长，特别划算。"

一位水果经销商向记者透露，"现在大多数卖西瓜的基本上都在卖这种瓜（打针西瓜），别人都卖你不卖生意没法做！""打针西瓜有两种，一种是在地头就注射，这种瓜一般都是生瓜，打开后瓜瓤甚至还是白的，不过打了勾兑过的东西后过几天随便打开一个西瓜，保证瓜瓤又红又甜！另一种就是到了二倒贩子手里再进行'手术'，打过针的西瓜进价比不打针的西瓜进价要高一些。为了让成本最低化，二倒贩子进上西瓜后自己进行二次'加工'，这样顶多过上两三天，瓜就能上市卖了。"所谓"勾兑过的东西"，也就是甜蜜素和胭脂红，一个能让瓜变甜，一个能让瓜颜色更鲜艳。

甜蜜素、胭脂红不是毒药，是国家允许使用的食品添加剂，但在使用范围和用量上有严格的控制，水果上就不允许使用，所以往西瓜里注射甜蜜素是违法行为。不过也不用担心会有"破坏肝脏、肾脏的功能、影响儿童智力发育等毒性"，因为即使被用于西瓜，其剂量也是极小的——如果剂量大就会很容易看出来，少剂量的食用不至于产生很大的毒性。当然，即便如此，往西瓜里注射药物的行为也还是不道德、不合法的。

食物相克靠谱不？

有这样一个说法，中国的古书是竖版的，西方的古书是横版的，这样中国人在读古书的时候，头会顺着眼睛阅读的轨迹上下点动，仿佛在说"对的对的说的对"，而西方人在读书时头则会左右摆动，"不对不对说错了"，从这个细节可以看出中国人崇古，而西方人崇今。这当然是个玩笑，不可当真，但不得不承认的是，在当今中国，确实有相当一部分人还是坚信，老祖宗传下来的都是最好的，就算有些不好，那也不是本来不好，而是我们没有继承好。医药，当然是中医好；武术，当然是功夫厉害；美食，当然是中华第一。因此有些古话，未必有科学道理，但也能一代一代当成金科玉律传下来，其中最典型的当属食物相克的警告。

　　我母亲以前不太会做菜，年轻时在一次家庭宴会上被亲戚取笑后苦学做菜技巧，此后每逢佳肴必虚心向厨师请教做法并记在小本上反复练习，30 余年来记载菜肴做法的小本已有近 20 万字，前些年我帮她整理到电脑上，取名为《厨神笔记》。她后来又找到了一些资料加到笔记里，还放在正文之前，叫做"预备知识"，其中一节是"常见食物搭配禁忌"，列举了数种不宜搭配食用的例子，如螃蟹与柿子，羊肉与西瓜，蜂蜜与豆腐等。我很好奇这些知识哪里来的，母亲说在网上找到的，我于是上网一搜，果不其然，类似的饮食建议在光明网、新华网上出现了不少，而且标题更为惊悚，叫《20 种常见食物混搭共食要人命!》。这可真是吓出人命了，真的是如此么？家常菜肴要是搭配不当会吃出人命？

　　科学地讲，食物相克是没有科学道理的，或者是以讹传讹，或者是牵强附会，或者是故弄玄虚。不排除确实可能有人因为同时食用某两种食物后身体不适甚至食物中毒，但这样的个例如果要上升至经验，还需要多次试验，控制变量，排除干扰因素。比如是不是没洗干净，没炒熟，或者本身就对这种食物过敏，或者本身就已患病。只有这样，总结出的建议才对于多数人都适用。但食物相克，明显没有经过这些科学的检验方法，不然医院、商店或者餐厅早就会贴出告示了。

　　还真有勇敢的先行者以身试法做过实验，1935 年，生物化学家、营养学家郑集曾搜集了近 200 对被认为相克的食物，选出生产生活最常见的 14 对，分别为大葱与蜂蜜、红薯与香蕉、绿豆与狗肉、松花蛋与糖、花生与黄瓜、青豆与饴糖、螃蟹与柿子、螃蟹与石榴、螃蟹与荆芥、螃蟹与五加皮酒、鲫鱼与甘草、鲫鱼与荆芥、牛肉与粟米、鳖与马齿苋，进行动物实验，他自己还亲自做过其中 7 对的实验。观察实验动物以及试食者的各种参数，如表情、行为、体温、大便次数及外观等后发现，均未有中毒迹象，没有一对食物出现相克。郑集更为著名的身份是中国营养学的奠基人，中国生物化学的开拓者之一，也是著名的长寿者，终年 110 岁。遗憾的是，半个多世纪前的实验，直至今日也未深入人心。

　　2008 年至 2009 年，中国营养学会和兰州大学公共卫生学院也曾联合做过食物相克检验的实验。研究者搜集了 500 多种流行的食物相克资料，分类选出最具代表性的进行实验，并招募了 100 名志愿者，25 至 45 岁间，男女各 50 名。实验选择了 5 对被传相克的食物，分别为猪肉与百合、鸡肉与芝麻、牛肉与土豆、土豆与西红柿、韭菜与菠菜，志愿者连续食用一周，观察其尿液、大便、血压、精神、体温等反应，发现一切正常，没有任何一组会引发胃肠紊乱、呕吐、中毒等现象。

这样看来，大可不必担忧食物相克，只要食物是干净的，即可放心混搭食用。但有些文章还列举出食物相克的"科学"道理，说的很像那么回事，真的如此吗？——来看。

菠菜与豆腐

这算得上是流传最广，最具影响力的饮食搭配禁忌，可能是因为这两道都是极为常见的菜肴，碰面的几率比其他组合大得多。根据"科学"的解释，不能一起吃的原因在于菠菜含有大量草酸，而豆腐中含有钙，草酸和钙的结合能力很强，生成草酸钙几乎不被人体吸收，因此会形成肾结石。严格地说，这样讲不是没有科学道理，研究发现，人体尿液会排出草酸，其中近一半来自与食物，长时间大量排泄草酸会增加肾结石的风险。

但实际和理论会有差别。首先，菠菜与豆腐并不是装在玻璃瓶中的溶液，一混合就反应，而是要通过咀嚼进入肠胃，这个过程并不是很容易发生反应。其次，草酸确实容易和钙发生反应，不和豆腐中的钙反应，就容易和人体的钙反应，生成的草酸钙在人体中不被消化就会变成结石，如果是和豆腐的钙反应了，人体不能吸收反而会随着尿液排出体外，从这个角度来讲，菠菜和豆腐混着吃还比单独吃要好。

至于营养方面，会不会因为混吃而营养打折呢？豆腐中的钙与菠菜中的草酸反应后，人体从豆腐中吸收的钙确实会少一些。但考虑到豆腐的价值在于其中的蛋白，钙只是附加值，少吃点没什么问题，菠菜中的草酸更是少吸收一点是一点，因此总的来说，不管从安全性来讲，还是从营养学来讲，菠菜配豆腐，大可不必担心。

虾与维生素 C

虾和维生素 C 不能同吃也是一个流传甚广的饮食禁忌搭配，还有一个血淋淋的"事例"（只见网上有传闻，未见正规媒体的报道）。台湾曾经有一个女孩无缘无故七窍流血暴毙而亡，法医检测为砒霜中毒，但现场没有发现任何砒霜的痕迹。后来专家经过对现场的勘探，发现女孩平时每天服用维生素 C 片，当天又吃了大量的虾，

两者混合，最后导致了悲剧。"虾等软壳类食物含有大量浓度较高的五钾砷化合物。这种物质食入体内，本身对人体并无毒害作用，但是，在服用'维生素 C'之后，由于化学作用，使原来无毒的五价砷（即砷酸酐，亦称五氧化砷），转变为有毒的三价砷（即亚砷酸酐，又称为三氧化二砷）"，也就是俗称的"砒霜"。

这个解释听上去还是有一定道理的，虾里面确实有五价砷，维生素 C 确实是还原剂，五价砷确实能被还原为三价砷，砒霜确实是三价砷，砒霜确实能致死。需要提醒的是，不一定只有吃维生素 C 片才能获得维生素 C，水果、果汁里也含有大量的维生素 C，因此这一警告还意味着，如果你在聚餐时吃了虾，请勿同时饮用果汁或吃水果。

海鲜里确实含有砷，但主要是以有机砷的形式存在，无机砷含量不多（主要是五价砷，少数三价砷），仅为4%不到。有机砷基本能全部排出体外，不会影响人体健康；而五价的无机砷理论上讲能和维生素 C 发生反应，但鉴于总量很小，加之人体并不是一个合适的反应场所，因此生成的产物也不多。根据中国《食品中污染物限量》（GB 2762—2005）的国家标准，虾蟹类无机砷的安全上限是 0.5 毫克/千克，而毒理学的研究显示，砒霜的致死量为100～300毫克，换算下来，要起到 100 毫克砒霜的效果，等同于约 150 公斤的虾，还要同时输入足够多的维生素 C，这显然不是正常人类在一餐能够吃下的。

确实有人在同时食用虾和维生素 C 后出现呕吐、腹泻等轻微食物中毒的症状，这或者是食物本身的问题，也可能和个人体质有关。因为确实有部分人对海鲜类食品有一定程度的过敏，不管服不服用维生素 C，都会引发身体不适，服用维生素 C 后可能会促使不适症状的加剧。总结下来，小部分人吃虾会引发身体不适，小部分人虾与维生素 C 同时吃会引发身体不适，但多数人虾与维生素 C 同时吃并无不适。没有必要每个人都遵守虾和维生素 C 不能同时食用的建议，因人而异。

螃蟹与柿子

螃蟹和柿子不能同时食用的饮食禁忌至少从 20 世纪初就开始流传，而且深入人心。如果混吃，可能会致命，这确实是有真实案例的。2012 年 12 月，《半岛晨报》刊登了一篇新闻《老人混吃螃蟹柿子险丧命》，称大连一位 90 岁的独居老人一段时间来一起床就恶心呕吐，并且腹部隐隐作痛，有天突然昏迷了。医生询问饮食史时，老人的子女回忆"老人特别喜欢吃柿子和螃蟹，饭中吃螃蟹，饭后吃柿子。"医生表示，"柿子跟螃蟹不能同时吃，因为蟹肉的蛋白质较丰富，而柿子含很多鞣酸。蛋白质遇到鞣酸会凝结成硬块，积在胃肠里影响消化，还会导致腹痛、呕吐、腹泻等反应，严重的可以阻塞胃肠道出现肠梗阻。"另外，按照传统观点的解释，螃蟹性凉，柿子也性凉，两种同样性凉的食物一并吃下身体自然会受不了。虽然性热、性凉是中国独有的一种分类方法，没有科学证据的支撑，但对不少民众还是很有说服力。

其实是这样的，螃蟹本身是高致敏性食物，不少人的体质并不适合吃螃蟹，再加上近来水质污染严重，螃蟹身体可能携带不少微生物，很容易引起肠胃不适、腹泻等症状。另一方面，柿子也不是每个人都适合吃，吃多了也会引起身体不适。因此未必是螃蟹和柿子反应生成了新的毒物，使人患病，而是螃蟹和柿子都有不适宜的人群，混吃的话，身体不适的概率会更大。如果身体健康，混吃也不要紧，但如果体质虚弱，则需要谨慎。另外，大连的那位老人喜欢吃螃蟹和柿子，想必不是老来才养成的习惯而是年轻时就有了，既然都能活到90多岁，足以说明即使螃蟹与柿子混吃，也不会很容易就毒死人。

豆浆与鸡蛋

一个有趣的数据是 2008 年"三聚氰胺事件"之后，豆浆机行业突然发生井喷，因为大家普遍对牛奶行业失去信心，但早餐还是要吃的，于是纷纷转战至豆浆。与牛奶相比，豆浆确实是更本土化些，但关于豆浆的饮食禁忌也不少，最常见的是豆浆和鸡蛋不能混吃。理由有二：一是豆浆中有胰蛋白酶抑制物，能够抑制蛋白质的消化，降低营养价值；二是鸡蛋中的粘性蛋白会与豆浆中的胰蛋白酶结合，形成不被消化的物质，大大降低营养价值。严格地说，这不算食品安全问题，只是饮食营养问题，不必太上心，不过就算仅从营养的角度，这样的说法也靠不住。

首先，豆浆中确实有胰蛋白酶抑制物，胰蛋白酶抑制物也确实能抑制蛋白质的消化，但前提是这些胰蛋白酶抑制物是活着的，通常喝的豆浆都是煮熟的，而一旦

煮熟，胰蛋白酶抑制物将会失去活性，便不会妨碍蛋白质的消化了。其次，豆浆中并没有胰蛋白酶，只有人体或动物才有。鸡蛋中倒是有粘性蛋白，本质上是蛋白酶抑制物，能与胰蛋白酶反应，但豆浆中并没有胰蛋白酶，反应也无从谈起了。所以煮熟的豆浆和鸡蛋，大可放心混吃。

牛奶与香蕉

苍井空曾在微博上晒过自己的早餐，说是牛奶和香蕉。有网友回复称，牛奶与香蕉不是相克的么？一起吃容易拉肚子。但她回复称没听说过这个说法，而且牛奶与香蕉还是日本的"最强早餐组合"。确实，在常见的饮食搭配禁忌大都有香蕉和牛奶，理由有二，一是香蕉性凉，牛奶性热，冷热搭配容易腹泻；二是香蕉中的果酸能使牛奶中的蛋白质变性沉淀，影响吸收导致腹泻。但为什么日本没有这个说法，这科学吗？

说起食物的性热性凉理论，确实很让人头疼，因为这没有科学的依据，且难以自洽，但说者言之凿凿。按照这套理论，螃蟹性凉，柿子性凉，凉凉不能同吃；香蕉性凉，牛奶性热，凉热不能同吃；荔枝性温，狗肉性热，荔枝狗肉不能同吃（但广西玉林有荔枝狗肉节，反其道而行之），这样说下来，貌似没什么搭配是安全的。

牛奶中的蛋白质在酸性环境下是会变性沉淀，但这并不会影响其营养价值，不然为什么酸奶还要比牛奶卖得贵？而且香蕉中的果酸含量并不大，即使会和牛奶反应，也只是很小一部分，不足为虑。

不过确实有人因同时食用牛奶和香蕉而身体不适，但原因不在于同时食用，而在于牛奶，这类人通常单独喝牛奶都会身体不适，因为体质原因。喝牛奶拉肚子是种病症，叫乳糖不耐受，与人种有关。欧美白人通常不会出现这种症状，但调查显示，华人乳糖不耐受的比例高达93%。当然，病症也有轻重之分，有人一喝就倒，有人喝到一定量才会出现不适症状。如果是乳糖不耐受，不管是单独喝牛奶还是吃着香蕉喝牛奶，都容易腹胀，或者腹泻。对于乳糖不耐受患者而言，解决方法是喝酸奶。总的来说，如果平时喝牛奶没问题，那么喝牛奶吃香蕉就没问题，如果平时喝牛奶容易腹泻，喝牛奶吃香蕉就容易腹泻。

258

　　总的来说，食物相克的说法不靠谱，至少不具有普适性。对部分体质虚弱的人而言，即使是单独吃某种食物，也会引发身体不适，而当其身体不适时，总会回忆自己混搭着吃了些什么，这样食物相克的说法便越传越广。这从概率学上倒是很好解释，如果一个人吃螃蟹容易腹泻，吃柿子也容易腹泻，那么当他同时吃螃蟹和柿子时，腹泻的概率就会更大，倒不一定是螃蟹会和柿子反应。因此，进餐时不必太担心搭配问题，不必用不熟悉的知识来自我恐吓。重点要担心的是食物原材料是否安全，烹饪手段是否安全，进餐环境是否安全，只要这些是安全的，大可以放心的用餐。

第 4 章
何以至此

怪现状

个体

信心丧失

2013 年 7 月，《第一财经日报》对"三聚氰胺事件"的受害家庭进行了回访。当记者询问患者是否还喝牛奶时，患者的母亲突然以极快的语速响亮地回答道："咿，不喝，什么牛奶都不给她喝，带奶的东西都不碰！""我知道她爱喝牛奶，但是她没得喝，只能眼巴巴看着别人喝。"当时患者只有 3 岁，喝过 1 年的牛奶，"三聚氰胺事件"曝光后，妈妈将其送去医院做检查，发现肾脏中有三颗结石。从那时起，5 年来，这个小女孩再也没敢喝过牛奶。

做出这种艰难决定的家庭并不只有这一个。2013 年 6 月，《南方都市报》采访结石宝宝的家长赵连海时，他称儿子体内的结石已清除，但整体身体素质低于同龄人。他承认虽然现在市面上的乳制品质量提高了不少，但仍不会再让孩子接触乳制品，"一种本能上的恐惧，扎在心里了。"

这种恐惧不是无由来的，《南方都市报》的记者卢斌在采访手记中写道，"2008 年 9 月我在广州的医院采访时，新入院的男孩岑彦亮刚刚做完灌肠，停止了撕心裂肺的哭喊。1 岁零 7 个月的岑彦亮 1 岁后就没喝三鹿，他肾脏内的结石有 23×5 毫米大，母亲龙金姣接受不了这个事实，孩子入院当天嗓子突然就哑了"，"那个病房里接收的全是'结石宝宝'，而且汇集了包括三鹿在内很多奶粉品牌，每份病例就是一份诉状，记录着孩子吃的是什么奶粉与结石的大小。"

"三聚氰胺事件"只是中国奶粉问题的一部分，之外还有劣质奶粉事件、皮革水解蛋白粉事件、黄曲霉毒素事件等等，而问题奶粉又只是问题食品的一部分，之外还有地沟油、瘦肉精等等。因为"三聚氰胺事件"的受害者都是最脆弱的婴幼儿，而且危害极大、涉及面极广，因此常被作为中国食品安全问题的典型事件来讨论。

中国父母"一朝被蛇咬，十年怕井绳"，国产品牌靠不住，有经济能力的转就向进口品牌，没有经济能力的创造经济能力也要转。根据美国农业部的统计，"自 2008 年以来，中国的全脂奶粉的进口量增长了近 800%，脱脂奶粉进口量增长了约 320%。"具体在婴儿配方奶粉这一特殊奶粉领域，欧睿信息咨询公司（Euromonitor）的研究显示，"由于中国消费者食品安全意识的上升和对国产奶粉的不信任，外国品牌在中国的市场占有率从 2008 年的 40% 上升到现在的 50%，并且在中国市场占有率最高的 4 家奶粉企业中，有 3 家是外国企业，只有贝因美属于中国企业。而来自美国的美赞臣更是以 14% 的市场份额大幅度领先各路竞争对手。"钞票就是消费者手中的选票，消费者就算不说话，也会通过钞票来表态，市场份额就是消费者的态度。

对乳制品安全性的信任是如此的缺失以至于在有些家长看来国内销售的国外品牌甚至都不一定可靠，随着赴海外旅游热的兴起，这些中国父母开始拜托赴海外旅游的亲朋好友回国时携带奶粉而归，或者拜托在海外读书或工作的熟人进行代购然后邮寄回国。如果没有海外关系，那就只能寻找中介，支付一笔不菲的代购费，至于中介靠不靠谱，会不会以次充好，那就只能靠运气了。

掷出窗外 面对食品安全危机
你应有的态度

　　尽管经济全球化已有些年头了，但全世界还是被中国父母跨境的强大购买力吓了一跳，超市的婴幼儿奶粉甚至出现断货的情况。2012年初，新西兰多家超市在婴儿奶粉专区贴出"每人每次限购2罐奶粉"的提示，这是第一个实行奶粉限购的国家。9月，新西兰政府发表声明称，"一切将奶制品带离新西兰本土的行为（包括邮寄）都被视为输出"，新西兰初级产业部和海关将联合打击非法出口婴儿配方奶粉的行为，违法的公司和个人可被处以最高30万新元和5万新元的罚金。历经2个多月的整顿后，11月，新西兰政府解除"限购令"，重新开放奶粉代购，但因为受前期限制政策的影响，新西兰奶粉代购价格开始上升。

　　继新西兰之后，德国、荷兰、澳大利亚、英国等国也纷纷制定限购政策，矛头直指中国消费者。以英国为例，2013年4月，英国超市贴出告示："请注意，我们要求顾客不要购买超过2罐的婴幼儿配方奶粉，这样我们才可以保证产品供应量，让尽可能多的客户购买到产品。"从英国代购回中国的奶粉不一定会比中国销售的英国奶粉要贵多少，这是因为英国政府对婴幼儿奶粉有补贴，而这一补贴直接体现在价格上。也就是说，在英国买了奶粉邮寄或者随身携带回中国，相当于英国纳税人的钱有一部分花到中国婴儿身上了，再加上中国代购商大量的采购使得有些英国家长不能随时买到奶粉，也难怪当地居民和政府会介意。

　　在所有的奶粉限购中，最有争议、最刺激消费者、引发最强烈反响的当属香港的限购政策。根据香港政府的规定，自2013年3月起，"每名16岁以上人士，24小时内出香港，限带1.8公斤奶粉（36个月以下婴儿食用配方奶粉）"，这给内地的奶粉代购市场带来了沉重的打击。比起去欧洲、澳洲、北美等地，内地人到香港，不管是程序上还是交通花费上，都容易得多，而且在多数家长看来，在香港购买的奶粉与在境外发达国家购买的奶粉是没有本质区别的，因此香港很快成为代购奶粉的天堂。2013年3月1日，香港海关表示，截至当日下午2点，"海关截获10宗违例个案，涉及53罐奶粉，拘捕10人。8人为香港人，2人为内地人。当局会根据法例处理。"大陆消费者一方面对香港的决定难以理解，另一方面更是对国内奶粉生产商"怒其不争"。

　　自救运动

　　当对食品安全问题的担忧达到一定程度时，啼笑皆非的场景就会出现。

262

外出吃饭自己带油，这恐怕是古今中外都罕见的，大概只有古代皇帝出巡时会这样做。这种行为意味着部分消费者对整个餐饮行业都没有太多信心，转而走上自给自足的道路了，算起来，这应该算"自供运动"的初级阶段：自己购买放心的食品原材料委托加工。有的消费者走得更远，他们对购买的食品原材料都不甚放心，转而自己生产，这算是"自供运动"的中级阶段，最典型的当属城郊租地和阳台种菜。也许将来，这些先行者们除了能自给自足外，还能销售一些产品给自己身边的人，这算是到达高级阶段了。

所谓城郊租地，是指一些有经济条件的单位、企业，在城乡结合部租赁一块农田，再雇佣一些农民，专门为其种植蔬菜、养殖家禽。通常会给农民提供种子和化肥，并叮嘱其不能滥用农药，因为价格会事先谈拢，所以农民一般也会遵守规矩，这种雇佣农民种菜的现象越来越有扩大化的趋势，尤其在一线城市。比如广州就有房地产商将尚未开发的三期房产用地当作农田雇人种菜直供给一期、二期已经入住的居民，收入颇丰。上海也有某投资企业集团，在苏州开辟了 400 多亩农田，供应公司高层日常用餐，也接受会员客户的订单。安全食品，日益成为一个新的营销点。

这种专门定制的食品并不是普通人能够消费得起的，只能满足财富金字塔顶端一小部分人。于是在启动资金不雄厚的情况下，越来越多的城市中产阶级开始尝试门槛较低的阳台种菜。阳台种菜，顾名思义，即在自家的天台、露台或阳台，用花盆种植一些生长周期短、种植简单的农作物，如黄瓜、辣椒、生菜、小葱等。2011年 6 月，搜狐网健康频道做过一次问卷调查，结果显示，如果条件允许，有 97.8% 的受访网友愿意成为阳台种养族。在受访者看来，阳台种养族的最大困难是"没有地方种"，确实，蜗居时代，有一方阳台也是件奢侈的事情，而阳台种菜的好处，支持率最高的回答是"吃到无公害蔬菜"。换言之，并不是他们乐于劳动，实在是被逼得没有办法了。

城市白领被逼着种菜，这是件荒唐的事情。毕竟社会越发达，分工会越细，根据经济学的比较优势原理，每个人只需要发挥好自己的专长，整个社会创造的价值就能达到最大。作家只需要好好写作品，画家只需要好好作画，导演只需要好好拍戏，农民只需要好好种地，市场经济下"看不见的手"会做好分配工作。所以非特殊情况，人们一般不会贸然涉足自己不熟悉的领域，反过来说，当其他行业的人开始纷纷涉足某一个行业时，一定是这个行业哪里出错了，或者这个社会病了。

2010 年两会时，全国人大代表、武汉市文联主席、著名作家池莉向记者谈起食品安全问题时，表示"政府一定要管理好食品安全，提供放心食品，这关乎民族的健康甚至尊严。"她还透露自己在武汉家中的院子里，开了两分地，种植各类蔬菜，已有 3 年。这是因为作为作家，她跑得多、看得多，一些社会现象令其十分不安，她注意到"现在生病的、特别是生怪病的特别多，在城市医院里，特别是好的医院，人多得要命，像赶大集似的。这虽然不能说与食品问题有关系，但老百姓的议论特别多。"而池莉自己种的菜，据她所说，"和外面买的菜有明显区别，特别好吃"，"最主要的是，感觉健康"，"我的菜园子从不施化肥、农药，用榨的豆饼、菜饼发酵后做肥料，现在做到了自给自足。我种的菠菜、莴苣、茼蒿绿油油的，长得很好"，"夏天，种茄子、辣椒、西红柿、黄瓜，能收几百斤，吃不完还送给邻居。来北京开会前，我把钥匙交给邻居，请人家代为照看。"

池莉在成为作家之前学过医，她称因此对健康问题尤为敏感，"现在城市的小胖子越来越多，女孩子甚至 9 岁就来例假，过早发育，提前成长，过早成熟。我非常担心，作为人大代表，对于食品的安全一定要讲。"已经有了一定种菜经验的池莉表示，她也能理解中国农民的生产方式，"我国的农田很多是田埂纵横、丘陵起伏，还处于一种原始的农业状态，难以进行统一管理、规范化种植"，"如果一块地打药了，旁边的农民就会担心虫子飞到自己地里，就会比着打药。这样种出来的菜能安全吗？"她呼吁道，"食品安全管理体制理不顺，监管不力。这一切必须真正改变，因为它关乎我们这代人的健康和生命安全，更关乎子孙后代！"

社会

阶层割裂

尽管消费者形形色色的自救运动是不得已而为之，但这某个角度来看，这是好事，说明至少并不是所有的消费者都已对食品安全状态麻木，还是有些人想做些什么。

然而在整个消费者群体中，参与自救运动的人还只是少数，一是为信息资源所限，二是为经济能力所限。所谓信息资源，即直到今日，还有一些消费者会天真的觉得，食品安全问题与自己无关，觉得出了事故的问题食品距离自己很远。所谓经济能力，即不管是海外代购，还是自己种菜，都需要有时间、精力和资金的投入，有些人虽然知道食品可能不安全的现实，但限于种种现实原因，只能将就了。

在多数情况下，花更多的钱，就能买到更安全的食品，这在中国已经成为一种常态。比如有机食品比绿色食品贵，绿色食品比无公害食品贵，从安全性的角度来看，有机食品比绿色食品更安全，绿色食品比无公害食品更安全。消费水平不一样，能买到的食品质量不一样，乍一看这很自然，毕竟即使在发达国家，也有贫富分化，富人和穷人的饮食习惯也会不一样。但区别在于，在一个正常的社会，即便是穷人，买到的也应该是安全的食品，毕竟安全是食品的底线，只要是能在市场上出售的，都应该满足这一要求。有钱人可以吃得更健康，这是正常的，毕竟健康是比安全更高一级的标准，但穷人就必须得面对不安全的食品，这是说不过去的。

食品不安全的后果，远不仅仅是吃到问题食品的危害。

易粪相食

逐利是商人的天性，但这不应该是罪恶之源，只要市场规范良好，能优胜劣汰，"看不见的手"会将商人对利益追求的动力引导到努力提高产品质量、降低产品价格上来。然而当市场失序时，劣币驱逐良币，低质甚至问题食品一旦能绕过监管进入市场，就能迅速以较低的价格抢占市场份额。当下，中国食品行业的市场秩序尚未健全，不法商贩常有机会规避查处和严惩，只要能牟取暴利，他们便能"无畏"的突破道德底线。

子曰，"己所不欲，勿施于人"，这本是中国文化的主流思想，但现在的中国食品行业，更强势的思想似乎是"死道友不死贫道"——只要有钱赚，你是死是活干我何事？在这种思想的指导下，行业里的"工匠精神"几乎荡然无存，在财务上成功的食品生产企业不少，但鲜有获得消费者尊重的。广义的"工匠精神"指的是用心做事，精益求精，一个显著标志是生产者会为自己的产品感到自豪，典型的例子是瑞士的钟表制造行业。

在餐饮行业同样有这样的典范，比如被称为日本的"寿司之神"的小野二郎。

掷出窗外 面对食品安全危机
你应有的态度

小野二郎出生于 1925 年，从事寿司行业已有 50 余年，是目前全球最年长的米其林三星寿司大厨，他曾说过，"你必须要爱你的工作，你必须要和你的工作坠入爱河……即使到了我这个年纪，工作也还没有达到完美的程度……我会继续攀爬，试图爬到顶峰，但没人知道顶峰在哪里。"小野二郎的寿司店数寄屋桥次郎（Sukiyabashi Jiro）在日本银座办公大楼地下室，店面不大，只提供寿司，且只有 10 个座位，但却世界闻名。从食材的选取到寿司的制作，小野二郎都采用最高标准，"从最好的鱼贩子那里买鱼，从最好的虾贩子那里买虾，从最好的米贩子那里买米。从醋米的温度，到腌鱼的时间长短，再到按摩章鱼的力度"，80 多岁高龄的小野二郎依然亲自监督。他对产品质量的高要求甚至都感动了供应商，寿司店的大米供应商称"有些米只提供给二郎的店，因为只有他会知道怎么煮"，虾贩则表示，有时整个市场上只有 3 公斤野生虾，会全部提供给小野二郎，因为"好的东西是有限的，只会留给最好的人手上。"因此不奇怪小野二郎的店被美食圣经《米其林指南》评为全球最高的三颗星，被认为是"值得一生等待的寿司"。

做寿司做到小野二郎这样，即使在日本也是屈指可数的，不能代表日本寿司界的普遍水平，但至少能代表一种价值取向，即日本餐饮界对品质的追求。然而这种追求，在中国的餐饮界似乎越来越罕见，取而代之的是，商业上的成功能代表一切，产品本身并不受重视，于是出现了一种奇观：食品的生产者不吃自己生产的食品。

2013 年 4 月，CCTV 曝光河南新乡市将造纸厂的污水引入麦田灌溉，当地村民表示，因为水井抽不出水，只能用废水灌溉了。记者问，"这水浇出的麦子你们敢吃？"村民倒也很坦诚的回答说，"都卖给你们了。"记者又问，"你们自己不吃呀？"村民回答："自己不吃！"

2013 年 5 月，CCTV 曝光山东潍坊的姜农违规用剧毒农药"神农丹"种植生姜，暗访时，当地姜农说"这个药挺厉害的，自己吃的不使这种药，另外种一沟。"

2013 年 6 月，CCTV 曝光渭南市的农产品基地滥用高毒农药。渭南被称为"关中粮仓"、"陕西棉仓"，但这里可以轻易的买到国家明令禁止的高毒农药，在田间地头滥用的现象也非常普遍。菜农告诉记者，大棚里高温高湿，蔬菜非常容易患虫害，即使平时蔬菜没有病，也会打药预防。但记者意外的发现一块露天种植的菜地，菜农表示，这是他家的自留地，他们家只吃自留地里的菜，不吃大棚长的菜。

……

类似的例子不胜枚举。乍一看，这些问题食品的生产者还是有些小聪明，赚钱归赚钱，养生归养生，自己生产的食品不安全于是不吃。看上去是安全了，殊不知，在社会里，没有人是一座孤岛，如果人人都这样想，那便没人是安全的。你可以不吃自家的大米，不吃自家的生姜，不吃自家的蔬菜，但问题在于，你不可能以一家之力生产所有的食品，总是要和市场打交道的，只要你买的是别人家生产的食品，不照样中招？每次看到类似的新闻，听到这些不法商贩沾沾自喜的口气，似乎在庆幸自己躲过一劫时，总能让人悲从中来。这些奸商不仅没有良心，也没有智商：你以为天底下就你一个奸商？

用污水灌溉农田的农民不吃自家的大米，但会买别人家的蔬菜；用剧毒农药种植蔬菜的农户不吃自家的蔬菜，但会买别人家的生姜。看上去，每个不法商贩都比信任他们的消费者要安全一点，但实际上，其实也就只是安全了"一点"，总的来说，差别不大。于是，这个社会就慢慢的沦为互害性社会，或者文艺点说，就是"易粪相食"的社会。

读中国的史书，常会看到"易子相食"的句子，说的是国家或城市遭遇战乱或灾荒时，老百姓家无余粮，被迫无奈于是开始"人相食"，先吃老弱病残，实在忍无可忍，就开始吃家里的小孩。但毕竟是自家的孩子，下不了口，于是便和邻居家交换，吃"别人家孩子"，把自家孩子换给邻居吃。这是个残忍的选择，让人悲痛且无奈。

令人感慨的是，这样的悲剧其实离我们一点也不遥远，它就发生在当下。虽不至于像人吃人那么严重，但也足够触目惊心，可谓"易粪相食"：我生产了黑心食品卖给你吃，你生产了黑心食品卖给他吃，他生产的黑心食品又卖给我吃。看上去自己生产的黑心食品自己不吃，不是受害者，但在整个市场环境里，每个人都是受害者。

"易粪相食"听上去是夸张，但联想到地沟油的制造者从粪池里捞油，东家下水

道的粪水变成了西家桌上的油，这个词完全是写实。人相食，要上书的，易粪相食，也是要上书的。如果我们不努力去改变这一现状，不止我们是受害者，连我们的下一代也难逃厄运。

国家

名誉损失

食品安全问题不解决好，对内会让消费者对中国食品丧失信心，对外会有损中国的国际形象。改革开放之后，中国逐渐融入国际社会，并开始扮演越来越重要的角色，中国政府多次表态，中国要以"更加积极的姿态参与国际事务，发挥负责任大国作用，共同应对全球性挑战。"负责任的大国既要对外维护世界和平，也要对内让民众过得安心。

遗憾的是，2008年"三聚氰胺奶粉事件"爆发后，中国食品不仅使国内消费者的心中蒙上了阴影，也使其在国际上的形象的大受打击。之后，食品安全丑闻不断，地沟油、病死猪、镉米等等，如此严峻的食品安全形势与中国经济多年持续增长的背景极不相符。"中国制造"以前是一个让国人自豪的标签，但如今，具体到食品领域，却越来越让人不放心，奶爸奶妈们远赴欧美购买奶粉便是明证。2013年3月，搜狐母婴频道曾做过一项关于婴幼儿奶粉选购行为的调查，共有15870人参与了此次调查，结果显示，"89.54%的人选择购买进口品牌奶粉，仅有10.46%的父母会尝试国产品牌。在选择洋奶粉的原因中，产品质量占据首位，有47.86%的人选择了这一项。"

在一个由中英两国联合举办的食品安全高层论坛中，英方主席曾好奇的询问张改平（中国工程院院士，中国最早研究瘦肉精检测方法的科研人员），"我不明白，为什么中国的食品安全专家大多是搞检测的。更奇怪的是，你们检测的这些东西在我们国家不用检测"，这位英国专家进一步表示，"中国食品安全监管明显存在两个阵营：一个阵营是，有人在研究某些非法添加物，有人在非法添加这些物质。另一阵营则是，有人在研究检测非法添加的技术，有人拿着这些技术到市场上去检测。"

不管是努力挣钱购买国外奶粉的父母，还是因这些父母的购买行为扰乱了市场秩序而颁布限购禁令的外国政府，抑或是对中国的食品安全科研界充满好奇和不解的西方科学家，很难说他们的某些言行是"别有用心"，因为只要设身处地的思考一下，应当可以理解他们为何会这样做。

2013 年 5 月 31 日，一位生活在悉尼的中国妈妈在给宝宝吃贝米拉（Bellamy's Organic，澳大利亚婴幼儿食品生产商）的果泥时，惊奇的发现，在配料表的下方，用加粗的字体写着一句说明：This product does not contain any ingredients from China，即"本产品没有任何成分来自中国"。吃惊之余，她将包装袋用手机拍照后上传到微博。没想到，这张照片引发了轩然大波，成为中文互联网上最热的图片之一。

大家反应不一，因为这位妈妈业余时间还会做一些澳洲母婴用品的代购，所以有人认为这是在变相做广告；也有人认为这张图可能是经过处理的，是发布者在造谣抹黑；还有人觉得这样的标注涉嫌歧视中国产品，伤害了中国人民的感情；但更多的人表示，虽然看上去刺眼，但也可以理解，即使在中国的超市，不也有标注为"100％原装进口"的商品么，两者本质是一样的，这些商品卖得贵但总有人抢着买。

有记者跟进调查，发现这样的标注确有其事，并非伪造。记者还联系到了贝拉米公司，后者回应表示，因为他们"明白家长非常关心宝宝的食物质量，因此有责任向家长说明产品成分的来源地"，"让家长知道产品并没有任何来自中国的成分，是一种负责任做法。"贝拉米称，"我们必须让客人知道，他们的宝宝不会透过我们接触到中国的原材料。这一点对我们中国顾客尤其重要。"也就是说，贝拉米之所以这样标注，正是为了赢得中国消费者的亲睐，真是魔幻现实主义啊。

经济损失

如果中国食品的形象再不扭转，最直接的后果是其他国家的消费者会对 Made in China 的食品敬而远之。有出口业务的食品公司也许本身奉公守法，生产的是合格食品，但常常因为不法商贩生产的劣质食品恶名在外，成为替罪羊。

2013 年 5 月，双汇国际控股有限公司宣布将以 47 亿美元收购美国史密斯菲尔德食品公司（Smithfield Food），并承担其 31 亿美元的债务。史密斯菲尔德是美国，也

是全球最大的猪肉生产企业，如果收购成功，这将是中国企业对美国企业的最大一宗并购案。但收购之路走得并不顺利，原因很复杂，美国人有国家经济战略层面的考虑，有政治因素的参与，当然，必不可少的，还有对食品安全问题的顾虑。在此前两年，2011 年 3 月 15 日，CCTV 曝光河南孟州、沁阳、温县等地含"瘦肉精"的生猪流入双汇，双汇随后承认并致歉，引发食品界的"地震"，被认为是"肉制品界的三聚氰胺事件"。这样的"前科"也让美国人在做决策时多了一份谈判的筹码。

对于国内的消费者，食品安全问题对经济发展的负面影响也显而易见，最典型的是奶粉行业。不少父母几乎完全丧失了对国产奶粉的信心，降价、促销都无法挽回他们的钱包，即使不得已去购买国产奶粉，他们也并不甘心，一旦经济条件允许，会很快转向外国品牌。这是令人深思的一幕，中国奶业要想改变这样的现状，任重而道远。

媒体

信使的故事

"据野史记载，中亚古国花剌子模有一古怪的风俗，凡是给君王带来好消息的信使，就会得到提升，给君王带来坏消息的人则会被送去喂老虎。于是将帅出征在外，凡麾下将士有功，就派他们给君王送好消息，以使他们得到提升；有罪，则派去送坏消息，顺便给国王的老虎送去食物。花剌子模是否真有这种风俗并不重要，重要的是这个故事所具有的说明意义，对它可以举一反三。敏锐的读者马上就能发现，花剌子模的君王有一种近似天真的品性，以为奖励带来好消息的人，就能鼓励好消息的到来，处死带来坏消息的人，就能根绝坏消息。另外，假设我们生活在花剌子模，是一名敬业的信使，倘若有一天到了老虎笼子里，就可以反省到自己的不幸是因为传输了坏消息。"

——《花剌子模信使问题》，王小波

当我们作为旁观者，可以清楚的看出花剌子模君王这种掩耳盗铃的行为的可笑

270

之处，但反观我们自身，却往往会当局者迷。2007年7月，中国国家质量检验检疫总局的一位负责人做客 CCTV 海外频道《今日关注》栏目，节目中，他表示，"不仅产品要打击假冒伪劣，新闻报道也要打击假冒伪劣。"针对西方媒体质疑中国的食品安全状况，他回应称，"中国的出口产品，特别是食品出口，是绝对有安全保障的，目前国际社会对中国食品安全质量的质疑完全是由于海外媒体不负责任的炒作。"

就在这番言论发表前数月，2007年3月，美国大规模爆发宠物因食用宠物食品而致病致死的事件，并呈蔓延之势。FDA 收到了近8500起宠物死亡的报告，因为当时美国并没有专门针对动物的疾病控制中心（CDC），所以数据的收集和核实较为困难。专家估计，宠物死亡总数可能近万。FDA 组织的调查显示，这些宠物死于肾衰竭，罪魁祸首是宠物饲料中小麦蛋白粉和大米蛋白粉中含有的三聚氰胺。三聚氰胺是化工原料，并不天然存在蛋白粉中，是生产商为了提高蛋白含量的检测值而加入其中的。FDA 深入调查，发现这些蛋白粉来自中国，供应商是江苏徐州安营生物技术开发公司和山东滨州富田生物科技有限公司。

中国企业为了提高蛋白含量的检测值而加入三聚氰胺，导致食用者（猫、狗等宠物）肾衰竭，这样的新闻本该引起高度重视，但因为"举报者"是美国媒体，于是被轻描淡写的掠过，这是很遗憾的。因为一年之后，2008年9月11日，随着《东方早报》的一篇曝光新闻，人们才发现，原来三聚氰胺不止加入到宠物食品中，也加入到婴幼儿奶粉中了。在美国，这样的食品导致宠物肾衰竭、死亡；在中国，这样的食品导致婴幼儿患结石、死亡。发生在中国宝宝身上的悲剧是有预兆的，如果提早防范，是可以避免的。

2008年9月22日，中国已有4名婴幼儿因食用含有三聚氰胺的奶粉死亡，因此住院的超过万人。如果当初有关部门看到西方媒体报道中国宠物食品引发死亡的新闻时，予以重视，也许整个事件的走向就不至如此惨烈了。

古人云："秦人不暇自哀，而后人哀之，后人哀之而不鉴之，亦使后人复哀后人也。"令人感慨的是，历史就这样在重演。2013年6月，广州市第十四届人大常委会第十六次会议举行专题询问，关注食品安全议题。接受询问的是广州市副市长贡儿珍及16名局级官员，涉及所有食品安全监管的市政府职能部门。广州市食安办发布了《关于广州市食品安全工作情况的报告》，报告称，"受一些食品安全事件影响，

市民对食品安全的满意度不高。市民食品安全常识不够、主观上的误读误解，加之政府与市民信息互动缺乏、媒体热衷负面炒作，也使广州市食品安全实际工作成效和总体形势与人民群众对食品的安全感、满意度间产生偏差。"也就是说，当发现民众对食品安全现状不满时，食安办找出的理由竟是"市民食品安全常识不够"和"媒体热衷负面炒作"，稍带自责的是"与市民信息互动缺乏"。

其实，很多时候，媒体就是那个说"皇帝没穿衣服"的孩子，虽然说出的话可能会难听一点，但如果没有人扮演这样的角色，整个社会看上去是其乐融融，一片祥和，实际却是暗流涌动，不知哪一天就会撞上冰山。

媒体以揭露真相为己任，让读者知道身边发生了什么，使其能有所防范，功不可没。但必须承认的是，也有部门媒体或因业务知识不熟，或因经验不够，报道出现偏差，误导了读者，让消费者过于紧张。

多数消费者并没有食品安全的相关知识，主要是通过媒体得知当下的食品安全状况的，因此媒体的表述显得格外重要。遗憾的是，一些新闻撰写者同样缺少这些知识，以至于在报道中迷失重点，乃至过于夸张，这些有偏差的报道不只会给企业带来额外的损失，还会让消费者虚惊一场，成为惊弓之鸟，这是媒体需要反思的。

天然的短板

从商业属性来讲，绝大多数媒体也是公司，并不是公益组织，也不是非营利组织，与那些生产食品的公司一样，也是希望产品能大卖，并从中盈利。虽然媒体的形式很多，报纸、杂志、电视、电台，以及最近兴起的新媒体，但追本溯源，其常规的盈利方式只有两种：付费订阅以及广告。这两种方式都与读者数有关，这点很好理解，只有发行量大，阅读量大，愿意付费的读者才多，广告商才愿意花更高的价格来投广告，所以媒体会想方设法的提高自己的发行量和影响力。互联网时代，这种倾向更加直观，因为可以用量化的点击率来表现。新闻写得好或坏可能会仁者见仁、智者见智，但新闻的点击量如何，是有统计数据的。点击率上去了，广告费才能上去，这也就是所谓的眼球经济。

媒体为了抢热点不惜危言耸听的事不只中国有，在世界各地都具有普遍性。WHO 曾有一段评论，较为深刻的指出了这一点："大家需要谨慎地看待这些新闻报道，要知道媒体的主要兴趣并不在教育公众上。一个记者在选取和报道新闻的时候要受到很多非技术因素的影响，比如记者和记者间要在时间和空间上进行竞争，不同的报纸和杂志之间要为发行量进行竞争。与尽可能多的人有密切联系而且新奇、耸人听闻的新闻标题可以达到上面的这些目标——坏消息可以成为更大的新闻，也是我们经常能听到的唯一新闻。"虽然这一评论有以偏概全之嫌，但仍能给我们不少启发。

尴尬的身份

一方面，媒体被认为是行政权、立法权、司法权之外的第四种权力，是民众知情权的最忠实捍卫者。美国国父托马斯·杰弗逊（Thomas Jefferson）总统曾说过："如果非要我在'没有报纸只有政府的社会'和'没有政府只有报纸的社会'中作出选择的话，我会毫不犹豫的选择后者。"[①]

但同时大家应该有这样的意识：即使媒体说的是实话，也有可能是片面的真相，这也与媒体的本质有关。"狗咬人不是新闻，人咬狗才是。"媒体的本性就注定着它倾向于报忧不报喜、报特例不报普通。如果媒体上天天是一片欢乐祥和，那么不是媒体出问题了，就是这个社会出问题了。

100 罐奶粉中有 1 罐不合格，在厂家和监管者看来，99% 的合格率已然极高，有些消费者也会觉得买到不合格产品的概率只有 1%，因此并不在意。但对媒体而言，就是要对这 1 罐不合格的大做文章，要去追踪不合格的原因、危害以及有无扩大的可能。

有人认为媒体本应如此，只有这样的监督，才会迫使厂家精益求精；但也有不少人认为是小题大做，多此一举，恐吓消费者。因此不难理解为何监管者通常对媒体采取敌视的态度，认为民众如此担忧食品安全，完全是媒体的炒作，只要媒体不

---

① Were it left to me to decide whether we should have a government without newspapers, or newspapers without a government, I should not hesitate a moment to prefer the latter.

乱说就天下太平了；而有些民众对媒体又采取全盘接受的态度，本来只是1%出了问题，传着传着就变成了"我们还能吃什么？"和"这日子没法过了"，这两种思路都不可取。

比较合适的做法是，一方面理解新闻报道的特殊性，看到这样的新闻，算一下概率，了解一下真实危害。如果概率低，危害小，稍加注意即可，不必过于恐慌；另一方面也要理解新闻报道的必要性，不能因概率低而抹杀报道的价值。毕竟，对于那些遭遇到问题食品的消费者而言，这概率就是100%了。

此外，同样需要注意的是，新闻报道的密集程度与食品安全的严峻形势未必是正相关的。换言之，如果收集不同地方的食品曝光新闻的数量进行对比，新闻数量多的地方未必更不安全。就统计数据而言，北京、上海、广州三地曝光食品安全丑闻的新闻数量明显高于其他地方，这只能表明这三个地方的媒体监督很到位，并不能证明这三个城市的食品安全问题比别处更糟，很有可能其他城市也有类似的问题，只是当地媒体并未将其曝光。反过来说，有媒体曝光丑闻其实是好事，无论是对政府还是对民众。于监管部门而言，媒体的曝光有助于其工作的开展；于民众而言，正是在这种照明灯式的监督下，企业才有畏惧之心，不敢轻易胡来。虽然三天两头看到媒体播报坏消息会让人很沮丧，但这总比明明生活在这种环境中却每天只能听到赞歌强得多。

新闻史上，因为媒体的监督而推动社会的进步最典型的例证当属19世纪末20世纪初美国的"扒粪运动"。当时，美国结束了南北战争，社会空前稳定和繁荣，进入"镀金时代"（The Gilded Age），但快速的工业化、城市化过程使得社会结构短时间里发生巨变，整个国家遭遇了前所未有的社会问题。一方面GDP快速增长，另一方面官商勾结、贪污受贿、血汗工厂、假冒伪劣的现象层出不穷，社会贫富分化严重。工厂企业奉行拜金主义，一切朝钱看，无视道德和公众利益，即使出现问题，只想着花钱摆平官员，不想从根本上解决问题。

正是在这种社会道德整体败坏的背景下，一批有着新闻理想，有志于社会改革的记者和作家，以笔为武器，通过深度报道和评论，对各个行业进行调查，揭露黑幕，揭发丑闻，曝光社会黑暗面，促进政府改革。涉及的领域包括官员腐败、托拉斯非法垄断、食物不卫生等各个方面。这股风潮最初未受政府待见，当时的美国总统西奥多·罗斯福（Theodore Roosevelt）还将这类记者称为"扒粪的人"（muckraker），比作英国作家约翰·班扬的小说《天路历程》中的一个反面人物，这个人从不仰望天空，而是手拿粪耙，只顾地上的秽物，但记者们欣然接受了这一称谓，并引以为傲。

在"扒粪文学"中，极具代表性和知名度的作品是厄普顿·辛克莱（Upton·Sinclair）1906 年所著的《屠场》（The Jungle，亦译为《丛林》），这是他根据自己在芝加哥一家肉食加工厂的生活体验写成的纪实小说。"从欧洲退货回来的火腿，已经长了白色霉菌，公司把它切碎，填入香肠；商店仓库存放过久已经变味的牛油，公司把它回收，重新融化。经过去味工序，又返回顾客餐桌；在香肠车间，为制服成群结队的老鼠，到处摆放着有毒面包所做的诱饵，毒死的老鼠和生肉被一起掺进绞肉机。工人在一个水槽里搓洗油污的双手，然后这些水再用来配置调料加到香肠里去，人们早已经习惯在生肉上走来走去，甚至习惯在上面吐痰。"这是其文中的描述。

据称，罗斯福总统有天在白宫吃早餐时，边吃早餐边读这本书，读到恶心之处，他大叫一声，跳起来，把口中尚未嚼完的食物吐出来，又把盘中剩下的一截香肠用力抛出窗外。[1] 随后，他与辛克莱见面，了解他所调查的食品安全状况。之后罗斯福推动了《纯净食品与药品法》（Pure Food and Drug Act）的通过，并创建了美国食品药品监督管理局（FDA）的雏形。因为这本扒粪的著作，总统将早餐抛出窗外，并着手进行政府食品监管的改革。这本书也与《寂静的春天》、《快餐王国》并称为"改写美国食品安全史的三本书"。100 多年后，当我创立关注食品安全信息的网站时，取名为"掷出窗外"，便是在向辛克莱、《屠场》、罗斯福致敬。

商家

道德沦丧

2011 年 5 月，CCTV 财经频道举办了一个关于中国食品安全的论坛，邀请了来

---

[1]　President Theodore Roosevelt read the book and reportedly threw his breakfast sausage out the window.

自国务院食品安全委员会办公室、农业部、卫生部、国家工商行政管理总局、国家质量监督检验检疫总局、国家食品药品监督管理局的96名负责人。论坛上，《经济半小时》的记者向这96名中国食品安全的监管者、决策者发放了调查问卷，获得了第一手信息，问卷的内容涉及中国食品安全现状、监管难题等诸多方面的问题。

统计显示，即使是这些政府官员，也在日常生活中碰到过食品安全问题。其中，"在购买食品时，有35.7%的人曾经遇到过食品过期的问题，42.8%的人曾经遇到虚假或夸大宣传，有39.2%的人碰到滥用添加剂的问题，而曾经遇到以假充真、以次充好的问题的人最多，占到了50%。"可见问题食品面前，几乎是人人平等。

当问及为何"瘦肉精"、"地沟油"等危害消费者健康的事件会频出且屡禁不止时，在这群各部门的监管者看来，"17.9%的被调查者认为原因是我国的法律制度仍不完善，让有些人钻了空子并且抱有侥幸心理。而85.7%的被调查者认为，不法企业的暴利诱惑和道德沦丧，是出现造成这些食品安全问题的主要原因。"企业是问题食品的生产者和第一责任人，认为企业生产问题食品的原因是暴利诱惑和道德沦丧也是有道理的：暴利是其生产的动力，而道德沦丧则给了其行动的勇气。

在传统中国社会里，人们对食物极为重视，早在《汉书·郦食其传》中就有"王者以民为天，而民以食为天"的记载，将食物的重要性提升到与政权存亡息息相关的高度。后来人们又给这句话加上了"食以安为先"的补注。遗憾的是，纵观近些年来我们看到的食品安全的种种新闻，会很遗憾的发现，这一原则被很多人无情的抛弃，在遵纪守法赢取合理利润与胡作非为牟取暴利间，越来越多的商贩选择了后者，即便他们知道这样生产出的食品可能会对消费者的健康产生威胁。

为何说与古人相比，现在的商贩道德沦丧了呢？最明显的一个证据是，这些不法商贩赤裸裸的践踏了"己所不欲，勿施于人"的原则。在当下社会，我们看到更多的是，商贩们明知生产的食品有问题，会带来危害，因此自己及家人不会食用自己生产的食物，但却会毫不在意的出售给消费者。

卖病死猪肉的不会不知道病死猪肉吃不得，他们自己就不会吃；卖红心鸭蛋的不会不知道苏丹红有安全隐患，他们自己就不会吃；违规使用剧毒农药的不会不知道农药残留对人体有害，他们自己吃的就另外再种；掏地沟油的不会不知道地沟油

276

恶心不卫生，他们就不会吃自己炼的油；往奶粉里加三聚氰胺的奶农自家的孩子必然不会喝这样的奶……

"民以食为天"不是随便说说的，食物出了问题可不比别的，一是其带来的恶果直接与人体健康相关，二是人们本应该对食物是不设防的。试问，2008 年之前，有哪一个妈妈曾想过，自己亲手喂给宝宝喝的牛奶，竟会成为毒害孩子的罪魁祸首？不法商贩就是利用了人们的这种信任来牟利，殊不知，这样的信任一旦被打破，再想挽回可就难了，国产奶粉近年来并未爆发大的事故但市场强势的地位却一去不返，便是在为这种信任的丧失买单。

利益驱动

所谓"无利不早起"，不法商贩愿意无视道德规范，甚至愿意以身试法，原因在于巨额非法利润的诱惑。

2012 年 11 月，浙江省嘉兴市中级人民法院判决了一起集体制售死猪肉的案件。根据警方的调查，被告人于 2008 年底在嘉兴市某村设立屠宰场，此后开始收购病死猪进行加工、销售。这个团伙共有 17 人，有人负责屠宰场的经营、管理；有人提供车辆做运输之用；有人负责向农户收购死猪、向客户运送加工后的死猪；还有人负责死猪屠宰、加工、称重、记账等，俨然一家结构完整、分工明确的小公司，但这个屠宰场既没有在工商部门注册，也没有获得屠宰许可，是一家非法屠宰场。庭审中，被告人交代，他们到农户家里收购死猪的价钱是每斤 1 至 2 元，"不管猪怎么死的，只要便宜就收，卖出去 4 元一斤。"

收购价 1 元一斤，卖出价 4 元一斤，这样来钱是不是也太快了？据了解，2009 年 1 月至 2011 年 11 月期间，该非法屠宰场共屠宰死猪近 7.7 万头，销售金额高达 865 万元。法院认为，被告人"以营利为目的，或设立非法屠宰场生产、销售死猪肉，或购买死猪肉后加工并销售给他人，或帮助他人运输死猪肉，均已构成生产、销售伪劣产品罪"，其"行为严重危害食品安全，社会危害性大，均应予依法惩处。"这些死猪贩子也因此付出了沉重的代价，为首的 3 人均以"生产、销售伪劣产品罪"被判处无期徒刑，其余的从犯被判处十二年至一年六个月的有期徒刑不等。

　　2010 年前后，猪肉的市价约为 15 元一斤，而病死猪肉因为进价低，因此能把售价压到 4 元一斤，极有竞争优势。这也难怪这个团伙能够在 3 年不到的时间里，就能把生意的规模做到近千万，只是苦了消费了这 200 多万斤猪肉的食客。这个团伙财迷心窍走上邪路，最后搬起石头砸了自己的脚，这般结局值得同行引以为戒。还有一个小插曲，正是因为嘉兴的这个死猪团伙在 2012 年时被端掉，使得嘉兴地区农户的死猪没有了去处，一些图省钱省事的农户便将死猪抛入江中，结果导致 2013 年春天上万头死猪飘到上海的奇观，这是后话了。

　　靠制造问题食品，3 年营业额近千万不是个例。2011 年 9 月，辽宁警方接到举报，称抚顺某工厂内有大量地沟油。警方经侦查后发现确有此事，有重大犯罪嫌疑的郭某从外地购得地沟油，转手卖给抚顺及周边省市的粮油经销店并教授其勾兑方法，这些经销商便能以正规豆油的价格进行销售了。警方得知郭某近期会有交易，于是调集人马埋伏在工厂周围，抓了一个现行。在之后的查抄中，警方在工厂园区发现了一个超大的油箱，初步测算，其存储容量高达 200 余吨，被用于盛装地沟油。

　　据犯罪嫌疑人交代，提供地沟油原料的肖某从事的是回锅油、垃圾油等餐厨废弃油脂原料的收集、加工工作，肖某将这种油以 2000 元每吨的价格出售，并于 2011 年 5 月起为郭某供货。供货频率为每 2 到 3 天一车，每车约 35 吨，至被抓捕时共运送了 1500 余吨。

　　经过进一步的审讯，整个地沟油的产业链也浮出水面。据交代，地沟油的处理分为 5 个环节：掏捞、收购贮存、粗加工、精加工、销售。不法商贩赚取其中的差价，差价是巨大的，"餐厨垃圾每公斤大概 0.7 元至 1 元，加工成'毛油'后再以每公斤 2.7 元至 3.2 元卖出"，"毛油"一转手，就能买到每公斤 3.2 元至 4.6 元。然后粗加工，所谓粗加工，是指"用锅炉将潲水高温熬煮，然后倒入分离池用漏勺把花椒等杂质漏走，再将上面漂浮的油弄到储存池里"，加工后每公斤油可以卖到 4.4 元至 6 元。精加工的技术含量稍高，需要根据对油的检测结果进行多次脱色、脱水、去臭、冷凝，精加工后的成品有色泽近似食用油的"清油"和略浑浊的"干油"，售价为每公斤 8 元至 9 元。批发商买到油后，一般会按 5∶1 或者 6∶1 的比例与正品食用油进行勾兑，再以每公斤 10 元的价格在市场上销售。嫌疑人表示，"经过这样的过程，5 公斤桶装油，就会多赚 40 元钱左右。"之后警方查明，这起案件共制售地沟油 2000 余吨，案值约 1700 万元。

地沟油来钱快从中可见一斑，类似的案件在全国不少地方都有发生。2012 年 12 月，江苏东海法院公开审理了一起特大地沟油生产销售案，涉案公司康润食品配料公司在 2011 年 1 月至 2012 年 3 月间，"由专人负责采购、生产管理、技术指导及销售，将大量由废弃油脂以及各类肉制品加工废弃物等非食品原料火炼出来的毛油，加工成'食品油'"，销往"安徽、四川、重庆、北京、东海等地 117 家大中型食用油、食品加工企业及个人粮油店"，涉案金额高达 6000 余万元。

根据目前的资料，在地沟油领域，涉案金额最高的当属宁波宁海县公安局立案侦查的特大"地沟油"系列案，被告人柳某等 20 人因涉嫌生产、销售伪劣产品罪和生产、销售有毒、有害食品罪被提起公诉。根据警方的调查，自 2007 年 12 月起，这个犯罪团伙就将餐厨废弃油进行再加工，然后以正常豆油的名义销售给批发商，而这些油中仍含有有毒、有害物质。至案发时，销售额已达 9920 余万元。批发商购得地沟油后，再与正常豆油按特定比例进行勾兑后销售给消费者，销售额高达 3.5 亿元。

动辄近千万，甚至过亿的生意哪个商人不眼红？如此高额的利润或许可以解释为何死猪肉、地沟油虽然是过街老鼠，但总是野火烧不尽，春风吹又生。地沟油如此，病死猪亦然，其余的问题食品也类似，在巨额利润的诱惑前，道德感显得更加不堪一击，毕竟违背道德的收益实在太大。

违法成本低

近年来，曝光问题食品的新闻越来越多，这一方面可以理解为监管越来越严厉，但另一方面也可理解为形势越来越严峻。单从新闻数量上的变化难以判断局势是在变好还是变坏，但深入解读新闻，当会发现情况并不是十分乐观。

新闻曝光了不法商贩危害民众健康的行径，在对其采访中，有两点值得注意。一是不少商贩往往会表示，这样制作问题食品的方法在该行业里已经成为潜规则，就算自己不做，也有别人在做，而且通常还会狡辩，本来自己不做的，在别人的介绍下才开始做。二是这样做往往有数年的历史，只是近来才被发现而已。

掷出窗外 面对食品安全危机
你应有的态度

顺着这个思路往下推，这就意味着目前没有曝光出新闻未必表示当下是安全的，因为很可能当下出的食品安全问题要得在两三年后才会被曝光；这还意味着，媒体曝光的切入点常是一两个具体的商贩，但实际出问题的可能是整个行业。在这些做亏心事的商贩看来，"防火防盗防记者"是行走江湖必须要牢记的，那是因为一旦被曝光，就会有监管部门跟进，定点清除，并视为典型案例，而其他同样制售问题食品的商贩却可以逃过一劫。对于不法商贩而言，只要低调行事，不为记者关注，便可以"闷声发大财"，毕竟被抓住的是少数，侥幸心理大，这可谓食品安全问题层出不穷的原因之一。

"手莫伸，伸手必被抓"，这句话是很有气势，掷地有声，但更像是在打心理战。如果能严格意义上做到这点，食品市场会干净很多。然而现实是"伸手未必被抓"，而且被抓反而成了一个小概率事件，在业内看来，这属于运气不好，而不是必然后果。在这样的环境中，不法商贩的违法成本极大的降低了，他们并没有感觉到威慑。可能在"严打"的时候，会略加收敛，但风头一过便卷土重来。

不易被抓可视为违法成本低的第一个方面，第二个方面则是即使被抓，惩罚也很小。且不说较真的消费者本来就少，许多人信奉"多一事不如少一事"的原则，即使自己沦为受害者，只要后果不是很严重，咬咬牙就过了，不会与商家计较。真要有个别不服输，一定要讨个说法的秋菊男女，与不法商贩对簿公堂，耗费了大量的时间、精力，但最后能够获得的索赔却几乎是少得可怜。

2009年2月，十一届全国人大常委会第七次会议通过的《中华人民共和国食品安全法》是中国保障食品安全最重要的法案之一。根据该法案的规定，"生产不符合食品安全标准的食品或者销售明知是不符合食品安全标准的食品，消费者除要求赔偿损失外，还可以向生产者或者销售者要求支付价款10倍的赔偿金。"听上去不错，但实际上，这样限定了最高赔付金额，使得如果商家生产的是低售价的食品，比如1元一个的鸡蛋，2元一瓶的矿泉水，那么他们会毫无忌惮的违规生产。毕竟就算被罚，也只用赔10个鸡蛋，如果商家心情好，再免费送2个还能凑成一打。这样的威慑是极其有限的。

更糟糕的是，规定所称的"销售明知是不符合食品安全标准的食品"中的"明知"很让人头疼，这使得不少案件无法审理或无法界定。很简单，对于商家来说，他们只要证明自己也不知情便能解套。而对于消费者而言，要证明商家"明知"食品有问题的难度可比证明食品有问题的难度大得多。这样的法律漏洞使得虽然《食品安全法》于 2009 年 6 月 1 日正式实施，但直到 2010 年 5 月才有了第一起成功判处商家 10 倍赔偿的案例。

这起案子的原告是一位购买了假冒蜂胶胶囊的消费者，因食用胶囊导致眼部不适，故将商家告上北京市丰台法院。法院一审判决的结果是支持诉讼请求，要求被告赔偿 10 倍损失。据介绍，"自《食品安全法》实施后，消费者起诉商家假一罚十的诉讼增长迅速，但是法院判决支持消费者的不足一成，而且没有一例为商家十倍赔偿"，因此这起判决意义重大。负责该案判决的主审法官李振宇在接受媒体采访时表示，"由于举证比较困难，所以很多时候消费者和商家愿意调解了事。"

本来抓生产销售问题食品的不法商贩的现行就不容易，好不容易抓住了，消费者能索赔的只有 10 倍，而且还不一定能如愿，这样的法规着实是在给商家吃定心丸。2013 年，《食品安全法》启动修订程序，希望修订版能够更多的保护弱势的消费者，规范商家。

一些大的食品生产商即使出现了较为严重的问题，也不太重视，一个主要原因是他们相信公关部门能处理好这些事。这倒确实是事实，很多时候，企业的公共关系部门就像个灭火队员，不管是哪个部门哪个环节惹出的篓子，公关都要冲在第一线，也常常会奏效。但这其实是对公关工作的误解，公关本来应该是企业的眼睛和耳朵，去搜集尽可能多和真实的市场声音，反馈给公司决策层。一个好的公关，是能审时度势，懂得传播规律，知道什么该做什么不该做，是能够督促公司走在正确的道路上的。遗憾的是，不少企业将公关视为干且仅干"脏活"的部门，出了什么丑闻，不去反思是自己哪里出了问题，而是想着花钱去摆平异议，用公关费、广告费去塞媒体的口。殊不知，新媒体时代下，Web2.0 中，悠悠之口哪是那么好堵的？而且互联网时代下，又有什么丑闻能真正的被遮掩住？即使被消费者暂时遗忘，有了 Google，还有什么旧账是翻不出来的？

守法成本高

在利益面前道德缺失的商贩们已使食品安全形式不容乐观，更让人沮丧的是，

那些恪守道德底线的商人不仅没有得到市场的保护，相反还要付出代价。在这种"好人难做"的环境中，市场就会逆淘汰。

最直观的例子是，菜市场里，有人卖死猪肉有人卖正常猪肉，死猪肉因为进价低因此能售价低，只卖 5 元一斤，但正常猪肉得卖 15 元一斤。如果死猪商贩对猪肉稍加处理，使其在外观上看不出来，而且只要能保证食用后短期内不会致病，那么这样的肉将会很快占据市场，买正常猪肉的顾客会越来越少，卖正常猪肉的商贩难以为继，或者关门大吉，或者同流合污。

不只是猪肉行业，任何一个食品行业都有可能出现这样的情况。2012 年 6 月，我在东方卫视参加《新闻直播间》的录制时，在化妆间碰到了一位种豆芽的农户。闲聊时他跟我说，他以前规规矩矩种豆芽，但在市场上卖时，发现其他商贩的豆芽又肥又白，他的又瘦又小，顾客更喜欢卖相好的。讨教之后他才知道那是用药水泡大的豆芽，如果他不学着别人，他的生意只会越来越差，最后做不下去。当时时间很紧，我也没有细问，不知他最后有没有继续坚持凭良心生产，还是被迫同流了。但他反应的情况却令人深思。

在看得见的领域，正规生产的厂商、农户会因售价、产品卖相而处于不利地位，看不见的领域，同样容易"躺着中枪"。比如种植作物时，如果一个地区的农户普遍违规、违法使用高毒农药，但仍有几户有底线的人家坚持按标准生产。这样的后果是使用高毒农药的土地虫害会更少，产量会更大，利润会更多，这是直接影响；间接影响是虫害是动物，长了腿或翅膀的，这一家撒了高毒农药，得赶紧跑啊，跑哪里去？哪里没农药去哪里嘛，于是这些虫害就会往没有撒剧毒农药的农田里聚集，如果不撒同样剂量和毒性的农药，可能农户连基本的收成都难以保证，于是不得不随波逐流了。

当一个市场里，违法成本低，守法成本高时，后果便是劣币驱逐良币，好的产品、商家会被或者干脆被排挤出市场，坏的产品、商家将占据主流。如果导致这种逆淘汰的原因不被认真对待，不健康的市场环境会继续，道德感再强的商人在这样的环境中也难支撑很久。不法商贩固然需要对恶劣的市场环境负责，但更应对此负责的，是监管部门。

监管者

九龙治水

权责问题

食品安全的形势好，政府的监管功不可没；食品安全的形势不好，自然也有监管的原因。

2011 年 4 月，沈阳市公安局皇姑分局龙江派出所接到群众举报，称当地某村子里有人在制售毒豆芽。警方进行了取证调查，检测了豆芽样本，发现其中含有亚硝酸钠、尿素、恩诺沙星、6－苄基腺嘌呤激素。亚硝酸钠会致癌，而恩诺沙星是动物专用药，被禁止使用于人的食品中。沈阳市打假办跟进调查，发现沈阳市场至少 1/3 的豆芽都存在类似问题。警方随后打掉了这个团伙，并查抄了周边地区的毒豆芽黑作坊，仅现场查获的就有 40 吨，之前销售到市场上的已难以统计了。

制售毒豆芽的犯罪嫌疑人还不服气，当警察对其依法拘留时他还辩称，"大家都这么干，凭什么抓我？"他之所以这样说是因为他的黑作坊已有数年历史，3 年前还曾被当地的地方电视台曝光过，但也不了了之，他以及周围众多黑作坊生产的毒豆芽的销路这些年也一直畅通无阻。根据嫌疑人的交代，"全国各地都有北镇市的人在用同样的方法生产豆芽，他们已经掌握了一套'很成熟的豆芽生产经验'。"办案民警经过调查，算了一笔账："一斤黄豆的批发价是 2.4 元，而照他们这种生产方式，一斤黄豆至少可生产 10 斤黄豆芽。也就是说，一斤黄豆芽的成本价约 3 角钱，每斤盈利 3 角钱，按每天销售 2000 斤计算，一天的净利润约 600 元，半年就可盈利约 12 万元。而高额利润正是造假者热衷生产'毒豆芽'的原因之一。"

道德沦丧、暴利诱惑、危害健康、侥幸心理、执法滞后……沈阳毒豆芽案可谓一起典型的食品安全问题案例，从中可以折射出不少深层的原因。更为典型的是这样一幕，这起事情曝光后，为避免类似的问题再次出现，沈阳市打假办会同公安、

工商、质监、农委等部门，专门召开了一次专题会议进行研究。据《法制日报》记者的了解，专题会议上，各职能部门各抒己见，均表示这事"不归我管"，并阐述了各自的理由。详情如下：

工商部门表示：在现实生活中，存在未取得食品生产许可证同时无照经营的行为，这种行为不能一概以"无照经营"处罚，否则就掩盖了无食品生产许可证的事实。同时，对食品生产领域的监管，应该由质监局负责，而不应该由工商部门负责。

质监部门表示：如果将豆芽菜作为产品质量法调整的产品，将会导致立法和执法的混乱，所以豆芽菜应认定为初级农产品，归农业主管部门监管合适。如果由质监部门监管，那是不合适的。

农委部门表示：按照《中华人民共和国农产品质量安全法》规定，在农业活动中获得的动物、植物、微生物初级产品是初级农产品，由农业部门负责监管。而豆芽菜不是初级农产品，是初级农产品的加工品，不应由农业行政部门负责监管。市农委还拿出了上级对此事的批件。

在各方争执不下的情况下，沈阳市公安局副局长、市打假办领导小组副组长安锦荣出面解围，针对有害豆芽等食品安全监管问题，请工商、质监部门尽快请示本行业的上级主管部门。若不能出具上级主管部门的有关文件，请各单位就相关责任提出明确的工作意见，由本部门"一把手"签字，上报市打假办。市打假办将根据各部门上报情况，向市政府汇报。

这确实是个很关键的问题，在任何类型的行政体系中，责权明确是最核心的一点。如果不是紧急情况，职能部门不该越权行政。但明显，在毒豆芽的监管问题上，哪个部门该负何种责任，不仅消费者不清楚，媒体不清楚，就连当事的监管部门也是糊涂的。难怪不法商贩会认为制作了这些年的毒豆芽，不被抓是正常的，被抓了还觉得奇怪。

多部门监管一方面是既定事实，另一方面也有法律依据，根据《食品安全法》，"县级以上卫生行政、农业行政、质量监督、工商行政管理、食品药品监督管理部门应当加强沟通、密切配合，按照各自职责分工，依法行使职权，承担责任。"多部门监管是有可能会导致管理混乱，但只要分工明确，就能最大程度的减少争议。为什么毒豆芽事件爆发前，沈阳的各监管部门之间没有讨论下各自的监管权限呢？对此，《人民日报》有过一句经典的评论："4个'大盖帽'为何管不了一棵豆芽菜？多头监管往往是有利抢着管无利都不管"，可谓一针见血。

食品安全问题可能出现在"从农田到餐桌"的每一个环节，也许最初制度的设立者是出于对单个部门难以支架全部问题的考量而将监管工作进行了切割。由不同的部门监管不同的环节，涉及农业、工商、卫生、质监、商业、食药监甚至公安、城管等近十个部门，也就出现了常说的"九龙治水"的局面。这样的后果是各部门职能交叉，不仅导致行政效率低下，执法效果也不佳。单就举报电话来讲，各部门就不一致，农业是12316、工商是12315、质监是12365、食药是12331、商务是12312……恐怕行政人员都没法记全，更不用说消费者了。

有这样一个真实的案例，据上海市工商系统的工作人员介绍，就奶茶店的管辖权问题，工商、质检、食药监莫衷一是，"按道理不应该我们（工商）管，但是药监说有凳子才归药监管，因为餐饮要有凳子。质监也说不归他们管，最后要由市政府定归质监管。"要按这个说法，有凳子的奶茶店归食药监管，没凳子的奶茶店归工商管。如果奶茶店主使点小聪明，在后台放几个折叠椅，等工商上门时就把凳子摆出来，等食药监上门时就把凳子藏好，这样就可以规避掉所有的检查了。

为避免多部门监管导致行政效率低下，2010年2月，国务院成立了食品安全委员会，"意在加强对各地区、各有关部门的综合协调和监督指导。"食品安全委员会办公室主任张勇坦承，"目前，我国采取了分段监管和品种监管相结合的模式，实际工作中确实也存在一些监管边界不清、监管重复和空白并存等问题"，并表示"今后，我们将继续加强综合协调能力建设，既要强化各监管部门的工作，又要不断消除监管漏洞、完善全程监管措施。"

监管制度史

如果说2010年2月，国务院食品安全委员会的成立是吹响了中国食品安全监管改革的号角，那么改革最有标志性的事件当属2013年3月，国务院公布机构改革方案，整合国务院食品安全委员会办公室、工商以及质检部门的食品、药品监管职能，

组建成立国家食品药品监督管理总局（食药总局）了。

2013 年 3 月，国务院机构改革新方案出台："原副部级单位国家食品药品监督管理局将从卫生部分出，和国务院食品安全委员会共同组成国家食品药品监督管理总局，并升格为国务院直属部级机构。同时，国务院食安委、国家药监局、国家质检总局的生产环节食品安全监督管理、国家工商总局的流通环节食品安全监督管理等职责将被整合，国家工商总局、国家质检总局的相关部门将并入国家食药总局。除新组建的国家食药总局，卫生部和农业部也继续参与有关食品安全管理。新方案提出，新组建的国家卫生和计划生育委员会负责食品安全风险评估和食品安全标准制定；农业部负责农产品质量安全监督管理。商务部的生猪定点屠宰监督管理职责划入农业部。"

总的来看，虽然农产品这块还是被分离了出去，但食品领域中相当大一部分都纳入了一个部门的管理，这是有积极意义的。食品安全以前是多部门监管，现在简化为国家食药总局、国家卫生和计划生育委员会和农业部三个部门管理。更何况国家食药总局还被升级为国务院直属部级，这对今后协调工作的开展将会起重要作用。

虽然机构改革的方案已经公布，国家食品药品监督管理总局也已经挂牌，但具体的职权范围、与兄弟部门的沟通渠道、人员编制、中央与地方的关系等等这一系列问题，都需要在实践中不断的摸索。"九龙治水"的局面虽然在理论上不存在了，但如何对监管部门进行监管，如何保证行政效率，这需要有民众、媒体的参与，如何去培养这样的公民意识，去捍卫自己的餐桌安全，也将是一个待解决的议题。

错综复杂

在多头监管的情形下，会存在滥竽充数的现象，自然也有真抓实干的人，他们通常不久后就会发现，中国食品行业错综复杂的程度远超想象。

小作坊

中国的食品安全问题与美国相比，最显著的特点便是普遍存在的"小作坊"现象。2007 年 8 月，国务院新闻办公室发表了《中国的食品质量安全状况》白皮书，从食品生产和质量概况、食品监管体制和监管工作、进出口食品的监管等方面对中国食品质量安全状况作了介绍和说明。根据该白皮书的定义，"小作坊"指的是"10人以下、从事传统食品生产加工的主体。"根据当时的统计，全国共有食品加工企业近 45 万家，其中小企业小作坊就有近 35 万家，数量上约占 78%，然而其产品的市场占有率仅为 9.3%。这一比例近年来没有质的改变。

小作坊具有分散性、流动性、隐蔽性等特点，要监管并不容易。小作坊中的黑作坊之所以屡禁不止，有一个重要原因，可以用一则小寓言来解释。"一只猎狗奉命去追一只兔子，兔子跑了。回来后，主人责备它，不中用的东西，连一只兔子都追不上，你还怎么混饭吃？猎狗很委屈的说，主人，我只是在为一顿饭跑，而兔子在为命在跑啊！"同样的，对于监管人员而言，去抽查、监督小作坊只是一份工作，就算有点失误，有些遗漏，也只是被扣奖金，但对于小作坊而言，这是其全部的饭碗，势必会用全力来斗智斗勇。如果监管者铁了心要查，肯定可以治理出一个干净的市场来，但问题在于，何必呢？

虽然小作坊生产的食品只占市场份额的 10% 不到，但资料显示，近年来的食品安全事件中，近 50% 是因为这些小作坊所致。这些小作坊常散布于城乡结合部，有的是以作坊主自己居住的房屋为加工场所，并不申请营业执照，工商部门想查都无从查起，又不能私闯民宅。而且小作坊的迁移成本很低，听到风声不对，第二天就能搬走。要不是群众举报或记者暗访，基本很难查出。再加上远离市区，如果执法常规化，监管人员在路上就要花费不少时间，监管成本很高。

严格意义上讲，即使是 2008 年的三鹿三聚氰胺奶粉事件，看上去应归为大企业出的问题，但追本溯源当会发现，根子还是在小作坊。当时的一项调查显示，中国有近 2 亿的农户从事分散的农业生产，市场上的奶制品很多来自散养的奶牛，散养、散户带来的监管漏洞成为三聚氰胺事件出现的重要原因。

因为小作坊而导致的食品安全问题，监管者也冤得慌，以前老被人骂只管收钱但不做事，但事实上好些被曝光出的食品安全丑闻所涉及的小作坊都是黑作坊，监管部门连监管费都没处收。有的农户在自家院子里进行加工，大门一关谁也不知道，要监管也无从监管起。指望每一个食品加工厂都有一个监管部门或一个监管人员负

责，这种想法在中国的当下，不太现实。在美国，大企业占主导地位，食品原料生产呈寡头垄断之势，只需对这少数企业设定生产标准、过程监督，就能保证不会爆发大规模的食品安全问题，这种条件是中国所没有的。

既然整个小作坊的产量也只占市场份额的 10% 不到，惹出的问题却占 50%，是不是国家颁布政策，禁止所有的小作坊进行生产，我们的食品安全就能到一个新的台阶了呢？或许可以，但不可行。小作坊的产量虽小，但涉及的人数可不少，以 35 万家来算，每家平均 5 人，也有 175 万人，小作坊出产的食品是这些人的生计所在。要是"一刀切"，或提高准入标准，这些人失去了生活来源，带来的社会不稳定因素可是即刻的。这一顾虑或许是政府在整治小作坊时，一直很难根除的原因。

小作坊难题，在全国各地普遍存在，可以视为对当地政府执政能力的考验。一个可能的解决办法是，通过政策倾斜，促进食品生产业规模化生产，降低扩大企业的行政成本，发展现代化食品生产经营企业。将多家产品类似的小作坊联合起来，向大企业靠拢，在规模效应的作用下，农户能生产得更安心，而监管也更容易进行。对于流动摊贩，靠城管取缔是一个办法，但堵不如疏，不如扶持这一行业，减免税费，设立固定的流动摊点，使其对食品安全检查不至充满畏惧，这对整个城市的形象提升也是有好处的。

大企业

虽说问题多多的小作坊因为流动性强，难以监管，但大企业也存在不少问题。从技术层面，确实正规企业更好监管些，它们有着标准的操作流程，有着自己的品质控制部门，而且最直接的，它不可能明天就突然搬个地方。然而在中国考虑问题永远不要只考虑技术层面，还要考虑现实因素，现实是，越大的企业，与政府的关系越亲密，查起来确实越困难。

大企业监管难问题背后涉及的因素繁多，但最核心的有三点：一是政府官员的升迁考核标准；二是大企业与当地政府的关系；三是监管部门的行政架构。

第一点是考核标准，2013 年 6 月 28 日，全国组织工作会议在北京召开，习近平发表讲话，表示在选人、用人时"要改进考核方法手段，既看发展又看基础，既看显绩又看潜绩，把民生改善、社会进步、生态效益等指标和实绩作为重要考核内容，再也不能简单以国内生产总值（GDP）增长率来论英雄了。"确实，在相当长一段时间里，官员的升迁是与其任内的 GDP 挂钩的，这使得其不得不想方设法进行数值上的提高，拆迁有抗议？不怕，只要能增加 GDP；工厂有污染？不怕，只要能增加 GDP；企业在生产问题食品？不怕，只要能增加 GDP。这样的导向就会使得，如果当地某食品企业做的很大，将会获得政府天然的保护，不仅不会有监管部门去为难，连记者要去调查都可能会受阻。

最典型的例子是三鹿三聚氰胺奶粉事件。三鹿作为一个全国知名企业，为企业所在地石家庄的经济发展做出过卓越贡献，不仅缴纳了不菲的税费，也提供了相当多的就业机会，还成为当地的名片之一。这种情况下，当地政府的天平自然会尽可能多的倾向这个企业。2008 年 9 月，三聚氰胺奶粉事件被曝光，而至迟在一个月前，三鹿公司便已知情，当地政府也随后获悉。遗憾的是，他们选择了低调行事，希望能够大事化小、小事化了。

9 月 11 日下午，三鹿还对外宣传产品"符合国家标准"；9 月 11 日晚间，卫生部公布三鹿奶粉存在问题后，三鹿宣布召回产品。但新闻显示，"截至 9 月 10 日，三鹿集团封存问题奶粉 2176 吨，收回奶粉 8210 吨，大约还有 700 吨奶粉正在通过各种方式收回。同时，8 月 5 日后上市的产品批批自检合格，均不含三聚氰胺"，"9 月 12 日早晨 7 点，石家庄警方已经传唤了 78 名嫌疑人员。"这表明，早在卫生部公布之前，三鹿就已经开始行动，将产品悄悄召回，希望能将问题私了。而当地政府不是不知情，在法庭上，三鹿集团董事长田文华的供词也证实了这点："在获知三鹿集团送检的 16 个批次奶粉样品中有 15 批次检出三聚氰胺后，于 8 月 2 日以书面报告的形式向有关部门作了汇报。8 月 29 日，再次以书面报告形式上报市政府。"然而，有关部门对此事却迟迟未能作出反应，有着这种地方保护主义心态的远不止是石家庄一地。

除了当地政府的地方保护主义，监管部门也有自我保护意识。这个道理很简单，作为某地的食药监部门，你是希望辖区内食品安全的事件越多越好还是越少越好呢？如果你勤奋工作，每天战斗在与不法商贩的第一线，一年下来，披露了大量的食品安全丑闻，这对你自己来说是好事，对你所在的部门而言呢？要知道，当一起重大丑闻被曝光时，不管是不是监管部门查出来的，民众的评论多倾向于"早干嘛去

了"、"养你们有什么用"。而更关键的是，如果你所在的辖区去年查处了 10 起食品安全事件，隔壁辖区只查处了 1 起，在论功行赏时，未必会更有优势。因为民众的直观感觉是，曝光得少说明问题少。这表明，如果监管部门的考核标准不变，迟早将成为执法人员的紧箍咒，迫使其不作为。

第二点是政企关系。如果一个大的食品企业明知生产的产品有问题，而且还要靠这样的产品去牟取暴利，则势必会贿赂当地官员，使其在检查时睁一只眼闭一只眼，这种关系是小作坊做不到的。只要上头有人，即使有"不识趣"的监管人员前去执法，最后也会不了了之。

2013 年 6 月，最高人民检察院向媒体表示，1 月至 4 月间，全国检察机关在"查办和预防发生在群众身边、损害群众利益职务犯罪"专项工作中，共立案查处危害食品安全渎职犯罪案件 139 件 191 人，而这个数值在 2011 年 1 月至 2012 年 12 月两年时间里，仅为 311 件 465 人。最高检渎职侵权检察厅渎职案件检察处负责人表示，分析查办的案件，监管官员"玩忽职守罪比较突出，占比 51.6%"，"此外，渎职犯罪与经济犯罪相交织的状况，占渎职犯罪相当比重。"从渎职的级别来看，"大约 90% 以上食品安全渎职案件发生在基层"；从渎职的部门来看，"工商、质检、食品药品监管部门问题尤为突出。"数据显示，2013 年前 4 个月查处的 191 人渎职犯罪中，"食品药品监督管理部门 43 人，质量监督检验检疫部门 30 人，工商部门 29 人，这 3 个部门占比就超过一半。"

官员渎职导致食品安全问题频出的一个例证是湖北襄樊的瘦肉精案。襄樊襄九精细化工有限公司自 2007 年 10 月起便开始非法生产盐酸克伦特洛，销售至河南、江苏等地。2008 年 4 月，襄樊食品安全监管部门召开兴奋剂专项检查工作会，要求对辖区内的化工企业进行摸底排查。6 月，时任襄樊南漳县工商局九集工商所所长的周某，未进入车间深入调查，便写下"经实地检查，该企业证照齐全，无兴奋剂产品，也没有使用相关原材料、辅料。"讽刺的是，襄九公司提供的原料和库存产品明细第二天才交到周某处。而南漳县食品药品监督管理局原副局长流光志也未对此提出任何质疑，便签下"该产品不属兴奋剂"的结论。于是这家化工厂继续生产，直到 2011 年 3 月东窗事发。事后的调查显示，这 3 年里，该工厂共生产盐酸克伦特洛2700 余千克，非法获利 250 余万元，造成直接经济损失 3400 余万元，间接经济损失1.61 亿元。至于对消费者的身体伤害，还得另算。

第三点是行政架构。食品监管系统的行政架构会对其工作效率造成影响。2008年之前，各地的食药监局是垂直管理，即只对上一级部门负责。但当年的国务院机构改革后，改为由地方政府分级管理，在业务上受上级部门和同级卫生部门的组织指导和监督，而同级卫生部门受当地政府管理。这导致的后果是，地方的食品监管部门受制于当地政府，在官员任免、编制待遇上也受影响，开展监督工作时难免会有掣肘之感。

如果不先解决好这三个问题，就讨论政府对食品企业的监管，容易陷入空谈。体制内真正做事的人，可能受到这些因素的影响，因为敬业而给自己的职业带来麻烦。因此不管是决策层，还是媒体或民众，都有必要关注这些议题，并思考解决办法，来为监管部门壮胆，为其护航。如果我们希望他们来捍卫餐桌安全，至少他们的职场安全得先得到捍卫。

困难巨大

制度漏洞

2004年阜阳劣质奶粉事件时，被查处的都是中小企业以及黑作坊，并没有涉及大品牌。看上去好象是因为生产规模小的企业不容易被监管，但事实并非如此，并不是大品牌就更清白。当时就有业内人士爆料称，有小企业为通过检验，曾购买了某知名品牌的奶粉装入自己的包装袋中，企图瞒天过海，可是检测结果依然是不合格。

为什么大品牌的奶粉本来不合格却没有被监管部门查出来？这是因为国家质量技术监督局曾于2000年颁布过《产品免于质量监督检查管理办法》，规定如果某一产品一旦获得了免检资格，则不管是生产还是流通领域，各级政府部门无需对其进行质量监督检查。因此即使该企业生产的产品有问题，也可以在市场上畅通无阻。

听上去，免检制度不合情理，漏洞很多，那这样的规定是如何出台的呢？是监管部门想多一事不如少一事么？也不全是如此。这一规定制定的初衷一是为了节省行政成本，二是为了抵御地方保护主义。所谓节省成本，很好理解，不派工作人员

去现场监督，也不抽取样本送实验室检测，执法成本自然会降低。所谓抵御地方保护主义，则要放在当时具体的社会环境中看。在免检制度出台之前，商品质量安全的监管由各地质检部门和工商部门负责，但在地方利益的驱动下，不敢保证相关部门会不会操纵检测结果。比如 A 市盛产啤酒，如果 B 市的啤酒进入 A 市，势必会抢占市场份额，而 A 市啤酒厂与当地政府关系良好，就能够动用政府关系，在质检时卡住 B 市的啤酒。曾有地方官员扬言，"只要让我查，就没有查不出来的问题！"这确实是事实。免检制度施行之后，地方政府再也不能以质检不过关为由阻止其他地方的产品进入，能有力的抑制地方保护主义。

希望靠免检制度来防止地方保护主义属于愿望良好，效果却未必佳。因为当企业发现拥有免检资格后产品就有了金字招牌，定会挤破脑袋去争取这一名额，而当地政府也乐于见到本地的企业获得这一资格，在审查时可能就未必严格。因此本来用来防范地方保护主义的制度，却最终还是会被地方保护主义所利用。

更让人遗憾的是，有些获得免检资格的厂商，滥用了这份信任，先争取到免检的资格，然后降低生产标准，以次充好，最后导致了不可挽回的后果，三鹿便是典型的例子。三鹿集团一度是中国最大的奶粉制造商之一，销量曾连续 15 年全国排名第一，市场份额达到 18%，其奶粉自 2002 年起便是"国家免检产品"。

2008 年 9 月 17 日，三聚氰胺事件爆发一周后，中国国家质检总局发布 2008 年第 99 号《关于停止实行食品类生产企业国家免检的公告》，宣布取消食品业的国家免检制度，所有已使用的国家免检标志不再有效，不管是在产品上还是包装上。此外，也严禁企业以"国家免检"用作广告宣传。至此，免检制度完成了其生命周期，走下历史舞台，但其带来的影响和伤害却值得我们时刻牢记。

环境问题

对于类似于免检这样的制度，即使监管者想做好本职工作，也会觉得力不从心，因为规章制度就在这，作为系统里的一个个体是很难去挑战的。而更大的力不从心在于食品安全问题的改善是个长期的过程，如果没有足够的耐心，很容易知难而退。

有一个趋势日益明显：因为环境恶化导致的食品安全问题越来越频繁，越来越多的进入公众视野。在所有的食品安全问题中，这类问题的危害未必是最急迫的，但一定是最难解决的。要彻底解决，必须要先改善环境，而改善环境又是个耗时耗力的大工程。因此很多时候只能无能为力的坐视情况进一步恶化。

最为典型的因环境问题引发的食品安全问题是饮用水和重金属超标。违章操作的化工厂、矿场排出的废水、废气、废渣污染了水源，农民用被污染的水灌溉土地使得土地也被污染，在被污染的土地上种植出的庄稼便重金属超标，而最后买单的则是消费者。

这是很头疼的一个问题，土壤被污染了，不是不能回到原状，只是以目前的科技水平，代价不菲，弱势的农民不可能独自承担得起。因此尴尬的现状是，即使经销商、监管者、种植者甚至消费者都知道这片土地是被重金属污染了，种植出的作物有食品安全问题，但没有谁能够阻止农民继续种植。对于这部分农民来讲，这一亩三分地就是他们生活的全部，不准他们种植，他们靠什么来过活？指望另辟一块干净的地给他们？一则干净的地未必好找，二则在房价这么贵的当下，地方政府是否愿意做出这样的牺牲？于是，荒诞的一幕出现了，大家都知道有问题，但只能坐等问题继续发酵，直到有一天爆发一个大新闻。有评论认为，对这类问题，现在陷入"三无状态"：无可奈何、无足轻重、无动于衷。

快速工业化时无视环境破坏而导致食品安全出问题不是中国独有的，20 世纪 30 年代的日本也曾出现过类似的事件。当时，日本富山县上游的矿业公司向河道中排放了大量的含镉废水，使得周边地区的土壤镉含量超标 40 多倍。在这样的土地上种植的水稻也普遍镉超标，食用后使人慢性镉中毒，症状是肾功能衰竭、骨质软化、松脆等，即骨痛病，严重时咳嗽都会导致骨折。虽然中国的镉大米还没有造成这么恶劣的影响，但根据目前的资料来看，有往这方面发展的趋势了。

广东省生态环境与土壤研究所研究员陈能场在接受《21 世纪经济报道》的采访时表示，"镉大米最早出现在日本，因此日本对镉大米的治理方式和经验对国内具有相当的借鉴意义"，"日本治理镉大米有两种方式，一种是更换土壤、一种是灌水治理。"所谓更换土壤，是指一旦发现镉含量超标（日本的国家标准是不得超过 1.0 毫克/千克）的大米，便启动国家收购，将这片土地用于工业用途，不再种植作物。而如果镉含量在 0.4～1.0 毫克/千克（日本的民间标准是不得超过 0.4 毫克/千克），

则会启动灌水治理。

灌水治理是指在水稻抽穗期的前 3 周及后 3 周中，保证土壤一直有 2～3 厘米的水层，这样能确保土壤处于还原状态。土壤中的镉和硫能反应生产硫化镉，硫化镉难溶于水，不易被水稻吸收，这样便能有效控制水稻中的镉含量了。"但是这么操作的前提条件是，这个灌溉水必须是干净的。日本灌溉水和工厂排放水现在是两条管道分开的。我们国家的困难在这里，污水和灌溉水都混在一起，你要灌水治理，但发现灌溉水本身也是受污染的。这就很麻烦。"

灌水治理对水质有要求，更换土壤相对简单一点，但又对经济实力有要求。据了解，为治理镉大米，日本已更换了近 7000 公顷土壤，仅在富山县神通川流域，当地政府就更换了 863 公顷土地，耗时 33 年，耗资 407 亿日元。当然，效果也是明显的，在曾被污染的区域，现在 98% 的土壤又重焕生机。

日本经验在中国的推广难度很大，一是因为地方政府未必愿意出这么大一笔钱，尤其是考虑到"看得见"的政绩在自己的任期内又是如此小得可怜，远不如盖广场来得快；二是灌水治理需要干净的水源，这一要求说高不高，但说低也不低；三是任何治理方式的前提条件是污染源的确定和切断，如果不进行污染源控制，换土也是没有什么意义的。

消费者

生产、销售、监管……不管是哪个环节出的问题，不安全的食品最终的受害者都是消费者。消费者是受害者，但有的时候，消费者也可能是帮凶。为什么这么说呢？主要是消费者的购物习惯、知识储备、心态等等有时也会促使食品安全形势进一步恶化。

无知无畏

早在一个世纪之前，鲁迅就感叹过国人的麻木，可惜这样的麻木，直到今天还有残余。在食品安全的问题上，麻木的人有两种，一是因为信息获取渠道有限，即使媒体曝出了再多的新闻，他们也无从得知，即使自己是潜在的受害者，甚至是受害者，他们也不自知；第二种是因为听得太多，看得太多，但又没有改变的动力或能力，于是听之任之。

时代已经变了，自己的权利一定要自己争取，如果自己都不争取，还有谁愿意真心为你争取？在信息时代，广泛获取信息就是争取自己权利的第一步，也就是知情权。媒体当然是捍卫公众知情权的忠实卫士，但问题在于，仅有媒体的捍卫并不够，记者辛辛苦苦曝光出了丑闻，民众不去阅读，那效果还是为零。获取资讯对有些人而言根本不是难事，但他们宁可在手机上用小鸟砸猪，也不愿意用手机看看新闻，看看自己所在城市的母亲河里飘着多少头死猪。不仅如此，即使有人中招了，买了或吃了问题食品，很多时候都只是算自己倒霉，多一事不如少一事。中国问题食品层出不穷，是不是也与消费者的这种心态有点关系呢？

此外，一些消费者不正确的"择货观"也可能成为问题食品泛滥的推手，比如过度强调"卖相"。本来，以貌取人是人之常情，但不能太过，不能违背自然规律。大米有自己的颜色，米色，但人们总觉得应该越白越好，于是稍微不白的就被认为是卖相不好，想要压价。商家一看，好说，漂白去。结果白是白了，但漂白过程中残留的药剂就对消费者有害了。同样的道理，有些消费者觉得肉要越鲜红越好，豆浆要越醇厚越好，果汁要越鲜艳越好，于是，商贩便投其所好。要知道以当今的科技水平，几乎任何颜色、任何气味、任何味道都是可以用化学试剂调试出来的，色香味是好了，但安全也许就没了。《倚天屠龙记》里殷素素临终前对张无忌说，"你长大了之后，要提防女人骗你，越是好看的女人越会骗人。"食品问题又何尝不是如此呢？越是卖相诱人的食品，越是要多个心眼。

草木皆兵

如果说麻木的消费者是一个极端，那么敏感的消费者则是另一个极端。有些时候媒体可能会不负责任的夸大危害，一些轻信的读者如果不加思考，很可能会陷入恐慌，并让周围的人也跟着紧张。

　　美国曾有个好事的研究者设计了一个传单，呼吁政府颁布法令禁止某一化学品的使用。这位研究者让志愿者散发传播并询问看过传单的路人，是否支持这一诉求。传单内容如下：

一氧化二氢的危险包括：
- 又叫做"氢氧基酸"，是酸雨的主要成分；
- 对泥土流失有促进作用；
- 对温室效应有推动作用；
- 它是腐蚀的成因；
- 过多的摄取可能导致各种不适；
- 皮肤与其固体形式长时间的接触会导致严重的组织损伤；
- 发生事故时吸入也有可能致命；
- 处在气体状态时，它能引起严重灼伤；
- 在不可救治的癌症病人肿瘤中已经发现该物质；
- 对此物质上瘾的人离开它 168 小时便会死亡。

尽管有如此的危险，一氧化二氢常常被用于：
- 各式各样残忍的动物研究；
- 美国海军有秘密的一氧化二氢的传播网；
- 全世界的河流及湖泊都被一氧化二氢污染；
- 常常配合杀虫剂使用，洗过以后，农产品仍然会被这种物质污染；
- 是一些"垃圾食品"和其他食品中的添加剂；
- 已知的导致癌症的物质的一部分。

然而，众多国家和企业仍然大量使用一氧化二氢，而不在乎其极其危险的特性。

　　果不其然，看完传单的路人纷纷表示，这玩意要不得，得禁。当然，如果初中化学知识没有全部还给老师的话，当会发现，这一氧化二氢不就是 H_2O，水么。这个例子也常被科普界用来嘲讽大众基础知识的缺乏。

　　在食品安全领域，类似的事情也有，比如被妖魔化的"食品添加剂"以及被神化的"纯天然"，消费者一听到添加剂就皱眉头，一听到纯天然就掏腰包。当然，这背后的原因有很多，比如商家广告的误导，比如媒体报道的偏颇，比如消费者专业知识的缺乏等。

在所有与食品安全相关的新闻中，消费者最容易被误导的是可能的危害与实际的危害。比如添加剂过量使用，可能会导致内脏病变，这样说没错，因为在科学实验中，只要量足够大，就会产生这种伤害。但在现实生活中，以消费者摄入的量，通常很少能够看到有明显的反应，其实危害未必很大。比如染色馒头含柠檬黄，可能得吃几吨这样的馒头，摄入的柠檬黄才会让人体有反应，不会吃一个就倒下。有一句六字真言：剂量决定毒性。任何时候，看到任何曝光食品安全丑闻的新闻，都可以先念完这六字诀再读下去。

有关食品安全的新闻得一分为二看，一方面不要过于紧张，自己吓自己，新闻中说的情况是会出现，但是有限定的条件。另一方面，危害不大是一回事，积极问责是另一回事，千万不要因为危害不大，就觉得没什么大不了。千里之堤，溃于蚁穴，小问题不注意就容易演化为大危机。食品安全问题不能有一丝马虎，违法犯罪行为必须得严厉的打击。总结下来就是，再看到食品安全丑闻，要记住两点：一、不恐慌；二、要问责。

价格敏感

除了求"卖相好"，消费者常见的"择货观"还有"要便宜"。这也怪不得消费者，虽然中国经济发展的形势一片大好，GDP 已经全球第二，但居民消费价格指数（CPI）居高不下，不得不精打细算。但一味的求便宜很容易诱发问题食品的出现，这些价格高度敏感型消费者在超市或在菜场做消费决策的第一要素就价格。在不断的压价之后，商贩们会发现，正规生产的食品是有成本的，即使售价约等于成本，消费者也不接受。对这种需求没法满足，商贩面临两个选择，或者是放弃这块生意，或者是以次充好，不少商贩选择了后者。

2013 年 5 月，《新快报》做过一次广东苍山县市场上绿色蔬菜的调查。记者发现滥用农药的现象十分普遍，但也有菜农"逆着潮流种菜"，坚持不用违规农药，绿色种植，即使产量比同行都低，周江宁便是其中一位。拒绝高毒农药的代价也是巨大的，菜农们不得不大大的提高人工投入，一亩黄瓜地，如果用过几次高毒农药，虫子基本绝迹，但如果用的是低毒无残留农药，就得手工除虫，如果除虫不及时，可能就功亏一篑。周江宁表示，30 亩地，种植绿色蔬菜，"一年的人工成本最低也

要在 20 万块以上。"

成本高，产量低，体现在价格上就更昂贵。以草莓为例，高毒农药养殖出的草莓卖七八元一斤就能盈利时，绿色种植的必须要卖到 20 多块才能收回成本。传统小县城的销售模式是，菜农将蔬菜运至批发市场出售，市场上的菜贩购买后转手卖给北京、上海等一线城市。菜贩们并不看好售价比普通蔬菜高几倍的绿色蔬菜，一位常年往苏州送菜的菜贩称，"他种的再好我们也不要"，"所有往外的销路都是固定，价格的波动也是按照市场来的，他的那些绿色青菜太贵，我批发到到那边，找谁买？再说了，他说是绿色的，我怎么信？就算我信了，人家怎么信呢？"

这确实是个问题，试想，消费者到菜市场后，看到一家标榜是绿色蔬菜的店里，卖的菜表面上看与其他店差别不大，但价格却相隔几倍，会愿意买吗？周江宁也承认这点，于是他把目标客户定位在本地高端消费者，但这样又限制了他的生意的进一步扩张。他称，"有消费能力的就那么一拨有钱人，不可能让所有人都来买我的菜，即使是我自己，暂时也没法再扩大规模了，因为本地销售市场就那么大。至于外地市场，一直在寻找，但是暂时也还没有突破。"最后，他感叹道，"逆着潮流种菜，太难了。如果都不用药，也不现实，要是菜价都像我这么高，普通老百姓吃什么？十几块钱一斤的菜，他们怎么吃得起？"

这位菜农的感叹一语道破天机，从某个角度来讲，"一分钱一分货"不无道理。消费者总是在呼吁，让商家自律，让监管部门有所作为，以便生产出的食品是安全可靠的。但是，安全的食品是需要有成本的，这成本，消费者愿意支付什么？或者说，支付得起么？市场上不是没有安全的食品，只是，太贵了。既想要安全的食品，又想要便宜的食品，就好比既想要马儿跑，又不给马儿吃草，哪有这么好的事？可以说，食品安全问题频发的另一个核心原因，虽然听起来比较刺耳，但确实是事实：因为穷。

2004 年，本该作为饲料的陈化米重现江湖，当作口粮在市场上销售。7 月，长沙市工商局联合开福区工商局查获了从湖北洪湖运来的 80 吨陈化米。记者在跟进调查时，发现这些米不少流入了建筑工地的民工食堂。这些农民工不是不知道米可能有问题，毕竟和家里自己种的米味道不一样，一位来自望城的民工说："每天能定时吃饭，到时能够定时发工资，我们就满足了。我们也知道老板给我们买的米都是便宜的，但只要吃不出毛病就行啦。在外面做事，肯定比不上家里。"这样的心态，令人心酸。

残酷现实①

每个中国人都能吃到安全的食品，这是愿望，愿望是美好的；穷人很难吃到安全的食品，这是现实，现实是残酷的。

安全的食品穷人能够承担吗？

根据恩格尔定律（Engel's law），越是收入少的家庭，其总支出中用于购买食品的支出所占的比例就越大。也就是说，越困难的家庭，越是把购买食品作为主要支出，但毕竟困难，能够支出的总值本身不大。食品要保证安全，必须在选用原材料、采用加工方法、运输以及出售时符合规范，这都是需要成本的。商家要生存，售价一定会高于成本价。但如果一个家庭在一类食品上能够（或愿意）支出的达不到该食品的成本价，那么这个家庭就不可能吃到安全的该类食品。

以奶粉为例，2004 年阜阳劣质奶粉事件。奶粉商为占领农村市场，不断压低价格。按照国家标准，婴儿奶粉的蛋白质含量应该不低于 18%，这样一袋奶粉的成本价大概在 10 元（数据可能不准确，仅做示意）。但不法商贩能把奶粉卖 5 元，怎么做到的？因为蛋白质贵，于是降低蛋白质含量，一直降到 1%，甚至 0.5%，用廉价的淀粉、蔗糖代替，从外观上根本分不出来。成本降了，售价就降了。可是这种奶粉的营养和米汤差不多，根本不能满足婴儿成长所需，于是出现大头娃娃。因为长期食用这种毫无营养的奶粉，至少有 12 位阜阳婴儿因重度营养不良而夭折。

劣质奶粉都是小牌子，便宜。在出售劣质奶粉的农村商店，同样也有合格的奶粉如三鹿（当时还没出事）、雀巢，但贵。农民大都是价格极度敏感型用户，对一部分农民而言，奶粉 5 元一袋，这是可以接受的，但如果 10 元一袋，也许会放弃购买（当然，如果他们知道 5 元的奶粉会造成不可挽回的后果，应该会重新考虑）。也就

---

① 本文发表于中国新闻周刊网

是说，如果一个农村家庭，在奶粉上的预算是一袋不超过 5 元，那么他们家的婴儿是不可能吃到安全奶粉的。

把人们吃的食物，按价格排序，做一个坐标轴，坐标轴的左端是大米，右端是燕窝（示意用，非实指），馒头、牛奶、猪肉、牛肉等分布在坐标轴的不同位置。即使是对穷人而言，大部分人也是能餐餐吃得起大米；即使对富人而言，也有一部分人不可能餐餐吃得起燕窝（当然，燕窝本身也不是有什么特殊的营养价值，物以稀为贵而已）。如果你是穷人，你又想吃到燕窝，那么你能买得起的燕窝，必定是假燕窝。依此类推，对一部分穷人来讲，如果他们的支付能力在坐标轴上在牛奶或羊肉的左侧，那么即便他能买到牛奶，也只能是假牛奶，能买到羊肉，也只能是假羊肉。

这是一个难以接受的事实，但确实是事实：就算所有的厂商都按章生产，生产的是安全的食品，也一定会有一部分穷人无法承担，他们不得不去寻找替代品。以牛奶为例，目前中国的经济状况还没有发展到可以人人支付得起安全牛奶的境地，因此有一部分人，以他们的家庭收入，是不可能喝到安全牛奶的。

安全食品的量能满足市场吗？

一个赤贫的人，穷到支付不起任何食品的成本价，那他吃到的每一件食品都是不安全的。稍微富一点的，能支付得起部分食品的成本价，他可以吃到一些安全的食品。如何让穷人吃到的食品都是安全的呢？思路有不少，不同的政治主张者有不同的解法。有人认为可以通过政策的倾斜，如提高低保待遇，增加社会福利等，让这部分贫穷的家庭收入增加，增加到能够承担部分食品的成本价。但是不是有钱之后，就一定能吃到安全的食品呢？也不一定。

仍以牛奶为例。世界上的奶牛总数是一定的，这决定了每天的产奶量。增加奶牛的数量是可以增加产奶量，但奶牛数取决于牧场面积，不能无限制的增加。在可预见的短时间的未来，全球的产奶量不会有明显提升。根据目前的信息来看，欧洲部分国家、新西兰、中国香港等地开始了奶粉限购政策，说明全球产奶量是不能满足全球用奶需求的，这与成本价无关。

考虑到资源稀缺性，即使每一个消费者都能承担某一食品的成本价，也不一定

300

能够买到。根据自由市场下的供求曲线，买的人越多，价格会越高，高到一定程度，有些人承担不起就得退出了。即使国家规定，所有食品不得涨价，必须按成本价销售，情况也不会改善，僧多粥少，没办法的事。当然，自由市场自有其美妙之处，如果买的人多了，虽然资源很稀缺，但一段时间后替代品会出现，以满足市场需求。羊肉贵，但狐狸肉便宜，如果买不起羊肉的消费者能转变观念，接受狐狸肉，那么通过正当渠道，经过检验检疫的狐狸肉光明正大的上餐桌，未必是一件坏事。

按照目前的牛奶产量，注定有一部分人因为贫穷不可能喝到安全的牛奶。同样的道理，牛肉、羊肉都是如此。中国每年的牛、羊养殖总量是一定的，即使增加，也不可能在短时间内有飞跃。但消费者有消费的需求，需求上去了，供应上不去，只能涨价。如果消费者又想吃牛肉、羊肉，又不愿意多花钱，很有可能吃到的就是假的牛奶、牛肉、羊肉。就算消费者的支付能力超过了食品的成本价，因为其稀缺性，也会有部分人购买不到某些安全的食品。这是另一个不得不接受的事实。

在中国如何鉴别安全食品？

在阜阳奶粉事件中，令人感慨的是，有一些困难的家庭，他们在奶粉上的预算连 5 元都没有，这样就算劣质的奶粉也买不起，于是他们只能用替代品，比如母乳（严格意义上讲，奶粉才是母乳的替代品），相反逃过一劫。可见，假冒伪劣商品的最大受害人并不是赤贫的人，而是有点钱、但这点钱又不够购买安全食品成本价的人。

事实已然如此，那么，要如何防范问题食品？消费者必须要具备一定的知识，比如了解该食品的成本价。有些人称之为常识，但我不这样觉得。所谓"常识"，是指不言而明，人人应知的，如果不知道就该被取笑。但在分工如此之细的现代社会，很多消费者并没有义务和精力来了解这些知识。

10 年前，我从小镇到武汉读大学。学校门口叫广埠屯，有武汉最大的电脑器材交易市场。一个周末，我出校门看见路旁有个台子摆满了耳机。其中一款纯白，甚是好看，上面还印着苹果的标志，价格也很便宜，只要 10 元。我挺喜欢的，准备买下，于是问了下店主：这个是行货么？店主用一种复杂的眼神看着我，没有回答。3 年前，我在上海读书，常吃外卖，最爱吃的是铁板牛肉盖浇饭，10 元一份，一大堆

牛肉。一周前，南都深圳发了一条微博："深圳也有掺假羊肉，多流向烧烤摊"，称记者调查"深圳三大农批市场，发现均有掺假羊肉串、羊肉卷出售，平均 10 到 15 元一斤，多流向各区烧烤摊。"有网友回复"莫非还有人觉得 1 元 1 串的是真羊肉？"中枪的我只好默默的点了网页右上角。

成本价对于相当一部分消费者而言，未必是常识。卖耳机的知道 10 元一副的肯定不可能是真苹果，但未必知道 10 元一大碗的是假牛肉；知道 10 元一大碗是假牛肉的，未必知道 1 元 1 串的是假羊肉。成本价是信息不对称的多发领域，消费者能做的很有限。如果真能做到，可以一定程度的避免黑心食品：高于成本价的未必安全，但低于成本价的一定有问题。

至于黑心厂商，很难说是因为他们生产了更廉价（但不安全）的食品刺激了对价格敏感的消费者的购买欲望，还是说因为消费者有更低价买到食品的需求使得他们有动力生产低价却劣质的商品，但这两者必然有些相互关系。黑心厂商需要指责和惩处，监管部门需要监督和问责，同时消费者也应多个心眼：追求低价不是罪，谨慎！有风险！中国食品领域的现状一言以蔽之：便宜无好货，好货不便宜，不便宜不一定能买到好货。

第5章

路在何方

自我保护

提高知识水平

　　作为问题食品受害者的消费者，在应对食品安全危机时能够做什么？最有效用的是提高自身的知识水平，学习食品安全的知识，包括常见化学物质的毒性如何，如何鉴别假冒伪劣等等。好在互联网时代，获取信息的成本很低，只要有心，很容易就能找到感兴趣的信息。科普近来成为一个逐渐热门的话题，尤其是在科学松鼠会、果壳网的带动下，一批专业人士开始用亲民、时尚的方式进行科普，这使得科普文章的可读性大增。不过科普人士有时也会相互"打架"，这是很正常的，科学较之伪科学最大的特点便是对不同观点的容忍，对一个事件，即使都是同一领域的科学家，观察的角度不同，所持的数据不同，得出结论往往也并不相同。

不盲从

获取食品安全类科普文章最简单的方法是在微博、微信上加关注，但千万别投错了山头。要知道，这"专家界"的水也很深，不是所有的专家都名副其实。很多时候，伪科学仍有相当大的影响力，这是知识分子、知道分子的失职。在这样的背景下，就不奇怪各种神神叨叨的食品专家、养生大师你方唱罢我登场，好不热闹。

直到2007年，林光常还作为"营养专家"活跃在中国的媒体上。林光常是台湾人，著有《无毒一身轻》一书，其身份是"美国环球大学博士、台湾癌症基金会顾问、百盛癌症防治研究中心副执行长、康宁医院副院长……"他甚至有自己的粉丝群，被称为"肠粉"。林光常在推广自己的饮食理念时采用的是恐吓式营销，即夸大或编造威胁，打击对手，推销自己。让人沮丧的是，买账的人还不少。

2006年8月，林光常参与录制湖南经济电视台的《越策越开心》，分四期连续播出。节目中，林光常表示"抗癌食品第一名是红薯"。随后长沙的红薯价格应声从1元/公斤飞涨到3元/公斤，林光常也由是得到了"地瓜王子"的称号。而且由于收视率高涨，这期节目还在湖南卫视播出，受众从湖南省扩大到全国。

2006年底，林光常参与录制辽宁电视台经济频道的《健康一身轻》，连续播出20余天。林光常声称，"可乐是刷马桶的，地瓜是含氨基酸最全的食品"，"牛奶是牛喝的，不是人喝的。"同样，沈阳的地瓜价格飞涨，牛奶的销量却大降。据辽宁奶业协会的统计，因为林光常的言论，全省乳品销量萎缩，单就沈阳，每天约少喝了80吨牛奶。

2007年初，林光常参与录制北京电视台文艺频道的《星夜故事秀》与《明星记者会》，期间发表言论称"越好吃的越不健康"、"红薯能抗癌"。

林光常所到之处，总能激起波澜，因此又被称为"林旋风"，但"林旋风"终究还是碰壁了，还碰得不轻。并不是因为民众的科学觉悟一下变高，识破了骗局，而是台湾某癌症患者过于相信林光常的抗癌言论，拒绝医院的化疗而采用林光常的"排毒疗法"，最终不幸不治身亡。随后台湾司法部门对林光常展开调查并起诉，2008年8月，法官依商业诈欺罪判处林光常有期徒刑2年6个月。

2007 年 4 月，北京卫视《搜城记》曾做过一期关于养生的专题节目，邀请了林光常、洪昭光教授和方舟子三位嘉宾。节目给方舟子的时间不多，于是他在节目结束后撰写了多篇文章驳斥林光常。当记者就方舟子的质疑去采访林光常时，他的助理拒绝了，并称"对于其他人的质疑，我只能说他们没有真正理解老师的观点，我们也没什么可说的。"不仅不正面回应质疑，林光常还打悲情牌，自比哥白尼："中世纪的时候，全世界的人认为太阳是绕着地球转的，可是哥白尼说不是，所以人都认为他疯了，他抓到神经病院去了，以为他神经了。我已经比哥白尼幸运多了，他们没有把我当神经病，没有把我抓起来。饮食和健康之间的关系并不是医生的专业领域，对于一个学者来说，要把事实呈现给所有的人，即使可能遭受很大的攻击、误解，甚至被乱扣帽子，都必须要对学术负责，对良知负责。这其实是很矛盾很挣扎、很痛苦的，我觉得学者的良知就在这里。"对林的这番话，只能评论为"流氓不可怕，就怕流氓装有文化。"

林光常不是个例，因为"市场前景"诱人，伪养生专家前赴后继，层出不穷，后起之秀有张悟本。张悟本被称为"中国最权威的营养大师"，自称出生于四代中医世家，6 岁开始随父学医，有 20 余年的食疗临床经验，毕业于北京医科大学、北京师范大学中医药专业，后被查明这些履历都是造假的。张悟本著有畅销书《把吃出来的病吃回去》，但真正让其红遍中国的是湖南卫视《百科全说》节目，2010 年 2 月起，张悟本连续多个月在《百科全说》上开讲，推行自己的食疗养生理念，他的招牌式观点是"绿豆治百病"，比如每天煮 5 斤可以防治癌症，煮 3 斤可防治高血压等。让人哭笑不得的是，张悟本的影响力如此之大以至于对市场都产生了影响，一位粮店老板称，"三四个月以前，绿豆才卖 4.8 元一斤，然后涨到 7 块钱一斤，上个月涨到 8 块多，这个月就 10 块钱了，买的人还是多，好的时候一天能卖个百八十斤的"，"听买豆子的人说，很多人都是看了电视之后就跑来买绿豆了。"

张悟本才被查处，马悦凌又冒将出来了。套路都是类似的，先是著有畅销书《不生病的智慧》，被称为"健康教母"，然后登上电视进行宣讲。如同林光常的红薯、张悟本的绿豆，马悦凌的"图腾"是土豆。她宣称，"土豆能供给人体大量有特殊保护作用的黏液蛋白。能促进消化道、呼吸道以及关节腔、浆膜腔的润滑，预防心血管和系统的脂肪沉积，保持血管的弹性，有利于预防动脉粥样硬化的发生"，"土豆同时又是一种碱性蔬菜，有利于体内酸碱平衡，中和体内代谢后产生的酸性物质，从而有一定的美容、抗衰老作用"……听起来和包治百病的十全大补丸差不多。

让马悦凌摔跟头的倒不是土豆，她在《不生病的智慧》一书中提到生吃泥鳅能去肝火，一位读者看完后信以为真，将活泥鳅洗净、剁碎后吞水服用，不仅没能去火，还持续低烧，惹上了病。这事后来被 CCTV10 套的《走进科学》知道了，还做过一期专题《活吃泥鳅惹的祸》。对马悦凌的质疑在 2011 年 6 月达到顶峰，南京《现代快报》等媒体连续报道马悦凌涉嫌非法行医的行为，并举报至南京市卫生监督所。南京市卫生局随后通报了调查结果，结果显示在南京乃至江苏全省都未查到马悦凌护士执业注册的登记信息，她根本不具有行医资格。一个月后，2011 年 7 月，CCTV《新闻调查》以《马悦凌神话》为题跟进报道了马悦凌，这期报道基本上终结了"马悦凌神话"。

林光常、张悟本、马悦凌……红薯、绿豆、土豆……这样的故事并没有到结局，也许就在您阅读本书时，又有一位语不惊人死不休的养生界新星在冉冉升起，又一种常见食品被赋予药效。这些"大师"在被揭穿之前，也都顶着"专家"的光环，在各大媒体上言之凿凿的宣传养生理念。

如何避免被这些伪专家误导，有三点经验可以分享一下。一是看出身背景，二是看同行评议，三是丢掉幻想。所谓看出身背景，食品科学知识乃至医学知识是专业性相对强的知识，没有接受过专业训练的人一般只适合做转述者而非原创者。林光常、张悟本属于学历造假，均未接受过高等教育，或是毕业于"野鸡大学"，或是整个履历就是编造。马悦凌倒不讳言自己是中专毕业，她强调自己是久病成医、自学成才。实际上，在医学已经高度实验室化、精细化的如今，没有高等教育的背景或丰富的行医经验，是很难有什么创造性的发现的。一觉醒来被附身成为神医，这样的事只会出现在穿越小说中不会出现在现实世界里。而科普人士一般都接受过较好的学术训练，比如方舟子是美国密歇根州立大学生物化学博士，云无心是美国普度大学农业与生物系食品工程专业博士，相比而言有一定可信度。

第二是同行评议。多数消费者不是食品科学专业，大师鼓吹的理论中可能会有不少术语看不懂，这个时候比较可行的办法是看同行评议：我们是看不懂，但他们的同行总看得懂，看同行怎么说。同行是冤家，不太会说好话，通常是挑刺，而正是在这种挑刺的过程中，我们能了解更多的细节。不管是林光常、张悟本、还是马悦凌，几乎没有一个正规的专家为他们站台，为他们背书，因为稍有医学知识的人都知道他们是在夸大其词。要记住的是外行的评价算不得数，比如电视节目主持人的表扬、个别患者的现身说法，这些都不一定可靠。

所谓丢掉幻想是指不要奢望有任何食品或药品能包治百病，这不科学。如果真有某种食品对某种疾病有特效，请相信以科研工作者对发表 SCI 论文的狂热追求，这种食品起疗效的成分一定会被反复、彻底的研究，然后提纯为药物。反过来想，既然到现在为止，也没有什么食物被科学界公认为能治百病，那么请丢掉这样的幻想。进一步的，对于"食疗"，听听就算，千万不要觉得能取代药物治疗，人类发明出医学是有原因的。所以如果得病了，看医生、吃药才是正道，有时食疗确实能把病治好，但能被食疗治好的病也许不治也会好。一句话，千万不要放弃治疗！

不恐慌

中国的食品安全状况乐观吗？不见得。那到了什么也不能吃的地步吗？也不至于。每当有食品安全的丑闻被曝光，媒体上总能看到忧心忡忡的民众表示，我们还能吃什么？其实倒也不必自己吓自己，能吃的还是有很多。考虑到媒体行业"报忧不报喜"的特殊属性，即使看到食品不安全的新闻不胜枚举，其所占的比例也不一定很大。的确，中国几乎每一类食品都曾曝光过食品安全问题，但这并不能说明整个行业就都沦陷了，即便是问题频出的牛奶行业。

2013 年 3 月，全国政协十二届一次会议的新闻发布会上，《深圳商报》的记者提问新闻发言人吕新华，让他评价香港 3 月份开始的奶粉禁令，吕新华回答称"关于奶粉的问题，我看到国家质检总局一个数字说，我们内地的奶粉 99% 是符合质量标准的。现在的问题是，群众对奶粉是符合质量标准的信心不足，所以才造成香港奶粉很多都被内地的水货客买走了等等这样的情况。"的确，牛奶行业是曝光过很多问题，但毕竟全国的总产量很大，说 99% 安全也许并不为过。如果真是这样，那更可悲，1% 的不合格，却寒了广大消费者的心。或许比问题食品更可怕的是民心向背：一朝被蛇咬后，即使食品是安全的，大家也不再相信了。

一方面，即使某一具体的食品行业问题频出，也未必该行业内大部分食品都有问题；另一方面，即使食用了问题食品，也不至于立刻就会生病。比如违规、超量添加食用色素。色素摄入过多是会对人体产生影响，但每天吃一个两个"染色馒头"，摄入的量并不高，也不在体内累积，不会对身体有直接、即刻的危害。即使吃

过这种馒头，也不要过于担心受怕。

问题食品所含的某种物质对人体有害，当媒体或专家在科普时，往往会告知民众其可能产生的最严重影响。听上去很是吓人，但请注意，他们说的只是可能性，而非必然性，多数情况下，可能性不是太高。这就犹如西药的不良反应，任何一瓶正规的西药，去看看说明书上列着的不良反应，看完估计就得有不良反应了。那西药为什么要列出不良反应？这与其研制流程和审核机制有关，西药要经过双盲试验以及试药实验，逐步提高剂量直至吃出问题，但按正常剂量服用，一般不会吃出问题。同理，虽然问题食品中的有害物质吃多了是有害，但在适量范围内，结果未必有那么严重。所以要正确对待媒体、专家对危害的描述，除了要听清楚危害程度如何，还要弄明白危害概率如何，两者相互作用才是真实危害，不必提前恐慌。

2013年7月，在北京举行的第七届两岸三地食品安全与人类健康研讨会暨博士生论坛上，中国工程院院士、国家食品安全风险评估中心研究员陈君石在分析"为什么消费者会感觉食品安全问题越来越多"时表示，"焦点问题就是风险交流的薄弱，我们的专家所掌握的信息和消费者从各种媒体上获取的'曝料新闻'，二者之间有很大的差异，正是这种信息的不对称，在很大程度上造成了公众对食品安全的误解，这是当前食品安全面临的一个很重要的问题。"这一见解是非常深刻的，而要消除这种信息不对称，既需要专家做好科普，也需要媒体传递正确的声音，同样还需要消费者的不断学习。

不偏信

在有的专家看来，媒体、民众都是外行，谁也没有比他们更了解食品安全的内幕。媒体、民众忧心忡忡的食品安全问题，在他们看来，根本不是问题，完全是杞人忧天，"没被毒死，先被吓死"。这样的想法有些矫枉过正，殊不知，今天出现"染色馒头"不在意，明天出现"染色大米"不在意，终有一天，不法商贩会变得肆无忌惮，惹出大篓子，到那个时候再要严查可就迟了。防微杜渐，就算实际危害不大，也得严肃处理。在这个问题上，民众不能偏信专家或偏信媒体，要有自己的思考。

至于媒体有偏差的报道，这确实存在，就如同专家也有不学无术的一样，媒体的水平也是良莠不齐，但不应该一棍子全部打死。我们不会忘记，在 2008 年 9 月 11 日，《东方早报》曝光出三聚氰胺奶粉事件之前，中国没有一个食品领域的专家向公众预报过这一风险，是媒体最早披露的黑幕，如果没有媒体的参与，我们也许永远不知道发生了什么。当然，这不能怪专家，往牛奶里加三聚氰胺是中国奶农的首创，在全世界都没有先例的。教科书上没有写，也难怪专家们只能做事后诸葛亮了。但我们不禁会想，三聚氰胺如此，如果哪天冒出了个二聚氰胺①，专家们会预先知道吗？中国的食品加工者在制造问题食品时体现出的创造力和想象力令人叹为观止，谁敢打包票说一切尽在掌握中？

其实，按照新闻机构的运作模式，记者在写稿时通常会咨询专家观点，专家和媒体最好的关系应该是相互尊重、互相合作。没有媒体的平台，专家的声音难以传达至民众，即使现在自媒体蓬勃发展，但离开公众平台的传播，受众终究有限；而没有专家的站台，媒体就可能成为垃圾信息的制造源，成为"大师"们的舞台。对于媒体来讲，在报道与食品安全相关的新闻时，如果记者本身非相关专业出身，则应当尽量多的去采访专家，尽量少的写个人意见。对于专家而言，应该对社会的复杂性以及民众的接受能力多一些同情之理解，表达什么当然很重要，但同样重要的是如何表达。即使真理在握，也无需咄咄逼人，因为最终的目的不是要展示自己智商的优越性，而是要说服民众。只有专家和媒体进行配合，民众收听到正确的信息，并发出自己的声音，才能形成一股合力，去监督监管者，去威慑食品从业者。不然，刻意割裂、挑拨专家与媒体、民众的关系，只会亲痛仇快。

不麻木

有一点一定要一再旗帜鲜明的强调，问题食品的危害大小是一回事，对问题食品的态度是另一回事。客观的讲，"染色馒头"的危害并不大，但并不能因为其危害不大就默许这种情况的出现，甚至觉得是小题大做。对于这种蓄意制造出来的问题食品就应该零容忍，发现一起就要依法查处一起。前文所述的"不恐慌"、"不偏信"，是希望消费者能理性应对问题食品可能带来的危害，这里所讲的"不麻木"，则是希望消费者不要温水煮青蛙式的默默接受现实。

---

① 恒天然"再出事"两批奶粉涉嫌被双氰胺污染．新华网国际在线，2013 年 8 月 11 日．

关于民众的麻木和麻木可能带来的恶果，没有谁写得比龙应台还生动，现转引如下：

你怎么能够不生气呢？你怎么还有良心躲在角落里做"沉默的大多数"？你以为你是好人，但是就因为你不生气、你忍耐、你退让，所以摊贩把你的家搞得像个破落大杂院，所以台北的交通一切乌烟瘴气，所以淡水河是条烂肠子；就是因为你不讲话、不骂人、不表示意见，所以你疼爱的娃娃每天吃着、喝着、呼吸着化学毒素，你还在梦想他大学毕业的那一天：你忘了，几年前在南部有许多孕妇，怀胎九月中，她们也闭着眼梦想孩子长大的那一天。却没想到吃了滴滴纯净的沙拉油，孩子生下来是瞎的、黑的！

不要以为你是大学教授，所以做研究比较重要；不要以为你是杀猪的，所以没有人会听你的话；也不要以为你是个学生，不够资格管社会的事。你今天不生气，不站出来说话，明天你——还有我、还有你我的下一代。就要成为沉默的牺牲者、受害人！如果你有种、有良心，你现在就去告诉你的公仆立法委员、告诉卫生署、告诉环保局：你受够了，你很生气！

你一定要很大声地说。

原载一九八四年十一月二十日《中国时报·人间》

这篇文章的题目叫《中国人，你为什么不生气？》，龙应台写的是台湾，1984 年的台湾。用在今天，一点都不显得突兀。生气有用吗？抗议有用吗？也许没有。但如果不生气、不抗议，则完全没用。现在是 Web2.0 时代，发言权下放到每一个普通的网民，遭遇了问题食品，就不该沉默，哪怕你不愿意去拨打投诉电话、不愿意去和商家理论，你也可以做一件最低成本的事情，写下来，发在网上。写到你的微博里，你的朋友圈里，你的博客里，你所在的论坛里，告诉你的朋友们。

乔·吉拉德（Joe Girard）被称为世界上最伟大的销售员，他曾连续 12 年荣获世界吉尼斯记录大全世界销售第一的美誉，也是全球最受欢迎的演讲大师。他总结自己的成功经验时归纳出 250 定律："在每位顾客的背后，都大约站着 250 个人，这是与他关系比较亲近的人：同事、邻居、亲戚、朋友"，"你只要赶走一个顾客，就等于赶走了潜在的 250 个顾客"，反之亦然。这是作为推销者的看法，反过来，作为消费者，我们应该从中了解到自己的力量，不要妄自菲薄，哪怕我们只是极普通的消费者，不能对全世界产生影响，但我们至少能对周围的亲戚朋友产生影响，只要你足够坚持，伤害过你的商家就会付出足够大的代价。

钞票当作选票

在企业、政府、消费者三方的博弈中，因为消费者没有组织，一片散沙，看上去是最弱势的一方。但另一方面，因为所有的产品最终的买单者都是消费者，只要市场不是垄断，只要消费者还有得选，消费者完全可以自发的行动起来，用钞票当选票，还不法商贩、无良企业以颜色，可以说消费者又是最强势的一方。我们一起来看看消费者应该要有什么态度。

成立于 1925 年的雪印乳业株式会社是日本最大的乳制品公司，曾以奶油、起士、牛奶为主力产品。雪印牛奶与明治、森永被认为是日本最有名的三大品牌，其价格也比普通牛奶贵约 50%。2000 年 6、7 月间，日本关东地区共有近 1.4 万人突发食物中毒，出现不同程度的上吐下泻，一位 84 岁的老奶奶甚至还因此引发其他疾病而去世，这是日本自二战后最大规模的食物中毒事件。日本对问题食品的处理流程是如何的呢？

2000 年 6 月 27 日，出现第一例消费者投诉，称饮用雪印牛奶几个小时后开始呕吐腹泻，随后类似的投诉连续不断，引起企业、媒体和政府的注意。6 月 28 日，生产该牛奶的雪印大阪工厂宣布召回近期生产的 30 万盒牛奶。7 月 2 日，大阪府公共卫生研究所证实，中毒者饮用剩余的牛奶中查出有金黄色葡萄球菌，可能是病源。金黄色葡萄球菌会导致 A 型肠毒素的滋生，而该毒素会引发呕吐腹泻、全身不适。这一消息震惊了整个日本。大阪市政府根据《食品卫生法》勒令雪印大阪工厂"无限期停业"，并对牛奶被污染的原因展开调查。大阪警方调查发现，事故可能是因为雪印工厂管理松懈所致，根据雪印自己的规定，生产线需要每天水洗、每周进行一次手洗杀菌处理，但工厂职工在被质询时称"这几年基本没有按规操作"。

8 月 23 日，日本北海道卫生研究所宣布，经过调查，已查明雪印大阪分厂牛奶

被污染的原因。雪印的生产流程是先制成奶粉，再在各地工厂还原成牛奶。北海道大树町的大树工厂是雪印奶粉的制作厂之一，3月31日，因为冰雪破坏了电线，导致工厂停电3个小时。因为停电，生产线不能运作，原料留在生产线的时间过长，所以出现细菌超标的情况。3小时后生产线重新启动，加热器中的牛奶按规定应该废弃处理，但一是因为停电时间短，二是因为北海道气温本来就很低，所以没有引起工厂的注意，而是将这批牛奶继续加工成脱脂奶粉。这批细菌超标的奶粉随后作为乳制品加工原料交给大阪分厂，使得大阪分厂在6月21日至28日生产的低脂牛奶等3种乳制品受到污染，并导致消费者食物中毒。

乍一看这并不算一个很严重的食品安全事故，一是企业非蓄意制毒，二是虽然中毒人数多，不过中毒的程度不深，只是上吐下泻而已。但日本人不这么看，雪印牛奶引发了日本社会的持续恐慌，经销商联合抵制，日本几乎所有的超市把雪印牌的近60种食品全部撤下柜台。雪印资金链断裂，不得不向银行紧急借贷2.8亿美元。雪印称，这笔贷款将主要用于支付受害者的医疗费用及进行赔偿，同时还将补偿经销商的损失。6月27日时，雪印的股票每股619日元，7月6日时跌至405日元，跌幅为35%。千夫所指之时，雪印为求得社会谅解，一家一家上门探望食物中毒患者，至7月底，雪印共向受害者支付29亿日元的赔偿费。9月底，雪印乳业公司社长石川哲郎引咎辞职。当年，雪印首次出现亏损，亏损总额高达475亿日元。

但雪印的诚意日本民众并不买账，因为民间的抵制，第二年，雪印的经营状况并无改善，其旗下生产牛奶的子公司不得不宣告倒闭，雪印退出牛奶市场，一家有70余年信誉的公司几乎在一夜之间烟消云散。雪印牛奶工厂虽然倒闭了，但雪印乳制食品公司还在，按规定，母公司将承担赔偿事宜。2001年，8位因食用雪印牛奶而中毒的受害者联合起诉雪印，认为根据日本的《制造物责任法》，雪印公司"对卫生管理和危机管理敷衍了事，掩盖事故原因，致使很多人在身体和精神上受到了不该受的苦痛"，要求索赔6600万日元。这也是日本自二战后第一次根据《制造物责任法》提出的食物中毒诉讼案。经过2年的审判，在大阪地方法院的调停下，原告被告达成庭外和解，原告律师透露，雪印最终赔偿了110万日元。

日本的食品安全程度在全球排名前列，一方面是监管严格的原因，另一方面则是民众决绝的态度。雪印牛奶事件，从监管层面来看，雪印被罚款，赔偿受害者，算是付出了应有的代价，但民众不这样认为，持续的拒绝购买终于让牛奶工厂倒闭。

正是这股力量使得日本的食品生产企业不得不严肃对待自己的工作：糊弄监管者容易，糊弄消费者可没那么简单。

其实，消费者都应该摆正心态：一个人拒绝购买确实不能改变一个大企业的作风，但这也是在往骆驼身上加一根稻草，一根稻草没作用，但一堆稻草就不一样了。也许未必能压死骆驼，却能给骆驼压力，这种压力就能成为企业内部博弈的砝码，情况可能就会慢慢改善。

明察秋毫不见舆薪

王说曰："《诗》云：'他人有心，予忖度之。'夫子之谓也。夫我乃行之，反而求之，不得吾心。夫子言之，于我心有戚戚焉。此心之所以合于王者，何也？"

（孟子）曰："有复于王者曰：'吾力足以举百钧，而不足以举一羽；明足以察秋毫之末，而不见舆薪'，则王许之乎？"

曰："否。"

这是《孟子·梁惠王上》中记载的一段孟子与梁惠王的对白，梁惠王请教了孟子一个问题，孟子反问梁惠王，"如果有人说，自己的力气足以举起三百斤的重物，但不能举起一根羽毛；自己的眼神足以分辨清楚秋后鸟兽新长的毛发，但看不到一车木柴，这科学吗？"梁惠王回答道，"这不科学。"孟子真是位运用语言的大师，通过生动的描述吸引对方注意，再将自己的理念深入浅出的讲出。本文不研究孟子，关注的仅仅是他举的这个例子。

"明察秋毫"是眼神好的意思，也常被用来盛赞洞察力；"不见舆薪"是眼神差的意思。因此"明察秋毫之末而不见舆薪"是不合常理的：细小的毫毛都能看见但这么大一车柴火看不见，怎么可能？问题在于，这种不合常理的事却时常出现，还几乎成为一种常态。

都说民众很关注食品安全问题，确实如此，一有点风吹草动，民众就吓得不轻，足以说明人们是很重视健康和生命的，但另一方面，对于一些明显有损身体健康的事，比如抽烟、酗酒、熬夜，人们却往往不太在意。从实际危害的角度，后者远甚于前者，如果说前者是慢刀子杀人，后者则属于慢刀子自杀。

313

必须再强调一次，问题食品的实际危害大还是不大，与是否要旗帜鲜明的反对问题食品、谴责无良商家是两回事。即使实际危害小，我们也要表达自己的不满。就算抽烟的危害比问题食品大，但抽烟是消费者在明知香烟的危害后进行的选择，问题食品则不然，消费者不会预先知道吃下去的这个馒头是染色的，不会预先知道吃下去的这碗饭重金属超标，而是以不设防的心态面对的。换言之，消费者有糟蹋自己健康的权力，但这并不意味着别人也有这个权力，即使别人对健康的损害更小。

作为一个务实的消费者，与其把担心食品安全问题放在首位，不如先处理好自己的生活习惯问题：克服不良嗜好，保持健康的作息规律，并均衡饮食，在这个基础上再讨论食品安全问题对自己才更有现实意义，不然可就算明察秋毫之末而不见舆薪。

三个锦囊

提出问题是解决问题的第一步，本书旨在收集尽可能多的食品安全问题的信息展示给读者，希望能引起各位的重视，并去思考解决方法。本书也尝试着提供了一些解决方法，但谁都不会否认，食品安全是个极为复杂的议题，即使找到了正确的方法，要起到预期的效果也尚需时日。但消费者没有耐心等那么久，消费者能做些什么来自我保护呢？

自我保护分两种：积极防御与消极防御。积极防御是进攻，是对问题食品零容忍，是对无良商家不依不饶，是一种死磕精神。但大家都有自己的工作，通常没有那么多时间和精力来维权，这种情况下消极防御就显得更有现实意义。消极防御是规避风险，也就是所谓的"惹不起躲得起"。如何尽最大可能、最小代价避开问题食品？我积数年研究此议题之心得，有三点建议：Right Price（对的价格）；Right Place（对的地方）；Rotate Poisons（对冲风险），可谓 3RP 原则。

Right Price

在中国购买食品，需要牢记：便宜无好货，好货不便宜，不便宜不一定是好货。俗话说，"一分钱一分货"，真是古人诚不欺我也。了解一种食品如果严格按照规范

314

生产出来的成本如何，是一种越来越重要的技能，售价高未必可靠，但若售价低于成本，几乎可以肯定是问题食品，请敬而远之。

Right Place

除了价格要适中，购买的地方也很关键。一般来讲，正规超市比集贸市场安全，集贸市场比路边小店安全，路边小店比流动摊贩安全。俗话说，"只有买错，没有卖错"，"从南京到北京，买的没有卖的精"，议价空间越大的购买环境，管理越不规范，出问题的概率就越大。如果你不是有十多年买菜经验的人，建议尽可能的去正规超市。

Rotate Poisons

即使是在正规超市购物，即使购买的价格适中，也不一定就绝对安全，近年来，关于超市购买的食物出问题的新闻也屡见不鲜。消费者似乎无处可逃，这时就要祭出对问题食品的大杀器了：轮流中毒。2011 年 5 月，"掷出窗外网"创办的同一时间，CNN 驻北京记者 Eunice Yoon 写了一篇《在中国如何吃的安全》（How do you eat safely in China?）的文章，文中转述了一位食品安全专家的建议：通过吃的多样化（diversify your diet）来轮流中毒（rotate your poisons），这样即使某一种食品出了问题，因为吃得不多，同一类毒素不会在体内聚集到很大的量，所以能保证相对安全。不得不说，这是一个让人哭笑不得，但又行之有效、简单易行的办法。黑色幽默的墨菲战争法则（Murphy's war law）中有一条是：如果一个笨办法有用，那它就不是一个笨办法（If it's stupid but it works, it isn't stupid）。当聪明人还没想出聪明办法之前，我们就只能先用笨办法了。

如果严格遵守 3RP 原则，那么即使在当下的中国，还是能最大限度的保证食品安全。——对照下来，最危险的生活习惯是：每天晚上都在楼下的流动摊贩处购买非常便宜的烤肉串；而最安全的生活习惯是：每个星期都在不同的正规超市购买价格适中的不同品牌的食物。

后　记

　　两年多的观察和思考，近半年的埋头疾笔，终于告一段落了。面对电脑上的文稿，感触良多，真是应了那句老话：知道的有多多，就会知道自己知道的有多少。当我刚开始接触食品安全议题时，我以为这是个很简单的事情，只要令行禁止，稍加时日便能海晏河清，但研究的越深，越会发现没那么简单。本书涉及的也只是中国食品安全问题的一些表象，症结在哪？民众的反响为何如此？怎样才是最可行的解决办法？这些问题还需要有识之士和专家学者的进一步思考。

　　我是以写历史学著作的态度撰写的本书，但从历史学的角度来讲，这本书的贡献有限，最主要的一个原因是，本文使用的资料几乎全部来源于媒体的报道，这些在历史学上被称为是二手资料。老师告诉我，评价一本历史学著作是否优秀，有三个标准：是否用了新史料、是否用了新方法、是否得出了新结论。遗憾的是，我既没有用新资料，也没有用新方法，更没有得出新结论。我所做的事更像是一种资料汇编，把零散在各处的与问题食品相关的新闻整理了出来，使读者能够更方便的查阅。当然，本书不止限于汇编，还做了进一步的思考，尝试去分析现象背后的规律和应对之策。

　　如果没有诸多媒体前辈们的"扒粪"工作，本书将是无本之木。我在撰写此书时，同时还是中国新闻周刊网的专栏作家，写关于食品、环境问题的时评，之前也曾在网媒工作过，说起来也算半个媒体人。我深知媒体工作对保证公众知情权的重要性，即使当下媒体人似乎越来越不招人待见。本书是在向这些媒体人致敬，他们深入险境去曝光丑闻，不畏压力发表出来，让民众知道发生了什么，他们是这个社会的眼睛和耳朵，也是这个社会的良心，他们的工作不该被遗忘，因此我将其搜罗在书中。

　　本书的前半部分主要是各种问题食品曝光新闻的改写，将这些已经公开的数据重新罗列和组织，能产生新的价值吗？2013 年 4 月，该年度的普利策奖获奖名单揭晓，《纽约时报》上海分社社长张大卫（David Barboza）获得国际新闻报道奖（International Reporting）。清华大学新闻与传播学院副院长史安斌教授随后在微博上发表评论称，"本届普利策新闻奖的某个奖项舍弃了由记者在枪林弹雨的第一现场采编的全媒体报道（叙利亚内战），而颁发给了一组号称'大数据新闻'的作品，该记者没有采访新闻当事人，更没有深入现场，只是凭借公开数据库中'挖掘'出的线索勾连，演绎出了一个'惊天丑闻'，这个选择意味着大数据时代新闻标准的变化？"他的评论代表了相当多一部分人的看法。

相比而言，我更认同的是一位网友对此的反驳："不要扣上个'大数据'的帽子就可以对这条新闻的诸多努力付出视而不见。不是冒着枪林弹雨的才叫勇气，不是有子弹头飞过的才叫新闻现场。David 在这一年间经历遭受的不比叙利亚内战的少。拿到的是 international 奖项但无法掩盖这是一篇极其出色的调查性新闻。若没读过这篇报道就妄用'演绎'二字，很不恰当。"是的，时代变化了，新闻的形式也跟着在变化，大数据时代，从海量的数据中挖掘出感兴趣的信息，并以用户友好的方式展示出来，同样能创造新闻价值。另外，这一对话也体现了 Web2.0 时代的另一特点：在具体的某一事件上，清华大学教授的见解未必比这位不知名的网友更深刻。

除了从媒体报道中获取信息，本文的另一信息源是科普作家的文章。科普作家是一种神奇的存在，在公众看来，他们就是科学的代言人，但在学术界看来，他们甚至都不是学术圈的人。这也很好理解，科普是致力于将已有的科学知识用公众能够理解的方式传达出来，只是知识的搬运工，并不创造新知识。而在学术界，要获得尊重，得要对学术有贡献，有创造性的成果。在有的学术圈，学者与公众走得过近甚至是被诟病的一个理由，会被认为是不甘寂寞、不务正业。这种看法是不对的，科普作家虽然对学术界没有直接的贡献，但他们的工作仍值得尊重。

"思想阵地，你不插旗子，他就插旗子。"如果有科学素养的人不站出来写文章，那么这片阵地就会被不学无术之辈占领。在食品安全领域，如果大学教授、研究人员不出来写科普文章，公众在电视上、在报纸上、在微博上听到的将是林光常、张悟本、马悦凌之流的声音。科普的文章哪怕在学界中人看来是常识、是小儿科的文章，对公众而言也有指导意义。在社会分工如此之细的当下，没有谁是全知全能的，一个行业认为是常识的知识在另一个行业看来也许是天方夜谭，所以沟通变得极为

重要，科普文章便是在不同行业之间进行沟通。有些专家常常感叹民众的愚昧，但另一方面又不屑写科普文章，本来"学术乃天下之公器"，却沦为个人秀优越感的资本，可悲可叹。

为了使本书在食品安全知识方面的硬伤尽可能少些，在撰写过程中，我阅读了科普作家云无心和方舟子的几乎所有与食品安全有关的博文，也阅读了科学松鼠会、果壳网相关专题下的大部分文章和回帖，还查阅了在食品安全领域销量靠前的不少专著。但考虑到我的学术背景，无疑本书仍会存在不少知识性的错误，希望贤明读者能不吝赐教，一字之师，感激不尽。本书的第三章由哈佛大学化学与化学生物系博士生童流川帮忙审稿，谢谢他提出的诸多修改意见。因为在他审稿之后我又做过一些修改，如果文中仍有硬伤，那是我的问题。

我有机会受邀写这本书是因为掷出窗外网，而掷出窗外网的创立离不开志愿者的仗义相助。Fiona，G. W.，twj，季倩芸，wb，比尔·盖浇饭，陈竹，王琛莹，法官 allen，叶子祥，何玲，刘宏博，李枚，苏红娟，郑莹，魏观军，文芳，无幽思语，小可，杨得德，杨祎，张强，张玉龙，赵悦……以及一些选择匿名的志愿者们，谢谢你们。

感谢 Google 与 Wikipedia，我已经无法想象人类是怎样度过这几千年没有互联网的日子的。当然，同样要感谢 MyEnTunnel 与提供 SSH 的 HostMonster，不然很多时候查资料就会撞墙，即使我查的都是人畜无害的信息。还要感谢几位外媒记者，写作过程中，有时会对写作的意义产生自我怀疑，觉得写了也没有什么用。写作过程中接受过几次采访，每当我说出这样的感受时，他/她们的回应往往是，"No，no，you are doing great things."这样的鼓励总是能让我暂时不去思考值不值得的问题，而是继续埋头苦干。同样的感谢还要给 Professor Christopher Marquis 和 Zoe Y. Yang，你们并不生活在中国，都对发生在中国的事情如此感兴趣，并如此投入的研究中国问题，试图找到出路，我生活在这片土地上，怎能不夙兴夜寐。

另起一行，感谢彭彭的理解和支持。

最后，读完此书的你当会发现这本书的不少内容讲述是大家都心知肚明的事情：谁都知道食品安全好像出了点问题，从这个角度来看，这本书似乎并没有传递新的信息，为什么我要坚持将这本书写完呢？请让我用一则逻辑推断题来结束本书。

某个岛上有个村落，村子里有1000名成员，他们的眼睛颜色不全相同。他们信仰的宗教有几条规定：

1. 不准知道自己的眼睛是什么颜色；
2. 不准和别人讨论眼睛颜色这个话题；
3. 一旦确定自己眼睛的颜色，必须在第二天中午在村子的广场上当众自杀。

这些村民均逻辑感很强并且十分虔诚，而且均知道其他村民也都逻辑感很强并且虔诚。在这1000个人中，有100人是蓝色眼睛，剩下900人是褐色眼睛。因为并不知道自己的眼睛颜色，所以对蓝眼睛的人来讲，看到的是99个蓝眼睛和900个褐眼睛，对于褐眼睛来讲，看到的是100个蓝眼睛和899个褐眼睛。

本来大家相安无事，突然有一天，有一个蓝眼睛的游客造访了这座岛。待了一段时间后，这位游客得到了全体成员的信任。一天晚上，在聚会上，全体村民都有参加，这位游客发表了一番演讲来感谢村民的款待。但是，因为不熟悉当地的习俗，在致辞时，这位游客说道，"你们知道吗，我居然在你们这发现了还有人和我一样，眼睛是蓝色的，这简直是太神奇了。"

当游客讲了这番话后，这个村子里会发生什么？

这道题是陶哲轩设计出来的。陶哲轩（Terence Chi-Shen Tao），澳大利亚人，华裔，数学神童，未满13岁便获得国际数学奥林匹克竞赛金牌并保持着这一记录，24岁时执教UCLA。

在不少人看来，答案是这个村子里什么事也不会发生。游客说在村子里看到了蓝眼睛的人，可是就算游客不说，村民也都知道村子里有蓝眼睛的人。游客根本并没有给村民什么新的信息，这道题目就是在故弄玄虚。

陶哲轩给出的答案则不同，他认为在这个游客演讲后的第100天，100位蓝眼睛的村民会集体自杀，并用归纳法证明了他的推理。归纳法的证明很高效，但比较难理解，我最早是在知乎上看到这道题目的，知友@张石敏从另一个角度进行了证明，

更容易理解。

他认为"游客没有表达任何新的信息"这个论断是错的。假设岛上有 N 个蓝眼睛的村民，那么，当 N = 1 时，游客显然表达了新信息，因为那唯一一个蓝眼睛的村民平时看到的都是 999 个褐眼睛的村民，听到这番话后就知道自己是蓝眼睛了，之后 1 天就会自杀。

当 N > 1 时，游客同样表达了新信息，因为游客并不是私下对某个具体的人说的，而是"公开宣告"的。"公开宣告"不仅让每个人知道了"岛上有蓝眼睛"，还让每个人知道了"每个人都知道每个人都知道……每个人都知道岛上有蓝眼睛"，这样的多阶知识在"公开宣告"之前村民们是不具有的，这就是游客表达的新信息。

比如 N = 2 时，当游客"公开宣告"后，蓝 1 获得了一个新的 2 阶信息："蓝 2 知道岛上有蓝眼睛"，同样，蓝 2 也获得了新信息："蓝 1 知道岛上有蓝眼睛"。如果之后 1 天，蓝 1 发现蓝 2 居然没有自杀，那么根据逻辑，蓝 1 就会推断出蓝 2 不是唯一一个蓝眼睛，而其他人又都不是蓝眼睛，那蓝眼睛就是自己了，蓝 2 也有类似的推理过程，于是之后 2 天，蓝 1 蓝 2 会双双自杀。

同理，N = 3 时，当游客"公开宣告"后，蓝 1 获得了一个新的 3 阶信息："蓝 2 知道蓝 3 知道岛上有蓝眼睛"，同样，蓝 2 和蓝 3 也获得了类似的 3 阶信息。到第 2 天，蓝 1 蓝 2 蓝 3 发现没人自杀，就都能推断出自己也是蓝眼睛，于是会在第 3 天一起自杀。

N = 4，5，6……时可同理推出，因此具体回到题目中，游客演讲后第 100 天，100 位蓝眼睛会一起自杀。

看似有点玩文字游戏，但从认知逻辑的角度，我们可以这样解释："岛上有蓝眼睛"这事本来只是一项"共有知识"（Mutual knowledge），但游客的公开宣告使其成为了"公共知识"（Common knowledge），这两者的区别是认知逻辑中很重要的知识点，在博弈论中有着广泛的应用。

通俗点说，对于一个给定的命题 P 和一群给定的人，共有知识只需要满足一个条件：这群人中所有人都知道 P，那么 P 就是这群人的共有知识。公共知识则不同，只有全部满足如下无穷多个条件，才能被称为公共知识：

1. 所有人都知道 P；

2. 所有人都知道所有人都知道 P；

3. 所有人都知道所有人都知道所有人都知道 P；

4. 所有人都知道所有人都知道所有人都知道所有人都知道 P；

5. ……

另外还有一点也很重要，村民们要足够信任游客，相信他所说的是真的。不仅如此，还必须每位村民都知道每位村民都知道……每位村民都知道每位村民都相信该游客，换言之，"游客值得信赖"这件事也必须是一个公共知识，这样游客才能通过公开宣告将共有知识变成公共知识。

如果这只是一道普通逻辑推理题，虽然研究起来是很有趣，但与本书主题无关。我将其放在本书的最后，是因为@张石敏还从这道题的答案中升华出了一种世界观：

"从小到大，我们一次又一次地被旁人这样教训：'嘘，别说了，小心点。况且这种事谁不知道啊，还要你说？说出来又有什么用呢？你有力量改变它吗？'久而之，我们越来越习惯于把'你懂的……'挂在嘴边，习惯于对房间里的大象视而不见，选择性遗忘了一个我们其实早就知道的重要事实：'大声说出来'跟'彼此心照不宣'有着决定性的区别。我们不是没有力量。一条恰当的宣言，哪怕它的内容只不过是'我知道'这么简简单单的一句话，也有可能引起整个社会的信念结构的根本改变，让许许多多人断然行动起来。这就是我们每一个人的力量。"

没错。

吴恒

2014 年，上海